高等学校力学创新人才培养系列教材

有限元法基础

FUNDAMENTALS OF FINITE ELEMENT METHOD

张雄 编著

中国教育出版传媒集团

高等教育出版社·北京

内容提要

本书是高等学校力学创新人才培养系列教材之一。本书以课堂讲授和课程训练相结合，目的是使学生学会建立新问题的有限元求解格式并能编写相应的计算机程序求解该问题，同时会利用商用软件求解科学与工程问题。本书也考虑了非力学工科专业有限元法课程的需求，由浅入深，以模块化组织有限元法的核心内容，以方便教师针对不同的学时和专业需求选用相应的内容。

本书主要讲授典型问题（包括线弹性问题、稳态热传导问题、对流扩散问题和梁板壳问题）的有限元格式、程序设计方法和数学理论基础。全书共 6 章，包括绪论、直接刚度法、一维问题、线弹性问题、约束变分原理和不可压缩问题、梁板壳问题。本书配套的数字资源包括电子教案等，以便于读者学习参考。

本书可作为高等学校力学、机械、航空航天、土木、水利等专业的本科生教材及相关科研人员的参考书，也可与作者已出版的《计算动力学》联合作为研究生教材使用。

图书在版编目（CIP）数据

有限元法基础 / 张雄编著 . -- 北京：高等教育出版社，2023.4（2024.5重印）

ISBN 978-7-04-060241-8

Ⅰ.①有… Ⅱ.①张… Ⅲ.①有限元法—高等学校—教材 Ⅳ.① O241.82

中国国家版本馆 CIP 数据核字（2023）第 052032 号

有限元法基础
YOUXIANYUANFA JICHU

| 策划编辑 | 赵向东 | 责任编辑 | 赵向东 | 封面设计 | 于 婕 姜 磊 | 版式设计 | 马 云 |
| 责任绘图 | 邓 超 | 责任校对 | 刘娟娟 | 责任印制 | 存 怡 | | |

出版发行	高等教育出版社	网　　址	http://www.hep.edu.cn
社　　址	北京市西城区德外大街4号		http://www.hep.com.cn
邮政编码	100120	网上订购	http://www.hepmall.com.cn
印　　刷	中煤（北京）印务有限公司		http://www.hepmall.com
开　　本	787mm×1092mm　1/16		http://www.hepmall.cn
印　　张	26.5		
字　　数	520 千字	版　　次	2023 年 4 月第 1 版
购书热线	010-58581118	印　　次	2024 年 5 月第 2 次印刷
咨询电话	400-810-0598	定　　价	55.00 元

有限元法基础

1. 计算机访问 http://abook.hep.com.cn/1263591，或手机扫描二维码、下载并安装 Abook 应用。
2. 注册并登录，进入"我的课程"。
3. 输入封底数字课程账号（20位密码，刮开涂层可见），或通过 Abook 应用扫描封底数字课程账号二维码，完成课程绑定。
4. 单击"进入课程"按钮，开始本数字课程的学习。

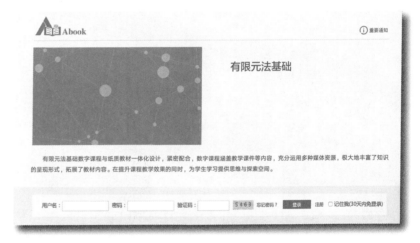

课程绑定后一年为数字课程使用有效期。受硬件限制，部分内容无法在手机端显示，请按提示通过计算机访问学习。

如有使用问题，请发邮件至 abook@hep.com.cn。

扫描二维码
下载 Abook 应用

http://abook.hep.com.cn/1263591

序　言

　　清华大学于 2009 年创设的钱学森力学班（简称"钱班"），是教育部"基础学科拔尖学生培养试验计划"首批 66 个试验班中唯一定位于工科基础的试验班。钱班的使命是：发掘和培养有志于通过科技改变世界、造福人类的创新型人才，探索回答"钱学森之问"。围绕这一使命，钱班师生历经十二年持续不断迭代，共同创建起了"颠覆性的"清华钱班模式。其主要特色有：

- 一心：帮助学生激发个人独特的内在激情（痴迷的志趣），鼓励并帮助他们尽情发挥潜力，同时不断激发全球范围高水平导师自发参与、倾心培养学生。
- 三要素：关键抓手和窍门是如何实现"学生–问题–导师"三要素动态、进阶式的匹配；创建起了"进阶研究–精深学习"系统，这套系统有效地用极少的必修学分，帮助学生发现独特的志趣，连贯性地不断扎深基础的同时实现学科跨越。
- 五维测评：采用"内生动力–开放性–坚毅力–智慧力–领导力"综合五维度测评，而非学习成绩单一维度，开展招生和培养全过程的评价。弘扬"不断追求卓越、持续激励他人"的文化，鼓励胸怀大志、开放创新、实干坚持、朋辈学习和互助激励。

　　颠覆性主要体现在，传统培养模式以课程/知识传授和考试（Course）为主干、社群（Community）和研究（Research）等课外活动为辅助；清华钱班模式以发掘和点燃内在激情的进阶式研究为主牵引，带动以精深学习和交流能力、领导力为核心能力的构建。

　　十二年后的今天，经历改革开放后四十余年的迅猛发展，中国进入到一个历史性机遇与挑战并存的窗口期：复兴为全球第一强国、中美竞合、人类由工业时代飞升为"数智"时代。我国能否实现伟大复兴，关键在于能否实现大规模、高水平、科技创新型人才的培养，尤其是顶尖创新型人才的不断涌出。教育部于 2020 年及时推出了"基础学科拔尖学生培养计划（第 2 期）"，全国已入选了 15 所高校力学班。我和参与/关注钱班的一大批志同道合者都认为，引导清华钱班模式渐成的艰难道路上走过的"坑"和如何攀登上大大小小的"峰"的经验教训，值得总结和借鉴，尤其是上述历史窗口期很可能仅为时 10～20 年。

　　从零到一创新从来都是发端于"已知"和"未知"的边缘，朝向一个时隐时现的宏大变革目标，通过一步一个脚印、锲而不舍地坚持实现的。在对中外课程和培养体系不断深入调研和对标的基础上，在持续深入地实践、调整和总结提高的过程中，钱班于 2016 年形成了以"进阶研究-精深学习"为牵引的课程和培养全新体系，并被清华大学选为本科荣誉学位首个试点。这个全新体系的骨架，由数学-科学-工程-研究-人社-贯通 6 大模块、各含 3 门基础性挑战性"课程"所组成。将这些课程的教材及时编著出来将有助于钱班经验教训的深度总结和广泛借鉴。我们更期待，未来有越来越多来自全球范围的志同道合者积极参与和贡献各具特色的编著，形成以 Mechanics+X 为特色，既有不断积累的历史厚度、又有持续演进的前沿视野的大工科创新型人才培养基座。

中国科学院院士
清华大学钱学森力学班创办首席教授
深圳零一学院创办人
2021 年 12 月于清华园

前　言

　　清华大学钱学森力学班（简称"钱班"）创建于 2009 年，是教育部"基础学科拔尖学生培养试验计划"中唯一的工科基础试验班。有限元法基础是专为钱班设计开设的一门专业基础课，于 2012 年入选清华大学首批 4 门"挑战性示范课程"之一。课程以课堂讲授和课程训练相结合，目的是使学生学会建立新问题的有限元求解格式并能编写相应的计算机程序求解该问题，同时会利用商用软件求解科学与工程问题。课程的教学体系设计和内容选择借鉴了多本国际知名教材和参考书[1-9]，逐步形成了课程讲义（即本教材），并经过了多轮使用。另外，本教材的编写也考虑了非力学工科专业有限元法课程的需求，由浅入深，以模块化组织有限元法的核心内容，便于教师针对不同的学时限制和专业需求选用相应的内容。

　　本教材主要讲授典型问题（包括线弹性问题、稳态热传导问题、对流扩散问题和梁板壳问题）的有限元格式、程序设计方法和数学理论基础。本教材共分为六章。第一章介绍有限元法的基本概念、发展历史和软件研发情况；第二章以桁架系统为例讲解如何从物理系统出发建立有限元格式，并介绍有限元法的程序实现方法，以便学生快速理解有限元法的基本思想和程序实现方法，并能开始进行课程程序训练；第三章以一维问题为例讲解如何从数学模型出发建立有限元格式，包括加权余量法、弱形式、变分原理、高斯求积、近似函数、误差与收敛性分析等；第四章基于线弹性问题讲解多维问题的有限元法格式，包括多维问题近似函数、高斯求积、高阶单元、无限单元、奇异单元、阶谱单元、分片试验、误差估计和应力重构等；第五章介绍约束变分原理及其在不可压/几乎不可压问题中的应用；第六章介绍梁板壳问题的有限元法，包括伯努利-欧拉梁、铁摩辛柯梁、薄板和 Mindlin-Reissner 梁、平板壳和退化壳单元等。另外，本教材提供了索引，以便于读者快速查找相关知识点。

　　考虑到部分学生将来从事计算力学研究工作的需要，本教材加强了有限元法数学理论基础，并在附录 A 中简要介绍了索伯列夫空间的相关知识，包括线性赋范空间、勒贝格积分和勒贝格空间、弱导数和索伯列夫空间及相关不等式（闵可夫斯基不等式、施瓦茨不等式和庞加莱不等式）等。部分学生可能没有学过弹性力学，因此附录 B 简要介绍了弹性力学的基本方程及其张量形式和指标记号形式。附录 C 介绍了本教材提供的相关单元 python 示例代码，包括 truss-python、bar1d-python、Advection-Diffusion-python、elasticity2d-python、beam1d-python、 plate-python、MindlinPlate-python 和 shell-python 等。

本教材是作者已出版的研究生教材《计算动力学》[10,11] 的姊妹篇，主要围绕线性静态问题讲授有限元法的基本概念、基本理论和程序实现方法。《计算动力学》主要讲授瞬态问题、几何非线性、材料非线性和边界条件非线性（碰撞－接触）问题的有限元格式和程序实现方法。

阅读代码是学习有限元法的有效途径之一。本教材提供了大量单元示例代码（MATLAB 版和 python 版）和有限元法示例程序（Fortran 90 版的 STAP90、C++ 版的 STAPpp 和 python 版的 STAPpy），其中单元示例代码用于学生学习理解有限元法的典型单元格式，有限元法示例程序 STAPxx 用于学生选择合适的语言进行有限元程序设计训练，学生可在该代码的基础上进行扩充，加入各类单元和功能。单元示例代码 python 版可在 GitHub 的 xzhang66/FEM-Book/FEM-python 仓库中获取，MATLAB 版可在 GitHub 的 xzhang66/FEM-Book/FEM-MATLAB 仓库中获取。STAP90、STAPpp 和 STAPpy 可分别在 GitHub 的 xzhang66/STAP90、xzhang66/STAPpp 和 xzhang66/STAPpy 仓库中获取。

多位助教对本教材的编写做出了重要贡献。宋言参与了 STAPpp 程序编写工作，倪锐晨负责编写了单元示例代码 truss-python、elasticity2d-python、beam1d-python、plate-python 和 Advection-Diffusion-matlab，李家盛负责编写了 MindlinPlate-python 和 shell-python，并将 Advection-Diffusion-matlab 改写为 Advection-Diffusion-python。

厦门大学王东东教授审阅了本教材，并提出了许多宝贵意见，编者谨此致谢。

书中不足之处望请读者不吝指正。

编者
2022 年 10 月

目录

第一章 绪 论

计算力学（computational mechanics）是基于力学理论，利用在计算机上实现的数值方法进行数值模拟来求解相关力学问题的一门新兴学科。计算力学是一门交叉学科，其三大支柱是力学、数学和计算机科学，主要分支包括计算固体力学、计算流体力学、计算热力学、计算多体系统动力学、计算结构力学、计算岩土力学和计算水力学等。

力学问题的控制方程是偏微分方程。求解偏微分方程的数值方法主要包括有限差分法（finite difference method）、**有限体积法**（finite volume method）、**有限元法**（finite element method）、**边界元法**（boundary element method）和**无网格法**（meshless method）等，其中有限元法主要用于计算固体力学，有限差分法和有限体积法主要用于计算流体力学、计算热力学和计算电磁学等，而边界元法和无网格法分别在电磁/声场和极端变形问题模拟中具有显著的优势。

计算力学适应性强，应用范围广，在科学与工程领域中发挥着越来越重要的作用。2005年6月，美国总统信息技术咨询委员会提交给布什总统的报告《计算科学：确保美国竞争力》中指出，"计算科学已成为科学领先地位、经济竞争力和国家安全的关键。"2006年5月由著名计算力学家 J. T. Oden、T. Belytschko、J. Fish、T. J. R. Hughes 等人撰写的美国国家科学基金会蓝带报告《基于模拟的工程科学》（Simulation-Based Engineering Science, SBES）中也明确指出，"SBES 应成为工程与科学领域国家优先发展项目；计算力学在过去的三十年中已对科学和技术产生了深远的影响。"在全面核禁试背景下，美国国家核安全管理局于1995年启动了先进模拟与计算（Advanced Simulation & Computing, ASC）计划，以建立新的手段评估核武器性能，预测其安全性和可靠性，并确保其功能性，使美国的核武器研究与库存管理的工作方式实现从以核试验为基础到以计算模拟为基础的转变。另外，各类重大工程的成功实施都得益于计算力学数值模拟技术的助力，以计算力学研究为基础的计算机辅助工程（computer-aided engineering, CAE）软件系统的销售和咨询也已成为一个蓬勃发展的新兴产业。

本教材主要讲授有限元法的基础理论、算法和程序实现方法。

1.1 有限元法的基本概念

下面先以圆周率的计算来介绍有限元法的基本概念[5]。阿基米德在《圆的度量》中用圆内接和外切正多边形的周长确定圆周长的上下界，从正六边形开始，逐次加倍计算到正 96 边形，得到 $223/71 < \pi < 22/7$，求得了精确到小数点后两位的 π 值。下面采用内接多边形的方法来近似计算圆周率。圆周率 π 和圆周长 L 及直径 d 间满足关系式 $\pi = L/d$，因此求圆周率的近似值等价于求圆周长 L 的近似值。为了近似计算圆周长，我们将圆周等分为 n 等份，将每段圆弧用直线段近似，即用正 n 边形来近似这个圆周，如图 1.1a 所示（其中 $n = 8$）。将多边形各边称为单元（element），将各顶点称为节点（node 或 nodal point）。将正 n 边形拆分为 n 个直线段（单元），分别计算每个单元的长度，然后再对所有单元的长度求和，即可得到圆的近似周长。这 n 个单元虽然方位不同，但它们都是由两个节点组成的直线段，都可以通过如图 1.1b 所示的通用单元 e 的某种变换得到。本例中，所有单元的长度相等，均等于通用单元 e 的长度 $L^{(e)} = d\sin(\pi/n)$，因此圆的周长可近似为 $L_n = nL^{(e)} = nd\sin(\pi/n)$，圆周率近似为 $\pi_n = L_n/d = n\sin(\pi/n)$。$\pi_n$ 的右端存在未知量 π，只要令 n 取 2 的指数，就可以利用半角递推关系式 $\sqrt{2}\sin\alpha = \sqrt{1 - \sqrt{1 - \sin^2 2\alpha}}$ $(2\alpha \leqslant \pi/2)$ 从 $n = 4$ 开始计算 $\sin(\pi/n)$。

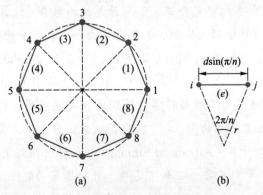

图 1.1 有限元法的基本思想

表 1.1 的第二列给出了当 n 取不同值时得到的圆周率近似值 π_n。可以看出，当 n 增大时，π_n 逐步逼近于 π 的精确值（保留 16 位有效数字的圆周率为 $\pi = 3.141\,592\,653\,589\,793$），但收敛速度较慢。采用外插算法（如 Wynn-$\varepsilon$ 外插法[12]）可以有效地提高收敛速度，详见表 1.1 的第三列。当 $n = 256$ 时，Wynn-ε 外插法将圆周率的精度由 5 位有效数字提高到了 15 位有效数字。计算圆周率 π 近似值的 python 代码见 GitHub 的 xzhang66/FEM-Book 仓库中 Examples

目录下的 Table-1-1。

表 1.1　圆周率 π 的近似值

n	$\pi_n = n\sin(\pi/n)$	Wynn-ε 外插法
1	0	
2	2.000 000 000 000 000	
4	2.828 427 124 746 190	3.414 213 562 373 094
8	3.061 467 458 920 718	
16	3.121 445 152 258 052	3.141 418 327 933 211
32	3.136 548 490 545 939	
64	3.140 331 156 954 753	3.141 592 658 918 053
128	3.141 277 250 932 773	
256	3.141 513 801 144 301	3.141 592 653 589 786

　　为了定量考察两种方法的收敛速度，图 1.2 给出了误差 $e_n = |\pi - \pi_n|$ 随 $h = 1/n$ 变化的双对数曲线，其中内接多边形法各线段的斜率分别为 1.46、1.87、1.97、1.99、2.00、2.00、2.00 和 2.00，而 Wynn-ε 外插法各线段的斜率分别为 5.31、7.50 和 9.76。图 1.2 表明，用内接多边形法计算圆周率是单调收敛的，其**收敛率**（即 $h \to 0$ 时 $\log e_n$-$\log h$ 曲线的斜率）为 2。Wynn-ε 外插法可以大幅提高圆周率的计算精度，其收敛率远高于内接多边形法的收敛率。

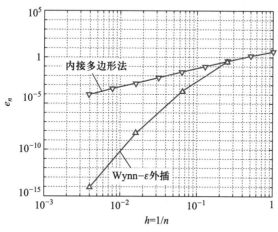

图 1.2　圆周率收敛曲线

　　思考题　请利用误差 $e_n = |\pi - n\sin(\pi/n)|$ 在 $h = 0$ 处的泰勒展开式分析内接多边形法为什么是单调收敛的，当 $h \to 0$ 时收敛率为什么是 2。

本例蕴含了有限元法的一些关键思想：

1. **离散近似**（discrete approximation） 将圆（原问题的定义域）离散为多边形，用多边形来近似替代圆，如图 1.1a 所示。利用离散近似，原问题被近似为有限个单元。

2. **拆分**（disassembly） 将各单元在节点处拆分，得到 n 个单元，计算每个单元的长度 $L^{(e)}(e = 1, 2, \cdots, n)$。这 n 个单元都是由两个节点组成的直线段，因此可以用由节点 i 和 j 定义的通用单元 e 表示，如图 1.1b 所示。在计算单元 e 的长度 $L^{(e)}$ 时，只涉及该单元两个节点的坐标，与其他单元无关，这一特性称为**紧支性**（compact support 或 local support）。

3. **组装**（assembly） 将各单元重新连接起来，对各单元的长度 $L^{(e)}$ 求和，得到多边形的周长 L_n。

4. **求解**（solution） 将多边形的周长 L_n 除以直径 d，解得圆周率的近似值 π_n。

有两条途径可以进一步提高圆周率 π_n（有限元解）的精度。第一种方法是减小单元长度（即增加单元数），称为 **h 方法**（其中 h 表示单元的尺寸）；第二种方法采用高阶单元，如用二次曲线单元代替直线单元，称为 **p-方法**（其中 p 表示单元的阶次，对于直线单元 $p = 1$，对于二次曲线单元 $p = 2$）。也可以同时减小单元长度并提高单元的阶次，称为 **hp-方法**。另外，采用 Wynn-ε 外插法等手段可以在有限元解的基础上进一步构造具有更高精度的近似解。

从以上讨论可以看出，有限元法包括以下 5 个步骤：

1. **前处理**（preprocessing） 将求解域离散为有限个在节点处相互连接的单元。例如，对于图 1.3a 所示的具有中心圆孔的平面求解域，可以将其离散为由三角形单元（图 1.3b）或四边形单元（图 1.3c）组成的有限元网格。

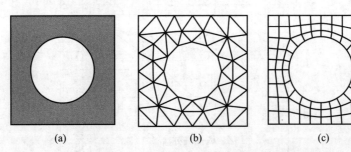

(a)   (b)   (c)

图 1.3 具有中心圆孔的平面求解域及其有限元网格

2. **单元分析** 建立各单元的方程。一般只需要建立通用单元的方程，其他单元的方程可以由通用单元方程的某种变换得到。对于二维问题，典型的单元为 3 节点三角形单元（图 1.4a）和 4 节点四边形单元（图 1.4b）。

3. **单元组装**（assembly） 对各单元的方程进行组集形成整个系统的求解方程。

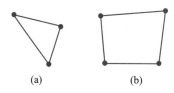

(a)   (b)

图 1.4   典型的二维通用单元

4. **方程求解**   求解系统方程。

5. **后处理**（postprocessing）   基于系统方程的求解结果，计算其他感兴趣的物理量，并对结果进行可视化处理。

如果有限元解的精度不满足要求，可以进一步加密网格或采用高阶单元来获得具有更高精度的结果。图 1.5 给出了常用的一些典型单元，其中一维单元的格式详见第三章，二维和三维单元的格式详见第四章。

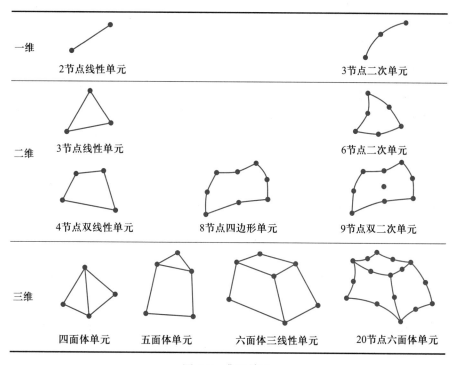

图 1.5   典型单元

目前商用有限元软件一般都具有功能强大的前处理和后处理系统，用户可以在图形界面上很方便地建立待求解问题的有限元模型，对计算结果进行分析和可视化处理。另外，也有一些商用前后处理软件（如 GiD、HyperMesh、Tecplot）和开源前后处理软件（如 Gmsh、Para-View）。

1.2　有限元法的发展历史

有限元法的发展历程有两条主线：工程和数学。从数学角度来看，有限元法是瑞利－里茨法（Rayleigh-Ritz method）和分片连续试探函数相结合的产物。瑞利－里茨法通过泛函驻值条件求解偏微分方程的近似解，是由瑞利（J. W. Strutt）于 1871 年首先提出并由里茨（W. Ritz）于 1908 年进一步完善的，常简称为**里茨法**。里茨法先将近似解假设为某些已知函数（称为试探函数，trial function）的线性组合，然后通过泛函驻值条件确定近似解的待定系数。但是，里茨法的试探函数是定义在全域上的，并需满足本质边界条件，对于复杂求解域很难构造出合适的试探函数。R. Courant 于 1943 年将求解域离散为有限个三角形子区域，在三角形子区域上使用多项式试探函数来求解圆柱体扭转问题的近似解，发表了第一篇有限元法论文[13]。但当时计算机尚未发明，Courant 的方法因计算量太大而未引起科技界的重视。

20 世纪 40 年代，航空工业的飞速发展对飞机结构设计提出了越来越高的要求，需要对飞机结构进行精确的设计和计算，逐步形成了矩阵力学分析方法。德国 ME-262 战斗机于 1944 年夏末首度投入实战，是人类航空史上第一种投入实战的喷气机。该机具有很好的气动性能，但其低劣的后掠翼结构设计导致了许多故障。J. H. Argyris 意识到当时使用的力法并不适合后掠翼结构分析，于 1944 年创立了**矩阵位移法**（matrix displacement method）[14]。他将后掠翼离散为一组三角形，翼模型的计算结果与实验结果的最大应力误差不超过 8%。该方法取得了极大的成功，当时被作为秘密限制发表，直到 1953 年才被允许公开发表[15]。

麻省理工学院博士生 A. Hrennikoff 于 1941 年提出了格架类比技术，将膜板结构模型化为格子框架进行求解[16]。加利福尼亚大学伯克利分校土木系教授 R. W. Clough 于 1952 年参加了波音公司的暑期项目，建立了由一维梁与桁架组拼成的一个三角翼模型，但得到的变形分析结果与三角翼缩比模型试验数据差异很大。他于 1953 年再次参加波音公司暑期项目，在波音结构动力学小组负责人 M. J. Turner 的建议下通过组装三角形平面应力小块来建立机翼的刚度特性，得到的变形计算结果和实际结构的实测结果吻合得很好，同时也发现计算结果的精度可以通过连续细分有限元网格渐近提高[17]。这一方法称为**刚度法**（stiffness method），由 Turner 于 1954 年 1 月在美国航空科学学会年度会议上宣读，并于 1956 年 9 月正式发表[18]。此后，Clough 进一步将其应用范围扩展到飞机以外的土木工程中，并第一次正式提出了有限元法的名称[19]。Clough 采用"有限元法"这一名称是为了强调单元尺寸是不需要无限小的。在 Clough 的影响下，加利福尼亚大学伯克利分校青年教师 Ed. L. Wilson、R. L. Taylor 及研究生 T. J. R. Hughes、C. Felippa 和 K. J. Bathe 等在有限元法方面进行了大量卓有成效的研究工作，使得加利福尼亚大学伯克利分校成为有限元法的研究中心之一。

O. C. Zienkiewicz 对有限元法的推广、应用和普及做出了重要贡献，与 J. H. Argyris 和 R. W. Clough 一起被公认为是有限元法的三大先驱。他基于虚功原理建立有限元格式，将有限元法推广用于求解由微分方程描述的任何问题[20]，并建立了板弯曲单元[21,22]。Zienkiewicz 于 1963 年将有限元法用于威尔士 Clywedog 坝的应力分析中，首次将有限元分析用于新坝的设计。Zienkiewicz 和 Y. K. Cheung（张佑启）于 1967 年出版了首部有限元法专著[23]，此后经过不断更新和修订，已从结构和固体扩展到流体，从一卷扩展到三卷，于 2013 年出版了第 7 版[2,24,25]，成为有限元领域的经典著作。

B. Irons 对有限元法的发展做出了突出贡献。他提出了线性代数方程组的波前法、等参元（见 4.2.5 节）、分片试验（见 4.6 节）、serendipity 单元（也称为巧凑边点元，见 4.5.3.2 节）、实体壳元和 semiloof 壳单元等。

我国学者也对有限元法做出了杰出贡献。受大型水坝应力分析需求牵引，冯康把变分原理与剖分逼近有机结合，以克服传统差分法难以处理复杂几何与材料特性的困难，于 1964 年独立于西方建立了数值求解偏微分方程的有限元方法，解决了刘家峡水坝的应力分析问题。1965 年冯康发表了"基于变分原理的差分格式"，证明了方法的收敛性和稳定性，给出了误差估计，奠定了有限元方法的严格数学理论基础[26]。冯康的这一工作是国际上关于有限元法收敛性研究的最早工作之一。钱令希于 1950 年发表的《余能理论》[27] 开启了中国学者对力学中变分原理的研究，胡海昌于 1954 年创立了以位移、应变和应力为独立自变量的三类变量广义变分原理（被称为胡-鹫津变分原理），钱伟长于 1964 年建立了拉格朗日乘子法与广义变分原理之间的关系，这些工作都对有限元法的发展起到了重要作用。

有关有限元法发展历史的更多信息可参考相关文献[28-32]。

1.3 有限元软件研发

为了用有限元法求解工程实际问题，需要研发有限元法软件。加利福尼亚大学伯克利分校的 Wilson 教授团队于 1969 年推出了线性有限元分析程序 SAP（structural analysis program），并经过不断修改、补充和扩展，形成了多个版本，如 SAP4、SAP5、SAP81 和 NONSAP 等，对其他有限元软件的研发也起到了重要的推动作用。SAP81 是在微型机上开发的，NONSAP 是 Wilson 教授和其博士生 K. J. Bathe 共同开发的非线性有限元分析程序。Bathe 博士于 1975 年在 NONSAP 程序的基础上开发了 ADINA（automatic dynamic incremental nonlinear analysis），公布了 81 版和 84 版源代码，并于 1986 年成立了 ADINA R&D 公司，对 ADINA 进行商业化。Wilson 教授的硕士生 A. Habibullah 于 1978 年创建了 CSI 公司（Computer and Structures Inc.），在 SAP5、SAP80 和 SAP90 等基础上开发了通用结构分析与设计软件 SAP2000，将其用于许多著名工程的分析设计中，如台北 101 大楼、纽约世贸中心一号大楼、北京国家体育场等。国内曲圣年教授等自 1979 年起对 SAP5 程序进行了消化、移植和推广工作，为许多重要工程解决了应力分析问题。袁明武教授于 1984 年将 SAP81 扩充改进为 SAP84，是目前国内拥有用户最多的通用结构分析程序，已在国内数千个工程项目中使用。

Pedro Marcal 毕业于帝国理工学院，后在布朗大学任教，于 1971 年成立了 MARC 分析研究公司（MARC Analysis Research Corporation），基于其博士生 D. Hibbitt 的博士论文工作开发了第一个商业非线性有限元程序 MARC。Hibbitt 与 B. Karlsson 和 P. Sorenson 于 1978 年共同建立了 HKS 公司，推出了 ABAQUS 软件，并于 2002 年改名为 ABAQUS 公司。MARC 公司和 ABAQUS 公司分别被 MSC 公司（1999 年）和达索公司（2005 年）收购。

R. H. MacNeal 和 R. Schwendler 于 1963 年创办了 MSC 公司（MacNeal-Schwendler Corporation），开发了结构分析软件 SADSAM（structural analysis by digital simulation of analog methods）。为了满足宇航工业对结构分析的迫切需求，美国国家航天局（NASA）于 1965 年提出了发展通用结构分析软件 NASTRAN（NASA STRuctural ANalysis）的计划，MSC 公司参与了整个 NASTRAN 程序的开发过程。1969 年 NASA 推出了其第一个 NASTRAN 版本，之后 MSC 继续改进 NASTRAN 程序并于 1971 年推出了 MSC.Nastran，被美国联邦航空管理局（FAA）认证为领取飞行器适航证指定的唯一验证软件。此后，MSC 收购了 10 多个公司，包括 MARC 公司（1999 年收购）和世界上最大的机构仿真软件公司 MDI 公司（ADAMS 软件，2002 年收购）。

J. A. Swanson 于 1970 年创建了 Swanson 分析系统公司（Swanson Analysis Systems Inc），开发 ANSYS 软件。该公司于 1994 年与 TA Associates 公司合并，更名为 ANSYS 公司。自 2000 年开始，ANSYS 公司并购了 20 个公司，包括著名的 CFX 公司、Century Dynamics 公司（AUTODYNA 软件）、Fluent 公司和 LSTC 公司（LS-DYNA 软件），成为世界最大的工程仿真技术公司。

DYNA3D 是美国 Lawrence Livermore 国家实验室的 J. Hallquist 主持开发的显式有限元程序，第 1 版于 1976 年发表。Hallquist 于 1988 年创建了 LSTC 公司（Livermore Software

Technology Corporation），对 DYNA3D 程序进行商业化，称为 LS-DYNA。DYNA3D 是一款公有领域软件（public domain software），其他单位/个人可以获取其源代码，并进行商业化开发，因此它对许多商用显式有限元软件（如 ESI 公司的 PAM-CRASH、MSC 公司的 MSC.Dyna、Century Dynamics 公司的 AUTODYN 等）的发展起到了重要的促进作用。LS-DYNA 和 AU-TODYN 分别于 2019 年和 2005 年被 ANSYS 公司收购。

为了解决刘家峡大坝应力分析问题，崔俊芝院士于 1964 年研制了国内第一个平面问题通用有限元程序。钟万勰院士主持研发的有限元法分析程序 JIGFIX 于 1975 年投入使用，成功用于海洋平台、高层建筑、结构优化、抗震等许多工程问题中。飞机结构强度研究所的冯钟越主持研发的航空结构分析系统（HAJIF）于 1979 年通过了鉴定，已发展为以强度试验数据库为支撑，提供飞行器结构基础分析、优化设计、气动弹性分析、热分析、耐久性/损伤容限分析、起落架分析等功能的大型 CAE 软件系统。中国建筑科学院于 1988 年推出了专用于建筑结构分析的软件 PKPM，已发展成为国内应用最为普遍的 CAD 系统，拥有用户上万家，市场占有率达 90% 以上。遗憾的是，20 世纪 90 年代以后大批国外商用有限元软件涌入国内市场，国内自主研发软件也失去了国家有关部门的必要支持，使得国内自主研发软件逐渐拉开了与国外软件之间的距离。近年来国家大力扶持具有自主知识产权的 CAE 软件研发，同时工业界也越来越重视自主可控软件，为国产 CAE 软件再次提供了绝佳的发展机遇。

第二章 直接刚度法

有限元格式既可以直接从物理系统出发建立，也可以基于数学模型建立。对于一个物理系统，将其理想化和离散化即可直接得到有限元离散方程（直接刚度法）；对于一个数学模型（一般为时间和空间坐标的偏微分方程或常微分方程），利用弱形式或者变分原理并结合函数近似可建立有限元离散方程。有限元法包括以下 5 个步骤：

1. 前处理　将求解区域离散成有限个在节点处相互连接的具有简单形状的单元；
2. 单元分析　建立各单元的刚度方程；
3. 单元组装　由各单元的刚度方程建立系统的总体刚度方程；
4. 方程求解　求解总体刚度方程，得到所有节点的位移；
5. 后处理　由节点位移计算应力、应变等其他物理量，并进行数据可视化分析。

本章从物理系统（以桁架系统为例）出发建立有限元格式，并介绍线性代数方程组的解法和有限元法的程序实现方法。

2.1　理想化和离散化

桁架是由若干个细长构件（称为杆单元）组成的结构，常用于厂房、桥梁、起重机、油田井架、电视塔等大跨度建筑物，如图 2.1 所示。在建立有限元离散方程时，需要对桁架结构进行理想化（idealization）和离散化（discretization）。这些杆单元一般很细长，可忽略其抗弯、抗扭和抗剪切能力，只考虑轴向内力，其行为与弹簧类似。因此桁架可以理想化和离散化为由若干个只能承受轴向力的直杆单元铰接而成的结构，且铰光滑，不能传递力矩。例如，一个桁架屋顶结构可以理想化和离散化为如图 2.2 所示的由 21 个直杆单元组成的平面桁架。另外，假设材料为线弹性，且处于小变形状态，即材料和几何均为线性的。

图 2.1 典型桁架结构

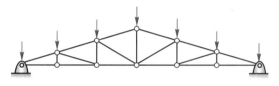

图 2.2 平面理想桁架

2.2 单元刚度方程

图 2.2 中各单元在空间中的位置和指向各异，但它们都具有一个共同特点，即都是具有两个节点的直杆单元。单元两个节点的局部编号分别为 1 和 2。下面取一个典型杆单元在其局部坐标系中进行研究，建立其刚度方程后，通过坐标变换可以得到其在总体坐标系中的刚度方程。

2.2.1 一维杆单元

图 2.3a 所示为一典型杆单元 e，其截面可以具有任意形状，单元局部坐标系的 x 轴从节点 1 指向节点 2。在单元局部坐标系中，每个节点只有 1 个自由度，单元共有 2 个自由度。

假设单元的截面/材料均匀，单元 e 的弹性模量为 E^e，截面面积为 A^e，长度为 l^e。单元截面内力记为 p^e，应力记为 σ^e，均以拉为正；单元左右节点位移分别记为 u_1^e 和 u_2^e，作用在单元上的节点内力分别记为 F_1^e 和 F_2^e，均以坐标轴正方向为正，如图 2.3b 所示。

$$\text{图 2.3　一维杆单元}$$

为了便于计算机求解，有限元法常采用矩阵形式。单元节点位移列阵 $\boldsymbol{d}^e$ 和 单元节点内力列阵 $\boldsymbol{F}^e$ 分别定义为

$$\boldsymbol{d}^e = [u_1^e \quad u_2^e]^{\mathrm{T}} \tag{2.1}$$

和

$$\boldsymbol{F}^e = [F_1^e \quad F_2^e]^{\mathrm{T}} \tag{2.2}$$

应变–位移关系式

$$\varepsilon^e = (u_2^e - u_1^e)/l^e \tag{2.3}$$

的矩阵形式为

$$\varepsilon^e = \boldsymbol{B}^e \boldsymbol{d}^e \tag{2.4}$$

其中

$$\boldsymbol{B}^e = \frac{1}{l^e}[-1 \quad 1] \tag{2.5}$$

称为 单元应变矩阵。

利用胡克定律 $\sigma^e = E^e \varepsilon^e$ 和应变–位移关系式 (2.4)，可以将单元 e 的内力 p^e 表示为矩阵形式，即

$$p^e = A^e E^e \boldsymbol{B}^e \boldsymbol{d}^e \tag{2.6}$$

利用单元的平衡方程 $F_1^e = -p^e$ 和 $F_2^e = p^e$ 可得

$$\boldsymbol{F}^e = \boldsymbol{K}^e \boldsymbol{d}^e \tag{2.7}$$

其中

$$\boldsymbol{K}^e = k^e \begin{bmatrix} 1 & -1 \\ -1 & 1 \end{bmatrix} \tag{2.8}$$

称为单元刚度矩阵, $k^e = A^e E^e / l^e$。式 (2.7) 给出了单元节点内力列阵 $\boldsymbol{F}^e$ 和单元节点位移列阵 $\boldsymbol{d}^e$ 之间的关系, 称为单元刚度方程, 其矩阵的阶数和单元自由度相等。

2.2.2 二维杆单元

式 (2.7) 是单元局部坐标系中的单元刚度方程。对于二维和三维问题, 可以利用坐标变换, 将其变换到全局坐标系中, 得到二维杆单元和三维杆单元的单元刚度方程。

对于如图 2.4 所示二维杆单元, 单元节点位移列阵 $\boldsymbol{d}^e$ 和单元节点内力列阵 $\boldsymbol{F}^e$ 分别为

$$\boldsymbol{d}^e = [u_{1x}^e \quad u_{1y}^e \quad u_{2x}^e \quad u_{2y}^e]^{\mathrm{T}} \tag{2.9}$$

和

$$\boldsymbol{F}^e = [F_{1x}^e \quad F_{1y}^e \quad F_{2x}^e \quad F_{2y}^e]^{\mathrm{T}} \tag{2.10}$$

即单元自由度 1 和 2 对应单元左节点的 x 和 y 方向, 单元自由度 3 和 4 对应单元右节点的 x 和 y 方向。

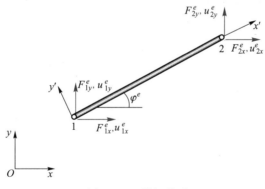

图 2.4　二维杆单元

节点 I 的位移在全局坐标系 Oxy 和局部坐标系 $1x'y'$ 之间的关系为

$$u_{Ix}'^e = u_{Ix}^e \cos\varphi^e + u_{Iy}^e \sin\varphi^e \quad (I = 1, 2) \tag{2.11}$$

和

$$u_{Ix}^e = u_{Ix}'^e \cos\varphi^e \quad u_{Iy}^e = u_{Ix}'^e \sin\varphi^e \quad (I = 1, 2) \tag{2.12}$$

其中

$$\sin\varphi^e = \frac{y_2^e - y_1^e}{l^e} = \frac{y_{21}^e}{l^e}, \quad \cos\varphi^e = \frac{x_2^e - x_1^e}{l^e} = \frac{x_{21}^e}{l^e} \tag{2.13}$$

式中 $x_{21}^e = x_2^e - x_1^e$，$y_{21}^e = y_2^e - y_1^e$。

将以上两式写成矩阵的形式，有

$$\boldsymbol{d}'^e = \boldsymbol{T}^e \boldsymbol{d}^e, \quad \boldsymbol{d}^e = \boldsymbol{T}^{e\mathrm{T}} \boldsymbol{d}'^e \tag{2.14}$$

式中 $\boldsymbol{d}'^e = [u_{1x}'^e \quad u_{2x}'^e]^{\mathrm{T}}$ 为单元局部坐标系中的单元节点位移列阵，

$$\boldsymbol{T}^e = \frac{1}{l^e} \begin{bmatrix} x_{21}^e & y_{21}^e & 0 & 0 \\ 0 & 0 & x_{21}^e & y_{21}^e \end{bmatrix} \tag{2.15}$$

为变换矩阵。类似地，单元节点内力列阵的变换关系为

$$\boldsymbol{F}'^e = \boldsymbol{T}^e \boldsymbol{F}^e, \quad \boldsymbol{F}^e = \boldsymbol{T}^{e\mathrm{T}} \boldsymbol{F}'^e \tag{2.16}$$

式中 $\boldsymbol{F}'^e = [F_{1x}'^e \quad F_{2x}'^e]^{\mathrm{T}}$ 为单元局部坐标系中的单元节点内力列阵。

利用以上关系式，可以得到全局坐标系中的单元刚度方程为

$$\boldsymbol{F}^e = \boldsymbol{T}^{e\mathrm{T}} \boldsymbol{F}'^e = \boldsymbol{T}^{e\mathrm{T}} \boldsymbol{K}'^e \boldsymbol{d}'^e = \boldsymbol{T}^{e\mathrm{T}} \boldsymbol{K}'^e \boldsymbol{T}^e \boldsymbol{d}^e$$
$$= \boldsymbol{K}^e \boldsymbol{d}^e \tag{2.17}$$

式中 $\boldsymbol{K}'^e$ 为单元局部坐标系中的单元刚度矩阵 [即式 (2.8) 中的 $\boldsymbol{K}^e$]，

$$\boldsymbol{K}^e = \boldsymbol{T}^{e\mathrm{T}} \boldsymbol{K}'^e \boldsymbol{T}^e$$
$$= \frac{k^e}{(l^e)^2} \begin{bmatrix} (x_{21}^e)^2 & x_{21}^e y_{21}^e & -(x_{21}^e)^2 & -x_{21}^e y_{21}^e \\ x_{21}^e y_{21}^e & (y_{21}^e)^2 & -x_{21}^e y_{21}^e & -(y_{21}^e)^2 \\ -(x_{21}^e)^2 & -x_{21}^e y_{21}^e & (x_{21}^e)^2 & x_{21}^e y_{21}^e \\ -x_{21}^e y_{21}^e & -(y_{21}^e)^2 & x_{21}^e y_{21}^e & (y_{21}^e)^2 \end{bmatrix} \tag{2.18}$$

为二维杆单元的单元刚度矩阵。

单元的应变为

$$\varepsilon^e = \frac{1}{l^e}[-1 \quad 1]\boldsymbol{d}'^e = \boldsymbol{B}^e \boldsymbol{d}^e \tag{2.19}$$

式中

$$\boldsymbol{B}^e = \frac{1}{(l^e)^2}[-x_{21}^e \quad -y_{21}^e \quad x_{21}^e \quad y_{21}^e] \tag{2.20}$$

为单元应变矩阵。单元的应力为

$$\sigma^e = E^e \boldsymbol{B}^e \boldsymbol{d}^e \tag{2.21}$$

2.2.3 三维杆单元

类似地，对于三维杆单元，单元自由度总数为 6，前 3 个自由度对应于单元 1 号节点的 x、y 和 z 方向，后 3 个自由度对应于单元 2 号节点的 x、y 和 z 方向。单元节点位移列阵、单元节点内力列阵、变换矩阵和单元刚度矩阵分别为

$$\boldsymbol{d}^e = [u^e_{1x} \quad u^e_{1y} \quad u^e_{1z} \quad u^e_{2x} \quad u^e_{2y} \quad u^e_{2z}]^{\mathrm{T}} \tag{2.22}$$

$$\boldsymbol{F}^e = [F^e_{1x} \quad F^e_{1y} \quad F^e_{1z} \quad F^e_{2x} \quad F^e_{2y} \quad F^e_{2z}]^{\mathrm{T}} \tag{2.23}$$

$$\boldsymbol{T}^e = \frac{1}{l^e}\begin{bmatrix} x^e_{21} & y^e_{21} & z^e_{21} & 0 & 0 & 0 \\ 0 & 0 & & x^e_{21} & y^e_{21} & z^e_{21} \end{bmatrix} \tag{2.24}$$

$$\boldsymbol{K}^e = \boldsymbol{T}^{e\mathrm{T}}\boldsymbol{K}'^e\boldsymbol{T}^e$$

$$= \frac{k^e}{(l^e)^2}\begin{bmatrix} (x^e_{21})^2 & x^e_{21}y^e_{21} & x^e_{21}z^e_{21} & -(x^e_{21})^2 & -x^e_{21}y^e_{21} & -x^e_{21}z^e_{21} \\ x^e_{21}y^e_{21} & (y^e_{21})^2 & y^e_{21}z^e_{21} & -x^e_{21}y^e_{21} & -(y^e_{21})^2 & -y^e_{21}z^e_{21} \\ x^e_{21}z^e_{21} & y^e_{21}z^e_{21} & (z^e_{21})^2 & -x^e_{21}z^e_{21} & -y^e_{21}z^e_{21} & -(z^e_{21})^2 \\ -(x^e_{21})^2 & -x^e_{21}y^e_{21} & -x^e_{21}z^e_{21} & (x^e_{21})^2 & x^e_{21}y^e_{21} & x^e_{21}z^e_{21} \\ -x^e_{21}y^e_{21} & -(y^e_{21})^2 & -y^e_{21}z^e_{21} & x^e_{21}y^e_{21} & (y^e_{21})^2 & y^e_{21}z^e_{21} \\ -x^e_{21}z^e_{21} & -y^e_{21}z^e_{21} & -(z^e_{21})^2 & x^e_{21}z^e_{21} & y^e_{21}z^e_{21} & (z^e_{21})^2 \end{bmatrix} \tag{2.25}$$

式中 $z^e_{21} = z^e_2 - z^e_1$。单元的应变和应力表达式分别与式 (2.19) 和式 (2.21) 相同，应变矩阵为

$$\boldsymbol{B}^e = \frac{1}{(l^e)^2}[-x^e_{21} \quad -y^e_{21} \quad -z^e_{21} \quad x^e_{21} \quad y^e_{21} \quad z^e_{21}] \tag{2.26}$$

2.2.4 单元刚度矩阵的物理意义

单元刚度方程给出了单元平衡时单元节点内力和单元节点位移之间需要满足的关系式。若取 $d^e_j = 1$，$d^e_i = 0\,(i \neq j)$，即令单元 e 的第 j 个自由度具有单位位移且其余自由度均固定时，由单元刚度方程可得

$$\begin{bmatrix} K_{1j}^e \\ K_{2j}^e \\ \vdots \\ K_{mj}^e \end{bmatrix} = \begin{bmatrix} F_1^e \\ F_2^e \\ \vdots \\ F_m^e \end{bmatrix} \tag{2.27}$$

式中 m 为单元的自由度数，对于一维、二维和三维杆单元分别为 2、4 和 6。由上式可知，单元刚度矩阵 $\boldsymbol{K}^e$ 第 j 列的物理意义为：当单元的第 j 个自由度给定单位位移而其他自由度固定时，为了使单元平衡而需要在单元各自由度上施加的节点力。

2.2.5 单元刚度矩阵的特性

单元刚度矩阵具有以下特性：

1. 对称性

将单元 e 在两组不同的节点力 $\boldsymbol{F}_1^e$ 和 $\boldsymbol{F}_2^e$ 作用下所产生的节点位移分别记为 $\boldsymbol{d}_1^e$ 和 $\boldsymbol{d}_2^e$。由贝蒂功互等定理（Betty reciprocal work theorem）可知，第一组力在第二组力引起的位移上所做的功，等于第二组力在第一组力引起的位移上所做的功，即

$$\boldsymbol{d}_1^{e\mathrm{T}}\boldsymbol{F}_2^e = \boldsymbol{d}_2^{e\mathrm{T}}\boldsymbol{F}_1^e$$

将单元刚度方程 $\boldsymbol{K}^e\boldsymbol{d}_1^e = \boldsymbol{F}_1^e$ 和 $\boldsymbol{K}^e\boldsymbol{d}_2^e = \boldsymbol{F}_2^e$ 代入上式，可得

$$\boldsymbol{d}_1^{e\mathrm{T}}\boldsymbol{K}^e\boldsymbol{d}_2^e = \boldsymbol{d}_2^{e\mathrm{T}}\boldsymbol{K}^e\boldsymbol{d}_1^e$$

考虑到 $\boldsymbol{d}_2^{e\mathrm{T}}\boldsymbol{K}^e\boldsymbol{d}_1^e = \boldsymbol{d}_1^{e\mathrm{T}}\boldsymbol{K}^{e\mathrm{T}}\boldsymbol{d}_2^e$，上式可以进一步写为

$$\boldsymbol{d}_1^{e\mathrm{T}}(\boldsymbol{K}^e - \boldsymbol{K}^{e\mathrm{T}})\boldsymbol{d}_2^e = 0$$

由此可知 $\boldsymbol{K}^e = \boldsymbol{K}^{e\mathrm{T}}$，即单元刚度矩阵一定是对称矩阵。

2. 主对角元恒为正

若取 $d_i^e \neq 0$，$d_j^e = 0\,(j \neq i)$，则单元刚度方程 $\boldsymbol{K}^e\boldsymbol{d}^e = \boldsymbol{F}^e$ 的第 i 个方程变为 $F_i^e = K_{ii}^e d_i^e$。对于一个稳定的物理问题，力在其作用点处产生的位移应该沿着力的作用方向，而不会相反，即 F_i^e 和 d_i^e 同号，因此必有 $K_{ii}^e > 0$。

3. 奇异性

在建立单元的刚度方程时，单元是自由的，没有对其施加任何位移约束条件。给定单元节点力 $\boldsymbol{F}^e$ 后，即使单元处于平衡状态，仍然无法由单元刚度方程 $\boldsymbol{K}^e\boldsymbol{d}^e = \boldsymbol{F}^e$ 唯一确定其节点位

移 d^e，因为单元可以有任意的刚体位移。从数学上来讲，单元刚度矩阵是奇异的，即 $|K^e| = 0$，单元刚度方程不存在唯一解。

从另一方面来讲，单元刚度矩阵 K^e 第 j 列为当单元的第 j 个自由度给定单位位移而其他自由度固定时，为了使单元平衡而需要在单元各自由度上施加的节点力。也就是说，单元刚度矩阵 K^e 的每一列都要满足平衡条件。例如，对于三维问题，由 x、y 和 z 方向的力平衡条件可知，杆单元刚度矩阵 K^e 第 j 列的各元素满足条件

$$K^e_{1j} + K^e_{4j} = 0$$
$$K^e_{2j} + K^e_{5j} = 0$$
$$K^e_{3j} + K^e_{6j} = 0$$

即在三维问题中，单元刚度矩阵各列隔两行元素之和为 0。

由于单元刚度矩阵是对称的，因此其每一行也满足平衡条件，即对于三维问题有

$$K^e_{j1} + K^e_{j4} = 0$$
$$K^e_{j2} + K^e_{j5} = 0$$
$$K^e_{j3} + K^e_{j6} = 0$$

即在三维问题中，单元刚度矩阵各行隔两列元素之和为 0。

2.3 系统总体刚度方程

有限元法先将系统离散为有限个单元，建立每个单元的刚度方程，然后再利用单元间的连接关系将它们组装成系统的总体刚度方程并求解。共节点的单元在公共节点处应该满足以下两个条件：

1. 节点位移协调条件，即所有单元在公共节点处的节点位移应该相等；

2. 节点力平衡条件，即所有单元作用在公共节点上的内力之和应该与作用在该节点上的外力平衡。

考虑如图 2.5a 所示的由两根具有不同截面面积和材料属性的直杆组成的一维系统，其右端固定，在左端和两杆交界面处分别受外力 f_3 和 f_2 作用。2.2 节建立的单元要求在单元内无外载荷，且截面/材料属性均匀，因此在载荷作用点处和截面/材料属性突变处都应该布置节点。

思考题　*如果单元内受分布外载荷作用，应该如何处理？*

图 2.5b 给出了此问题的有限元模型图，共有 2 个单元，3 个节点，每个节点只有 1 个自由度。节点 1 位移已知 ($\bar{u} = 0$)，约束力 r_1 未知。其他 2 个节点的外力已知，位移未知。

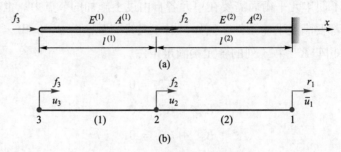

图 2.5　由两个杆单元组成的系统

在将求解区域离散为单元时，节点可以按任意顺序编号。本节为了方便施加位移边界条件，先对给定位移的节点进行编号，然后再对其余节点编号。

2.3.1　总体刚度矩阵的组装

下面分别研究两个单元，其隔离体图如图 2.6 所示。每个杆单元只有 2 个节点和 2 个自由度，单元自由度号和单元节点号相同。单元 1 的自由度 1 和 2 分别对应于总体自由度 3 和 2，单元 2 的自由度 1 和 2 分别对应于总体自由度 2 和 1。这一对应关系可以用下面的对号矩阵 LM 来表示：

$$\text{LM} = \begin{bmatrix} 3 & 2 \\ 2 & 1 \end{bmatrix} \tag{2.28}$$

其中第 e 列对应于单元 e，第 i 行对应于单元的第 i 个自由度。

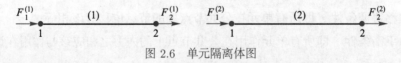

图 2.6　单元隔离体图

在本书中，单元号用上标表示，节点号用下标表示。若一个变量具有单元上标时，其下标节点号为单元局部编号，否则为总体编号。若变量为矢量的某个分量时，其分量号在下标节点号后给出。例如，$F_2^{(2)}$ 表示单元 2 的 2 号节点内力，f_3 表示作用在总体 3 号节点（图 2.5b

的最左端节点）上的外力，而 u_{1y}^e 为单元 e 的 1 号节点的 y 向位移。采用这一标记方法可将本例中的单元节点位移和总体节点位移之间的关系表示为 $u_1^{(1)} = u_3$，$u_2^{(1)} = u_2$，$u_1^{(2)} = u_2$ 和 $u_2^{(2)} = u_1$。将单元节点位移用系统总体节点位移替代后，自动保证了单元在公共节点处的位移协调条件，如本例中有 $u_2^{(1)} = u_1^{(2)} = u_2$。

图 2.7 给出了三个节点的隔离体图。注意图 2.7 中的节点力 $F_1^{(1)}$、$F_2^{(1)}$、$F_1^{(2)}$ 和 $F_2^{(2)}$ 的方向与图 2.6 中给出的方向相反。这是由于图 2.7 中的力是单元作用在节点上的，而图 2.6 中的力则是节点作用在单元上的，它们互为作用力与反作用力。

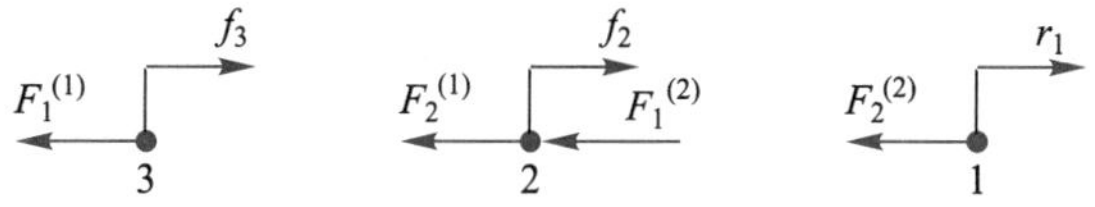

图 2.7　节点隔离体图

三个节点的平衡方程为

$$F_2^{(2)} = r_1$$
$$F_2^{(1)} + F_1^{(2)} = f_2 \tag{2.29}$$
$$F_1^{(1)} = f_3$$

其中单元节点力 $F_1^{(1)}$、$F_2^{(1)}$、$F_1^{(2)}$ 和 $F_2^{(2)}$ 和节点位移之间的关系可以用单元的刚度方程来得到，即

$$\boldsymbol{F}^{(1)} = \begin{bmatrix} F_1^{(1)} \\ F_2^{(1)} \end{bmatrix} = \begin{bmatrix} k^{(1)} & -k^{(1)} \\ -k^{(1)} & k^{(1)} \end{bmatrix} \begin{bmatrix} u_3 \\ u_2 \end{bmatrix} \tag{2.30}$$

$$\boldsymbol{F}^{(2)} = \begin{bmatrix} F_1^{(2)} \\ F_2^{(2)} \end{bmatrix} = \begin{bmatrix} k^{(2)} & -k^{(2)} \\ -k^{(2)} & k^{(2)} \end{bmatrix} \begin{bmatrix} u_2 \\ u_1 \end{bmatrix} \tag{2.31}$$

式中 $k^{(1)} = A^{(1)}E^{(1)}/l^{(1)}$，$k^{(2)} = A^{(2)}E^{(2)}/l^{(2)}$。式 (2.29) 可以进一步写成矩阵的形式为

$$\widetilde{\boldsymbol{F}}^{(1)} + \widetilde{\boldsymbol{F}}^{(2)} = \boldsymbol{f} + \boldsymbol{r} \tag{2.32}$$

式中

$$\widetilde{\boldsymbol{F}}^{(1)} = \begin{bmatrix} 0 \\ F_2^{(1)} \\ F_1^{(1)} \end{bmatrix}, \quad \widetilde{\boldsymbol{F}}^{(2)} = \begin{bmatrix} F_2^{(2)} \\ F_1^{(2)} \\ 0 \end{bmatrix} \tag{2.33}$$

是按照总体节点编号排序的单元节点内力列阵，它们可以通过将单元节点内力列阵 $\boldsymbol{F}^{(1)}$ 和 $\boldsymbol{F}^{(2)}$

的各元素散布到阶数为总体自由度数的列阵中得到，

$$f = \begin{bmatrix} 0 \\ f_2 \\ f_3 \end{bmatrix}, \quad r = \begin{bmatrix} r_1 \\ 0 \\ 0 \end{bmatrix} \tag{2.34}$$

分别为总体节点外力列阵（已知）和节点约束力列阵（未知）。

2.3.1.1　矩阵散布求和

根据单元自由度和总体自由度之间的对应关系 (2.28)，可以将单元刚度方程 (2.30)、(2.31) 改写为

$$\widetilde{F}^{(1)} = \widetilde{K}^{(1)} d \tag{2.35}$$

$$\widetilde{F}^{(2)} = \widetilde{K}^{(2)} d \tag{2.36}$$

式中

$$\widetilde{K}^{(1)} = \begin{bmatrix} 0 & 0 & 0 \\ 0 & k^{(1)} & -k^{(1)} \\ 0 & -k^{(1)} & k^{(1)} \end{bmatrix} \tag{2.37}$$

和

$$\widetilde{K}^{(2)} = \begin{bmatrix} k^{(2)} & -k^{(2)} & 0 \\ -k^{(2)} & k^{(2)} & 0 \\ 0 & 0 & 0 \end{bmatrix} \tag{2.38}$$

是将单元刚度矩阵的各元素根据对应关系 (2.28) 散布到阶数为总体自由度数的矩阵中而得到的。将式 (2.35) 和式 (2.36) 代入式 (2.32)，得到系统的总体刚度方程

$$Kd = f + r \tag{2.39}$$

式中

$$K = \sum_{e=1}^{2} \widetilde{K}^{(e)} = \begin{bmatrix} k^{(2)} & -k^{(2)} & 0 \\ -k^{(2)} & k^{(1)} + k^{(2)} & -k^{(1)} \\ 0 & -k^{(1)} & k^{(1)} \end{bmatrix} \tag{2.40}$$

为系统的总体刚度矩阵。

2.3.1.2　直接组装法

矩阵散布求和法先根据单元自由度和总体自由度之间的对应关系将单元刚度矩阵各元素散布到阶数为总体自由度数的大矩阵中，再对这些大矩阵求和，得到系统的总体刚度矩阵。此方法涉及大量的零元素求和运算，实际编程实现时，可以采用直接组装的方法，即根据单元自由度和总体自由度之间的对应关系直接将单元刚度矩阵中的各元素累加到总体刚度矩阵的相应元素上，从而避免了零元素求和运算，记为

$$K = \mathop{\mathcal{A}}\limits_{e=1}^{n_{\mathrm{el}}} K^e \tag{2.41}$$

式中 $\mathcal{A}$ 为组装算子，它基于对号数组 LM，将单元刚度矩阵 K^e 的各元素累加到系统总体刚度矩阵 K 中。例如，由式 (2.28) 中的 LM 矩阵可知，本例单元 1 的刚度矩阵元素 $K_{11}^{(1)}$、$K_{12}^{(1)}$ 和 $K_{22}^{(1)}$ 分别被累加到总体刚度矩阵的元素 K_{33}、K_{32} 和 K_{22} 中，而单元 2 的刚度矩阵元素 $K_{11}^{(2)}$、$K_{12}^{(2)}$ 和 $K_{22}^{(2)}$ 则分别被累加到总体刚度矩阵的元素 K_{22}、K_{21} 和 K_{11} 中。

直接组装法的 python 代码如下所示，其中 FEData 为有限元模型数据模块（见附录 C.1 节），函数 assembly 的参数 e 和 ke 分别为单元号和单元刚度矩阵，nen、ndof、LM 和 K 分别为单元节点数、节点自由度数、对号数组和总体刚度矩阵。

```python
import FEData as model
def assembly(e, ke):
    for loop1 in range(model.nen*model.ndof):
        i = model.LM[loop1, e]
        for loop2 in range(model.nen*model.ndof):
            j = model.LM[loop2, e]
            model.K[i, j] += ke[loop1, loop2]
```

利用花式索引（fancy indexing）后，以上代码可以简化为

```python
import FEData as model
def assembly(e, ke):
    model.K[np.ix_(model.LM[:,e], model.LM[:,e])] += ke
```

2.3.1.3　公式表达形式

为了理论推导方便，总体刚度矩阵的组装过程也可以用公式来表示。单元节点位移列阵 d^e 和总体节点位移列阵 d 之间的关系可以表示为

$$d^e = L^e d \tag{2.42}$$

式中 L^e 为提取矩阵（gather matrix），它从总体节点位移列阵 d 中提取单元 e 的各节点位移，形成单元节点位移列阵 d^e。L^e 的行数与单元自由度数相等，列数与总体自由度数相等，且每

行只有一个元素为 1，其余均为 0。在本例中，

$$L^{(1)} = \begin{bmatrix} 0 & 0 & 1 \\ 0 & 1 & 0 \end{bmatrix}, \quad L^{(2)} = \begin{bmatrix} 0 & 1 & 0 \\ 1 & 0 & 0 \end{bmatrix}$$

式 (2.42) 隐含了单元的节点位移协调条件。对比式 (2.33)、(2.30) 和式 (2.31) 可得

$$\widetilde{F}^e = L^{e\mathrm{T}} F^e \tag{2.43}$$

即矩阵 $L^{e\mathrm{T}}$ 将单元节点内力列阵 F^e 散布到总体节点内力列阵 $\widetilde{F}^e$ 中。

将式 (2.43) 代入式 (2.32) 中，并利用式 (2.42)，得

$$Kd = f + r \tag{2.44}$$

式中

$$K = \sum_{e=1}^{n_{\mathrm{el}}} L^{e\mathrm{T}} K^e L^e \tag{2.45}$$

其中 $n_{\mathrm{el}} = 2$ 为单元总数。式 (2.45) 等价于前面讲述的直接组装法和矩阵散布求和法。可见，对单元刚度矩阵 K^e 前乘 $L^{e\mathrm{T}}$ 后乘 L^e 相当于将其散布到总体刚度矩阵中。这种方法仅用于有限元格式推导，实际编程时仍使用直接组装法。

2.3.2　总体刚度矩阵的物理意义和特性

总体刚度方程 (2.39) 的物理意义是离散结构中各节点的平衡方程。总体刚度矩阵是由单元刚度矩阵组装而成的，因此具有和单元刚度矩阵相同的物理意义和特性，即总体刚度矩阵是对称和奇异的，且对角元恒为正，其第 j 列的物理意义为：当结构的第 j 个自由度给定单位位移而其余自由度固定时，为了使结构平衡而需要在结构各自由度上施加的节点力。

在施加位移边界条件以前，结构在平衡力系作用下仍然可以具有任意刚体位移，因此总体刚度方程 (2.39) 不存在唯一解，总体刚度矩阵 K 是奇异的。另一方面，总体刚度矩阵的每一列（行）都满足平衡条件，即对于二维问题，其每一列（行）隔行（列）元素之和为 0，对于三维问题，其每一列（行）隔两行（列）元素之和为 0，因此 K 是奇异的。

由组装过程可以看出，单元刚度矩阵只对总体刚度矩阵中与其相关联的自由度所对应的元素有贡献。一般情况下，结构中每个节点只与少数几个单元连接，即每个节点只与少数节点有关联，因此总体刚度矩阵中的每一行元素只有少量的非零元素，是一个高度稀疏的带状矩阵。例如对于图 2.8 所示的由 10 个节点组成的一维系统，节点 1 和节点 10 只与 1 个节点有关联，其

余节点只与 2 个相邻节点有关联，因此总体刚度矩阵除对角元外，第 1 行和第 10 行只有 1 个非零元素，其余各行只有 2 个非零元素。按照图 2.8 所示的顺序对节点进行编号时，总体刚度矩阵是一个三对角矩阵。

图 2.8　10 节点一维系统

2.3.3　位移边界条件

在求解系统总体刚度方程之前，需要先施加位移边界条件。施加位移边界条件的方法主要有缩减法、修改法、罚函数法和主从自由度法等。

2.3.3.1　缩减法

将总体节点位移列阵 $\boldsymbol{d}$ 分块为已知位移子列阵 $\overline{\boldsymbol{d}}_{\mathrm{E}}$ 和未知位移子列阵 $\boldsymbol{d}_{\mathrm{F}}$ 两部分，总体刚度方程 (2.39) 相应地分块为

$$\begin{bmatrix} \boldsymbol{K}_{\mathrm{E}} & \boldsymbol{K}_{\mathrm{EF}} \\ \boldsymbol{K}_{\mathrm{FE}} & \boldsymbol{K}_{\mathrm{F}} \end{bmatrix} \begin{bmatrix} \overline{\boldsymbol{d}}_{\mathrm{E}} \\ \boldsymbol{d}_{\mathrm{F}} \end{bmatrix} = \begin{bmatrix} \boldsymbol{r}_{\mathrm{E}} \\ \boldsymbol{f}_{\mathrm{F}} \end{bmatrix} \tag{2.46}$$

式中

$$\boldsymbol{K}_{\mathrm{E}} = [k^{(2)}], \quad \boldsymbol{K}_{\mathrm{EF}} = \boldsymbol{K}_{\mathrm{FE}}^{\mathrm{T}} = [-k^{(2)} \quad 0], \quad \boldsymbol{K}_{\mathrm{F}} = \begin{bmatrix} k^{(1)} + k^{(2)} & -k^{(1)} \\ -k^{(1)} & k^{(1)} \end{bmatrix}$$

$$\overline{\boldsymbol{d}}_{\mathrm{E}} = [\overline{u}_1], \quad \boldsymbol{d}_{\mathrm{F}} = \begin{bmatrix} u_2 \\ u_3 \end{bmatrix}, \quad \boldsymbol{r}_{\mathrm{E}} = [r_1], \quad \boldsymbol{f}_{\mathrm{F}} = \begin{bmatrix} f_2 \\ f_3 \end{bmatrix}$$

式 (2.46) 可以展开为以下两个方程：

$$\boldsymbol{r}_{\mathrm{E}} = \boldsymbol{K}_{\mathrm{E}}\overline{\boldsymbol{d}}_{\mathrm{E}} + \boldsymbol{K}_{\mathrm{EF}}\boldsymbol{d}_{\mathrm{F}} \tag{2.47}$$

$$\boldsymbol{K}_{\mathrm{F}}\boldsymbol{d}_{\mathrm{F}} = \boldsymbol{f}_{\mathrm{F}} - \boldsymbol{K}_{\mathrm{FE}}\overline{\boldsymbol{d}}_{\mathrm{E}} \tag{2.48}$$

式 (2.48) 称为缩减刚度方程，其中缩减刚度矩阵 $\boldsymbol{K}_{\mathrm{F}}$ 是正定的。由式 (2.48) 可解出节点位移列阵 $\boldsymbol{d}_{\mathrm{F}}$，然后代入式 (2.47) 可求得约束力列阵 $\boldsymbol{r}_{\mathrm{E}}$。

在编程实现时，可以直接组装形成缩减刚度矩阵 $\boldsymbol{K}_{\mathrm{F}}$ 和右端项列阵 $\boldsymbol{f}_{\mathrm{F}} - \boldsymbol{K}_{\mathrm{FE}}\overline{\boldsymbol{d}}_{\mathrm{E}}$，而不用先组装总体刚度矩阵 $\boldsymbol{K}$ 再生成各分块矩阵，以减少内存用量。

思考题　式 (2.48) 右端第二项 $-\boldsymbol{K}_{\mathrm{EF}}\overline{\boldsymbol{d}}_{\mathrm{E}}$ 的物理意义是什么？

2.3.3.2　修改法

修改法将与给定位移对应的刚度方程替换为相应的位移边界条件方程，并对其余方程进行相应的修正。例如，对于总体刚度方程 (2.39)，将其第一个方程替换为位移边界条件 $u_1 = \overline{u}_1$，并将其余方程中与 $\overline{u}_1$ 有关的项移到方程右边，得

$$
\begin{bmatrix} 1 & 0 & 0 \\ 0 & k^{(1)}+k^{(2)} & -k^{(1)} \\ 0 & -k^{(1)} & k^{(1)} \end{bmatrix} \begin{bmatrix} u_1 \\ u_2 \\ u_3 \end{bmatrix} = \begin{bmatrix} \overline{u}_1 \\ f_2 - (-k^{(2)})\overline{u}_1 \\ f_3 - (0)\overline{u}_1 \end{bmatrix} \tag{2.49}
$$

修改法避免了矩阵分块，编程实现简单，但所求解的方程阶数高于缩减法，且不能直接求得约束力。

2.3.3.3　罚函数法

罚函数法将与给定位移对应的刚度矩阵对角元替换为一个大数 β，并将其右端项改为 β 与给定位移值的乘积。例如，罚函数法将总体刚度方程 (2.39) 改为

$$
\begin{bmatrix} \beta & -k^{(2)} & 0 \\ -k^{(2)} & k^{(1)}+k^{(2)} & -k^{(1)} \\ 0 & -k^{(1)} & k^{(1)} \end{bmatrix} \begin{bmatrix} u_1 \\ u_2 \\ u_3 \end{bmatrix} = \begin{bmatrix} \beta\overline{u}_1 \\ f_2 \\ f_3 \end{bmatrix} \tag{2.50}
$$

罚函数 β 既不宜过大，也不宜过小。一般可将 β 取为刚度矩阵对角元平均值的 10^7 倍。关于罚函数的进一步讨论见 5.2 节。

2.3.3.4　主从自由度法

在许多情况下，一个约束方程可能会涉及一个节点或多个节点的多个自由度，称为多自由度约束（multifreedom constraints）或 多点约束（multipoint constraints）。假设节点 1 为处于斜面上的滚轴支座，其沿斜面法线方向的位移应为 0，相应的约束条件为

$$
-u_{1x}\sin\theta + u_{1y}\cos\theta = 0 \tag{2.51}
$$

式中 θ 为斜面和 x 轴之间的夹角。上式涉及同一个节点的两个方向位移，而约束方程

$$
2u_{2x} - u_{3y} = 1 \tag{2.52}
$$

则涉及多个节点的自由度。多自由度约束方程可以通过拉格朗日乘子法（详见 5.1 节）或罚函

数法（详见 5.2 节）施加，也可以通过主从自由度法施加。

多自由度约束方程可以写成矩阵的形式

$$Bd = g \tag{2.53}$$

式中矩阵 B 的行数等于约束方程数，列数等于系统的自由度总数。例如，式 (2.51) 和式 (2.52) 可以写为

$$\begin{bmatrix} -\sin\theta & \cos\theta & 0 & 0 & 0 & 0 \\ 0 & 0 & 2 & 0 & 0 & -1 \end{bmatrix} \begin{bmatrix} u_{1x} \\ u_{1y} \\ u_{2x} \\ u_{2y} \\ u_{3x} \\ u_{3y} \end{bmatrix} = \begin{bmatrix} 0 \\ 1 \end{bmatrix} \tag{2.54}$$

每增加一个自由度，系统独立的自由度就减少一个。可以把约束方程中出现的自由度分为主自由度（master freedoms）和从自由度（slave freedoms），其中从自由度是不独立的，它们由主自由度通过约束方程确定。例如，式 (2.54) 有两个约束方程，可以取 u_{1y} 和 u_{2x} 为从自由度，u_{1x} 和 u_{3y} 为主自由度。从自由度的选择是不唯一的，例如这里也可以取 u_{1x} 和 u_{3y} 为从自由度，u_{1y} 和 u_{2x} 为主自由度。

将系统节点位移列阵 d 分为由主自由度组成的列阵 d_{m}、由从自由度组成的列阵 d_{s} 和由未出现在约束方程中的自由度组成的列阵 d_{u}，约束方程 (2.53) 和总体刚度方程 (2.39) 可以改写为

$$B_{\mathrm{m}}d_{\mathrm{m}} + B_{\mathrm{s}}d_{\mathrm{s}} = g \tag{2.55}$$

$$\begin{bmatrix} K_{\mathrm{uu}} & K_{\mathrm{um}} & K_{\mathrm{us}} \\ K_{\mathrm{mu}} & K_{\mathrm{mm}} & K_{\mathrm{ms}} \\ K_{\mathrm{su}} & K_{\mathrm{sm}} & K_{\mathrm{ss}} \end{bmatrix} \begin{bmatrix} d_{\mathrm{u}} \\ d_{\mathrm{m}} \\ d_{\mathrm{s}} \end{bmatrix} = \begin{bmatrix} f_{\mathrm{u}} \\ f_{\mathrm{m}} \\ f_{\mathrm{s}} \end{bmatrix} \tag{2.56}$$

利用约束方程 (2.55) 可以将从自由度列阵 d_{s} 用主自由度列阵 d_{m} 表示，即

$$\begin{aligned} d_{\mathrm{s}} &= -B_{\mathrm{s}}^{-1}B_{\mathrm{m}}d_{\mathrm{m}} + B_{\mathrm{s}}^{-1}g \\ &= Td_{\mathrm{m}} + g' \end{aligned} \tag{2.57}$$

式中 $T = -B_{\mathrm{s}}^{-1}B_{\mathrm{m}}$，$g' = B_{\mathrm{s}}^{-1}g$。将上式和 $d_{\mathrm{u}} = Id_{\mathrm{u}}$、$d_{\mathrm{m}} = Id_{\mathrm{m}}$ 一起写为

$$\begin{bmatrix} \boldsymbol{d}_{\mathrm{u}} \\ \boldsymbol{d}_{\mathrm{m}} \\ \boldsymbol{d}_{\mathrm{s}} \end{bmatrix} = \begin{bmatrix} \boldsymbol{I} & \boldsymbol{0} \\ \boldsymbol{0} & \boldsymbol{I} \\ \boldsymbol{0} & \boldsymbol{T} \end{bmatrix} \begin{bmatrix} \boldsymbol{d}_{\mathrm{u}} \\ \boldsymbol{d}_{\mathrm{m}} \end{bmatrix} + \begin{bmatrix} \boldsymbol{0} \\ \boldsymbol{0} \\ \boldsymbol{g}' \end{bmatrix} \tag{2.58}$$

将上式代入式 (2.56)，并在方程两边同时左乘上式右端第一项系数矩阵的转置，得

$$\begin{bmatrix} \boldsymbol{K}_{\mathrm{uu}} & \boldsymbol{K}'_{\mathrm{um}} \\ \boldsymbol{K}'_{\mathrm{mu}} & \boldsymbol{K}'_{\mathrm{mm}} \end{bmatrix} \begin{bmatrix} \boldsymbol{d}_{\mathrm{u}} \\ \boldsymbol{d}_{\mathrm{m}} \end{bmatrix} = \begin{bmatrix} \boldsymbol{f}'_{\mathrm{u}} \\ \boldsymbol{f}'_{\mathrm{m}} \end{bmatrix} \tag{2.59}$$

式中

$$\boldsymbol{K}'_{\mathrm{um}} = \boldsymbol{K}_{\mathrm{um}} + \boldsymbol{K}_{\mathrm{us}}\boldsymbol{T}$$

$$\boldsymbol{K}'_{\mathrm{mu}} = \boldsymbol{K}_{\mathrm{mu}} + \boldsymbol{T}^{\mathrm{T}}\boldsymbol{K}_{\mathrm{su}}$$

$$\boldsymbol{K}'_{\mathrm{mm}} = \boldsymbol{K}_{\mathrm{mm}} + \boldsymbol{K}_{\mathrm{ms}}\boldsymbol{T} + \boldsymbol{T}^{\mathrm{T}}\boldsymbol{K}_{\mathrm{sm}} + \boldsymbol{T}^{\mathrm{T}}\boldsymbol{K}_{\mathrm{ss}}\boldsymbol{T}$$

$$\boldsymbol{f}'_{\mathrm{u}} = \boldsymbol{f}_{\mathrm{u}} - \boldsymbol{K}_{\mathrm{us}}\boldsymbol{g}'$$

$$\boldsymbol{f}'_{\mathrm{m}} = \boldsymbol{f}_{\mathrm{m}} - \boldsymbol{K}_{\mathrm{ms}}\boldsymbol{g}' + \boldsymbol{T}^{\mathrm{T}}(\boldsymbol{f}_{\mathrm{s}} - \boldsymbol{K}_{\mathrm{ss}}\boldsymbol{g}')$$

由式 (2.59) 解得 $\boldsymbol{d}_{\mathrm{u}}$ 和 $\boldsymbol{d}_{\mathrm{m}}$ 后，代入式 (2.57) 可解得 $\boldsymbol{d}_{\mathrm{s}}$。

主从自由度法减缩了系统的自由度总数，约束条件是精确满足的，但程序实现比较复杂。为了保证数值稳定性，需要合理选取从自由度以确保矩阵 $\boldsymbol{B}_{\mathrm{s}}$ 是良态（well-conditioned）的。

例题 2–1：考虑图 2.9 所示的由两根杆组成的二维桁架结构，两杆的截面面积均为 A，弹性模量均为 E，几何尺寸、边界条件和载荷如图所示[①]。求各节点的位移和各杆的应力。

解答：有限元法求解此问题共需要五步。

第 1 步：前处理，将此结构划分为 2 个单元，3 个节点，编号如图 2.9 所示，其中节点号先从给定位移的节点开始编号，以便于用缩减法施加位移边界条件。单元 1 的左右节点分别为节点 1 和节点 3，单元 2 的左右节点分别为节点 2 和节点 3。

第 2 步：单元分析，建立单元的刚度方程。各单元局部坐标系如图 2.10 所示，其中 $\varphi^{(1)} = \pi/4$，$\varphi^{(2)} = \pi/2$。代入式 (2.18) 中，可以得到各单元的刚度矩阵为

$$\boldsymbol{K}^{(1)} = \frac{\sqrt{2}AE}{2l} \begin{bmatrix} 1/2 & 1/2 & -1/2 & -1/2 \\ 1/2 & 1/2 & -1/2 & -1/2 \\ -1/2 & -1/2 & 1/2 & 1/2 \\ -1/2 & -1/2 & 1/2 & 1/2 \end{bmatrix}$$

---

① 有限元分析在建立有限元模型时，首先要统一几何量和物理量的单位，输入模型的数据均为按相应的单位进行转换后的数值。本书其他算例均参照此说明来理解数值的含义。

$$\boldsymbol{K}^{(2)} = \frac{AE}{l} \begin{bmatrix} 0 & 0 & 0 & 0 \\ 0 & 1 & 0 & -1 \\ 0 & 0 & 0 & 0 \\ 0 & -1 & 0 & 1 \end{bmatrix}$$

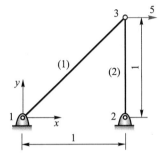

图 2.9   由两根杆组成的二维桁架

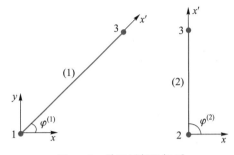

图 2.10   单元局部坐标系

第 3 步：组装，利用单元自由度号与总体自由度号的对应关系矩阵 LM，直接将单元刚度矩阵组装为总体刚度矩阵。本问题的对号矩阵为

$$\text{LM} = \begin{bmatrix} 1 & 3 \\ 2 & 4 \\ 5 & 5 \\ 6 & 6 \end{bmatrix}$$

因此有

$$\boldsymbol{K} = \frac{AE}{l} \begin{bmatrix} \sqrt{2}/4 & \sqrt{2}/4 & 0 & 0 & -\sqrt{2}/4 & -\sqrt{2}/4 \\ \sqrt{2}/4 & \sqrt{2}/4 & 0 & 0 & -\sqrt{2}/4 & -\sqrt{2}/4 \\ 0 & 0 & 0 & 0 & 0 & 0 \\ 0 & 0 & 0 & 1 & 0 & -1 \\ -\sqrt{2}/4 & -\sqrt{2}/4 & 0 & 0 & \sqrt{2}/4 & \sqrt{2}/4 \\ -\sqrt{2}/4 & -\sqrt{2}/4 & 0 & -1 & \sqrt{2}/4 & \sqrt{2}/4+1 \end{bmatrix}$$

$$\boldsymbol{d} = \begin{bmatrix} 0 \\ 0 \\ 0 \\ 0 \\ u_{3x} \\ u_{3y} \end{bmatrix}, \quad \boldsymbol{f} = \begin{bmatrix} 0 \\ 0 \\ 0 \\ 0 \\ 5 \\ 0 \end{bmatrix}, \quad \boldsymbol{r} = \begin{bmatrix} r_{1x} \\ r_{1y} \\ r_{2x} \\ r_{2y} \\ 0 \\ 0 \end{bmatrix}$$

第 4 步：施加位移边界条件，求解总体刚度方程。各分块矩阵为

$$\overline{\boldsymbol{d}}_{\mathrm{E}} = \begin{bmatrix} 0 \\ 0 \\ 0 \\ 0 \end{bmatrix}, \quad \boldsymbol{d}_{\mathrm{F}} = \begin{bmatrix} u_{3x} \\ u_{3y} \end{bmatrix}, \quad \boldsymbol{f}_{\mathrm{F}} = \begin{bmatrix} 5 \\ 0 \end{bmatrix}, \quad \boldsymbol{r}_{\mathrm{E}} = \begin{bmatrix} r_{1x} \\ r_{1y} \\ r_{2x} \\ r_{2y} \end{bmatrix}$$

$$\boldsymbol{K}_{\mathrm{F}} = \frac{AE}{l} \begin{bmatrix} \sqrt{2}/4 & \sqrt{2}/4 \\ \sqrt{2}/4 & \sqrt{2}/4 + 1 \end{bmatrix}, \quad \boldsymbol{K}_{\mathrm{EF}} = \frac{AE}{l} \begin{bmatrix} -\sqrt{2}/4 & -\sqrt{2}/4 \\ -\sqrt{2}/4 & -\sqrt{2}/4 \\ 0 & 0 \\ 0 & -1 \end{bmatrix}$$

由于 $\overline{\boldsymbol{d}}_{\mathrm{E}} = \boldsymbol{0}$，$\boldsymbol{K}_{\mathrm{E}}\overline{\boldsymbol{d}}_{\mathrm{E}} = \boldsymbol{0}$，即 $\boldsymbol{K}_{\mathrm{E}}$ 不出现在方程 (2.47) 中，因此这里没有写出矩阵 $\boldsymbol{K}_{\mathrm{E}}$。缩减刚度方程为

$$\frac{AE}{l} \begin{bmatrix} \sqrt{2}/4 & \sqrt{2}/4 \\ \sqrt{2}/4 & \sqrt{2}/4 + 1 \end{bmatrix} \begin{bmatrix} u_{3x} \\ u_{3y} \end{bmatrix} = \begin{bmatrix} 5 \\ 0 \end{bmatrix}$$

由缩减刚度方程可解得

$$\boldsymbol{d}_{\mathrm{F}} = \begin{bmatrix} u_{3x} \\ u_{3y} \end{bmatrix} = \frac{l}{AE} \begin{bmatrix} 5 + 10\sqrt{2} \\ -5 \end{bmatrix}$$

然后由式 (2.47) 可得到约束力为

$$\boldsymbol{r}_{\mathrm{E}} = \begin{bmatrix} r_{1x} \\ r_{1y} \\ r_{2x} \\ r_{2y} \end{bmatrix} = \begin{bmatrix} -5 \\ -5 \\ 0 \\ 5 \end{bmatrix}$$

可以验证外力和约束力满足平衡条件，即 x 方向和 y 方向的合力为 0，对任意点的合力矩也为 0。

第 5 步：后处理，计算单元的应力。由式 (2.21) 可得

$$\sigma^{(1)} = \frac{E}{2l^2}[-l \quad -l \quad l \quad l]\frac{l}{AE} \begin{bmatrix} 0 \\ 0 \\ 5 + 10\sqrt{2} \\ -5 \end{bmatrix} = \frac{5\sqrt{2}}{A}$$

$$\sigma^{(2)} = \frac{E}{l^2}[0 \quad -l \quad 0 \quad l]\frac{l}{AE}\begin{bmatrix} 0 \\ 0 \\ 5 + 10\sqrt{2} \\ -5 \end{bmatrix} = -\frac{5}{A}$$

2.3.4　其他线性系统

直接刚度法也可以用于求解其他线性系统，如热传导、流体流动、电流等问题。这类问题具有以下共同特点：

1. 具有连续/协调的势；

2. 通量和势（如电压、压力、温度和位移等）之间满足线性关系；

3. 满足通量（如电流、流率、热流和内力等）守恒/平衡条件。

例如，对于电路中的稳态电流问题，电流（通量）i 和电压（势）e 之间满足欧姆定律

$$i_2^e = \frac{e_2^e - e_1^e}{R^e} \tag{2.60}$$

式中 i_2^e 是电阻右端的流入电流，e_1^e 和 e_2^e 分别是电阻左端和右端的电压，R^e 是电阻，如图 2.11 所示。由电荷守恒定律可知，流入电阻的总电流应该等于 0，即

$$i_1^e + i_2^e = 0 \tag{2.61}$$

式中 i_1^e 为电阻左端的流入电流。式 (2.60) 和式 (2.61) 可以写为式 (2.7) 的形式，其中

$$\boldsymbol{F}^e = [i_1^e \quad i_2^e]^{\mathrm{T}} \tag{2.62}$$

$$\boldsymbol{d}^e = [e_1^e \quad e_2^e]^{\mathrm{T}} \tag{2.63}$$

$$\boldsymbol{K}^e = \frac{1}{R^e}\begin{bmatrix} 1 & -1 \\ -1 & 1 \end{bmatrix} \tag{2.64}$$

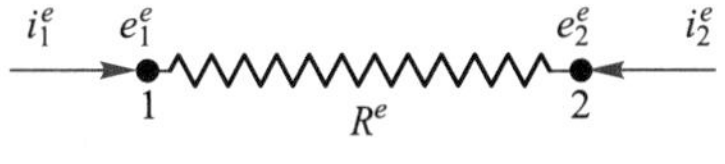

图 2.11　电阻单元 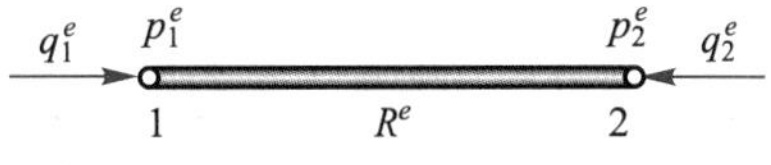　　　　　　　　　　图 2.12　管道流动单元

类似地，对于**管道流动**问题（图 2.12），单元的流率（通量）和节点压力（势）差成正比，即

$$q_2^e = \frac{1}{R^e}(p_2^e - p_1^e) \tag{2.65}$$

式中阻力系数 R^e 取决于管道的截面面积、流体的黏性和单元的长度，q_2^e 为单元右端的入流率（单位时间通过管道右截面的流体体积），p_1^e 和 p_2^e 分别为管道单元左右节点处的压力。假设流体不可压缩，由守恒条件得

$$q_1^e + q_2^e = 0 \tag{2.66}$$

式 (2.65) 和式 (2.66) 可以写为式 (2.7) 的形式，其中

$$\boldsymbol{F}^e = [q_1^e \quad q_2^e]^{\mathrm{T}} \tag{2.67}$$

$$\boldsymbol{d}^e = [p_1^e \quad p_2^e]^{\mathrm{T}} \tag{2.68}$$

$$\boldsymbol{K}^e = \frac{1}{R^e} \begin{bmatrix} 1 & -1 \\ -1 & 1 \end{bmatrix} \tag{2.69}$$

对于一维稳态热传导问题，热流 q（通量）和温度 T（势）之间满足傅里叶定律，即

$$q_2^e = \frac{A^e \kappa^e}{l^e}(T_2^e - T_1^e) \tag{2.70}$$

式中 q_2^e 为单元右端流入的热流，κ^e 为导热系数，T_1^e 和 T_2^e 分别为单元左右节点处的温度。由热流平衡条件有

$$q_1^e + q_2^e = 0 \tag{2.71}$$

式 (2.70) 和式 (2.71) 可以写为式 (2.7) 的形式，其中

$$\boldsymbol{F}^e = [q_1^e \quad q_2^e]^{\mathrm{T}} \tag{2.72}$$

$$\boldsymbol{d}^e = [T_1^e \quad T_2^e]^{\mathrm{T}} \tag{2.73}$$

$$\boldsymbol{K}^e = \frac{A^e \kappa^e}{l^e} \begin{bmatrix} 1 & -1 \\ -1 & 1 \end{bmatrix} \tag{2.74}$$

不同线性问题之间的对应关系如表 2.1所示。

表 2.1　不同线性问题之间的对应关系

	应力分析	电流分析	流体流动	热传导
势	位移	电压	压力	温度
通量	内力	电流	流率	热流

例题 2-2：考虑如图 2.13 所示的管道流动系统。假设流体不可压缩，左端的流率和右端

的流率均为 $Q = 10$，右端的压力 $p_4 = 0$。已知各分支的阻力系数分别为 $R^{(1)} = 10$，$R^{(2)} = 5$，$R^{(3)} = 2$，$R^{(4)} = 3$，$R^{(5)} = 5$。求各处的压力和各分支的流率。

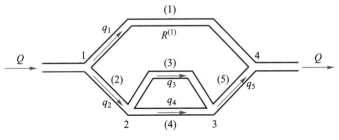

图 2.13 管道流动系统

解答：系统分为 5 个单元，4 个节点。各单元的系数矩阵分别为

$$\boldsymbol{K}^{(1)} = \frac{1}{10}\begin{bmatrix} 1 & -1 \\ -1 & 1 \end{bmatrix}, \quad \boldsymbol{K}^{(2)} = \boldsymbol{K}^{(5)} = \frac{1}{5}\begin{bmatrix} 1 & -1 \\ -1 & 1 \end{bmatrix}$$

$$\boldsymbol{K}^{(3)} = \frac{1}{2}\begin{bmatrix} 1 & -1 \\ -1 & 1 \end{bmatrix}, \quad \boldsymbol{K}^{(4)} = \frac{1}{3}\begin{bmatrix} 1 & -1 \\ -1 & 1 \end{bmatrix}$$

对号矩阵为

$$\mathrm{LM} = \begin{bmatrix} 1 & 1 & 2 & 2 & 3 \\ 4 & 2 & 3 & 3 & 4 \end{bmatrix}$$

系统的总体刚度矩阵为

$$\boldsymbol{K} = \frac{1}{30}\begin{bmatrix} 9 & -6 & 0 & -3 \\ -6 & 31 & -25 & 0 \\ 0 & -25 & 31 & -6 \\ -3 & 0 & -6 & 9 \end{bmatrix}$$

系统总体刚度方程为

$$\frac{1}{30}\begin{bmatrix} 9 & -6 & 0 & -3 \\ -6 & 31 & -25 & 0 \\ 0 & -25 & 31 & -6 \\ -3 & 0 & -6 & 9 \end{bmatrix}\begin{bmatrix} p_1 \\ p_2 \\ p_3 \\ p_4 \end{bmatrix} = \begin{bmatrix} 10 \\ 0 \\ 0 \\ 10 \end{bmatrix}$$

利用缩减法引入边界条件 $p_4 = 0$，可解得

$$p_1 = 52.830\,2, \quad p_2 = 29.245\,3, \quad p_3 = 23.584\,9$$

由式 (2.65) 可以求得各分支的流率为

$$q_1 = \frac{1}{R^{(1)}}(p_1 - p_4) = 5.283\,02$$

$$q_2 = \frac{1}{R^{(2)}}(p_1 - p_2) = 4.717\,0$$

$$q_3 = \frac{1}{R^{(3)}}(p_2 - p_3) = 2.830\,2$$

$$q_4 = \frac{1}{R^{(4)}}(p_2 - p_3) = 1.886\,8$$

$$q_5 = \frac{1}{R^{(5)}}(p_3 - p_4) = 4.717\,0$$

思考题 如何校验求得的各分支流率是否正确？

2.4 线性代数方程组的解法

有限元分析最终都要求解大型线性方程组 $\boldsymbol{Ka} = \boldsymbol{R}$，其计算量占有限元分析总计算量的大部分，因此有限元程序的效率在很大程度上取决于求解线性方程组的效率。求解正定对称线性方程组所需的 CPU 时间可以表示为

$$t_{\mathrm{CPU}} = Cn^\alpha \tag{2.75}$$

其中 n 为未知数总数（有限元模型的自由度总数），系数 C 和指数 α 的值取决于所使用的求解方法和系数矩阵的稀疏性和条件数。对于稠密矩阵，直接法的指数 α 为 3，其 CPU 时间随着自由度的增加而急剧增加。例如，若求解 10^3 个自由度的方程组需要 1 s 的话，求解 10^6 个自由度的方程组则需要 10^9 s，即大约需要 30 年。幸运的是，有限元法的刚度矩阵 $\boldsymbol{K}$ 是高度稀疏的，指数 α 一般为 $1 \sim 2$。

求解线性方程组的方法有两大类：直接法和迭代法。两类方法各有其优缺点，直接法可以事先准确地估算出求解方程组所需的算术运算次数，而迭代法所需的运算次数取决于所假设的初始解向量和对解的精度要求，无法事先准确估算。迭代法的系数 C 显著大于直接法，但其指数 α 一般小于直接法。对于非奇异问题，直接法的系数 C 和指数 α 与系数矩阵的条件数无关，具有很好的鲁棒性，一般适合于求解中等规模（10^5 自由度）以下的问题。但对于大型问

题，迭代法的效率可能要高得多。另外，迭代法在并行计算上具有几乎理想的可扩展性，即随着处理器数的增加，CPU 时间相应地成比例减少。

本节只讨论直接法，迭代法可参考相关文献 [33]。

2.4.1   LDLT 分解

对矩阵 K 作三角分解，得

$$K = LU \tag{2.76}$$

其中

$$L = \begin{bmatrix} 1 & & & & \\ l_{21} & 1 & & & \\ \vdots & \vdots & \ddots & & \\ l_{n-1,1} & l_{n-1,2} & \cdots & 1 & \\ l_{n1} & l_{n2} & \cdots & l_{n,n-1} & 1 \end{bmatrix} \tag{2.77}$$

和

$$U = \begin{bmatrix} u_{11} & u_{12} & u_{13} & \cdots & & u_{1n} \\ & u_{22} & u_{23} & \cdots & & u_{2n} \\ & & \ddots & & \ddots & \vdots \\ & & & u_{n-1,n-1} & u_{n-1,n} \\ & & & & u_{nn} \end{bmatrix} \tag{2.78}$$

分别为单位下三角矩阵和上三角矩阵。上三角矩阵 U 可以进一步写成 $U = D\widehat{U}$，其中 D 为对角矩阵，其对角元等于矩阵 U 的对角元，即 $d_{ii} = u_{ii}$。如果矩阵 K 是对称矩阵，则有 $\widehat{U} = L^{\mathrm{T}}$，$U = DL^{\mathrm{T}}$，因此矩阵 K 也可以分解为

$$K = LDL^{\mathrm{T}} \tag{2.79}$$

上式称为矩阵 K 的 LDLT 分解。有限元法所生成的系统总体刚度矩阵 K 是对称正定的，其 LDLT 分解总是存在的。与 LU 分解相比，LDLT 分解只需存储矩阵 L 和 D，所需的存储量大幅减小。矩阵 L 和 U 各元素之间的关系可以由关系式 $U = DL^{\mathrm{T}}$ 得到，即

$$l_{ji} = \frac{u_{ij}}{d_{ii}} \quad (i = 1, 2, \cdots, j-1) \tag{2.80}$$

其中矩阵 U 的第 j 列元素可以通过式 (2.76) 求得，即

$$
\begin{aligned}
u_{1j} &= k_{1j} \\
u_{ij} &= k_{ij} - \sum_{r=1}^{i-1} l_{ir} u_{rj} \quad (i = 2, 3, \cdots, j-1)
\end{aligned} \tag{2.81}
$$

$$d_{jj} = u_{jj} = k_{jj} - \sum_{i=1}^{j-1} l_{ji} u_{ij} \tag{2.82}$$

2.4.2　消去与回代

对矩阵 K 进行 LDLT 分解后，线性方程组 $Ka = R$ 的求解过程可以分为

$$LV = R \tag{2.83}$$

和

$$L^{\mathrm{T}} a = D^{-1} V = \overline{V} \tag{2.84}$$

两步完成。式 (2.83) 和式 (2.84) 可以分别展开为

$$
\begin{aligned}
v_1 &= r_1 \\
v_i &= r_i - \sum_{r=1}^{i-1} l_{ir} v_r \quad (i = 2, 3, \cdots, n)
\end{aligned} \tag{2.85}
$$

和

$$
\begin{aligned}
a_n &= \overline{v}_n \\
a_i &= \overline{v}_i - \sum_{r=i+1}^{n} l_{ri} a_r \quad (i = n-1, n-2, \cdots, 1)
\end{aligned} \tag{2.86}
$$

其中式 (2.85) 为消去过程，式 (2.86) 为回代过程。与矩阵 K 的分解相比，右端项 R 的消去和回代过程的计算量很小。由式 (2.81) 和式 (2.85) 可以看出，对右端项 R 的消去过程既可以在对矩阵 K 进行分解的同时进行，也可以在矩阵 K 完成分解后进行。为了高效求解具有多个载荷工况的问题，有限元程序一般都是先对矩阵 K 进行分解，然后再对多个不同的右端项进行消去与回代求解。

矩阵的 LDLT 分解可以利用高斯消去法（Gaussian elimination）来完成。例如，对于方程组

$$\begin{bmatrix} 1 & 4 & 5 \\ 4 & 2 & 6 \\ 5 & 6 & 3 \end{bmatrix} \begin{bmatrix} a_1 \\ a_2 \\ a_3 \end{bmatrix} = \begin{bmatrix} 0 \\ 0 \\ 1 \end{bmatrix} \tag{2.87}$$

从第 2 行减去第 1 行乘以 4、从第 3 行减去第 1 行乘以 5，可以消去矩阵第 1 列对角元以下的元素，得

$$\begin{bmatrix} 1 & 4 & 5 \\ 0 & -14 & -14 \\ 0 & -14 & -22 \end{bmatrix} \begin{bmatrix} a_1 \\ a_2 \\ a_3 \end{bmatrix} = \begin{bmatrix} 0 \\ 0 \\ 1 \end{bmatrix} \tag{2.88}$$

再从第 3 行减去第 2 行乘以 1，消去矩阵第 2 列对角元以下的元素，得

$$\begin{bmatrix} 1 & 4 & 5 \\ 0 & -14 & -14 \\ 0 & 0 & -8 \end{bmatrix} \begin{bmatrix} a_1 \\ a_2 \\ a_3 \end{bmatrix} = \begin{bmatrix} 0 \\ 0 \\ 1 \end{bmatrix} \tag{2.89}$$

上式左端的上三角矩阵即为矩阵 U，其对角元即为对角矩阵 D 的对角元 d_{ii}，矩阵 L 的元素为 $l_{ji} = u_{ij}/d_{ii}$，即 $l_{21} = 4$, $l_{31} = 5$, $l_{32} = 1$。可见，矩阵 L 的元素 l_{ji} 等于在消去矩阵 K 第 i 列对角元以下的元素时从第 j 行中减去第 i 行所乘的系数。因此，式 (2.87) 中的系数矩阵可以分解为

$$\begin{bmatrix} 1 & 4 & 5 \\ 4 & 2 & 6 \\ 5 & 6 & 3 \end{bmatrix} = \begin{bmatrix} 1 & 0 & 0 \\ 4 & 1 & 0 \\ 5 & 1 & 1 \end{bmatrix} \begin{bmatrix} 1 & 0 & 0 \\ 0 & -14 & 0 \\ 0 & & -8 \end{bmatrix} \begin{bmatrix} 1 & 4 & 5 \\ 0 & 1 & 1 \\ 0 & 0 & 1 \end{bmatrix} \tag{2.90}$$

以上过程同时对系数矩阵和右端项进行了消去，即同时完成了式 (2.81) 和式 (2.85)。将式 (2.89) 写成式 (2.84) 的形式有

$$\begin{bmatrix} 1 & 4 & 5 \\ 0 & 1 & 1 \\ 0 & 0 & 1 \end{bmatrix} \begin{bmatrix} a_1 \\ a_2 \\ a_3 \end{bmatrix} = \begin{bmatrix} 0 \\ 0 \\ -\dfrac{1}{8} \end{bmatrix} \tag{2.91}$$

由式 (2.86) 回代求解得

$$\begin{cases} a_3 = \bar{v}_3 = -\dfrac{1}{8} \\ a_2 = \bar{v}_2 - l_{32}a_3 = \dfrac{1}{8} \\ a_1 = \bar{v}_1 - l_{21}a_2 - l_{31}a_3 = \dfrac{1}{8} \end{cases} \tag{2.92}$$

2.4.3　活动列求解方法

有限元程序的效率在很大程度上取决于求解线性方程组的效率，因此在程序实现时应尽可能提高方程组求解器的效率，并尽可能减少其内存需求量以提高可求解问题的规模。对于大规模问题，计算机内存可能无法容纳下整个刚度矩阵，因此求解器还应该具有外存求解（out-of-core solution）能力，即将刚度矩阵存储在外存中，根据可用内存的大小，一次只读入刚度矩阵的一部分（若干列或行），将其三角分解后存储到外存中，然后再读入刚度矩阵的下一部分进行三角分解。外存求解需要设计高效的内外存交换方案，尽可能减少内外存交换次数。本节只讨论内存求解（in-core solution），文献 [34] 给出了一个高效的线性方程组外存求解子程序。

计算机 CPU 一般具有三级缓存：L1、L2 和 L3（图 2.14），级别越小的缓存越靠近 CPU，读写速度也越快，容量也越小。CPU 的每个内核上一般都有 2 个容量均为 32 kB 的 L1 缓存（用于存储数据的 L1d 缓存和用于存储指令的 L1i 缓存）和一个容量为 256 kB 的 L2 缓存，其中 L2 缓存的读写速度低于 L1 缓存。CPU 的各核共享一个 L3 缓存，其容量一般可达数兆字节，但读写速度低于其他两级缓存。程序在进行运算时，先将内存中的数据载入到共享的三级缓存中，再载入到每个内核独有的二级缓存，最后载入到一级缓存，之后才会被 CPU 使用。如果 CPU 所要操作的数据已经在缓存中，则直接读取（称为缓存命中），否则需要先将其从内存载入到缓存。命中缓存会带来很大的性能提升，而有限元分析的计算量主要来自方程组求解，因此在对 LDLT 方法进行程序实现时，应优化代码以尽可能提升 CPU 缓存的命中率。

为了提升 CPU 缓存的命中率，在循环体中应尽量按顺序连续地操作同一块内存上的数据。计算机的内存是一维的，因此多维数组被按行（C/C++ 和 python 语言）或按列（Fortran 和

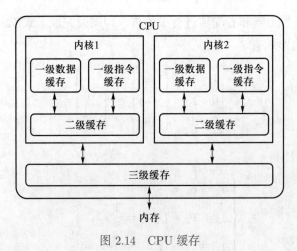

图 2.14　CPU 缓存

MATLAB 语言）转换为一维存储。例如，在 python 语言中，数组 a[n][n] 在内存中的存放顺序为 a[0][0], a[0][1], $\cdots$, a[0][n-1], a[1][0], a[1][1], $\cdots$, a[n-1][0], a[n-1][1], $\cdots$, a[n-1][n-1]，因此在循环体中应该按行顺序操作 a 的各元素，以提高缓存命中率。相应的代码为

```
for i in range(n):
    for j in range(n):
        a[i][j]=0
```

程序在操作 a[0][0] 时，会将内存中该元素后面的若干个元素一起载入缓存，因此在操作 a[0][1]、a[0][2]、$\cdots$ 时可直接在缓存中读取这些元素，提高了缓存命中率。如果将语句 a[i][j]=0 换成 a[j][i]=0，在操作 a[1][0]、a[2][0]、$\cdots$ 时需要不断地从内存中载入这些元素及其后面的若干个元素，并没有使用已载入缓存中的元素，程序的运行速度将大幅下降。

活动列求解方法，也称为列消去法或轮廓消去法，对矩阵 K 按列依次进行 LDLT 分解。由式 (2.81) 可以看出，在对矩阵 K 的第 j 列进行分解时，需要用到矩阵 L 的第 i 行和矩阵 U 的第 j 列的各元素，这使得缓存命中率降低。为了提高缓存命中率，可以将对矩阵 L 的第 i 行操作改为对矩阵 L^T 的第 i 列操作，即在式 (2.80)、(2.81)、(2.82)、(2.85) 和式 (2.86) 中，将矩阵 L 的元素 l_{ij} 改为矩阵 L^T 的元素 L_{ji}。

矩阵 K 是对称矩阵，因此有限元程序一般只存储其上三角部分。为了减少内存使用量，分解后的上三角矩阵 L^T 和对角矩阵 D 应该复用原矩阵 K 的上三角部分所占用的内存，即矩阵 D 的元素 d_{ii} 存储在原 k_{ii} 所占用的内存中，上三角矩阵 L^T 的元素 L_{ij} 存储在原 k_{ij} 所占用的内存中。

有限元法的刚度矩阵是高度稀疏的，每列都有大量的零元素。令 m_j 表示矩阵 K 第 j 列的第 1 个非零元素的行号，即 $k_{rj} = 0 \, (r = 1 : m_j - 1)$，式 (2.81) 中的指标 r 可以从 $\max(m_i, m_j)$ 开始，式 (2.82) 中的指标 r 可以从 m_j 开始，以排除对零元素的乘法运算，提高计算效率。在式 (2.81) 中，$u_{rj} = 0 \, (r = 1 : m_j - 1)$，$u_{m_j j} = k_{m_j j}$，因此指标 i 可以从 $m_j + 1$ 开始。

活动列求解方法的 LDLT 分解部分的算法可以总结为：

1. 令 $d_{11} = k_{11}$

2. 对 j 从 2 到 n 循环

(1) 对 i 从 $m_j + 1$ 到 $j - 1$ 循环，计算 $u_{ij} = k_{ij} - \sum_{r=m}^{i-1} L_{ri} u_{rj}$，其中 $m = \max(m_i, m_j)$

(2) 对 i 从 m_j 到 $j - 1$ 循环

    (a) 计算 $L_{ij} = u_{ij}/d_{ii}$

    (b) 计算 $d_{jj} = k_{jj} - L_{ij} u_{ij}$

程序实现时，d_{11} 复用 k_{11} 的内存，因此程序中无须显式地执行 $d_{11} = k_{11}$ 操作。另外在计

算 d_{jj} 时，同时用到了 L_{ij} 和 u_{ij} 两个元素，它们均复用 k_{ij} 的内存。在计算 L_{ij} 时，k_{ij} 中存储的是 u_{ij}，此时如果令 L_{ij} 复用 k_{ij} 的内存（即令 $k_{ij} = L_{ij}$），将会导致 $u_{ij} = L_{ij}$。因此需要先引入中间变量来存储 L_{ij}，在计算完 d_{jj} 后令 L_{ij} 复用元素 k_{ij} 的内存。

从上面的算法可以看出，在对矩阵 $\boldsymbol{K}$ 的第 j 列进行分解时，只需要用到其第 j 列和另外 1 列共 2 列的元素。因此，可用内存只要能够容纳矩阵 $\boldsymbol{K}$ 的任意两列元素的话，就可以对其进行分解。对称矩阵分解所需的浮点运算次数约为

$$\frac{1}{2}\sum_{j=1}^{n}(j-m_j)^2 \leqslant \frac{1}{2}nM_K^2 \tag{2.93}$$

其中 $M_K = \max\limits_{1\leqslant j\leqslant n}(j-m_j)$ 为矩阵 $\boldsymbol{K}$ 的最大半带宽。

式 (2.86) 表明，在计算 a_i 时需要用到矩阵 $\boldsymbol{L}^{\mathrm{T}}$ 第 i 行从第 $i+1$ 列到第 n 列的元素，这既降低了矩阵按列存储时 CPU 缓存的命中率，又会使得外存求解时多次从外存重复读取各列，大幅增加读取外存的次数，极大地降低求解效率。为了克服这一弊端，可以对 $\boldsymbol{L}^{\mathrm{T}}$ 的各列循环（从第 n 列到第 2 列），按列依次计算其对 a_i 的贡献。例如对于式 (2.91) 的回代求解，可以先计算第 3 列的贡献，再计算第 2 列的贡献，即（令 $a_r^{(n)} = \bar{v}_r$ ）

$$\text{第 3 列}: a_1^{(2)} = a_1^{(3)} - L_{13}a_3^{(3)}, \ a_2^{(2)} = a_2^{(3)} - L_{23}a_3^{(3)}$$

$$\text{第 2 列}: a_1^{(1)} = a_1^{(2)} - L_{12}a_2^{(2)}$$

最终有 $a_1 = a_1^{(1)}$，$a_2 = a_2^{(2)}$，$a_3 = a_3^{(3)}$。矩阵 $\boldsymbol{L}^{\mathrm{T}}$ 第 i 列只对 $a_r(r=1,2,\cdots,i-1)$ 有贡献。考虑到矩阵 $\boldsymbol{L}^{\mathrm{T}}$ 第 i 列（$i=n,n-1,\cdots,2$）的第一个非零元素所在行号为 m_i，上式可以统一写为

$$a_r^{(i-1)} = a_r^{(i)} - L_{ri}a_i^{(i)} \quad (r = m_i, m_{i+1}, \cdots, i-1)$$

$$a_{i-1} = a_{i-1}^{(i-1)}$$

右端项消去与回代求解部分的算法可以总结为：

1. 右端项消去

(1) 令 $v_1 = r_1$

(2) 对 i 从 2 到 n 循环，计算 $v_i = r_i - \sum\limits_{r=m_i}^{i-1} L_{ri}v_r$

(3) 对 i 从 1 到 n 循环，计算 $\bar{v}_i = v_i/d_{ii}$

2. 回代求解

(1) 令 $a_n = \bar{v}_n$

(2) 对 i 从 n 到 2 循环

对 r 从 m_i 到 $i-1$ 循环，计算 $a_r = a_r - L_{ri}a_i$。

类似地，a_i、v_i 和 $\overline{v}_i$ 复用 r_i 的内存，因此程序中也无须显式地执行 $v_1 = r_1$ 和 $a_n = \overline{v}_n$ 操作。右端项消去与回代求解所需的浮点运算次数约为

$$2\sum_{i=1}^{n}(i - m_i) \leqslant 2nM_K \tag{2.94}$$

活动列求解法的程序实现可参考本书所附的 MATLAB 代码 colsol.m 或 python 代码 colsol.py，其中 colsol.py 的内容如下：

```python
def colsol(n,m,K,R):
    """
    colsol - Solve finite element static equilibrium equations in core using
      the active column solver

    Usage:
        IERR, K, R = colsol(n, m, K, R)
    Input parameters
        n       - Number of equations
        m[n]    - Define the skyline of the stiffness matrix K
                  The row number of the first nonzero element in each column
        K[n,n] - The stiffness matrix
        R[n]    - Right-hand-side load vector

    Output parameters
        IERR    - Error indicator. If IERR > 0, K is not positive definite.
        K       - D and L (Factors of stiffness matrix)
                  The elements of D are stored on its diagonal,
                  and L replaces its upper triangular part
        R       - Displacement vector
    """

    IERR = 0

    # Perform L*D*L(T) factorization of stiffness matrix
    # LDLT is an active column solver to obtain the LDLT factorization
    # of a stiffness matrix K
    # Note that all indices are zero-based in python
    for j in range(1, n):
        for i in range(m[j]+1, j):
            c = 0.0
            for r in range(max(m[i],m[j]), i):
                c += K[r,i]*K[r,j]

            K[i,j] -= c
```

```
            for i in range(m[j], j):
                Lij = K[i,j]/K[i,i]
                K[j,j] = K[j,j] - Lij*K[i,j]
                K[i,j] = Lij

            if K[j,j] <= 0:
                print('Error - stiffness matrix is not positive definite !')
                print('         Nonpositive pivot for equation ', j)
                print('         Pivot = ', K[j,j])

                IERR = j
                return IERR, K, R

    # Reduce right-hand-side load vector
    for i in range(1, n):
        for j in range(m[i], i):
            R[i] -= K[j,i] * R[j]

    for i in range(0, n):
        R[i] /= K[i,i]

    # Back-substitute
    for i in range(n-1, 0, -1):
        for r in range(m[i], i):
            R[r] -= K[r,i]*R[i]

    return IERR, K, R
```

需要注意的是，在 python 语言中，数组下标是从 0 开始的，且函数 range(start, stop[, step]) 创建的整数列表不包含 stop，如 range(1, 5) 创建的整数列表为 $[1, 2, 3, 4]$。函数 colsol 的调用格式为 "IERR, K, R = colsol(n, m, K, R)"，其中输入参数 n 为方程总数，K[n,n] 和 R[n] 分别为系数矩阵和右端项，m[n] 为矩阵 K 各列第一个非零元素的行号。返回参数 IERR 为错误代码，大于 0 表示矩阵 K 非正定，此时 IERR 为负对角元所在的方程号。求解完成后，R[n] 返回解向量，K[n,n] 返回矩阵 D（存储在 K[n,n] 的对角元）和 L（存储在 K[n,n] 的上三角部分）。

调用函数 colsol 的主程序为：

```
import json
import numpy as np
from colsol import colsol

# Read in equations from JSON file
with open('Example_n_5.json') as f_obj:
    Equations = json.load(f_obj)

n = Equations['n']
```

```
m = np.array(Equations['m'])
K = np.array(Equations['K'], dtype='f')
R = np.array(Equations['R'], dtype='f')

[IERR, K, R] = colsol(n, m, K, R)

if IERR==0:
    print("K = \n", K)
    print("R = \n", R)
```

该程序从 json 文件中读入相关数据。例如，方程组

$$
\begin{bmatrix}
2 & -2 & 0 & 0 & -1 \\
-2 & 3 & -2 & 0 & 0 \\
0 & -2 & 5 & -3 & 0 \\
0 & 0 & -3 & 10 & 4 \\
-1 & 0 & 0 & 4 & 10
\end{bmatrix}
\begin{bmatrix}
a_1 \\ a_2 \\ a_3 \\ a_4 \\ a_5
\end{bmatrix}
=
\begin{bmatrix}
0 \\ 1 \\ 0 \\ 0 \\ 0
\end{bmatrix}
$$

的输入数据文件为：

```
{
    "n": 5,
    "m": [0, 0, 1, 2, 0],
    "K": [[ 2, -2,  0,  0, -1],
          [-2,  3, -2,  0,  0],
          [ 0, -2,  5, -3,  0],
          [ 0,  0, -3, 10,  4],
          [-1,  0,  0,  4, 10]],
    "R": [ 0,  1,  0,  0,  0 ]
}
```

瑞士 O. Schenk 教授和德国 K. Gartner 博士研发了一个具备线程安全性的高性能大规模稀疏对称和非对称线性方程组求解器 PARDISO 软件包，可运行于共享内存体系结构计算机和分布式内存体系结构计算机，具有很好的可扩展性（使用 8 个处理器可以获得接近于 7 的加速比）。Intel 的数学核心函数库（Math Kernel Library，MKL）集成了 PARDISO 求解器，并对其进行了优化，同时支持内存求解方式和外存求解方式。

在进行 LDLT 分解时，轮廓内的零元素将会变为非零元素，称为填充元 (fill-in)。有限元法的总体刚度矩阵是高度稀疏矩阵，存在大量的填充元。矩阵 K 和矩阵 L^{T} 具有完全相同的轮廓，因此采用一维变带宽存储（详见 2.5.2 节）时，LDLT 分解无须再分配额外的内存，分解后的矩阵 L^{T} 和矩阵 D 将占用矩阵 K 的存储区域。但是，列压缩等存储方案（详见 2.5.2 节）只存储了非零元素，在 LDLT 分解时需要为填充元分配内存。对于大规模问题，填充元有可能

导致内存溢出，因此应利用带宽优化算法对方程重新进行排序，以减小带宽。PARDISO 会自动进行带宽优化，以尽可能减少填充元。

2.4.4 误差分析

浮点数在计算机中是以二进制形式存储的。32 位（单精度）浮点数包含 1 位符号位，8 位指数位和 23 位尾数位。这 23 位尾数位最大能表示 $2^{23} = 8\,388\,608$，若尾数数值超过这个值将被截断而无法精确表示。因此 32 位浮点数最多能有 7 位有效数字，但一定能有 6 位，即 32 位浮点数的精度为 6 ~ 7 位有效数字；类似地，64 位（双精度）浮点数的尾数位有 52 位，最大能表示 $2^{52} = 4\,503\,599\,627\,370\,496$，最多能有 16 位有效数字，精度为 15 ~ 16 位。

2.4.4.1 方程组数值解的误差

下面分析方程组

$$Ka = R \tag{2.95}$$

数值解的误差，其中 $\det K \neq 0$，$R \neq 0$。在计算机中，矩阵 K 和列阵 R 的各元素均被截断，只保留了 7 位（单精度）或 16 位（双精度）有效数字，因此计算机要求解的方程组为

$$(K + \delta K)\hat{a} = (R + \delta R) \tag{2.96}$$

其中 δK 和 δR 分别为 K 和 R 的初始误差，$\hat{a}$ 为方程组 (2.96) 的精确解。在数值求解方程组 (2.96) 时，消去运算和回代运算均会产生舍入误差，由此得到的方程组 (2.95) 的数值解记为 $\bar{a}$，其误差为

$$\delta a = \bar{a} - a \tag{2.97}$$

因此计算机数值求解的方程实际上为

$$(K + \delta K)(a + \delta a) = R + \delta R \tag{2.98}$$

初始误差取决于计算机所采用的存储位数，一般很小，即有 $\|K^{-1}\| \cdot \|\delta K\| < 1$。可以证明，矩阵 $(K + \delta K)$ 可逆，方程组 (2.98) 有唯一解[35]，其解为

$$a + \delta a = (K + \delta K)^{-1}(R + \delta R) \tag{2.99}$$

由此得

$$\delta a = (K + \delta K)^{-1}[R + \delta R - (K + \delta K)a]$$

$$= (\boldsymbol{I} + \boldsymbol{K}^{-1}\delta\boldsymbol{K})^{-1}\boldsymbol{K}^{-1}[\delta\boldsymbol{R} - \delta\boldsymbol{K}\boldsymbol{a}] \tag{2.100}$$

对上式两边取范数，并利用关系式 $\|(\boldsymbol{I} + \boldsymbol{K}^{-1}\delta\boldsymbol{K})^{-1}\| \leqslant 1/(1 - \|\boldsymbol{K}^{-1}\| \cdot \|\delta\boldsymbol{K}\|)$ [35] 和 $\|\boldsymbol{R}\| = \|\boldsymbol{K}\boldsymbol{a}\| \leqslant \|\boldsymbol{K}\|\|\boldsymbol{a}\|$，得

$$\|\delta\boldsymbol{a}\| \leqslant \frac{\|\boldsymbol{K}^{-1}\|}{1 - \|\boldsymbol{K}^{-1}\| \cdot \|\delta\boldsymbol{K}\|} \left(\frac{\|\delta\boldsymbol{K}\|}{\|\boldsymbol{K}\|} \|\boldsymbol{K}\| \cdot \|\boldsymbol{a}\| + \frac{\|\delta\boldsymbol{R}\|}{\|\boldsymbol{R}\|} \|\boldsymbol{K}\| \cdot \|\boldsymbol{a}\| \right) \tag{2.101}$$

即

$$\frac{\|\delta\boldsymbol{a}\|}{\|\boldsymbol{a}\|} \leqslant \frac{\mathrm{cond}\boldsymbol{K}}{1 - \|\boldsymbol{K}^{-1}\| \cdot \|\delta\boldsymbol{K}\|} \left(\frac{\|\delta\boldsymbol{K}\|}{\|\boldsymbol{K}\|} + \frac{\|\delta\boldsymbol{R}\|}{\|\boldsymbol{R}\|} \right) \tag{2.102}$$

式中

$$\mathrm{cond}\boldsymbol{K} = \|\boldsymbol{K}\| \cdot \|\boldsymbol{K}^{-1}\| \tag{2.103}$$

为矩阵 $\boldsymbol{K}$ 的条件数（condition number）。以上所使用的范数是任一种向量范数及从属于它的矩阵范数。若矩阵 $\boldsymbol{K}$ 对称，则用 2–范数定义的条件数为

$$\mathrm{cond}(\boldsymbol{K})_2 = \frac{\lambda_n}{\lambda_1} \tag{2.104}$$

式中 λ_n 和 λ_1 分别为矩阵 $\boldsymbol{K}$ 的最大特征值和最小特征值。

式 (2.102) 表明，矩阵 $\boldsymbol{K}$ 的条件数 $\mathrm{cond}\boldsymbol{K}$ 可以看成是相对误差的放大倍数。对于病态问题，条件数 $\mathrm{cond}\boldsymbol{K}$ 很大，很小的截断误差 $\delta\boldsymbol{K}$ 和 $\delta\boldsymbol{R}$ 都可能会使数值解产生较大的误差。

2.4.4.2 方程组的残差

下面分析方程组 (2.95) 的残差向量

$$\boldsymbol{r} = \boldsymbol{K}\bar{\boldsymbol{a}} - \boldsymbol{R} = \boldsymbol{K}\delta\boldsymbol{a} \tag{2.105}$$

在上式两边同时乘以 $\boldsymbol{K}^{-1}$ 并取范数，得

$$\|\delta\boldsymbol{a}\| = \|\boldsymbol{K}^{-1}\boldsymbol{r}\| \leqslant \|\boldsymbol{K}^{-1}\| \cdot \|\boldsymbol{r}\| \tag{2.106}$$

对式 (2.95) 两边取范数有 $\|\boldsymbol{R}\| = \|\boldsymbol{K}\boldsymbol{a}\| \leqslant \|\boldsymbol{K}\| \cdot \|\boldsymbol{a}\|$，即

$$\frac{1}{\|\boldsymbol{a}\|} \leqslant \frac{\|\boldsymbol{K}\|}{\|\boldsymbol{R}\|} \tag{2.107}$$

将式 (2.106) 和式 (2.107) 两端相乘，得

$$\frac{\|\delta\boldsymbol{a}\|}{\|\boldsymbol{a}\|} \leqslant \mathrm{cond}\boldsymbol{K} \frac{\|\boldsymbol{r}\|}{\|\boldsymbol{R}\|} \tag{2.108}$$

式 (2.108) 表明，对于良态问题，方程组残差向量范数 $\|r\|$ 可以用来度量数值解的精度。若残差向量范数 $\|r\|$ 很小，表明已得到具有很高精度的数值解。但对于病态方程组（条件数 cond$K$ 很大），即使方程组残差向量的范数 $\|r\|$ 比较小，数值解的相对误差仍然可能较大。

2.5   有限元法的程序实现

与其他分析方法相比，有限元法具有很强的通用性，可以分析几乎任何具有复杂边界和加载条件的连续介质问题。有限元程序的效率除了取决于程序所使用单元和算法外，还取决于所采用的程序设计方法。

现有有限元商用软件大部分都是采用面向过程的 Fortran 语言编写的。C++ 语言是一种面向对象的语言，支持数据封装和数据隐藏，支持继承和重用，支持多态性。C++ 程序具有很好的可维护性、易修改性和复用性，因此近年来许多大型科学计算软件都采用或者改用 C++ 语言。例如，开源计算流体力学软件 OpenFOAM 是用 C++ 语言开发的，而分子动力学模拟开源程序包 LAMMPS 早期先后采用 Fortran 77 和 Fortran 90 语言开发，2004 年后改用 C++ 开发维护。

STAP 程序是 K. J. Bathe 用 Fortran IV 编写的教学示例程序 [4]，其程序结构与 SAP 和 ADINA 的程序结构类似。STAP90 程序是张雄用 Fortran 90 语言对 STAP 程序改写而成的，作为《计算动力学》教材 [10,11] 的教学程序。本书采用 C++ 语言介绍有限元法的程序实现方法，并分别提供了用 C++ 语言和 python 语言编写的基于面向对象思想设计的有限元法程序。为了便于学生在进行课程编程训练时自主选择编程语言，该程序采用了与 STAP90 程序完全相同的输入和输出文件格式，因此被分别称为 STAPpp 和 STAPpy，其源程序可以在 GitHub 上获取，见前言中的说明。

本节以 STAPpp 程序为例论述基于面向对象思想的有限元程序实现方法。该程序的目的是为了说明基于面向对象思想的有限元程序实现方法，因此只提供了轴力杆单元，学生可在本程序的基础上进行扩充完善，完成课程编程训练。基于 Fortran 语言的有限元程序设计方法可以参考《计算动力学》教材 [10,11]，Fortran 语言版的程序 STAP90 可以在 GitHub 上获取。

STAPpp 程序只涉及有限元法五个步骤中的中间三步，即单元分析、总刚组装和方程求解，而前处理和后处理则需要借助其他专用软件进行。有限元商用软件都具有功能很强大的前后处理系统，另外也有其他独立的前后处理软件，如 Gmsh、HyperMesh、GiD、Tecplot 和 ParaView 等。学生可以扩充 STAPpp 程序，将其他前处理软件生成的有限元模型数据文件转换成可供

STAPpp 程序读入的输入数据文件，并将其计算结果按照 Tecplot 或 ParaView 规定的格式保存为文件，然后利用 Tecplot 或 ParaView 进行结果可视化处理。《计算动力学》[11]（第 2 版）的附录 B、C 分别介绍了如何利用 Tecplot 和 ParaView 进行有限元后处理。

2.5.1 有限元模型数据

有限元模型由节点、单元、截面/材料属性和载荷等组成。STAPpp 程序用 CDomain 类对有限元模型数据进行封装，用 CNode 类封装节点数据，用抽象类 CElement 封装单元数据，用抽象类 CMaterial 封装截面/材料属性数据，用 CLoadCaseData 类封装载荷数据，用 CSkylineMatrix 封装按一维变带宽方式存储的总体刚度矩阵。另外，STAPpp 程序将所有单元分为若干个单元组，每个单元组只允许具有一种类型的单元。单元组数据用 CElementGroup 封装。

2.5.1.1 节点数据

一个有限元节点应具有节点号、节点坐标和节点边界条件等数据。在 2.3.3 节中，我们要求先对给定位移的节点进行编号，然后再对其余节点进行编号，且每个节点要么各方向都固定，要么各方向都自由，从而将总体位移列阵 d 分块为已知位移子列阵和未知位移子列阵，用缩减法施加给定位移边界条件。为了编程简单，附录 C 中的单元示例代码都采用了这种方式，但它无法处理混合边界条件（节点部分方向固定，其余方向自由或受外力作用），也不够灵活。

通用有限元程序一般会采取更灵活的方式，允许节点具有混合边界条件，且节点编号可以按任意顺序进行。假设程序允许每个节点最多可以有 NDF = 6 个可能的自由度，包括 3 个平移自由度和 3 个转动自由度，如图 2.15 所示。每一个节点须给定各自由度边界条件类型，即哪些自由度是自由的（将进入到总体自由度中），哪些自由度是约束的（不进入到总体自由度中）。例如对于位于 xy 坐标面内的平面桁架，每个节点最多只有两个自由度，即只需使用各节点的第 1 个和第 2 个自由度。这可以通过为每个节点定义边界条件标示数组

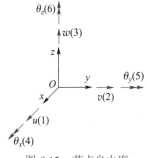

图 2.15　节点自由度

bcode[NDF] 来实现。bcode$[i] = 0$ 表示该节点的第 i 个方向自由，该自由度将出现在总体自由度中；bcode$[i] = 1$ 表示该节点的第 i 个方向固定，该自由度不出现在总体自由度中。使用标示数组 bcode$[i]$ 后，每个节点的自由度数是可以变化的，如在同一个结构中，薄膜上的节点只有 2 个节点自由度，板上的节点有 3 个自由度，而壳上的节点则有 5 或 6 个自由度。

例如，图 2.16 所示的平面桁架位于 xy 平面内，每个节点只有 x 和 y 方向的位移，即各

节点只有 x 和 y 方向的自由度。节点 1 和 6 是固定的，它们的位移为零，这 2 个节点自由度不进入到总体自由度中，故该结构共有 20 个自由度，总体位移列阵 d 为

$$d = [u_2 \quad v_2 \quad u_3 \quad \cdots \quad v_5 \quad u_7 \quad v_7 \quad \cdots \quad u_{12} \quad v_{12}]^{\mathrm{T}} \tag{2.109}$$

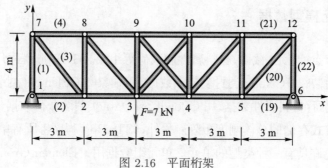

图 2.16　平面桁架

STAPpp 目前没有梁板壳单元，因此取 NDF = 3。对于图 2.16 所示的平面桁架，各节点的标识数组（每列对应于一个节点）为

$$\text{bcode} = \begin{bmatrix} 1 & 0 & 0 & 0 & 0 & 1 & 0 & 0 & 0 & 0 & 0 & 0 \\ 1 & 0 & 0 & 0 & 0 & 1 & 0 & 0 & 0 & 0 & 0 & 0 \\ 1 & 1 & 1 & 1 & 1 & 1 & 1 & 1 & 1 & 1 & 1 & 1 \end{bmatrix} \tag{2.110}$$

由于平面桁架位于 xy 平面内，各节点没有 z 方向的自由度，即 z 方向固定，因此 bcode 的最后一行为 1。

为了生成各节点自由度对应的总体自由度（方程）号，可令变量 NEQ = 0，然后依次扫描每个节点的各自由度（即按列扫描 bcode），若该元素为零，则令 NEQ = NEQ + 1，并将 NEQ 的当前值（即当前自由度号）赋给该元素；若该元素不为零，则将其置为零。相应的代码见 CDomain 类的成员函数 void CalculateEquationNumber()。执行该函数后，bcode 数组变为

$$\text{bcode} = \begin{bmatrix} 0 & 1 & 3 & 5 & 7 & 0 & 9 & 11 & 13 & 15 & 17 & 19 \\ 0 & 2 & 4 & 6 & 8 & 0 & 10 & 12 & 14 & 16 & 18 & 20 \\ 0 & 0 & 0 & 0 & 0 & 0 & 0 & 0 & 0 & 0 & 0 & 0 \end{bmatrix} \tag{2.111}$$

思考题　如果图 2.16 所示桁架的节点 6 水平方向自由，bcode 数组的内容将会如何变化？

除了定义 bcode 数组外，还需要读入各节点的 x、y、z 坐标。对图 2.16 所示的系统，坐标数组 XYZ（每列对应于一个节点）为

$$XYZ = \begin{bmatrix} 0 & 3 & 6 & 9 & 12 & 15 & 0 & 3 & 6 & 9 & 12 & 15 \\ 0 & 0 & 0 & 0 & 0 & 0 & 4 & 4 & 4 & 4 & 4 & 4 \\ 0 & 0 & 0 & 0 & 0 & 0 & 0 & 0 & 0 & 0 & 0 & 0 \end{bmatrix}$$

STAPpp 程序用 CNode 类封装节点数据，详见 2.5.3.2 节的说明。

2.5.1.2 单元数据

描述一个单元所需的数据取决于单元的具体类型，一般包括单元的节点编号、单元的截面/材料属性以及施加在该单元上的面力或体力等。通常情况下，多个单元具有相同的单元截面/材料属性和单元载荷，因此可以先定义单元截面/材料属性组和单元载荷组，而对每一个单元只要给出其截面/材料属性组号和载荷组号即可。

对于如图 2.16 所示的系统，所有杆的截面面积均为 $A = 10^{-2} \text{ m}^{-2}$，弹性模量均为 $E = 1.5 \times 10^{11}$ Pa，因此只需定义一个截面/材料属性组。各单元的定义为

单元号	左节点号	右节点号	截面/材料属性组号
1	1	7	1
2	1	2	1
3	2	7	1
⋮	⋮	⋮	⋮
22	6	12	1

STAPpp 程序用 CMaterial 抽象类（详见 2.5.3.5 节的说明）作为基类来派生各种截面/材料属性类（如用于杆单元的 CBarMaterial 类，详见 2.5.3.6 节的说明），用 CElement 抽象类（详见 2.5.3.3 节的说明）作为基类来派生各种单元类（如三维杆单元类 CBar，详见 2.5.3.4 节的说明）。为了在单元上施加面力（如压力）或体力（如重力），需要定义相应的单元载荷类，留给读者自己练习。

在求解实际问题时，可能会同时使用多个类型的单元，因此可以将单元分成若干个单元组，每个单元组只包含一种类型的单元。对于大规模问题，即使只有一种类型的单元，也可以将单元分成若干个单元组，以减少每个单元组内单元总数。STAPpp 程序用 CElementGroup 类封装单元组，详见 2.5.3.8 节的说明。

2.5.1.3 节点载荷数据

在有限元法中，载荷既可以作用在单元上，也可以直接作用在节点上，但单元载荷最终也会转化为节点载荷。STAPpp 目前只允许输入节点载荷，作用在单元上的载荷需要由用户自己

转化为节点载荷。本问题只有一个载荷工况，且集中载荷作用在节点 3 的 y 方向，因此载荷组可以定义为

受载荷作用的节点号 　载荷作用方向 　载荷值
　　　　3　　　　　　　　　 2　　　　　 $-7\,000$

STAPpp 程序用 CLoadCaseData 类封装载荷工况数据，详见 2.5.3.7 节的说明。

2.5.1.4　STAPpp 程序的输入数据文件格式

STAPpp 的输入数据文件包括以下五部分（需严格按照下面给出的先后顺序填写）：

1. 标题行，用于对所求解问题进行简单描述；

2. 控制行，依次填写 NUMNP（节点总数）、NUMEG（单元组总数，每个单元组只能包含相同类型的单元）、NLCASE（载荷工况数）、MODEX（求解模式，等于 0 时只做数据检查，等于 1 时进行求解）；

3. 节点数据，依次填写节点号、x-平移方向边界条件代码（0 为自由，1 为固定）、y-平移方向边界条件代码、z-平移方向边界条件代码、x-坐标、y-坐标和 z-坐标。节点数据必须从 1 到 NUMNP 按节点编号顺序填写；

4. 载荷数据，共输入 NLCASE 组载荷数据，每组包括：

(1) 载荷数据控制行，依次填写载荷工况号和本工况中集中载荷的个数；

(2) 各工况载荷数据，依次填写集中载荷作用的节点号、载荷作用方向（1 为 x 方向，2 为 y 方向，3 为 z 方向）和载荷值。

5. 单元组数据，共输入 NUMEG 组单元，每组包括：

(1) 单元组控制数据，依次填写单元类型（1 为轴力杆单元）、本单元组中的单元总数 NUME 和截面/材料属性组数 NUMMAT；

(2) 截面/材料属性数据，共读入 NUMMAT 行，依次填写截面/材料属性组号、弹性模量和截面面积；

(3) 单元数据，共填写 NUME 行，依次填写单元号、单元左端节点号、单元右端节点号和本单元的截面/材料属性组号。

STAP90 对各数据项所在列有严格限制，例如控制行第 1—5 列填写 NUMNP、第 6—10 列填写 NUMEG、第 11—15 列填写 NLCASE、第 16—20 列填写 MODEX，详见教材《计算动力学》[11]（第 2 版）2.7 节的说明。STAPpp 解除了对数据项所在列的限制，只要数据之间用空格（或制表键）隔开即可，因此 STAPpp 可以直接读入 STAP90 的输入数据文件，但 STAP90 不一定能直接读入 STAPpp 的输入数据文件。

用 STAPpp 求解习题 2.5的输入数据文件如下:

```
STAP90 input data for exercise 2-5
  4    1     1      1
  1    1     1      1       -1.0      1.0        0.0
  2    1     1      1        0.0      1.0        0.0
  3    0     1      1        1.0      1.0        0.0
  4    0     0      1        0.0      0.0        0.0
  1    1
  4    1   1000
  1    3     2
  1  1.0E11    1.0E-2
  2  1.0E11    2.0E-2
  1    1     4      1
  2    2     4      2
  3    3     4      1
```

2.5.2 结构总体矩阵的存储和组装

STAPpp 程序从输入数据文件中读入有限元模型数据, 计算每个单元的刚度矩阵并组装生成总体刚度矩阵, 然后求解总体刚度方程, 并将结果保存到数据文件中。STAPpp 程序的流程如图 2.17 所示。

为了编程简单, 附录 C 的单元示例代码不考虑各自由度的边界条件类型而直接组装所有自由度的刚度矩阵, 然后再将总体刚度矩阵分块为四个子矩阵 [见式 (2.46)], 求解缩减后的刚度方程 (2.48)。这种做法程序简单, 但内存浪费严重, 不利于求解大规模问题。通用有限元程序一般会直接组装生成缩减刚度方程 (2.48), 即仅组装与非约束自由度对应的刚度矩阵 K_F 和相应的右端项。

在组装总体刚度矩阵时, 需要利用每个单元自由度所对应的总体自由度（方程）号。STAPpp 程序在 CElement 类中定义了单元对号数组 LocationMatrix 来存储单元各自由度所对应的总体自由度号。例如, 对于如图 2.16 所示的系统, 单元 3 的 1 号和 2 号节点分别对应结构总体的 2 号和 7 号节点, 由 bcode 数组可以得到单元各自由度所对应的总体自由度号, 因此该单元的对号数组为

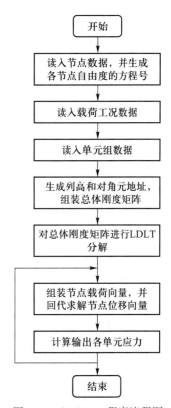

图 2.17 STAPpp 程序流程图

$$\text{LocationMatrix} = [1 \quad 2 \quad 0 \quad 9 \quad 10 \quad 0]$$

可见，单元 3 的 1、2、4 和 5 号自由度分别对应于全局的 1、2、9 和 10 号自由度，单元 3 的 3 和 6 号自由度因固定而不出现在总体自由度中。因此，单元刚度矩阵 $\boldsymbol{K}^{(3)}$ 的元素 $K_{14}^{(3)}$ 在组装时被累加到总体刚度矩阵 $\boldsymbol{K}$ 的 K_{19} 元素中，但 $\boldsymbol{K}^{(3)}$ 的第 3 行、第 3 列、第 6 行和第 6 列的所有元素均不会被累加到总体刚度矩阵 $\boldsymbol{K}$ 中。

生成对号数组 LocationMatrix 的代码见 CElement 类的成员函数 void GenerateLocation-Matrix()。

在有限元法中，每个单元只与很少几个节点相连，因此结构的总体刚度矩阵是高度稀疏的，存在大量的零元素（图 2.18）。在有限元程序中，为了提高计算效率和计算规模，一般都采用特殊的存储格式来存储结构总体刚度矩阵，如一维变带宽存储格式（skyline storage format）、行压缩格式（compressed sparse row format，CSR）、列压缩格式（compressed sparse column format，CSC）和坐标存储格式（coordinate format，COO）等。下面只介绍一维变带宽存储格式和行压缩格式。

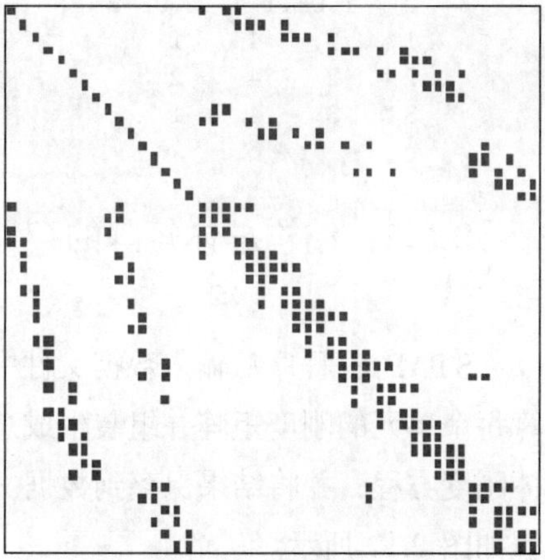

图 2.18   典型的稀疏刚度矩阵

2.5.2.1   一维变带宽存储格式

图 2.19a 所示为一个典型的结构总体刚度矩阵 $\boldsymbol{K}$。对称矩阵一维变带宽存储方案是用一个一维数组 $\boldsymbol{A}$ 按列（或行）依次存储结构总体刚度矩阵的上三角阵，每列从主对角元 k_{ii} 开始直到最高的非零元素 $k_{m_i i}$，即该列中行号最小的非零元素为止。图 2.19b 给出了矩阵 $\boldsymbol{K}$ 的各元素在数组 $\boldsymbol{A}$ 中的具体位置。STAPpp 采用 CSkylineMatrix 类封装以一维变带宽方式存储的总体刚度矩阵，详见 2.5.3.10 节的说明。

用 m_i 表示矩阵 $\boldsymbol{K}$ 第 i 列第一个非零元素的行号，它给出了矩阵 $\boldsymbol{K}$ 的轮廓线。$H_i = i - m_i$ 为矩阵 $\boldsymbol{K}$ 第 i 列的列高，各列的列高是不同的。在对矩阵 $\boldsymbol{K}$ 进行 LDLT 分解时，轮廓线外的零元素在分解过程中仍然为零，但轮廓线内的零元素在分解过程中可能变为非零，因此无须存储矩阵 $\boldsymbol{K}$ 轮廓线外的所有零元素，但需存储轮廓线内的零元素。第 i 列轮廓线内的元素个数等于该列列高加 1（即 $H_i + 1$）。

列高 H_i 可以通过单元对号数组 LocationMatrix 来确定。例如对于如图 2.16 所示的系统，由各单元的对号数组 LocationMatrix 可知，只有单元 1、3 和 4 与结构的第 10 个自由度有关，而这三个单元的对号数组中最小的自由度号是 1，因此 $m_{10} = 1$，列高 $H_{10} = 9$。再如，只有单

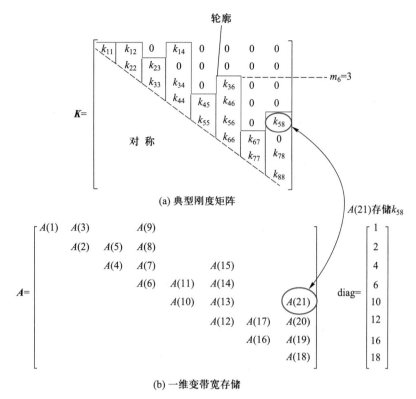

图 2.19 刚度矩阵的一维变带宽存储方案

元 20、21 和 22 与结构的第 20 个自由度有关，而这三个单元的对号数组中最小的自由度号是 7，因此 $m_{20} = 7$，列高 $H_{20} = 13$。同理可得到各列的列高为

$$0, 1, 2, 3, 2, 3, 2, 3, 8, 9, 10, 11, 10, 11, 12, 13, 12, 13, 12, 13$$

计算列高的代码见 CSkylineMatrix 类的成员函数 void CalculateColumnHeight（unsigned int* LocationMatrix, size_t ND），其中 ND 为单元自由度总数。该函数基于单元对号数组 LocationMatrix 计算该单元对相关列列高的最大贡献。

为了快速找出矩阵 $\boldsymbol{K}$ 的各元素在数组 $\boldsymbol{A}$ 中的位置，可以定义一个数组来存放矩阵 $\boldsymbol{K}$ 的各对角元在数组 $\boldsymbol{A}$ 中的地址。由图 2.19b 可以看出，第 i 列对角元地址 M_i 等于前 $i-1$ 列轮廓线内元素个数之和加 1，或第 $i-1$ 列对角元地址 M_{i-1} 加 $i-1$ 列轮廓线内元素个数，即

$$M_i = \sum_{j=1}^{i-1} H_j + i = M_{i-1} + H_{i-1} + 1$$

因此矩阵 $\boldsymbol{K}$ 中第 i 列非零元素的个数等于 $M_{i+1} - M_i$，元素 $k_{ij}(j \geqslant i)$ 在数组 $\boldsymbol{A}$ 中的地址为

$M_j + (j - i)$。

对于如图 2.16 所示的系统，刚度矩阵 $\boldsymbol{K}$ 各对角元在数组 $\boldsymbol{A}$ 中的地址分别为

$$1, 2, 4, 7, 11, 14, 18, 21, 25, 34, 44, 55, 67, 78, 90, 103, 114, 130, 144, 157, 171$$

计算刚度矩阵对角元地址的代码见 CSkylineMatrix 类的成员函数 void CalculateDiagnoal-Address()。组装结构总体刚度矩阵的代码见 CSkylineMatrix 类的成员函数 void Assembly (double* Matrix, unsigned int* LocationMatrix, size_t ND)。为了增加程序可读性，STAPpp 对 operator() 函数进行了重载，以便用 "$\boldsymbol{A}(i, j)$" 的方式直接访问以一维变带宽形式存放在数组 $\boldsymbol{A}$ 中的总体刚度矩阵元素 k_{ij}。

许多有限元程序均使用了上面讨论的一维变带宽存储方案。使用一维变带宽存储方案后，求解线性代数方程组 $\boldsymbol{Ka} = \boldsymbol{R}$ 时大约需要 $\frac{1}{2} n M_K^2$ 次运算，其中 n 为矩阵 $\boldsymbol{K}$ 的阶数，M_K 为最大半带宽，见式 (2.93)。因此，减小半带宽不但可以减少矩阵 $\boldsymbol{K}$ 的存储量，而且可以大幅减少求解方程组所需的运算次数。对某些简单问题可以凭经验确定节点的合理编号方式，以尽可能减小矩阵 $\boldsymbol{K}$ 的半带宽。但在复杂问题中，人工确定节点编号的最优方式是很困难的，此时可使用一些半带宽优化算法来自动对节点进行编号。例如，图 2.20 所示为用 6 个 8 节点四边形单元离散的悬臂梁，采用了两种不同的节点编号方式。第一种编号方式的刚度矩阵 $\boldsymbol{K}$ 的最大半带宽为 45，而第二种编号方式的最大半带宽只有 15，即第二种编号方式的最大半带宽大约只有第一种编号方式的 1/3，因此第二种编号方式求解方程的计算量大约只有第一种编号方式的 1/9。

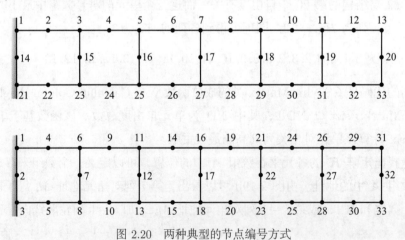

图 2.20　两种典型的节点编号方式

采用一维变带宽存储方案可以极大地降低有限元法的内存使用量和计算量。例如，完全存储（双精度）$n = 10^6$ 阶的刚度矩阵需要 8 TB（$8n^2$）的内存，但如果采用一维变带宽存储方

案，假设最大半带宽 $M_K = 10^3$，则只需 8 GB（$8nM_K$）内存，求解时间也只有原来的 $2 \times 10^5 \left[n^3 \middle/ \left(\frac{1}{2} 10 n M_K^2 \right) \right]$ 分之一左右 [式 (2.75) 中的系数 C 取为原来的 10 倍]。因此，原来需要求解 30 a 的方程组，采用一维变带宽存储方案后只需要 1.3 h 左右。

2.5.2.2 行压缩格式

行压缩格式（CSR）有两种形式：4 数组形式和 3 数组形式。3 数组形式的行压缩格式采用 values、columns 和 rowIndex 3 个数组来存储稀疏矩阵，其中 values 按行依次存储刚度矩阵上三角部分的所有非零元素，columns 存储 values 的各元素在刚度矩阵中的列号，rowIndex 存储刚度矩阵各行的第一个非零元素（即刚度矩阵的各对角元）在 values 中的序号。数组 values 和 columns 的长度相同，而数组 rowIndex 的长度等于刚度矩阵的阶数 n 加 1，其中 rowIndex(n+1) 等于刚度矩阵上三角部分非零元素总数加 1。对于图 2.19a 中的矩阵，行压缩格式的 3 个数组的内容分别为

	1	2	3	4	5	6	7	8	9	$\cdots$	18	19
values	k_{11}	k_{12}	k_{14}	k_{22}	k_{23}	k_{33}	k_{34}	k_{36}	k_{44}	$\cdots$	k_{78}	k_{88}
columns	1	2	4	2	3	3	4	6	4	$\cdots$	8	8
rowIndex	1	4	6	9	12	15	17	19	20			

rowIndex($I + 1$) 和 rowIndex(I) 分别给出了刚度矩阵上三角部分的第 $I + 1$ 行和第 I 行第一个非零元素在 values 中的地址，因此 rowIndex($I + 1$) − rowIndex(I) 为第 I 行非零元素的个数。这些非零元素对应于 values 数组的第 rowIndex(I) 至第 rowIndex($I + 1$) − 1 个元素，它们的列号分别为 columns(rowIndex(I) : rowIndex($I + 1$) − 1)。例如对于图 2.19a 所示矩阵的第 3 行，其非零元素对应于 values 数组的第 6 至第 8 个元素，它们的列号分别为 3、4 和 6，即 k_{33} = values(6)，k_{34} = values(7)，k_{36} = values(8)。

列压缩格式（CSC）与行压缩格式类似，它按列依次存放刚度矩阵的上三角部分。坐标存储格式（COO）将刚度矩阵上三角部分的所有非零元素存储在数组 rows 中，并用数组 rows 和 columns 分别存放各非零元素的行号和列号。

2.5.3　STAPpp 程序常用类说明

STAPpp 程序采用面向对象的设计思想，用 CDomain 类封装有限元模型数据，用 CNode 类封装节点数据，用抽象类 CElement 封装单元数据，用抽象类 CMaterial 类封装截面/材料属

性数据，用 ElementGroup 封装单元组数据，用 CLoadCaseData 类封装载荷数据，用 CSky-lineMatrix 封装按一维变带宽方式存储的总体刚度矩阵，用 CLDLTSolver 类封装 LDLT 求解器，并用 COutputter 类封装有限元模型和结果输出功能。下面对这些类分别进行介绍。

2.5.3.1   CDomain 类

CDomain 类封装有限元模型数据，其协作图如图 2.21 所示，其中虚线箭头表示在类中申明了箭头所指向类的对象，对象名称标注在虚线箭头旁边。例如，CDomain 类中申明了 CNode 类的对象 NodeList、CElementGroup 类的对象 EleGrpList、CLoadCaseData 类的对象 Load-Cases、CSkylineMatrix<double> 类的对象 StiffnessMatrix 和指向自身的对象 _instance，而 CElement 类中则申明了 CNode 类的对象 nodes_ 和 CMaterial 类的对象 ElementMaterial_。

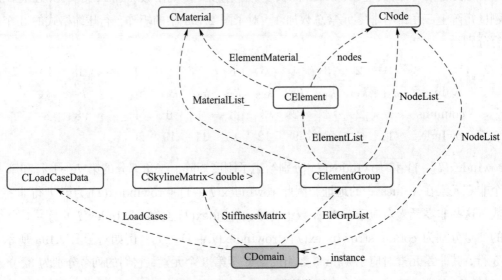

图 2.21   CDomain 类协作图

CDomain 类是一个单例类，即只能有一个 CDomain 类的实例。CDomain 类含有一个指向该类单例的静态私有指针，只提供私有构造函数，并提供了一个静态公有函数用于创建该单例或获取指向该单例的指针。CDomain 类具有以下私有成员变量：

1. static CDomain* _instance：指向 CDomain 类实例的静态私有指针；
2. ifstream Input：输入文件流，CDomain 将从该流中读取有限元模型数据；
3. char Title[256]：有限元模型的标题，用于简单描述该模型；
4. unsigned int MODEX：求解模式，0 表示只检查数据但不求解，1 表示求解；

5. unsigned int NUMNP：有限元模型的节点总数；

6. CNode* NodeList：节点列表数组；

7. unsigned int NUMEG：单元组总数，每个单元组中所有单元的类型必须相同；

8. CElementGroup* EleGrpList：单元组列表数组；

9. unsigned int NLCASE：载荷工况总数；

10. CLoadCaseData* LoadCases：载荷工况列表数组；

11. unsigned int* NLOAD：各载荷工况中的集中载荷总数；

12. unsigned int NEQ：总体自由度总数（总体刚度方程组的方程数）；

13. CSkylineMatrix<double>* StiffnessMatrix：总体刚度矩阵或总刚数组（以一维变带宽方式存放）；

14. double* Force：总体刚度方程右端项（求解刚度方程前为节点载荷向量，求解后为节点位移向量）。

CDomian 类提供的公有成员函数有：

1. static CDomain* GetInstance()：静态公有函数，用于创建 CDomain 类的单例或获取指向该单例的指针；

2. bool ReadData(string FileName, string OutFile)：从文件 FileName 中读取有限元模型数据，并将结果输出到文件 OutFile 中；

3. bool ReadNodalPoints()：读入节点数据；

4. bool ReadLoadCases()：读入载荷工况数据；

5. bool ReadElements()：读入单元数据；

6. void CalculateEquationNumber()：计算各节点各自由度所对应的总体自由度号（方程号）；

7. void CalculateColumnHeights()：计算总体刚度矩阵各列的列高；

8. void AllocateMatrices()：分配节点载荷数组 Force、总刚列高数组 ColumnHeights、对角元地址数组 DiagonalAddress 和总刚数组 StiffnessMatrix，并计算总刚各列列高和对角元地址；

9. void AssembleStiffnessMatrix()：组装总体刚度矩阵；

10. bool AssembleForce(unsigned int LoadCase)：组装工况 LoadCase 的节点载荷向量。

为了保护有限元模型数据不被其他代码随意修改，CDomain 类将其成员变量申明为私有的，并提供了以下公有操作来访问这些数据：

1. unsigned int GetMODEX()：返回求解模式 MODEX；

2. string GetTitle：返回有限元模型的标题 Title；

3. unsigned int GetNEQ：返回总体自由度总数 NEQ；

4. unsigned int GetNUMNP：返回节点总数 NUMNP；

5. CNode* GetNodeList()：返回节点列表数组 NodeList；

6. unsigned int GetNUMEG()：返回单元组总数 NUMEG；

7. CElementGroup* GetEleGrpList()：返回单元组列表数组 EleGrpList；

8. double* GetForce()：返回当前工况的节点载荷向量 Force；

9. double* GetDisplacement()：返回当前工况的位移向量；

10. unsigned int GetNLCASE()：返回载荷工况总数 NLCASE；

11. unsigned int* GetNLOAD()：返回各工况中的节点载荷总数 NLOAD；

12. CLoadCaseData* GetLoadCases()：返回载荷工况列表数组 LoadCases；

13. CSkylineMatrix<double>* GetStiffnessMatrix：返回总体刚度矩阵。

2.5.3.2　CNode 类

CNode 类封装节点数据，具有以下公有数据成员：

1. unsigned int NodeNumber：节点编号（从 1 开始编号）；

2. double XYZ [3]：节点的 x、y 和 z 坐标；

3. unsigned int bcode [NDF]：节点边界条件代码，其中静态常量 NDF 表示每个节点的自由度数，目前定义为 3。对于梁、板和壳问题，NDF 可能为 5 或 6。

CNode 类提供了以下公有成员函数：

1. bool Read (ifstream &Input)：从输入文件流 Input 中读入节点数据；

2. void Write (COutputter &output)：输出节点数据；

3. void WriteEquationNo (COutputter &OutputFile)：输出节点各自由度对应的总体自由度号；

4. void WriteNodalDisplacement (COutputter &OutputFile, double *Displacement)：输出当前工况的节点位移。

2.5.3.3　CElement 类

CElement 类是一个单元抽象类，只能作为基类来派生各种单元类，而不能用其直接声明对象。CElement 类的保护成员变量（可以被派生类的成员函数引用）有：

1. unsigned int NEN_：每个单元的节点数（杆单元为 2，三角形常应变单元为 3）；

2. CNode** nodes_：单元的节点数组，其元素为指向单元各节点的指针；

3. CMaterial* ElementMaterial_：指向该单元截面/材料属性的指针；

4. unsigned int* LocationMatrix_：单元对号数组，存储单元各自由度对应的总体自由度号；

5. unsigned int ND_：单元自由度数（二维杆单元为 4，三维杆单元为 6）。

CElemenet 类的公有成员函数有：

1. bool Read(ifstream& Input, CMaterial* MaterialSets, CNode* NodeList)：纯虚函数，用于从输入流 Input 中读入单元数据，其具体实现在派生类中给出；

2. void Write(COutputter& output)：纯虚函数，用于输出单元数据，其具体实现在派生类中给出；

3. void GenerateLocationMatrix()：纯虚函数，用于生成单元对号数组 LocationMatrix_，其具体实现在派生类中给出；

4. unsigned int SizeOfStiffnessMatrix()：返回按列存放单元刚度矩阵上三角部分的一维数组的大小；

5. void ElementStiffness(double* stiffness)：纯虚函数，用于计算单元刚度矩阵（一维数组，按列存放上三角部分），其具体实现在派生类中给出；

6. void ElementStress(double* stress, double* Displacement)：纯虚函数，计算单元应力 stress，其具体实现在派生类中给出。

CElement 类提供了如下操作以存取其保护成员变量：

1. unsigned int GetNEN()：返回单元的节点数；

2. CNode** GetNodes：返回指向单元节点数组的指针；

3. CMaterial* GetElementMaterial()：返回指向单元截面/材料属性的指针；

4. unsigned int* GetLocationMatrix()：返回指向单元对号数组的指针；

5. unsigned int GetND()：返回单元自由度数。

2.5.3.4 CBar 类

CBar 类是抽象类 CElement 的派生类，用于封装三维杆单元。CBar 类提供了以下公有成员函数：

1. bool Read(ifstream& Input, CMaterial* MaterialSets, CNode* NodeList)：从输入流 Input 中读入杆单元数据；

2. void Write(COutputter& output)：输出杆单元数据；

3. void GenerateLocationMatrix()：生成杆单元对号数组；

4. void ElementStiffness(double* Matrix)：计算杆单元的单元刚度矩阵；

5. void ElementStress(double* stress, double* Displacement)：计算杆单元的应力。

2.5.3.5　CMaterial 类

CMaterial 类是一个截面/材料属性抽象类，用于作为基类派生各种截面/材料属性类。其公有成员变量有：

1. unsigned int nset：材料组序号；

2. double E：弹性模量。

CMaterial 类的公有成员函数有：

1. bool Read(ifstream& Input)：纯虚函数，用于从输入流 Input 中读入截面/材料属性数据，其具体实现在派生类中给出；

2. void Write(COutputter& output)：纯虚函数，用于输出截面/材料属性数据，其具体实现在派生类中给出。

2.5.3.6　CBarMaterial 类

CBarMaterial 类是 CMaterial 类的派生类，用于定义杆单元的截面/材料属性。CBarMaterial 类除了继承 CMaterial 类的所有成员外，还新定义了成员变量 double Area，用于定义杆单元的截面面积。

2.5.3.7　CLoadCaseData 类

CLoadCaseData 类封装载荷工况数据，其公有成员变量有：

1. unsigned int nloads：本工况中的集中载荷数；

2. unsigned int* node：受集中载荷作用的节点号数组；

3. unsigned int* dof：集中载荷的作用方向数组；

4. double* load：集中载荷的大小数组。

CLoadCaseData 类的公有成员函数有：

1. void Allocate(unsigned int num)：初始化 nloads，并创建数组 node、dof 和 load；

2. bool Read(ifstream& Input)：从数据流 Input 中读入载荷工况数据；

3. void Write(COutputter& output)：输出载荷工况数据。

2.5.3.8　CElementGroup 类

CElementGroup 类封装单元组，具有以下私有成员变量：

1. static CNode* NodeList_：指向结构节点列表的指针。该变量为静态变量，保证所有单元组对象均指向结构节点列表；

2. ElementTypes ElementType_：本组单元的单元类型。ElementTypes 为枚举类型，目前可以取值 Bar、Q4、T3、H8、Beam、Plate 和 Shell，但程序中只实现了 Bar 单元；

3. std::size_t ElementSize_：本单元组的单元类型（如 CBar）对象所占的内存字节数；

4. unsigned int NUME_：本单元组的单元总数；

5. CElement* ElementList_：本单元组的单元列表数组；

6. unsigned int NUMMAT_：本单元组的截面/材料属性组数；

7. CMaterial* MaterialList_：本单元组的截面/材料属性列表数组；

8. std::size_t MaterialSize_：本单元组的截面/材料属性类型（如 CBarMaterial）对象所占的内存字节数。

CElementGroup 类提供的公有成员函数有：

1. bool Read(ifstream& Input)：从输入流 Input 中读入单元组数据；

2. void CalculateMemberSize()：计算本单元组的单元类型对象和截面/材料属性类型对象所占的内存字节数，即 ElementSize_ 和 MaterialSize_（在新增加单元派生类时，必须扩充此函数以计算新单元派生类的相关信息）；

3. void AllocateElements(std::size_t size)：创建单元列表数组；

4. void AllocateMaterials(std::size_t size)：创建截面/材料属性列表数组；

5. ElementTypes GetElementType()：返回本单元组的单元类型；

6. unsigned int GetNUME()：返回本单元组的单元总数；

7. CElement& operator[](unsigned int i)：重载操作符"[ ]"，根据单元类型正确存取单元列表数组中的各单元对象；

8. CMaterial& GetMaterial(unsigned int i)：返回本单元组的第 i 组截面/材料属性对象；

9. unsigned int GetNUMMAT()：返回本单元组的截面/材料属性组数。

2.5.3.9 COutputter 类

COutputter 类是一个单例类，按照与 STAP90 相同的格式将有限元模型和计算结果同时输出到输出文件流 OutputFile 和标准输出流 cout 中。COutputter 类具有以下公有成员函数：

1. inline ofstream* GetOutputFile()：返回指向输出文件流 OutputFile 的指针；

2. static COutputter* GetInstance(string FileName)：创建/返回该类的单例，其输出文件流对应的文件名为 FileName；

3. void PrintTime(const struct tm * ptm, COutputter& output)：输出当前日期与时间；

4. void OutputHeading()：输出标题信息；

5. void OutputNodeInfo()：输出节点数据；

6. void OutputEquationNumber()：输出各节点自由度对应的总体自由度号（方程号）；

7. void OutputElementInfo()：输出单元数据；

8: void OutputBarElements(unsigned int EleGrp)：输出杆单元数据（单元组号为 EleGrp）；

9. void OutputLoadInfo()：输出载荷数据；

10. void OutputNodalDisplacement()：输出当前工况的节点位移；

11. void OutputElementStress()：输出当前工况的单元应力；

12. void OutputTotalSystemData()：输出模型总体信息。

2.5.3.10　CSkylineMatrix 模板类

CSkylineMatrix 模板类封装以一维变带宽方式存储的总体刚度矩阵，其私有成员变量有：

1. T_* data_：一维数组，用于存储总体刚度矩阵；

2. unsigned int NEQ_：总体刚度矩阵的维数；

3. unsigned int MK_：最大半带宽；

4. unsigned int NWK_：一维变带宽存储的总刚数组的大小；

5. unsigned int* ColumnHeights_：列高数组；

6. unsigned int* DiagonalAddress_：对角元数组。

CSkylineMatrix 类提供了以下成员函数：

1. T_& operator()(unsigned int i, unsigned int j)：重载运算符 (i, j)，返回刚度矩阵元素 k_{ij}（i 和 j 从 1 开始）；

2. void Allocate()：为数组 data_ 分配内存；

3. void CalculateColumnHeight(unsigned int* LocationMatrix, size_t ND)：计算列高数组，其中 LocationMatrix 为单元对号数组，ND 为单元自由度数；

4. void CalculateMaximumHalfBandwidth()：计算最大半带宽（= max(ColumnHeights) + 1）；

5. void CalculateDiagonalAddress()：计算各列的对角元地址（从 1 开始）；

6. void Assembly(double* Matrix, unsigned int* LocationMatrix, size_t ND)：将单元的刚度矩阵 Matrix 组装到总体刚度矩阵中；

7. unsigned int* GetColumnHeights()：返回列高数组 ColumnHeights_；

8. unsigned int GetMaximumHalfBandwidth() const：返回最大半带宽 MK_；

9. unsigned int* GetDiagonalAddress()：返回对角元地址数组 DiagonalAddress_；

10. unsigned int dim() const：返回总体刚度矩阵的维数 NEQ_；

11. unsigned int size() const：返回用于存储一维变带宽存储的总刚数组的大小 NWK_。

2.5.3.11　CLDLTSolver 类

CLDLTSolver 类封装了线性代数方程组的 LDLT 求解器，具有私有成员变量 CSkylineMatrix<double>& K，提供以下两个公有成员函数：

1. void LDLT()：对以一维变带宽储存的总体刚度矩阵 K 进行 LDLT 分解；

2. void BackSubstitution(double* Force)：对右端项进行消去与回代求解。

2.1　习题 2.1 图所示为一个由三根直杆组成的结构。三杆的横截面面积均为 $10^{-4}\,\mathrm{m}^2$，长度分别为 $l_1 = 0.3\,\mathrm{m}$、$l_2 = l_3 = 0.2\,\mathrm{m}$，杆 1 和杆 2 的弹性模量均为 $200\,\mathrm{GPa}$，杆 3 的弹性模量为 $400\,\mathrm{GPa}$。结构左端固定，在节点 2 和 4 分别作用集中力 $F_2 = F_4 = 10^6\,\mathrm{N}$，方向如图所示。试求各节点的位移和各单元的应力，并校核结果是否满足各节点平衡条件和系统总体平衡条件。

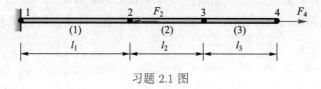

习题 2.1 图

2.2　习题 2.2 图所示为一弹簧系统，各弹簧的刚度系数、载荷和约束如图所示。试求各节点的位移和约束力，并校核结果的正确性。

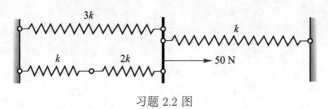

习题 2.2 图

2.3　习题 2.3 图所示为一弹簧系统，各弹簧的刚度系数、载荷和约束如图所示。试求各节点的位移和约束力，并校核结果的正确性。

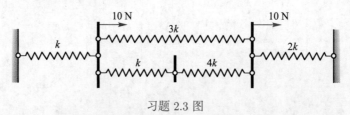

习题 2.3 图

2.4　习题 2.4 图所示为一直流电路，各电阻器的电阻分别为 $R_1 = 2\,\Omega$、$R_2 = 2\,\Omega$、$R_3 = 4\,\Omega$、$R_4 = 6\,\Omega$，输入电压分别为 $V_1 = 2\,\mathrm{V}$、$V_2 = 1\,\mathrm{V}$。求各分支的电流。

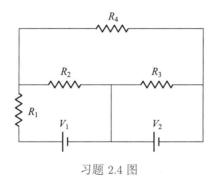

习题 2.4 图

2.5 习题 2.5 图所示为一个由三根直杆组成的桁架结构。各杆的弹性模量均为 10^{11} Pa，杆 1 和杆 3 的横截面面积为 10^{-2} m²，杆 2 的横截面面积为 2×10^{-2} m²。节点 1 和节点 2 固定，节点 3 在 y 方向固定 x 方向自由，节点 4 受集中力 $F = 10^3$ N 作用。各节点的坐标（单位为 m）分别为 1(−1,1)、2(0,1)、3(1,1) 和 4(0,0)。试手工求解节点 4 的位移和节点 3 的 x 方向位移，各杆的应力以及节点 1、2 和节点 3 处的约束力，并校核结果的正确性。

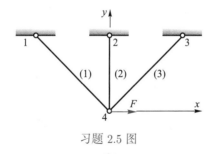

习题 2.5 图

2.6 习题 2.6 图 所示为一平面桁架，各杆横截面面积均为 10^{-2} m²，弹性模量为 1.5×10^{11} Pa，尺寸如图所示。试：

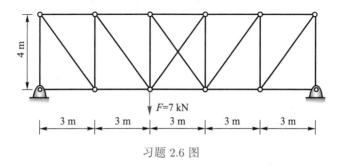

习题 2.6 图

(1) 修改 MATLAB 程序 truss-json 或 python 程序 truss-python，用罚函数施加位移边界

条件;

(2) 用修改后的 truss 程序求解桁架各节点的位移和各杆件的内力,并比较用罚函数法和缩减法施加位移边界条件所得结果之间的差异;

(3) 绘制变形结构图,即将各节点的位移放大后叠加到节点坐标上,绘制桁架图。请选择合适的位移放大系数,以清晰分辨变形前后的桁架。

2.7 修改 truss-json/truss-python 程序使其能求解三维桁架问题。能否使用修改后的三维程序求解二维桁架结构(如习题 2.6 图所示的桁架)?

2.8 请对矩阵

$$\begin{bmatrix} 1 & 2 & 3 \\ 2 & 5 & 8 \\ 3 & 8 & 14 \end{bmatrix}$$

进行 LDLT 分解,并用 colsol.py 验证结果的正确性。

2.9 习题 2.9 图所示为一个由 5 根杆组成的桁架,节点 3、4 和节点 5 固定,节点 1 和节点 2 自由。请确定各节点自由度对应的总体自由度号、各单元对号数组、总体刚度矩阵各列列高和对角元地址。

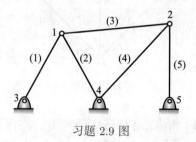

习题 2.9 图

2.10 利用 STAPpp/STAPpy 程序计算如习题 2.10 图所示桁架各节点的位移和各杆件的内力,并校核结果的正确性。各杆件的截面面积均为 $A = 10^{-2}$ m²,弹性模量均为 $E =$

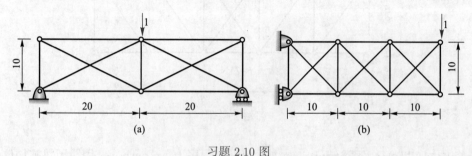

(a)   (b)

习题 2.10 图

1.5×10^{11} Pa。长度单位为 m。

2.11 利用 STAPpp/STAPpy 程序计算习题 2.6 中的桁架各节点的位移和各杆件的内力，并校验结果的正确性。

2.12 扩展 STAPpp/STAPpy 程序，逐步增加在本课程中学习的单元，如 T3（3 节点三角形单元）、Q4（4 节点四边形等参元）、H8（8 节点六面体等参元）和梁、板、壳单元等。

第三章 一维问题

有限元格式既可以直接从物理系统出发建立，也可以基于数学模型建立。第二章以桁架系统为例直接从物理系统出发建立了有限元格式，本章将以一维问题为例，介绍如何从数学模型（偏微分方程）出发建立有限元格式。

求解微分方程的数值方法可以分为两大类。第一类方法是直接求解微分方程和相应定解条件的近似解，如有限差分法。它首先将求解域划分为网格，然后在网格节点上用差分来近似微分，将微分方程转化为线性代数方程组来求解。有限差分法可以有效地求解某些相当复杂的问题（如建立于空间坐标系中的流体流动问题），因此在流体力学领域内仍占支配地位。但用于求解几何形状复杂的问题时，有限差分法的精度将降低，甚至难以求解。

另一类方法是首先建立和原微分方程及定解条件（强形式）相等效的积分提法（弱形式），再在此基础上建立近似解法，如加权余量法。它将近似函数表示成一组试探函数的线性组合，利用余量方程来确定待定系数。如果原问题的方程具有某些特定性质，则可将其等效积分提法进一步转化为变分提法，相应的近似解法（如里茨法）就是寻求使泛函取驻值的近似函数，即通过令泛函取驻值来确定这些待定系数。在这类方法中，试探函数是建立在整个求解域上的，对于几何形状复杂的问题，很难建立起符合要求的近似函数，因而这类方法只限于求解几何形状规则的问题。

有限元法的基本思想是将连续体划分为有限个在节点处相连接的小单元，利用在各单元内假设的近似函数来分片逼近全求解域上的未知场函数，然后将近似函数代入微分方程的弱形式（或变分形式）中，建立线性代数方程组。单元内的近似函数通常是用未知场函数（或其导数）在单元各节点处的值插值得到的，因此在有限元法中，未知场函数（或其导数）在各节点上的值是待求解的未知量（即自由度）。有限元法将一个连续的无限自由度问题变成离散的有限自由度问题，求解出这些未知量后，就可以通过插值函数得到各单元内的近似函数，从而得到整个求解域上的近似解。如果单元满足收敛条件，随着单元数目的增加（单元尺寸的减小），近似解将收敛于精确解。单元可以具有不同的形状，以不同的连接方式进行组合，因此很容易分析几何形状复杂的问题。

3.1 节简要总结一维线弹性问题、稳态热传导问题、稳态扩散问题和稳态对流－扩散问题的控制方程。这些方程必须在求解域内所有点处满足，因此称为强形式。3.2 节介绍近似求解微分方程的常用方法——加权余量法（包括配点法、子域法、伽辽金法、最小二乘法和最小二乘配点法），它是很多数值求解方法的基础。3.3 节和 3.4 节从伽辽金法出发，分别建立了伽辽金弱形式和变分原理，它们是建立有限元法求解格式的基础。伽辽金弱形式/变分原理中包含域内积分，一般无法解析积分，因此 3.5 节介绍有限元法中常用的一种数值积分方法——高斯求积法。3.6 节讨论一维问题近似函数的建立方法，并建立了线性单元和二次单元的近似函数。3.7 节将近似函数代入弱形式/变分原理中，建立了有限元法的求解格式。3.8 节讨论一维对流扩散问题的有限元法求解格式，重点介绍其存在的问题和相应的解决方案。3.9 节讨论有限元解误差的度量方法、有限元解的性质、误差估计方法和最佳应力点。

3.1　一维问题的强形式

3.1.1　一维线弹性问题

考虑图 3.1 所示的变截面弹性杆，其横截面面积为 $A(x)$，弹性模量为 $E(x)$。杆的右端固定，左端受面力 $\bar{t}$ 作用，并受线密度为 $b(x)$ 的分布力作用。

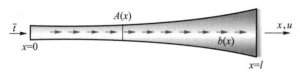

图 3.1　一维线弹性问题

对于小变形问题，应变 $\varepsilon(x)$ 和位移 $u(x)$ 之间的关系（几何方程）为

$$\varepsilon(x) = \frac{\mathrm{d}u(x)}{\mathrm{d}x} \tag{3.1}$$

对于线弹性材料，应力 $\sigma(x)$ 和应变 $\varepsilon(x)$ 之间的关系（物理方程）为

$$\sigma(x) = E(x)\varepsilon(x) \tag{3.2}$$

此问题的平衡微分方程和边界条件为

$$\frac{\mathrm{d}}{\mathrm{d}x}\left(A(x)E(x)\frac{\mathrm{d}u(x)}{\mathrm{d}x}\right) + b(x) = 0, \quad x \in \Omega \tag{3.3}$$

$$\sigma n = \bar{t}, \quad x \in \Gamma_t \tag{3.4}$$

$$u = \overline{u}, \quad x \in \varGamma_u \tag{3.5}$$

式中 $\varOmega = (0, l)$ 为不含边界的求解域（开区间），$\varGamma_t$ 和 $\varGamma_u$ 分别为给定面力边界 $(x = 0)$ 和给定位移边界 $(x = l)$，且 $\varGamma_t \cup \varGamma_u = \varGamma$，$\varGamma_t \cap \varGamma_u = 0$，$\varGamma$ 为求解域的总边界（对于一维问题，由两个端点组成）；$\overline{t}$ 和 $\overline{u}$ 分别为给定面力和给定位移，n 为边界外法线，对于图 3.1 所示问题，$n|_{\varGamma_t} = -1$，$n|_{\varGamma_u} = 1$。应力 $\sigma(x)$ 受拉为正，给定面力 $\overline{t}$ 沿 x 正向为正。式 $(3.3) \sim (3.5)$ 必须在求解域的所有点处满足，称为问题的强形式（strong form）。

3.1.2　一维热传导问题

热传导是由于分子热运动互相撞击而使能量从物体的高温部分传至低温部分，或由高温物体传给低温物体的过程。一维稳态热传导问题的强形式为

$$\frac{\mathrm{d}}{\mathrm{d}x}\left(Ak\frac{\mathrm{d}T}{\mathrm{d}x}\right) + s = 0, \quad x \in \varOmega \tag{3.6}$$

$$qn = \overline{q}, \quad x \in \varGamma_q \tag{3.7}$$

$$T = \overline{T}, \quad x \in \varGamma_T \tag{3.8}$$

式中 T 为温度，k 为导热系数（国际单位为 $\mathrm{Wm^{-1}K^{-1}}$），s 为热源（单位时间内单位长度产生的热量，国际单位为 $\mathrm{Wm^{-1}}$），q 为热通量（单位时间内流过单位面积的热量，国际单位为 $\mathrm{Wm^{-2}}$）；$\varGamma_q$ 和 $\varGamma_T$ 分别为给定通量边界和给定温度边界，且 $\varGamma_q \cup \varGamma_T = \varGamma$，$\varGamma_q \cap \varGamma_T = 0$；$\overline{q}$ 和 $\overline{T}$ 分别为给定通量和给定温度。热源 s 以生热为正，通量 q 以 x 正向为正，给定通量 $\overline{q}$ 以流出求解区域为正。通量 q 和温度 T 之间满足傅里叶定律

$$q = -k\frac{\mathrm{d}T}{\mathrm{d}x} \tag{3.9}$$

3.1.3　一维扩散问题

扩散方程是气体的扩散、液体的渗透和半导体材料中的杂质扩散等问题所满足的微分方程。一维稳态扩散方程的强形式为

$$\frac{\mathrm{d}}{\mathrm{d}x}\left(Ak\frac{\mathrm{d}\theta}{\mathrm{d}x}\right) = 0, \quad x \in \varOmega \tag{3.10}$$

$$qn = \overline{q}, \quad x \in \varGamma_q \tag{3.11}$$

$$\theta = \overline{\theta}, \quad x \in \varGamma_\theta \tag{3.12}$$

式中 θ 为扩散物的浓度，q 为扩散通量，k 为扩散系数；Γ_q 和 Γ_θ 分别为给定通量边界和给定浓度边界，且 $\Gamma_q \cup \Gamma_\theta = \Gamma$，$\Gamma_q \cap \Gamma_\theta = 0$；$\overline{q}$ 和 $\overline{\theta}$ 分别为给定通量和给定浓度。通量和浓度之间满足菲克第一定律（Fick first law）

$$q = -k\frac{\mathrm{d}\theta}{\mathrm{d}x} \tag{3.13}$$

3.1.4 一维对流扩散问题

对流扩散方程表征了流体中由流体质点所携带的某种物理量（如温度）或溶解于流体中的物质的浓度在流动过程中的变化规律，包括对流、扩散以及由于外部环境（如重力、浮力和化学反应等）引起的物理量自身衰减或增长的过程。常见的对流扩散现象有河流和大气污染、流体流动和流体中热的传导等。一维稳态对流扩散方程的强形式为

$$\frac{\mathrm{d}(Av\theta)}{\mathrm{d}x} - \frac{\mathrm{d}}{\mathrm{d}x}\left(Ak\frac{\mathrm{d}\theta}{\mathrm{d}x}\right) - s = 0, \quad x \in \Omega \tag{3.14}$$

$$qn = \overline{q}, \quad x \in \Gamma_q \tag{3.15}$$

$$\theta = \overline{\theta}, \quad x \in \Gamma_\theta \tag{3.16}$$

式中 θ 为单位体积流体所携带的物理量（如流体的质量、污染物的含量和热能等），q 为扩散通量，v 是流体速度，A 为横截面面积，s 是源，k 为扩散系数。Γ_q 和 Γ_θ 分别为给定通量边界和给定浓度边界，且 $\Gamma_q \cup \Gamma_\theta = \Gamma$，$\Gamma_q \cap \Gamma_\theta = 0$；$\overline{q}$ 和 $\overline{\theta}$ 分别为给定通量和给定浓度。通量和浓度之间满足菲克第一定律 (3.13)。对于不可压缩流体，将不可压缩条件 $\mathrm{d}(Av)/\mathrm{d}x = 0$ 代入式 (3.15)，可得一维不可压缩对流扩散方程

$$Av\frac{\mathrm{d}\theta}{\mathrm{d}x} - \frac{\mathrm{d}}{\mathrm{d}x}\left(Ak\frac{\mathrm{d}\theta}{\mathrm{d}x}\right) - s = 0, \quad x \in \Omega \tag{3.17}$$

如果 θ 为速度，对流扩散方程即为 N–S 方程。

3.2 加权余量法

对于一些简单问题，可以精确求解强形式，但对于复杂问题只能采用数值方法近似求解。在构造近似解时容易使其满足给定位移边界条件 (3.5)，但通常不能精确满足微分方程 (3.3) 和给定面力边界条件 (3.4)，即

$$R = \frac{\mathrm{d}}{\mathrm{d}x}\left(AE\frac{\mathrm{d}u}{\mathrm{d}x}\right) + b \neq 0, \quad x \in \Omega \tag{3.18}$$

$$\overline{R} = \sigma n - \overline{t} \neq 0, \quad x \in \Gamma_t \tag{3.19}$$

式中 R 和 $\overline{R}$ 分别为微分方程和给定面力边界条件的余量。

加权余量法（weighted residual method）是求解微分方程近似解的一种常用方法，它不要求方程在各点处都严格满足，而仅要求方程余量在其定义域内加权积分为零，即要求对任意函数 $w(x)$ 均满足

$$\int_{\Omega} w\left[\frac{\mathrm{d}}{\mathrm{d}x}\left(AE\frac{\mathrm{d}u}{\mathrm{d}x}\right) + b\right]\mathrm{d}x = 0, \quad \forall w, x \in \Omega \tag{3.20}$$

$$wA(\sigma n - \overline{t}) = 0, \quad \forall w, x \in \Gamma_t \tag{3.21}$$

式中 $w(x)$ 称为权函数（weight function）或检验函数（test function）。对于一维问题，边界为端点，给点面力边界条件只在一点上满足，因此式 (3.21) 不需要积分。

式 (3.20) 和式 (3.21) 要求对任意检验函数 $w(x)$ 均成立，因此微分方程 (3.3) 在域 Ω 内任一点都将严格满足，给定面力边界条件 (3.4) 在边界 Γ_t 上也将严格满足，即式 (3.20) 和式 (3.21) 是微分方程 (3.3) 和给定面力边界条件 (3.4) 的**等效积分形式**。

近似解也称为试探解（trial solution）。在构造试探解时要求其必须满足位移边界条件 (3.5)，因此权函数 $w(x)$ 只在域 Ω 内和给定面力边界 Γ_t 上任意［如式 (3.20) 和式 (3.21) 所示］，而在给定位移边界处为 0，即要求

$$w(x)|_{\Gamma_u} = 0 \tag{3.22}$$

在利用加权余量法近似求解强形式时，可以将试探解取为一族已知函数的线性组合，即

$$u(x) = \sum_{I=1}^{n} N_I(x)d_I = \boldsymbol{N}(x)\boldsymbol{d} \tag{3.23}$$

其中 $\boldsymbol{d} = [d_1 \quad d_2 \quad \cdots \quad d_n]^{\mathrm{T}}$ 为待定系数，它们可由式 (3.20) 和式 (3.21) 确定。$\boldsymbol{N} = [N_1 \quad N_2 \quad \cdots \quad N_n]$ 为定义在整个求解域上的已知函数，称为基函数（basis function）或形函数（shape function）。加权余量法实质上是通过选择合适的待定系数强迫方程在某种平均意义下得到满足。

任何相互独立的函数都可以作为权函数，选取不同的权函数就得到不同的加权余量法。为了简单起见，在下面的讨论中，假设试探解精确满足所有边界条件，因此只考虑域内余量。权函数 $w(x)$ 也可以取为 n 个函数 $W_I(x)$ 的线性组合，即

$$w(x) = \sum_{I=1}^{n} W_I(x)a_I = \boldsymbol{W}(x)\boldsymbol{a} \tag{3.24}$$

式中 $\boldsymbol{a} = [a_1 \quad a_2 \quad \cdots \quad a_n]^{\mathrm{T}}$ 为任意的系数列阵，$\boldsymbol{W} = [W_1 \quad W_2 \quad \cdots \quad W_n]$。将式 (3.24) 代入式 (3.20)，考虑到系数 a_I 的任意性，可得

$$\int_{\Omega} W_I(x)R(x,\boldsymbol{d})\mathrm{d}x = 0 \quad (I = 1,2,\cdots,n) \tag{3.25}$$

求解这 n 个方程即可确定试探解的 n 个待定系数 d_I。

下面将讨论几种常用的加权余量法。

3.2.1 配点法

将权函数取为狄拉克 δ（Dirac-δ）函数，即

$$W_I(x) = \delta(x - x_I) \quad (I = 1,2,\cdots,n) \tag{3.26}$$

将上式代入式 (3.25) 中，并利用狄拉克 δ 函数的性质可以得到 n 个方程

$$R(x_I,\boldsymbol{d}) = 0 \quad (I = 1,2,\cdots,n) \tag{3.27}$$

上式表明，配点法（collocation method）强迫余量在域内的 n 个离散点（称为配点，collocation points）处为 0，即要求方程在配点处得到满足。

3.2.2 子域法

令权函数在 n 个子域 Ω_I 内为 1，在子域外为 0，即

$$W_I(x) = \begin{cases} 1, & x \in \Omega_I \\ 0, & x \notin \Omega_I \end{cases} \quad (I = 1,2,\cdots,n) \tag{3.28}$$

将上式代入式 (3.25)，得

$$\int_{\Omega_I} R(x,\boldsymbol{d})\mathrm{d}x = 0 \quad (I = 1,2,\cdots,n)$$

即子域法（subdomain method）强迫余量在这 n 个子域内 Ω_I 的积分为 0。

3.2.3 伽辽金法

布勒诺夫–伽辽金法（Bubnov-Galerkin method）将近似解的基函数序列 $N_I(x)$ 取为权函数，即令

$$W_I(x) = N_I(x) \tag{3.29}$$

相应的余量方程为

$$\int_{\Omega} N_I(x)R(x,\boldsymbol{d})\mathrm{d}x = 0 \quad (I = 1,2,\cdots,n) \tag{3.30}$$

布勒诺夫–伽辽金法一般简称为伽辽金法。如果权函数不是取自近似解的基函数序列，则称为彼得罗夫–伽辽金法（Petrov-Galerkin method）。

对于许多问题，伽辽金法建立的求解方程的系数矩阵是对称的，因此有限元法主要采用伽辽金法建立其求解格式。另外，当存在相应的泛函时，伽辽金法与变分法往往给出同样的结果。

3.2.4 最小二乘法

最小二乘法（least sqaures method）要求余量的平方和最小，即

$$\frac{\partial}{\partial d_I} \int_{\Omega} R(x,\boldsymbol{d})^2 \mathrm{d}x = 2 \int_{\Omega} R(x,\boldsymbol{d}) \frac{\partial R(x,\boldsymbol{d})}{\partial d_I} \mathrm{d}x = 0 \quad (I = 1,2,\cdots,n) \tag{3.31}$$

与式 (3.25) 比较可见，最小二乘法的权函数为

$$W_I(x) = \frac{\partial R(x,\boldsymbol{d})}{\partial d_I} \quad (I = 1,2,\cdots,n) \tag{3.32}$$

3.2.5 最小二乘配点法

最小二乘配点法（least squares collocation method）要求余量在 $m \geqslant n$ 个点处的平方和

$$\sum_{I=1}^{m} R^2(x_I,\boldsymbol{d})$$

取最小。当 $m = n$ 时，最小二乘配点法退化为配点法。

例题 3-1：利用各种加权余量法求解图 3.2 所示的弹性基础梁的挠度。

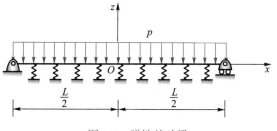

图 3.2　弹性基础梁

解答: 图 3.2 所示的弹性基础梁的强形式为

$$\frac{\mathrm{d}^4 w}{\mathrm{d}x^4} + \alpha w + 1 = 0, \quad -1 \leqslant x \leqslant 1$$

$$w(-1) = w(1) = 0$$

$$w''(-1) = w''(1) = 0$$

式中 $\alpha = kL^4/(16EI)$, k 为基础刚度系数, EI 为梁抗弯刚度; x 和 w 为量纲为一的参数, 分别乘以系数 $L/2$ 和 $pL^4/(16EI)$ 才是物理坐标和挠度。本问题的解析解为

$$w(x) = \frac{1}{\alpha} \left(A \cos \beta x \cosh \beta x + B \sin \beta x \sinh \beta x - 1 \right)$$

式中 $\beta = \sqrt[4]{\alpha/4}$, $A = \cos \beta \cosh \beta / C$, $B = \sin \beta \sinh \beta / C$, $C = \cos^2 \beta \cosh^2 \beta + \sin^2 \beta \sinh^2 \beta$。

作为一阶近似, 可以把基函数 N_1 取为当 $k = 0$ 时的精确解, 即将试探解取为

$$w(x) = a_1 N_1(x) = -\frac{a_1}{24}(5 - x^2)(1 - x^2)$$

上式满足所有边界条件, 微分方程的余量为

$$R(x, a_1) = -a_1 - \alpha \frac{a_1}{24}(5 - x^2)(1 - x^2) + 1$$

1. 配点法　取中点 $(x = 0)$ 为配点, 要求余量在中点处满足, 有

$$R(0, a_1) = -a_1 - \frac{5\alpha}{24} a_1 + 1 = 0$$

解得

$$a_1 = \left(1 + \frac{5\alpha}{24} \right)^{-1}$$

2. 子域法　取子域为 $\Omega_1 = (-1, 1)$, 有

$$\int_{-1}^{1} R(x, a_1)\mathrm{d}x = -2 \left(a_1 + \frac{2\alpha}{15} a_1 - 1 \right) = 0$$

解得

$$a_1 = \left(1 + \frac{2\alpha}{15}\right)^{-1}$$

3. 伽辽金法　将权函数取为 $W_1 = N_1$，有

$$\int_{-1}^{1} N_1 R(x, a_1)\mathrm{d}x = \frac{4a_1}{15}\left(a_1 + \frac{31\alpha}{189}a_1 - 1\right) = 0$$

解得

$$a_1 = \left(1 + \frac{31\alpha}{189}\right)^{-1}$$

4. 最小二乘法　将权函数取为 $W_1 = \partial R/\partial a_1$，有

$$\int_{-1}^{1} \frac{\partial R}{\partial a_1} R\mathrm{d}x = 2\left(a_1 + \frac{4\alpha}{15}a_1 + \frac{62\alpha^2}{2835}a_1 - 1 - \frac{2\alpha}{15}\right) = 0$$

解得

$$a_1 = \left(1 + \frac{2\alpha}{15}\right)\left(1 + \frac{4\alpha}{15} + \frac{62\alpha^2}{2835}\right)^{-1}$$

5. 最小二乘配点法　取 $x_1 = -1/3$，$x_2 = 1/3$，令

$$\sum_{I=1}^{2} R^2(x_I, a_1) = 2\left(-a_1 - \frac{44\alpha}{243}a_1 + 1\right)^2$$

取最小值，得

$$a_1 = \left(1 + \frac{44\alpha}{243}\right)^{-1}$$

图 3.3 给出了当 α 分别取 1、10、100 和 1000 时不同加权余量法得到的弹性基础梁挠度曲线，并和解析解进行了比较。本例的 python 代码见 GitHub 的 xzhang66/FEM-Book 仓库中 Examples 目录下的 Example-3-1。表 3.1 比较了由各种加权余量法得到的弹性基础梁在中点 $x = 0$ 处的挠度。可以看出，随着 α 的增大，弹性地基的刚度变大，弹性基础梁的变形与简支梁的变形差异也越大，因此近似解的误差逐渐增大。尤其是当 $\alpha = 1000$ 时，试探解 $w(x) = a_1 N_1(x)$ 已经不能表征解析解的基本特征，用各种加权余量法得到的结果误差均很大。为了得到更精确的结果，需要进一步改进试探解，增加新的函数项。

思考题　如何进一步改进试探解，以得到具有更高精度的近似解？

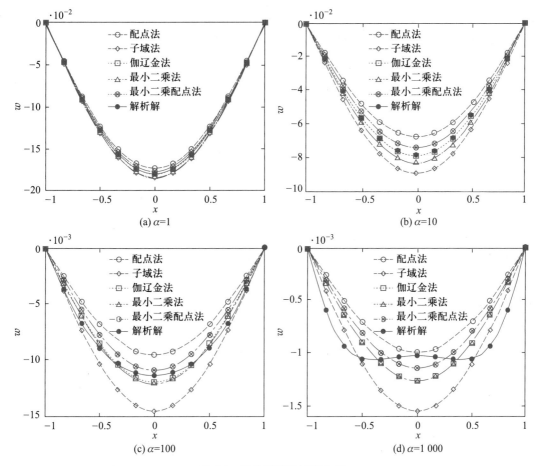

图 3.3 弹性基础梁挠度曲线

表 3.1 弹性基础梁中点 $(x = 0)$ 处的挠度和相对误差

α	精确解	配点法	子域法	伽辽金法	最小二乘法	最小二乘配点法
1	0.1788	0.1724	0.1838	0.1790	0.1832	0.1764
		(−3.588%)	(2.793%)	(0.083%)	(2.466%)	(−1.362%)
10	0.07836	0.06757	0.08929	0.07891	0.08304	0.07412
		(−13.768%)	(13.950%)	(0.705%)	(5.985%)	(−5.403%)
100	0.01134	0.00954	0.01453	0.01197	0.01212	0.01090
		(−15.868%)	(28.155%)	(5.555%)	(6.870%)	(−3.863%)
1000	0.001025	0.000995	0.001551	0.001262	0.001264	0.001144
		(−2.923%)	(51.276%)	(23.144%)	(23.315%)	(11.613%)

从结果可以看出，在几种加权余量法中，伽辽金法的精度最高，最小二乘法次之，子域法和配点法较差。由于伽辽金法的精度和稳定性俱佳，在数值方法中受到了青睐，很多数值方法都是基于伽辽金法的。但是，伽辽金法需要计算积分，其计算量高于配点法，因此也有学者基于配点法建立数值方法，并将最小二乘法作为稳定项引入到配点法中，以提高其稳定性。

3.3 伽辽金弱形式

如果直接从强形式的等效积分形式 (3.20) 出发构建近似求解格式，存在如下困难：

1. 式 (3.20) 涉及近似解 $u(x)$ 的二阶导数，因此对近似解的光滑性要求比较高。在二维和三维问题中，构造具有较高光滑性的近似解是很困难的。

2. 式 (3.20) 中对函数 $w(x)$ 和 $u(x)$ 的导数阶次是不对称的，因此得到的系数矩阵也是不对称的，不利于求解大规模问题。

为了克服这两个困难，可以利用分部积分，使得式 (3.20) 中对函数 $w(x)$ 和 $u(x)$ 的导数均变为一阶，既降低了对近似解的光滑性要求，又可使得系数矩阵对称。

3.3.1 弱形式的建立

对式 (3.20) 的第一项进行分部积分，得

$$\int_\Omega w\frac{d}{dx}\left(AE\frac{du}{dx}\right)dx = \int_\Omega \frac{d}{dx}\left(wAE\frac{du}{dx}\right)dx - \int_\Omega \frac{dw}{dx}AE\frac{du}{dx}dx$$
$$= (wA\sigma n)|_\Gamma - \int_\Omega \frac{dw}{dx}AE\frac{du}{dx}dx \tag{3.33}$$

在推导第二个等式时利用了微积分第二基本定理（牛顿–莱布尼茨公式，Newton-Leibniz formula）

$$\int_a^b \frac{dF(x)}{dx}dx = F(b) - F(a) = F(x)|_a^b$$

将式 (3.22) 和式 (3.21) 代入式 (3.33) 得

$$\int_\Omega w\frac{d}{dx}\left(AE\frac{du}{dx}\right)dx = (wA\bar{t})|_{\Gamma_t} - \int_\Omega \frac{dw}{dx}AE\frac{du}{dx}dx, \quad \forall w, w|_{\Gamma_u} = 0 \tag{3.34}$$

将式 (3.34) 代入式 (3.20) 得

$$\int_{\Omega} \frac{\mathrm{d}w}{\mathrm{d}x} AE \frac{\mathrm{d}u}{\mathrm{d}x} \mathrm{d}x = \int_{\Omega} wb\mathrm{d}x + (wA\bar{t})|_{\Gamma_t}, \quad \forall w, w|_{\Gamma_u} = 0 \tag{3.35}$$

式 (3.35) 只涉及近似解的一阶导数, 对近似解的光滑性要求比强形式低, 即对近似解的连续性要求更弱, 因此称为弱形式 (weak form), 其解称为弱解 (weak solution)。关于函数光滑性和连续性的讨论详见 3.3.3 节。与强形式相比, 弱形式无须在求解域的所有点处满足, 而只在平均意义下满足。

采用伽辽金弱形式 (3.35) 建立有限元格式具有以下优点:

1. 当试探解和权函数在同一个函数空间中构建时, 系数矩阵是对称的, 见式 (3.41)。

2. 对试探解的光滑性要求低。弱形式中涉及的最高导数阶次为 1, 比强形式的最高导数阶次低 1 阶, 因此可以采用更低阶的试探解, 更容易构造。

3. 简化了自然边界条件的处理。采用弱形式后, 在构造试探解时不要求其满足自然边界条件。对于自由边界 ($\bar{t} = 0$), 弱形式 (3.35) 右端最后一项为零, 即自由边界对弱形式无贡献, 因此无须做任何处理。

讨论　比较式 (3.3)、(3.6) 和式 (3.10) 可见, 稳态热传导问题和扩散问题的强形式和线弹性问题的强形式在形式上完全相同, 只是各变量的物理意义不同, 因此它们的弱形式也和线弹性问题的弱形式类似。例如, 一维热传导方程的弱形式为

$$\int_{\Omega} \frac{\mathrm{d}w}{\mathrm{d}x} Ak \frac{\mathrm{d}T}{\mathrm{d}x} \mathrm{d}x - \int_{\Omega} ws\mathrm{d}x + (Aw\bar{q})|_{\Gamma_q} = 0, \quad \forall w, w|_{\Gamma_T} = 0 \tag{3.36}$$

与扩散方程相比, 对流扩散方程 (3.14) 中多了对流项, 其导数的最高阶次为 1 阶。类似地, 可以导出不可压缩对流扩散方程 (3.17) 的弱形式为

$$\int_{\Omega} wAv \frac{\mathrm{d}\theta}{\mathrm{d}x} \mathrm{d}x + \int_{\Omega} \frac{\mathrm{d}w}{\mathrm{d}x} Ak \frac{\mathrm{d}\theta}{\mathrm{d}x} \mathrm{d}x - \int_{\Omega} ws\mathrm{d}x + (Aw\bar{q})|_{\Gamma_q} = 0, \quad \forall w, w|_{\Gamma_\theta} = 0 \tag{3.37}$$

与扩散类方程的弱形式相比, 对流扩散方程的弱形式 (3.37) 左端第一项是不对称的, 不但导致系数矩阵不对称, 还会使解产生严重的振荡, 详见 3.8 节。

将试探解 (3.23) 和权函数 (3.24) 代入伽辽金弱形式 (3.35) 中, 可得

$$\boldsymbol{a}^{\mathrm{T}}(\boldsymbol{K}\boldsymbol{d} - \boldsymbol{f}) = 0 \tag{3.38}$$

式中

$$\boldsymbol{a} = [a_1 \quad a_2 \quad \cdots \quad a_n]^{\mathrm{T}} \tag{3.39}$$

$$\boldsymbol{d} = [d_1 \quad d_2 \quad \cdots \quad d_n]^{\mathrm{T}} \tag{3.40}$$

$$K_{IJ} = \int_{\Omega} \frac{\mathrm{d}N_I}{\mathrm{d}x} AE \frac{\mathrm{d}N_J}{\mathrm{d}x} \mathrm{d}x \tag{3.41}$$

$$f_I = \int_{\Omega} N_I b \mathrm{d}x + (N_I A \bar{t})\big|_{\Gamma_t} \tag{3.42}$$

由 $\boldsymbol{a}$ 的任意性可得求解待定系数列阵 $\boldsymbol{d}$ 的方程组为

$$\boldsymbol{Kd} = \boldsymbol{f} \tag{3.43}$$

由于试探解 $u(x)$ 和权函数 $w(x)$ 在同一个函数空间中构建（即 $W_I = N_I$），系数矩阵 $\boldsymbol{K}$ 是对称的。为了确保矩阵 $\boldsymbol{K}$ 是非奇异的，基函数 $N_I(I = 1, 2, \cdots, n)$ 必须是线性无关的，即当且仅当 $d_I = 0\,(I = 1, 2, \cdots, n)$ 时才有

$$\sum_{I=1}^{n} d_I N_I(x) = 0 \tag{3.44}$$

近似解取决于基函数张成的空间，而非基函数。如果两组基函数 $\varphi_I\,(I = 1, 2, \cdots n)$ 和 $\psi_I\,(I = 1, 2, \cdots n)$ 满足关系式

$$\boldsymbol{\psi} = \boldsymbol{B\varphi} \tag{3.45}$$

其中 $\boldsymbol{B}$ 是由常数组成的可逆矩阵，$\boldsymbol{\varphi} = [\varphi_1 \quad \varphi_2 \quad \cdots \quad \varphi_n]^{\mathrm{T}}$，$\boldsymbol{\psi} = [\psi_1 \quad \psi_2 \quad \cdots \quad \psi_n]^{\mathrm{T}}$，则两组基函数张成的空间相同，采用这两组基函数得到的近似解也是相同的。

预先满足位移边界条件 (3.5) 是弱形式对试探解的本质要求，因此也将位移边界条件称为本质边界条件（essential boundary condition）。相反地，面力边界条件可以由弱形式自然得到，在构造试探解时无须令其满足面力边界条件，因此将面力边界条件称为自然边界条件（natural boundary condition）。

例题 3-2：试建立以下强形式的弱形式，并求其近似解。

$$\frac{\mathrm{d}}{\mathrm{d}x}\left(AE\frac{\mathrm{d}u}{\mathrm{d}x}\right) + 10Ax = 0, \quad 0 < x < 2 \tag{a}$$

$$u|_{x=0} = 10^{-4} \tag{b}$$

$$\sigma|_{x=2} = 10 \tag{c}$$

式中 A 为常数，$E = 10^5$。此问题的精确解为

$$u^{\mathrm{ex}}(x) = 10^{-4}\left(1 + 3x - \frac{1}{6}x^3\right)$$

$$\sigma^{\mathrm{ex}}(x) = E\frac{\mathrm{d}u^{\mathrm{ex}}}{\mathrm{d}x} = 10\left(3 - \frac{1}{2}x^2\right)$$

解答: 式 (a) 和式 (c) 的加权积分形式为

$$\int_0^2 w\left[\frac{\mathrm{d}}{\mathrm{d}x}\left(AE\frac{\mathrm{d}u}{\mathrm{d}x}\right) + 10Ax\right]\mathrm{d}x = 0 \tag{d}$$

$$[wA(\sigma - 10)]_{x=2} = 0 \tag{e}$$

对式 (d) 左端第一项进行分部积分, 得

$$\int_0^2 w\frac{\mathrm{d}}{\mathrm{d}x}\left(AE\frac{\mathrm{d}u}{\mathrm{d}x}\right)\mathrm{d}x = \left(wAE\frac{\mathrm{d}u}{\mathrm{d}x}\right)\Big|_{x=0}^{x=2} - \int_0^2 \frac{\mathrm{d}w}{\mathrm{d}x}AE\frac{\mathrm{d}u}{\mathrm{d}x}\mathrm{d}x$$

$$= 10(wA)|_{x=2} - \int_0^2 \frac{\mathrm{d}w}{\mathrm{d}x}AE\frac{\mathrm{d}u}{\mathrm{d}x}\mathrm{d}x$$

在导出上式第二个等式时使用了权函数所满足的条件 $w|_{x=0} = 0$ 和式 (e)。将上式代回式 (d), 可以得到弱形式

$$\int_0^2 \frac{\mathrm{d}w}{\mathrm{d}x}AE\frac{\mathrm{d}u}{\mathrm{d}x}\mathrm{d}x = \int_0^2 10wAx\mathrm{d}x + 10(wA)|_{x=2} \tag{f}$$

下面求近似解。将试探解和权函数均取为线性多项式, 即

$$u^{\mathrm{L}}(x) = a_0 + a_1 x \tag{g}$$

$$w^{\mathrm{L}}(x) = b_0 + b_1 x \tag{h}$$

式中上标 L 表示线性近似解。试探解和权函数需分别满足本质边界条件 $u|_{x=0} = 10^{-4}$ 和条件 $w|_{x=0} = 0$, 故有 $a_0 = 10^{-4}$, $b_0 = 0$。将试探解和权函数代入弱形式 (f) 中, 得

$$b_1\left(2a_1 E - \frac{80}{3} - 20\right) = 0$$

由 b_1 的任意性可以解得

$$a_1 = \frac{70}{3E} = \frac{7}{3} \times 10^{-4}$$

由此解得位移场和应力场为

$$u^{\mathrm{L}}(x) = 10^{-4}\left(1 + \frac{7}{3}x\right)$$

$$\sigma^{\mathrm{L}}(x) = E\frac{\mathrm{d}u^{\mathrm{L}}}{\mathrm{d}x} = \frac{70}{3}$$

为了获得精度更高的近似解，可以将试探解和权函数取为二次多项式，即

$$u^Q(x) = a_0 + a_1 x + a_2 x^2 \tag{i}$$

$$w^Q(x) = b_0 + b_1 x + b_2 x^2 \tag{j}$$

根据试探解和权函数应满足的条件，可知 $a_0 = 10^{-4}$，$b_0 = 0$。将试探解和权函数代入弱形式 (f) 中，得

$$b_1 \left[E(2a_1 + 4a_2) - \frac{140}{3} \right] + b_2 \left[\left(4a_1 + \frac{32}{3} a_2 \right) - 80 \right] = 0$$

由 b_1 和 b_2 的任意性有

$$E \begin{bmatrix} 2 & 4 \\ 4 & \dfrac{32}{3} \end{bmatrix} \begin{bmatrix} a_1 \\ a_2 \end{bmatrix} = \begin{bmatrix} \dfrac{140}{3} \\ 80 \end{bmatrix}$$

由于采用了伽辽金弱形式，所得到的系数矩阵是对称的。解线性方程组得 $a_1 = \dfrac{10}{3} \times 10^{-4}$，$a_2 = -\dfrac{1}{2} \times 10^{-4}$。由此可解得位移场和应力场为

$$u^Q(x) = 10^{-4} \left(1 + \frac{10}{3} x - \frac{1}{2} x^2 \right)$$

$$\sigma^Q(x) = E \frac{\mathrm{d} u^Q}{\mathrm{d} x} = 10 \left(\frac{10}{3} - x \right)$$

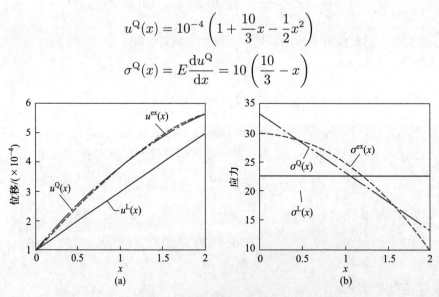

图 3.4 位移和应力结果比较

图 3.4 绘出了位移和应力的线性近似解、二次近似解和精确解。可以看出，由于应力是通过对位移求导计算的，因此位移近似解的精度要比应力近似解的精度高。为了获得更高精度的近似解，可以将试探解和权函数取为三次多项式，此时将得到精确解（请读者思考其原因）。

将近似解代回强形式 (a) 可以发现, 近似解仅满足本质边界条件, 不满足自然边界条件和微分方程。

思考题　除了采用高阶次多项式外, 如何得到具有更高精度的线性近似解?

3.3.2 与强形式的等价性

3.3.1 节的讨论表明, 对微分方程和面力边界条件进行加权积分, 并利用分部积分, 可以由强形式导出弱形式。为了证明强形式和弱形式等价, 还需要从弱形式出发导出强形式。式 (3.35) 的左端可以写为

$$\int_{\Omega} \frac{\mathrm{d}w}{\mathrm{d}x} AE \frac{\mathrm{d}u}{\mathrm{d}x} \mathrm{d}x = \int_{\Omega} \frac{\mathrm{d}}{\mathrm{d}x}\left(wAE \frac{\mathrm{d}u}{\mathrm{d}x}\right) \mathrm{d}x - \int_{\Omega} w \frac{\mathrm{d}}{\mathrm{d}x}\left(AE \frac{\mathrm{d}u}{\mathrm{d}x}\right) \mathrm{d}x$$
$$= (wA\sigma n)|_{\Gamma} - \int_{\Omega} w \frac{\mathrm{d}}{\mathrm{d}x}\left(AE \frac{\mathrm{d}u}{\mathrm{d}x}\right) \mathrm{d}x \tag{3.46}$$

利用式 (3.22), 可将上式改写为

$$\int_{\Omega} \frac{\mathrm{d}w}{\mathrm{d}x} AE \frac{\mathrm{d}u}{\mathrm{d}x} \mathrm{d}x = (wA\sigma n)|_{\Gamma_t} - \int_{\Omega} w \frac{\mathrm{d}}{\mathrm{d}x}\left(AE \frac{\mathrm{d}u}{\mathrm{d}x}\right) \mathrm{d}x \tag{3.47}$$

将上式代入弱形式 (3.35) 中, 可得

$$\int_{\Omega} w\left[\frac{\mathrm{d}}{\mathrm{d}x}\left(AE \frac{\mathrm{d}u}{\mathrm{d}x}\right) + b\right] \mathrm{d}x - [wA(\sigma n - \bar{t})]_{\Gamma_t} = 0, \quad \forall w \tag{3.48}$$

考虑到权函数 $w(x)$ 的任意性, 由上式可得

$$\frac{\mathrm{d}}{\mathrm{d}x}\left(AE \frac{\mathrm{d}u}{\mathrm{d}x}\right) + b = 0, \quad x \in \Omega \tag{3.49}$$
$$\sigma n = \bar{t}, \quad x \in \Gamma_t \tag{3.50}$$

式 (3.49) 和式 (3.50) 分别为强形式中的微分方程 (3.3) 和面力边界条件 (3.4), 即从弱形式可以导出强形式, 从而证明了强形式和弱形式的等价性, 其前提是权函数必须是满足条件 $w|_{\Gamma_u} = 0$ 的任意函数。因此, 只要权函数是任意函数, 弱形式的解一定也是强形式的解。

3.3.3 容许函数

为了保证弱形式中的各项均可积, 试探解和权函数必须满足一定的光滑性要求。函数的光滑性要求有多种不同的定义, 如要求函数及其导数连续。若函数 $f(x)$ 及其直到 k 阶的导数在域

Ω 内均存在且连续，则称其为 $C^k(\Omega)$ 函数。若函数 $f(x) \in C^k(\Omega)$ 且有界（即对于任意 $x \in \Omega$ 均有 $m \leqslant f(x) \leqslant c$，其中 m 和 c 为常数），则称为 $C_b^k(\Omega)$ 函数。例如，函数 $f(x) = x^n (n \geqslant 0)$ 为 $C_b^\infty(\Omega)$，函数 $f(x) = x^{-1}$ 在域 $\Omega = (0,1)$ 内为 $C^\infty(\Omega)$ 但非 $C_b^\infty(\Omega)$。$C^0(\Omega)$ 函数是连续函数，它没有间断点，但存在折点，在折点处一阶导数不连续（图 3.5）；$C^{-1}(\Omega)$ 函数为分段连续函数，它既有间断点，也可能存在折点；$C^1(\Omega)$ 函数既没有间断点，也没有折点。根据定义可知，$C^k(\Omega)$ 函数的导数是 $C^{k-1}(\Omega)$ 函数，即 $C^k(\Omega) \subset C^{k-1}(\Omega)$。

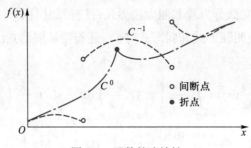

图 3.5 函数的连续性

有限元法的试探函数在单元内是光滑的，但在单元界面处仅具有低阶连续性，因此是局部光滑全局粗糙的函数。例如，对于弹性力学问题，有限元法试探函数为 $C_b^0(\Omega)$ 函数，在单元界面处不可微，需引入弱导数（weak derivative）。弱导数将导数概念推广到任意局部可积函数，它是通过分部积分定义的，不要求函数可微，而只要求它是勒贝格可积（Lebesgue integrable）的，详见附录 A.2 和附录 A.4。如果某函数是可微的，其弱导数与导数相同。

考察弱形式 (3.35)。若试探解 $u(x)$ 和权函数 $w(x)$ 的一阶弱导数均在 Ω 域内平方可积，即

$$\int_\Omega (\mathrm{D}u)^2 \mathrm{d}\Omega < \infty, \quad \int_\Omega (\mathrm{D}w)^2 \mathrm{d}\Omega < \infty \tag{3.51}$$

则由施瓦茨不等式（Schwarz inequality，详见附录 A.3）可知

$$\int_\Omega |(\mathrm{D}w)(\mathrm{D}u)| \mathrm{d}\Omega \leqslant \left(\int_\Omega (\mathrm{D}w)^2 \mathrm{d}\Omega\right)^{1/2} \left(\int_\Omega (\mathrm{D}u)^2 \mathrm{d}\Omega\right)^{1/2} < \infty \tag{3.52}$$

即当试探解和权函数的一阶弱导数均为平方可积函数时，式 (3.35) 的左端项可积。将由直到 k 阶弱导数均在 Ω 域内平方可积的函数组成的空间记为 $H^k(\Omega)$，即

$$H^k(\Omega) = \{u : \mathrm{D}^\alpha u \in L^2(\Omega),\ 0 \leqslant |\alpha| \leqslant k\} \tag{3.53}$$

式中 α 为多重指标（详见附录 A.4），

$$L^2(\Omega) = \left\{ u : \left(\int_\Omega |u|^2 \mathrm{d}x \right)^{1/2} < \infty \right\} \tag{3.54}$$

为勒贝格空间（Lebesgue spaces，详见附录 A.3）。$H^k(\Omega)$ 是一个索伯列夫空间（Sobolev space），也是一个希尔伯特空间（Hilbert space），详见附录 A.5。在索伯列夫空间中，偏微分方程解的光滑性要求得到了“弱化”，从而可以在更大的空间中求偏微分方程的解。由索伯列夫嵌入定理（详见附录 A.5）可知，$H^{k+1}(\Omega) \subset H^k(\Omega) \subset \cdots \subset H^1(\Omega) \subset H^0(\Omega) = L^2(\Omega)$。

　　非奇异的 $C^{-1}(\Omega)$ 函数（即 $C_{\mathrm{b}}^{-1}(\Omega)$ 函数）在间断点处的值是有限的，它和 x 轴围成的图形的面积是确定的，即 $C_{\mathrm{b}}^{-1}(\Omega)$ 函数是可积的，也是平方可积的。因此，$C_{\mathrm{b}}^0(\Omega)$ 函数的一阶弱导数只要是非奇异的就一定平方可积。一阶弱导数平方可积的函数一定是连续函数，即 $H^1(\Omega) \subset C_{\mathrm{b}}^0(\Omega)$，但反之不一定成立，因为 $C_{\mathrm{b}}^0(\Omega)$ 函数的一阶弱导数可能是奇异的。例如函数

$$u(x) = x^\alpha \quad (-1 < x < 1)$$

只有当 $\alpha > 1/2$ 时才是 $H^1(\Omega)$ 函数。

　　$C_{\mathrm{b}}^{-1}(\Omega)$ 函数的一阶弱导数只在有限个间断点处为无限大，因此也是可积的，但不是平方可积的。例如，函数

$$f(x) = p\varepsilon(x - a)$$

是 $C_{\mathrm{b}}^{-1}(\Omega)$ 函数［其中 $\varepsilon(x - a)$ 为单位阶跃函数］，其一阶弱导数

$$f'(x) = p\delta(x - a)$$

是可积的，即

$$\int_{x_1}^{x_2} f'(x)\mathrm{d}x = p, \quad x_1 \leqslant a \leqslant x_2$$

但其一阶弱导数的平方不可积，即

$$\int_{x_1}^{x_2} [f'(x)]^2 \mathrm{d}x = \infty$$

　　由以上讨论可知，试探解 $u(x)$ 必须足够光滑［即 $u(x) \in H^1(\Omega)$］且满足本质边界条件，因此试探解的函数空间可以表示为

$$U(\Omega) = \{u(x) : u(x) \in H^1(\Omega),\ u|_{\Gamma_u} = \overline{u}\} \tag{3.55}$$

　　类似地，权函数的函数空间为

$$U_0(\Omega) = \{w(x) : w(x) \in H^1(\Omega),\ w|_{\Gamma_u} = 0\} \tag{3.56}$$

$U(\Omega)$ 和 $U_0(\Omega)$ 空间中的函数分别称为容许试探解（admissible trial solution）和容许权函数（admissible weight function），它们都是 $C_b^0(\Omega)$ 函数。

3.3.4 解的唯一性

为了讨论方便，可以将弱形式 (3.35) 写成抽象形式

$$a(u, w) = F(w), \quad \forall w(x) \in U_0 \tag{3.57}$$

式中 $u(x) \in U$，

$$a(u, w) = \int_\Omega w' A E u' \mathrm{d}x \tag{3.58}$$

$$F(w) = \int_\Omega w b \mathrm{d}x + (w A \bar{t})|_{\Gamma_t} \tag{3.59}$$

式中 $F(\cdot)$ 为连续线性映射，泛函 $F(w)$ 构成的空间称为 H^1 的对偶空间。$a(\cdot, \cdot)$ 称为能量内积，它是双线性对称算子，即

$$a(u, w) = a(w, u) \tag{3.60}$$

$$a(c_1 u + c_2 v, w) = c_1 a(u, w) + c_2 a(v, w) \tag{3.61}$$

拉克斯－米尔格拉姆定理 [36,37]（Lax-Milgram theorem）指出，若希尔伯特空间 U 上的双线性算子 $a(\cdot, \cdot)$ 满足条件

(1) 连续性（有界性）：存在常数 $M > 0$，使得

$$|a(u, w)| \leqslant M \|u\|_{H^m} \|w\|_{H^m} \tag{3.62}$$

(2) 椭圆性（强制性或正定性）：存在常数 $\alpha > 0$，使得

$$a(w, w) \geqslant \alpha \|w\|_{H^m}^2 \tag{3.63}$$

且线性算子 $F(\cdot)$ 在 U 上是有界的，则弱形式 (3.57) 存在唯一解 $u(x) \in U(\Omega)$。以上两式中 $\|\cdot\|_{H^m}$ 为 m 阶索伯列夫范数（H^m 范数，详见附录 A.5），m 为弱形式 (3.57) 中导数的最高阶次（对于线弹性问题，$m = 1$）。

下面利用反证法来证明弱形式 (3.57) 解的唯一性。假设在空间 $U(\Omega)$ 中有两个不同的函数 $u_1(x)$ 和 $u_2(x)$ 均满足弱形式 (3.57)，即对于所有的 $w(x) \in U_0(\Omega)$ 都满足

$$a(u_1, w) = F(w) \tag{3.64}$$

$$a(u_2, w) = F(w) \tag{3.65}$$

将以上两式相减得

$$a(u_1 - u_2, w) = 0, \quad \forall w(x) \in U_0(\Omega) \tag{3.66}$$

由于 $(u_1 - u_2) \in U_0(\Omega)$, 在上式中令 $w = u_1 - u_2$ 有 $a(u_1 - u_2, u_1 - u_2) = 0$, 进一步由双线性算子 $a(\cdot, \cdot)$ 的椭圆性可得 $u_1 - u_2 = 0$, 但这和假设 $u_1(x) \neq u_2(x)$ 相矛盾, 因此弱形式 (3.57) 的解是唯一的。

由式 (3.63) 和弱形式 (3.57) 进一步可得

$$\alpha \|w\|_{H^m}^2 \leqslant a(w, w) = F(w)$$

故有

$$\|w\|_{H^m} \leqslant \frac{1}{\alpha} \frac{F(w)}{\|w\|_{H^m}} \leqslant \frac{1}{\alpha} \sup_{w \neq 0} \frac{|F(w)|}{\|w\|_{H^m}}$$

即

$$\|u\|_{H^m} \leqslant \frac{1}{\alpha} \|F\|_{H^*} \tag{3.67}$$

因此解是稳定的, 其中

$$\|F\|_{H^*} = \sup_{w \neq 0} \frac{|F(w)|}{\|w\|_{H^m}} \tag{3.68}$$

为 H^m 空间的对偶范数, 即连续线性映射 $F(\cdot)$ 的算子范数。

例题 3-3: 分析各向同性稳态热传导方程

$$kT'' + s = 0 \tag{a}$$

的双线性算子的连续性和椭圆性, 其中 k 为常数。

解答: 在方程 (a) 两边同时乘以检验函数 w 并在域内积分, 然后利用分部积分可以得到其双线性算子为

$$a(T, w) = k \int_\Omega T' w' \mathrm{d}x \tag{b}$$

先讨论连续性。利用施瓦茨不等式 (A.9), 由上式可得

$$|a(T, w)| \leqslant k \left(\int_\Omega T'^2 \mathrm{d}x \right)^{1/2} \left(\int_\Omega w'^2 \mathrm{d}x \right)^{1/2}$$

$$\leqslant k\|T\|_{H^1}\|w\|_{H^1} \tag{c}$$

式中

$$\|w\|_{H^1} = \left[\int_\Omega (w^2 + w'^2)\mathrm{d}x\right]^{1/2}$$

为索伯列夫 1 范数。

下面讨论椭圆性。利用庞加莱–弗里德里希斯不等式 (A.19)，可得

$$\|w\|_{H^1}^2 = \int_\Omega (w^2 + w'^2)\mathrm{d}x$$

$$\leqslant (C^2 + 1)\int_\Omega w'^2\mathrm{d}x$$

$$= \frac{C^2 + 1}{k}a(w, w) \tag{d}$$

因此有

$$a(w, w) \geqslant \frac{k}{1 + C^2}\|w\|_{H^1}^2 \tag{e}$$

例题 3–4：分析边值问题

$$-u'' + ku' + u = f, \quad x \in (0, 1) \tag{a}$$

$$u'(0) = u'(1) = 0 \tag{b}$$

的双线性算子的连续性和椭圆性，其中 k 为常数。

解答：在方程 (a) 两端同时乘以检验函数 w 并在域内积分，然后利用分部积分可以得到其双线性算子为

$$a(u, w) = \int_0^1 (u'w' + ku'w + uw)\mathrm{d}x \tag{c}$$

先讨论连续性。利用施瓦茨不等式 (A.9)，由上式可得

$$|a(u, w)| \leqslant \left|\int_0^1 (u'w' + uw)\mathrm{d}x\right| + \left|\int_0^1 ku'w\mathrm{d}x\right|$$

$$\leqslant \|u\|_{H^1}\|w\|_{H^1} + |k|\,\|u'\|_{L^2}\|w\|_{L^2}$$

$$\leqslant (1 + |k|)\|u\|_{H^1}\|w\|_{H^1} \tag{d}$$

因此双线性算子 $a(\cdot, \cdot)$ 是连续的［式 (3.62) 中的 $M = 1 + k$］。在推导上式最后一行时，使用

了关系式 $\|u'\|_{L^2}^2 \leqslant \int_0^1 (u^2 + u'^2)\mathrm{d}x = \|u\|_{H^1}^2$ 和 $\|w\|_{L^2}^2 \leqslant \int_0^1 (w^2 + w'^2)\mathrm{d}x = \|w\|_{H^1}^2$。

下面讨论椭圆性。由式 (c) 得

$$\begin{aligned}
a(w,w) &= \int_0^1 (w'^2 + kw'w + w^2)\mathrm{d}x \\
&= \frac{1}{2}\int_0^1 (w' + w)^2 \mathrm{d}x + \frac{1}{2}\int_0^1 (w'^2 + w^2)\mathrm{d}x + \int_0^1 (k-1)w'w\,\mathrm{d}x \\
&\geqslant \frac{1}{2}\|w\|_{H^1}^2 + \int_0^1 (k-1)w'w\,\mathrm{d}x
\end{aligned} \tag{e}$$

在推导上式第三行时利用了关系式 $\int_0^1 (w'^2 + w^2)\mathrm{d}x \geqslant 0$。当 $k = 1$ 时，上式变为

$$a(w,w) \geqslant \frac{1}{2}\|w\|_{H^1}^2 \tag{f}$$

即双线性算子 $a(w,w)$ 满足椭圆性 [式 (3.63) 中的 $c = 1/2$]。$\int_0^1 w'w\,\mathrm{d}x$ 不一定大于 0，因此当 k 增大时式 (3.63) 不一定成立，即双线性算子 $a(w,w)$ 不一定满足椭圆性条件，导致解可能不稳定。详见 3.8 节。

3.3.5 解的收敛准则

在构造近似函数时，必须保证有限元解的收敛性，即有限元解的误差应随单元尺寸的减小而不断减小，且当单元尺寸 h 趋于零时，有限元解 $u^h(x)$ 应趋于问题的精确解 $u(x)$。有限元解收敛是指当 $h \to 0$ 时误差的某种范数 [如能量范数，详见式 (3.197)] 也趋于 0，即

$$a(u - u^h, u - u^h) \to 0 \qquad (当\ h \to 0) \tag{3.69}$$

式中 $a(\cdot,\cdot)$ 为能量内积，见式 (3.58)。

利用式 (3.226) 也可以将收敛定义式 (3.69) 改写为

$$a(u^h, u^h) \to a(u, u) \qquad (当\ h \to 0) \tag{3.70}$$

即随着有限元网格不断加密，有限元计算得到的应变能须收敛于应变能的精确解。

有限元法将求解域剖分为一组单元，将求解域内的积分转化为各单元内的积分之和，系统应变能等于各单元应变能之和。因此为了保证有限元解的收敛性，当单元尺寸 h 趋于零时，每

一个单元的应变能必须趋于其精确解，且单元界面对应变能的贡献应为零。由此，可以得到有限元解的收敛准则为（假设出现在弱形式或泛函中的最高阶导数为 m 阶）：

1. 完备性　当单元尺寸趋于零时，精确解及其各阶导数在每个单元内都趋于常数值，因此应变能在每个单元内也趋于常数值。为使每个单元的应变能都能趋于其精确解（即常数值），要求当单元尺寸趋于零时，近似函数自身及其直到 m 阶导数均能趋于常数值，即要求近似函数必须至少是 m 次完全多项式。对于弹性问题，弱形式中的最高阶导数为 1 阶，近似函数至少应为完全线性多项式，其中常数项对应于刚体位移模式，线性项对应于常应变位移模式。完备性要求近似函数至少应能准确表示刚体位移和常应变状态，否则当单元尺寸 h 趋于零时，单元应变能将无法趋于其精确值。若近似函数是 $p \geqslant m$ 次完全多项式，则可精确表示未知函数 $u(x)$ 局部泰勒展开中直到 p 阶的所有项，因此近似误差为 $O(h^{p+1})$ 阶。这里假设精确解的 $p+1$ 阶导数在各单元内有界，详见 3.9.3 节。

2. 连续性　近似函数必须是 $H^m(\Omega)$ 函数，以确保弱形式或泛函中的各项可积。满足完备性要求的近似函数在单元内一定是 $H^m(\Omega^e)$ 函数。为了保证近似函数是 $H^m(\Omega)$ 函数，它在单元之间必须具有 C^{m-1} 连续性且其 m 阶导数在单元界面处有界，即 $u^h(x) \in C_b^{m-1}$。例如，对于弹性问题，近似函数必须是 H^1 函数，即在单元内为 H^1 函数，在单元间具有 C^0 连续性且其 1 阶导数在界面处有界，即 $u^h(x) \in C_b^0$。若近似函数不满足连续性要求，则位移在单元之间不连续，变形后在单元界面处将存在裂缝或重叠，其应变为无穷大，$a(u^h, u^h)$ 不可积。满足连续性要求的单元称为协调元（conforming 或 compatible elements），否则称为非协调元（nonconforming 或 incompatible elements），详见 4.6.4 节。

单调收敛的单元必须满足完备性和连续性条件。在网格细化时，如果将原来的每个单元都细分为两个或者多个单元，则原网格嵌套在新网格中。相应地，新网格的有限元插值函数空间 U_N^h 将包含原网格的插值函数空间 U_{N+1}^h，因此随着网格的细化，有限元解空间维数持续增加，$U_1^h \subset U_2^h \subset \cdots \subset U_\infty^h = U$，有限元解单调收敛于精确解。

3.4　变分原理

某些物理问题可以用变分法转化为求标量泛函的极值或驻值问题，称为该物理问题的变分原理（variational principle）。例如，在弹性力学中，控制方程的解也可以通过最小势能原理求解，即求势能泛函的极小值问题。

3.4.1 最小势能原理

对于一维线弹性问题，系统的势能为

$$\Pi(u(x)) = W_{\text{int}}(u(x)) - W_{\text{ext}}(u(x))$$

$$= \frac{1}{2}\int_\Omega AE\left(\frac{\mathrm{d}u}{\mathrm{d}x}\right)^2 \mathrm{d}x - \int_\Omega ub\mathrm{d}x - (uA\bar{t})|_{\Gamma_t} \tag{3.71}$$

式中

$$W_{\text{int}}(u(x)) = \frac{1}{2}\int_\Omega AE\left(\frac{\mathrm{d}u}{\mathrm{d}x}\right)^2 \mathrm{d}x \tag{3.72}$$

为应变能（内能），

$$W_{\text{ext}}(u(x)) = \int_\Omega ub\mathrm{d}x + (uA\bar{t})|_{\Gamma_t} \tag{3.73}$$

为外力功，其负值为外力势能。势能 $\Pi(u(x))$ 是位移函数 $u(x)$ 的函数，即泛函（functional）。系统的势能也可以表示为抽象形式

$$\Pi(u) = \frac{1}{2}a(u,u) - F(u) \tag{3.74}$$

式中双线性算子 $a(\cdot,\cdot)$ 和线性算子 $F(\cdot)$ 的定义详见式 (3.58) 和式 (3.59)。

最小势能原理（principle of minimum potential energy）表明，在所有容许位移场 $[u(x) \in U(\Omega)]$ 中，真实位移场（即强形式的解）使系统势能取极小值，即真实位移场满足条件

$$\delta\Pi(u(x)) = a(\delta u, u) - F(\delta u) = 0 \tag{3.75}$$

和

$$\delta^2\Pi = a(\delta u, \delta u) > 0 \tag{3.76}$$

式中 $\delta\Pi(u(x))$ 为势能泛函 $\Pi(u(x))$ 的一阶变分（variation）。微分 $\mathrm{d}u(x)$ 是由自变量 x 的微小改变 $\mathrm{d}x$ 而使函数 $u(x)$ 产生的微小变化，即 $\mathrm{d}u(x) = u(x+\mathrm{d}x) - u(x) = u'(x)\mathrm{d}x$，而变分 $\delta u(x)$ 则是函数 $u(x)$ 自身的微小改变，自变量 x 并没有发生变化（即 $\delta x = 0$），如图 3.6 所示。变分与微分的运算类似，但变分时自变量不变。泛函 $F(u(x))$ 的变分为

$$\delta F = \frac{\partial F}{\partial u}\delta u + \frac{\partial F}{\partial(\mathrm{d}u/\mathrm{d}x)}\delta\left(\frac{\mathrm{d}u}{\mathrm{d}x}\right) + \cdots + \frac{\partial F}{\partial(\mathrm{d}u^p/\mathrm{d}x^p)}\delta\left(\frac{\mathrm{d}^p u}{\mathrm{d}x^p}\right) \tag{3.77}$$

下面证明，势能 $\Pi(u(x))$ 极小值问题 (3.75) 与弱形式 (3.35) 等价。对应变能 (3.72) 和外

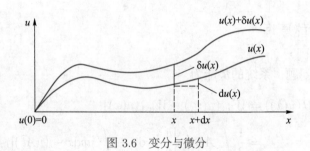

图 3.6　变分与微分

力功 (3.73) 分别取变分，得

$$\delta W_{\text{int}}(u(x)) = a(\delta u, u) = \int_{\Omega} \delta \frac{\mathrm{d}u}{\mathrm{d}x} AE \frac{\mathrm{d}u}{\mathrm{d}x} \mathrm{d}x \tag{3.78}$$

$$\delta W_{\text{ext}}(u(x)) = F(\delta u) = \int_{\Omega} \delta u b \mathrm{d}x + (\delta u A \bar{t})|_{\Gamma_t} \tag{3.79}$$

式中位移 $u(x)$ 的变分 δu 也称为虚位移。虚位移是满足给定瞬时约束条件的任意无限小位移，它和位移 $u(x)$ 处于同一个函数空间，且在本质边界处为 0，即 $\delta u \in U_0(\Omega)$。

式 (3.78) 和式 (3.79) 分别为内力虚功和外力虚功。将它们代入式 (3.75)，并交换变分和微分运算的顺序，得

$$\int_{\Omega} \frac{\mathrm{d}\delta u}{\mathrm{d}x} AE \frac{\mathrm{d}u}{\mathrm{d}x} \mathrm{d}x = \int_{\Omega} \delta u b \mathrm{d}x + (\delta u A \bar{t})|_{\Gamma_t} \tag{3.80}$$

式 (3.80) 就是**虚位移原理**（principle of virtual displacement），即在所有容许位移场 $[u(x) \in U(\Omega)]$ 中，真实位移场使得内力和外力在任意虚位移 $[\delta u \in U_0(\Omega)]$ 上所做的虚功相等。虚位移 δu 和权函数 $w(x)$ 均属于空间 $U_0(\Omega)$，因此式 (3.80) 即为弱形式 (3.35)，即由最小势能原理 (3.75) 可以导出弱形式 (3.35)。类似地，也可以由弱形式导出最小势能原理（这一过程留给读者自己完成），即最小势能原理和弱形式是等价的。3.3 节已经证明，弱形式 (3.35) 和强形式 (3.3) 等价，因此最小势能原理 (3.75) 也和强形式 (3.3) 等价。

最小势能原理是一个变分原理，即强形式的解使得泛函 $\Pi(u(x))$ 对任意变分 $\delta u(x)$ 取驻值。采用变分原理构建有限元法不但便于研究有限元法的精度和收敛性（详见 3.9 节），且得到的系数矩阵一定是对称的。虽然所有问题均存在相应的弱形式，但只有线性自伴随问题才存在变分原理（详见 3.4.3 节），因此弱形式比变分原理的应用范围更广。

势能泛函 $\Pi(u(x))$ 可以通过原微分方程和边界条件的伽辽金弱形式得到，这种变分原理称为自然变分原理（natural variational principle）。自然变分原理的场函数 u 事先需满足本质边界条件，其解具有明确的上下界性质。在许多情况下，场函数 u 还需满足一些附加约束条件，相应的变分原理称为约束变分原理（constrained variational principle），详见第五章。

3.4.2 里茨法

里茨法（Ritz method）是基于变分原理的一种近似解法，它将试探解取为一族已知函数（称为基函数或形函数）的线性组合，即式 (3.23)，然后利用泛函的驻值条件确定待定系数 d_I。将试探解 (3.23) 代入泛函 $\Pi(u(x))$ 中，可得到用待定系数 d_I 表示的泛函表达式 $\Pi(u(x)) = \Pi(d_1, d_2, \cdots, d_n)$。由泛函驻值条件 (3.75) 可得

$$\delta\Pi = a\left(\sum_I N_I \delta d_I, \sum_J N_J d_J\right) - F\left(\sum_I N_I \delta d_I\right) = 0 \tag{3.81}$$

由于变分 $\delta d_I (I = 1, 2, \cdots, n)$ 是任意的，由上式可得

$$\sum_J a(N_I, N_J) d_J - F(N_I) = 0 \tag{3.82}$$

上式包含 n 个方程，可以求解 n 个待定系数 $d_J(J = 1, 2, \cdots, n)$。式 (3.82) 可以写成矩阵形式

$$\boldsymbol{Kd} - \boldsymbol{f} = \boldsymbol{0} \tag{3.83}$$

式中矩阵 $\boldsymbol{K}$ 和列阵 $\boldsymbol{f}$ 的分量分别为

$$K_{IJ} = a(N_I, N_J), \quad f_I = F(N_I) \tag{3.84}$$

可见，由变分原理得到的系数矩阵 $\boldsymbol{K}$ 是对称的。

若泛函取极小值（$\delta\Pi = 0$，$\delta^2\Pi > 0$），系数矩阵 $\boldsymbol{K}$ 是正定的；若泛函取极大值（$\delta\Pi = 0$，$\delta^2\Pi < 0$），系数矩阵 $\boldsymbol{K}$ 是负定的。在这两种情况下，近似解都是有界的，即总体上大于或小于真实解。若泛函仅取驻值（$\delta\Pi = 0$），对应于鞍点（saddle point）问题，系数矩阵 $\boldsymbol{K}$ 是不定的，既具有正特征值，也具有负特征值。

里茨法是从一族试探解中寻求使泛函取驻值的最优解，所得到的近似解的精度与所选择的形函数有关。如果事先已知精确解的一般性质，可以通过选择能够反映此性质的形函数来改进近似解。若精确解包含在由形函数张成的空间中，则里茨法将得到精确解。

与加权余量法相比，里茨法只需要计算问题的泛函，不涉及问题的微分方程和自然边界条件，而加权余量法需要计算微分方程和自然边界条件的余量。与有限元法相比，里茨法的近似函数是定义在全域的，系数矩阵是满阵（full matrix，也称为稠密矩阵 dense matrix），且对于二维和三维问题不易构造，不利于求解具有复杂形状边界的区域和大规模问题；而有限元法的近似函数仅定义在单元内，因此系数矩阵是高度稀疏的，很容易求解大型复杂区域问题。

稳态热传导问题和扩散问题的强形式和线弹性问题的强形式在形式上完全相同，因此它们

也存在变分原理，其形式和线弹性问题的最小势能原理类似。例如，对于一维稳态热传导问题，其泛函为

$$\Pi(T(x)) = \frac{1}{2}\int_{\Omega} Ak\left(\frac{\mathrm{d}T}{\mathrm{d}x}\right)^2 \mathrm{d}x - \int_{\Omega} Ts\mathrm{d}x + (TA\bar{q})|_{\Gamma_q}$$

式中温度场 $T(x) \in U$。

例题 3–5： 用里茨法求解例题 3–2 所描述问题的二阶近似解。

解答：该问题的势能泛函为

$$\Pi = \frac{1}{2}\int_0^2 AE\left(\frac{\mathrm{d}u}{\mathrm{d}x}\right)^2 \mathrm{d}x - \int_0^2 10uAx\mathrm{d}x - 10(uA)_{x=2}$$

将试探解 $u(x) = 10^{-4} + \alpha_1 x + \alpha_2 x^2$ 代入泛函 Π，得

$$\Pi = A\left[E\left(a_1^2 + 4a_1a_2 + \frac{16}{3}a_2^2\right) - 30 \times 10^{-4} - \frac{140}{3}a_1 - 80a_2\right]$$

由泛函的驻值条件 $\delta\Pi = 0$ 可得

$$\frac{\partial \Pi}{\partial a_1} = A\left[E(2a_1 + 4a_2) - \frac{140}{3}\right] = 0$$

$$\frac{\partial \Pi}{\partial a_2} = A\left[E\left(4a_1 + \frac{32}{3}a_2\right) - 80\right] = 0$$

即

$$E\begin{bmatrix} 2 & 4 \\ 4 & \dfrac{32}{3} \end{bmatrix}\begin{bmatrix} \alpha_1 \\ \alpha_2 \end{bmatrix} = \begin{bmatrix} \dfrac{140}{3} \\ 80 \end{bmatrix}$$

上式与例题 3–2 中用伽辽金弱形式得到的方程组完全相同。

本问题的精确解为三次多项式，因此如果将试探解取为三次函数 $u(x) = 10^{-4} + \alpha_1 x + \alpha_2 x^2 + \alpha_3 x^3$，则由里茨法求得的近似解为精确解。

3.4.3　线性自伴随问题

对于线性自伴随问题，可以构造其变分原理。考虑微分方程

$$\boldsymbol{L}(\boldsymbol{u}) + \boldsymbol{b} = \boldsymbol{0}, \quad \forall \boldsymbol{x} \in \Omega \tag{3.85}$$

$$\boldsymbol{B}(\boldsymbol{u}) = \boldsymbol{0}, \quad \forall \boldsymbol{x} \in \Gamma \tag{3.86}$$

式中 $\boldsymbol{L}$ 为微分算子。若微分算子 $\boldsymbol{L}$ 具有性质

$$\boldsymbol{L}(\alpha\boldsymbol{u}_1 + \beta\boldsymbol{u}_2) = \alpha\boldsymbol{L}(\boldsymbol{u}_1) + \beta\boldsymbol{L}(\boldsymbol{u}_2) \tag{3.87}$$

则称 $\boldsymbol{L}$ 为线性微分算子。

取任意函数 $\boldsymbol{v}$，对内积 $\int_\Omega \boldsymbol{L}(\boldsymbol{u})\boldsymbol{v}\mathrm{d}\Omega$ 进行分部积分，直到对 $\boldsymbol{u}$ 的导数完全消失，得

$$\int_\Omega \boldsymbol{L}(\boldsymbol{u})\boldsymbol{v}\mathrm{d}\Omega = \int_\Omega \boldsymbol{u}\boldsymbol{L}^*(\boldsymbol{v})\mathrm{d}\Omega + \mathrm{b.t.}(\boldsymbol{u}, \boldsymbol{v}) \tag{3.88}$$

式中 $\mathrm{b.t.}(\boldsymbol{u}, \boldsymbol{v})$ 是边界积分项，算子 $\boldsymbol{L}^*$ 称为 $\boldsymbol{L}$ 的伴随算子（adjoint operator）。若 $\boldsymbol{L}^* = \boldsymbol{L}$，则称算子 $\boldsymbol{L}$ 是自伴随的（self-adjoint）。例如，算子 $L(\cdot) = \dfrac{\mathrm{d}^2(\cdot)}{\mathrm{d}x^2}$ 是自伴随算子。构造内积并进行分部积分，得

$$\begin{aligned}
\int_{x_1}^{x_2} L(u)v\mathrm{d}x &= \int_{x_1}^{x_2} \frac{\mathrm{d}^2u}{\mathrm{d}x^2}v\mathrm{d}x = -\int_{x_1}^{x_2} \frac{\mathrm{d}u}{\mathrm{d}x}\frac{\mathrm{d}v}{\mathrm{d}x}\mathrm{d}x + \left(\frac{\mathrm{d}u}{\mathrm{d}x}v\right)\bigg|_{x_1}^{x_2} \\
&= \int_{x_1}^{x_2} u\frac{\mathrm{d}^2v}{\mathrm{d}x^2}\mathrm{d}x - \left(u\frac{\mathrm{d}v}{\mathrm{d}x}\right)\bigg|_{x_1}^{x_2} + \left(\frac{\mathrm{d}u}{\mathrm{d}x}v\right)\bigg|_{x_1}^{x_2} \\
&= \int_{x_1}^{x_2} uL^*(v)\mathrm{d}x + \mathrm{b.t.}(u, v)
\end{aligned}$$

由上式可以看出，$L = L^* = \dfrac{\mathrm{d}^2}{\mathrm{d}x^2}$，因此 $L(\cdot)$ 是自伴随算子。

对于自伴随算子 $\boldsymbol{L}$ 有

$$\int_\Omega \boldsymbol{L}(\boldsymbol{u})\boldsymbol{v}\mathrm{d}\Omega = \int_\Omega \boldsymbol{u}\boldsymbol{L}(\boldsymbol{v})\mathrm{d}\Omega + \mathrm{b.t.}(\boldsymbol{u}, \boldsymbol{v}) \tag{3.89}$$

方程 (3.85)、(3.86) 的伽辽金格式为

$$\int_\Omega \delta\boldsymbol{u}^{\mathrm{T}}[\boldsymbol{L}(\boldsymbol{u}) + \boldsymbol{b}]\mathrm{d}\Omega - \int_\Gamma \delta\boldsymbol{u}^{\mathrm{T}}\boldsymbol{B}(\boldsymbol{u})\mathrm{d}\Gamma = 0 \tag{3.90}$$

对于线性自伴随问题，有

$$\begin{aligned}
\int_\Omega \delta\boldsymbol{u}^{\mathrm{T}}\boldsymbol{L}(\boldsymbol{u})\mathrm{d}\Omega &= \int_\Omega \frac{1}{2}\left[\delta\boldsymbol{u}^{\mathrm{T}}\boldsymbol{L}(\boldsymbol{u}) + \delta\boldsymbol{u}^{\mathrm{T}}\boldsymbol{L}(\boldsymbol{u})\right]\mathrm{d}\Omega \\
&= \int_\Omega \frac{1}{2}\left[\delta\boldsymbol{u}^{\mathrm{T}}\boldsymbol{L}(\boldsymbol{u}) + \boldsymbol{u}^{\mathrm{T}}\boldsymbol{L}(\delta\boldsymbol{u})\right]\mathrm{d}\Omega + \mathrm{b.t.}(\boldsymbol{u}, \delta\boldsymbol{u}) \\
&= \int_\Omega \frac{1}{2}\left[\delta\boldsymbol{u}^{\mathrm{T}}\boldsymbol{L}(\boldsymbol{u}) + \boldsymbol{u}^{\mathrm{T}}\delta\boldsymbol{L}(\boldsymbol{u})\right]\mathrm{d}\Omega + \mathrm{b.t.}(\boldsymbol{u}, \delta\boldsymbol{u})
\end{aligned}$$

$$= \int_\Omega \delta \left[\frac{1}{2} \boldsymbol{u}^{\mathrm{T}} \boldsymbol{L}(\boldsymbol{u}) \right] \mathrm{d}\Omega + \text{b.t.}(\boldsymbol{u}, \delta\boldsymbol{u}) \tag{3.91}$$

在推导上式第二个等式时利用了关系式 (3.89)，在推导第三个等式时，利用了算子 $\boldsymbol{L}$ 的线性性质。将式 (3.91) 代入式 (3.90)，得

$$\delta\Pi = 0 \tag{3.92}$$

式中

$$\Pi = \int_\Omega \left[\frac{1}{2} \boldsymbol{u}^{\mathrm{T}} \boldsymbol{L}(\boldsymbol{u}) - \boldsymbol{u}^{\mathrm{T}} \boldsymbol{b} \right] \mathrm{d}\Omega + \text{b.t.}(\boldsymbol{u}, \boldsymbol{u}) \tag{3.93}$$

即对于线性自伴随问题，存在变分原理，其泛函由式 (3.93) 给出。

思考题　一维线弹性问题 (3.3) ~ (3.5) 是否为线性自伴随问题？如何建立其变分原理？

3.5　高斯求积

弱形式中的积分一般无法解析积分，只能采用数值积分。在众多的数值积分方法中，高斯求积（Gaussian quadrature）是计算多项式函数积分的最有效方法之一。有限元近似函数一般是多项式，因此有限元法多采用高斯求积。

本节讨论一维问题的高斯求积公式，高维问题的高斯求积将在下章讨论。考虑域 $[a, b]$ 上的积分

$$I = \int_a^b f(x)\mathrm{d}x \tag{3.94}$$

高斯求积公式是在域 $[-1, 1]$ 中给出的，因此先采用坐标变换

$$x = \frac{1}{2}(a+b) + \frac{1}{2}\xi(b-a) = \frac{1-\xi}{2}a + \frac{1+\xi}{2}b \tag{3.95}$$

将积分域由 $x \in [a, b]$ 变换为 $\xi \in [-1, 1]$。由式 (3.95) 得

$$\mathrm{d}x = J\mathrm{d}\xi \tag{3.96}$$

式中 $J = \frac{1}{2}(b-a)$。将式 (3.95) 和式 (3.96) 代入式 (3.94)，得

$$I = J\widehat{I} \tag{3.97}$$

式中

$$\widehat{I} = \int_{-1}^{1} f(\xi)\mathrm{d}\xi \tag{3.98}$$

积分式 (3.98) 可以近似为

$$\widehat{I} = \sum_{i=1}^{n} W_i f(\xi_i) + E = \boldsymbol{W}^{\mathrm{T}}\boldsymbol{f} + E_n \tag{3.99}$$

式中 n 为积分点数，ξ_i 为积分点坐标，W_i 为权系数，E_n 为积分误差，

$$\boldsymbol{W} = [W_1 \quad W_2 \quad \cdots \quad W_n]^{\mathrm{T}}$$
$$\boldsymbol{f} = [f(\xi_1) \quad f(\xi_2) \quad \cdots \quad f(\xi_n)]^{\mathrm{T}}$$

高斯求积通过要求式 (3.99) 能够精确积分 (即 $E_n = 0$) 多项式来确定积分点和权系数。例如，对于单点高斯求积，要求能够精确积分 1 和 ξ 项，以此确定 W_1 和 ξ_1；对于 2 点高斯求积，要求能够精确积分 1、ξ、ξ^2 和 ξ^3 项，以此确定 W_1、W_2 和 ξ_1、ξ_2。因此，对于 n 点高斯求积，需要精确积分 $2n-1$ 次多项式来确定 $2n$ 个待定常数，即 n 点高斯求积可以精确积分 $2n-1$ 次多项式。

令 $f(\xi)$ 为 $2n-1$ 次多项式，即

$$f(\xi) = \boldsymbol{p}(\xi)\boldsymbol{\alpha} \tag{3.100}$$

式中 $\boldsymbol{p}(\xi) = [1 \quad \xi \quad \cdots \quad \xi^{2n-1}]$，$\boldsymbol{\alpha} = [\alpha_1 \quad \alpha_2 \quad \cdots \quad \alpha_{2n}]^{\mathrm{T}}$。利用上式可将式 (3.99) 中的列阵 $\boldsymbol{f}$ 表示为

$$\boldsymbol{f} = \boldsymbol{M}\boldsymbol{\alpha} \tag{3.101}$$

式中

$$\boldsymbol{M} = \begin{bmatrix} 1 & \xi_1 & \cdots & \xi_1^{2n-1} \\ 1 & \xi_2 & \cdots & \xi_2^{2n-1} \\ \vdots & \vdots & & \vdots \\ 1 & \xi_n & \cdots & \xi_n^{2n-1} \end{bmatrix}$$

为范德蒙德（Vandermonde）矩阵。

对 $f(\xi)$ 进行解析积分，有

$$\widehat{I} = \int_{-1}^{1} f(\xi)\mathrm{d}\xi = \widehat{\boldsymbol{P}}\boldsymbol{\alpha} \tag{3.102}$$

式中 $\widehat{\boldsymbol{P}} = \begin{bmatrix} 2 & 0 & \dfrac{2}{3} & \cdots \end{bmatrix}$。令高斯求积结果 (3.99) 与解析积分结果 (3.102) 相等，得到关于 $W_1, W_2, \cdots, W_n$ 和 $\xi_1, \xi_2, \cdots, \xi_n$ 的非线性代数方程组

$$\boldsymbol{M}^{\mathrm{T}} \boldsymbol{W} = \widehat{\boldsymbol{P}}^{\mathrm{T}} \tag{3.103}$$

求解方程组 (3.103) 即可得到待定常数 $W_1, W_2, \cdots, W_n$ 和 $\xi_1, \xi_2, \cdots, \xi_n$，如表 3.2 所示。

表 3.2   高斯点位置和权系数

n	ξ_i	W_i
1	0.0	2.0
2	$\pm\sqrt{3}/3$	1.0
3	0	8/9
	$\pm\sqrt{3/5}$	5/9
4	$\pm\sqrt{525 - 70\sqrt{30}}/35$	$(18 + \sqrt{30})/36$
	$\pm\sqrt{525 + 70\sqrt{30}}/35$	$(18 - \sqrt{30})/36$
5	0	128/225
	$\pm\sqrt{245 - 14\sqrt{70}}/21$	$(322 + 13\sqrt{70})/900$
	$\pm\sqrt{245 + 14\sqrt{70}}/21$	$(322 - 13\sqrt{70})/900$

通过求解非线性代数方程组 (3.103) 来确定积分点和权系数较为困难。高斯积分格式也可以利用正交多项式来构造 [38]，表 3.2 中的积分点位置 ξ_i 为勒让德多项式（Legendre polynomial）

$$P_n(\xi) = \frac{1}{2^n n!} \frac{\mathrm{d}^n}{\mathrm{d}\xi^n}[(\xi^2 - 1)^n] \tag{3.104}$$

的第 i 个零点，相应的权系数为

$$W_i = \frac{2}{(1 - \xi_i^2)[P_n'(\xi_i)]^2} \tag{3.105}$$

因此这种高斯求积格式也称为高斯 – 勒让德求积（Gauss-Legendre quadrature），其误差为

$$E_n = \frac{2^{2n+1}(n!)^4}{(2n+1)[(2n)!]^3} f^{(2n)}(\xi) \quad (-1 < \xi < 1)$$

例如，对于 3 点积分格式，$n = 3$，$P_3(\xi) = \dfrac{1}{2}(5\xi^3 - 3\xi)$，$P_3'(\xi) = \dfrac{3}{2}(5\xi^2 - 1)$。由 $P_3(\xi) = 0$ 可

得到积分点的坐标为 $\xi_1 = 0$，$\xi_{2,3} = \pm\sqrt{\dfrac{3}{5}}$，相应的权系数为 $W_1 = \dfrac{8}{9}$，$W_2 = W_3 = \dfrac{5}{9}$。

采用不同的正交多项式可以构造出不同的高斯求积格式，如高斯–雅可比求积（Gauss-Jacobi quadrature）、高斯–切比雪夫求积（Gauss-Chebyshev quadrature）、高斯–拉盖尔求积（Gauss-Laguerre quadrature）和高斯–埃尔米特求积（Guass-Hermite quadrature）等格式，它们的积分点均位于积分域内。

有限元法主要使用高斯–勒让德求积格式，但在有的问题中，使用高斯–洛巴托求积（Gauss-Lobatto quadrature）更为方便。高斯–洛巴托求积的积分点包含积分域的两个端点，域内积分点为勒让德多项式导数 $P'_{n-1}(\xi)$ 的零点。高斯–洛巴托求积的积分格式为

$$\widehat{I} = [W_1 f(-1) + W_n f(1)] + \sum_{i=2}^{n-1} W_i f(\xi_i) + E_n \tag{3.106}$$

式中 ξ_i 为 $P'_{n-1}(\xi)$ 的第 $i-1$ 个零点，

$$W_1 = W_n = \frac{2}{n(n-1)}, \ W_i = \frac{2}{n(n-1)[P_{n-1}(\xi_i)]^2} \quad (\xi_i \neq \pm 1)$$

n 点高斯–洛巴托求积格式可以精确积分 $2n-3$ 次多项式，其误差为

$$E_n = \frac{-n(n-1)^3 2^{2n-1}[(n-2)!]^4}{(2n-1)[(2n-2)!]^3} f^{(2n-2)}(\xi) \quad (-1 < \xi < 1)$$

例如，对于 4 点积分格式，$n=4$，$P'_{n-1}(\xi)$ 的零点为 $\pm\sqrt{5}/5$，相应的权系数为 $W_2 = W_3 = 5/6$，$W_1 = W_2 = 1/6$。表 3.3 给出了 $3 \sim 6$ 点高斯–洛巴托求积格式的积分点和相应的权系数。

表 3.3 高斯–洛巴托求积的积分点位置和权系数

n	ξ_i	W_i
3	0	4/3
	± 1	1/3
4	$\pm\sqrt{5}/5$	5/6
	± 1	1/6
5	0	32/45
	$\pm\sqrt{21}/7$	49/90
	± 1	1/10
6	$\pm\sqrt{(7-2\sqrt{7})/21}$	$(14+\sqrt{7})/30$
	$\pm\sqrt{(7+2\sqrt{7})/21}$	$(14-\sqrt{7})/30$
	± 1	1/15

例题 3-6：利用单点、两点和三点高斯求积计算

$$\widehat{I} = \int_{-1}^{1} \left(3e^{\xi} + \xi^2 + \frac{1}{\xi+2}\right) d\xi$$

其精确解为

$$\widehat{I}_{\text{exact}} = \left[3e^x + \frac{1}{3}x^3 + \ln(x+2)\right]_{-1}^{1} = 8.816\,5$$

解答：对于单点高斯求积，$W_1 = 2$，$\xi_1 = 0$，因此有

$$\widehat{I} = 2f(0) = 7.0$$

其相对误差为 -20.60%。对于 2 点高斯求积，$W_1 = W_2 = 1$，$\xi_1 = -\xi_2 = -\sqrt{3}/3$，因此有

$$\widehat{I} = f(-\sqrt{3}/3) + f(\sqrt{3}/3) = 8.785\,7$$

其相对误差为 $-0.359\,6\%$。对于 3 点高斯求积，$W_1 = 8/9$，$W_2 = W_3 = 5/9$，$\xi_1 = 0$，$\xi_2 = -\xi_3 = -\sqrt{3/5}$，因此有

$$\widehat{I} = \frac{8}{9}f(0) + \frac{5}{9}f\left(-\sqrt{\frac{3}{5}}\right) + \frac{5}{9}f\left(\sqrt{\frac{3}{5}}\right) = 8.815\,7$$

其相对误差为 $-8.727 \times 10^{-3}\%$。

若采用 3 点高斯–洛巴托求积格式，有

$$\widehat{I} = \frac{1}{6}\left[f(-1) + f(1)\right] + \frac{5}{6}\left[f\left(-\frac{\sqrt{5}}{5}\right) + f\left(\frac{\sqrt{5}}{5}\right)\right] = 8.863\,9$$

其相对误差为 0.54%，精度与 2 点高斯求积格式相当。

本例题 python 代码见 GitHub 的 xzhang66/FEM-Book 仓库中 Examples 目录下的 Example-3-6。

3.6　近似函数

在例题 3-2 中，我们分别得到了一阶近似解和二阶近似解。为了进一步提高近似解的精度，可以有两种途径：

1. 在全域中采用更高阶的试探函数和权函数（统称为近似函数），即

$$u(x) = \alpha_0 + \alpha_1 x + \alpha_2 x^2 + \alpha_3 x^3$$

$$w(x) = \beta_0 + \beta_1 x + \beta_2 x^2 + \beta_3 x^3$$

由于近似函数是建立在全域上的，系数矩阵是满阵，且对于具有复杂边界形状的问题不易构造满足本质边界条件的近似函数。另外，采用高阶近似函数会使系数矩阵的条件数增大，从而增大解的误差。

2. 采用有限元法，将求解域剖分为一组在节点处相互连接的单元，在每个单元上构造近似函数，通过加密网格来提高近似解的精度。

3.6.1 线性单元

用 $u^h(x)$ 表示总体试探函数，用 $u^e(x)$ 表示单元 e 的试探函数，它只在单元 e 内非零。对于节点变量，下标表示节点总体编号，但对于与单元相关的节点变量，下标表示节点局部编号。例如 $u^{(1)}(x)$ 表示单元 1 的试探函数，x_2 表示 2 号节点的坐标，$x_2^{(1)}$ 则表示单元 1 的右节点（单元 2 号节点）的坐标。

3.6.1.1 单元形函数

由完备性要求可知，试探函数至少应为线性完全多项式，即

$$u^e(x) = \alpha_0^e + \alpha_1^e x = \boldsymbol{p}(x)\boldsymbol{\alpha}^e \tag{3.107}$$

式中 α_0^e 和 α_1^e 为广义坐标，

$$\boldsymbol{p}(x) = [1 \quad x], \quad \boldsymbol{\alpha}^e = [\alpha_0^e \quad \alpha_1^e]^{\mathrm{T}}$$

线性试探函数 $u^e(x)$ 在单元内是 H^1 函数，在单元之间必须满足 C^0 连续性要求，即相邻单元的试探函数在公共节点处的值相等。对于任意的广义坐标 $\boldsymbol{\alpha}^e$，$u^e(x)$ 在单元之间并不连续。如果用试探函数的节点值来确定这些广义坐标，则可使试探函数满足单元间的连续性要求。

线性单元具有 2 个广义坐标。为了能用试探函数的节点值来唯一确定这 2 个广义坐标，单元必须具有 2 个节点，即采用 2 节点单元。令试探函数 $u^e(x)$ 在单元节点处等于其节点值，有

$$u^e(x_1^e) \equiv u_1^e = \alpha_0^e + \alpha_1^e x_1^e$$

$$u^e(x_2^e) \equiv u_2^e = \alpha_0^e + \alpha_1^e x_2^e$$

将上式写成矩阵的形式为

$$\boldsymbol{d}^e = \boldsymbol{M}^e \boldsymbol{\alpha}^e \tag{3.108}$$

式中

$$\boldsymbol{d}^e = [u_1^e \quad u_2^e]^{\mathrm{T}}$$
$$\boldsymbol{\alpha}^e = [\alpha_0^e \quad \alpha_1^e]^{\mathrm{T}}$$
$$\boldsymbol{M}^e = \begin{bmatrix} 1 & x_1^e \\ 1 & x_2^e \end{bmatrix}$$

由式 (3.108) 可解得 $\boldsymbol{\alpha}^e = (\boldsymbol{M}^e)^{-1}\boldsymbol{d}^e$，代入式 (3.107) 得

$$u^e(x) = \boldsymbol{N}^e(x)\boldsymbol{d}^e \tag{3.109}$$

式中

$$\boldsymbol{N}^e(x) = \boldsymbol{p}(x)(\boldsymbol{M}^e)^{-1}$$

为单元形函数矩阵。矩阵 $\boldsymbol{M}^e$ 的逆为

$$(\boldsymbol{M}^e)^{-1} = \frac{1}{l^e} \begin{bmatrix} x_2^e & -x_1^e \\ -1 & 1 \end{bmatrix}$$

由此可得单元形函数矩阵 $\boldsymbol{N}^e(x)$ 的显式表达式为

$$\boldsymbol{N}^e(x) = [N_1^e(x) \quad N_2^e(x)] = \frac{1}{l^e}[x_2^e - x \quad x - x_1^e] \tag{3.110}$$

式中

$$N_1^e(x) = \frac{1}{l^e}(x_2^e - x) \tag{3.111}$$

$$N_2^e(x) = \frac{1}{l^e}(x - x_1^e) \tag{3.112}$$

分别为单元 e 节点 1 和节点 2 的形函数。

可以验证，单元内任一点的坐标 x 也可以表示成插值形式

$$x = \sum_{I=1}^{2} N_I^e(x)x_I^e \tag{3.113}$$

对式 (3.109) 求导，可得到单元内任一点的应变为

$$\frac{\mathrm{d}u^e}{\mathrm{d}x} = \boldsymbol{B}^e\boldsymbol{d}^e \tag{3.114}$$

式中

$$\boldsymbol{B}^e = \left[\frac{\mathrm{d}N_1^e}{\mathrm{d}x} \quad \frac{\mathrm{d}N_2^e}{\mathrm{d}x}\right] = \frac{1}{l^e}[-1 \quad 1] \tag{3.115}$$

为单元应变矩阵。

在伽辽金法中，权函数和试探函数采用相同的近似方式，即

$$w^e(x) = \boldsymbol{N}^e(x)\boldsymbol{w}^e \tag{3.116}$$

式中

$$\boldsymbol{w}^e = [w_1^e \quad w_2^e]^{\mathrm{T}}$$

为单元节点权函数值列阵。若某节点位于本质边界上，其节点权函数值为 0，即 $w_I^e = 0, \forall x_I^e \in \Gamma_u$。

3.6.1.2 形函数的性质

形函数 $N_I^e(x)$ 为线性函数（图 3.7），且满足关系式 $N_1^e(x_1^e) = 1$，$N_1^e(x_2^e) = 0$，$N_2^e(x_1^e) = 0$ 和 $N_2^e(x_2^e) = 1$，即

$$N_I^e(x_J^e) = \delta_{IJ} \tag{3.117}$$

式中 δ_{IJ} 为克罗内克 δ（Kronecker δ）函数。上式表明，单元各节点的形函数在自身处为 1，在其他各节点处均为 0，即具有克罗内克 δ 性质。

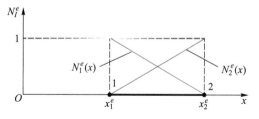

图 3.7　2 节点单元形函数

形函数的克罗内克 δ 性质使得试探函数 $u^e(x)$ 具有插值特性。试探函数 $u^e(x)$ 在节点 x_J^e 处的值为

$$u^e(x_J^e) = \sum_{I=1}^{2} N_I^e(x_J^e)u_I^e = \sum_{I=1}^{2} \delta_{IJ}u_I^e = u_J^e \tag{3.118}$$

即试探函数 $u^e(x)$ 在节点 x_J^e 处的值等于其节点值，因此有限元的试探函数为插值函数。

可以验证，形函数 $N_I^e(x)$ 也满足单位分解（partition of unity）条件，即

$$\sum_{I=1}^{2} N_I^e(x) = 1 \qquad (3.119)$$

满足单位分解条件使得形函数能够精确重构（reproduce）刚体位移。令单元各节点位移相等，即取刚体位移 $u_I^e = u_0^e$，则单元内任意点 x 的位移为

$$u^e(x) = \sum_{I=1}^{2} N_I^e(x) u_0^e = u_0^e$$

如果给单元节点赋予线性函数值，即令

$$u_1^e = \alpha_0^e + \alpha_1^e x_1^e$$
$$u_2^e = \alpha_0^e + \alpha_1^e x_2^e$$

则单元内任意点的函数值为

$$\begin{aligned}
u^e(x) &= \sum_{I=1}^{2} N_I^e(x) u_I^e \\
&= \alpha_0^e \sum_{I=1}^{2} N_I^e(x) + \alpha_1^e \sum_{I=1}^{2} N_I^e(x) x_I^e \\
&= \alpha_0^e + \alpha_1^e x \qquad (3.120)
\end{aligned}$$

在推导上式最后一个等式时，利用了单位分解条件 (3.119) 和关系式 (3.113)。式 (3.120) 表明，只要按照线性场给定单元节点的函数值 u_I^e，有限元试探函数 (3.109) 在单元内即为该线性场，即有限元形函数 $N_I^e(x)$ 可以精确重构线性场，满足有限元解收敛的完备性要求。

3.6.1.3　总体近似函数

将求解域离散为单元后，在每个单元内都可以利用式 (3.109) 和式 (3.116) 建立其局部近似函数 $u^e(x)$ 和 $w^e(x)$。求解域的总体近似函数 $u^h(x)$ 和 $w^h(x)$ 可以通过拼接各单元的局部近似函数得到，即

$$u^h(x) = \bigcup_{e=1}^{n_{\text{el}}} u^e(x) = \bigcup_{e=1}^{n_{\text{el}}} \boldsymbol{N}^e(x) \boldsymbol{d}^e \qquad (3.121)$$

$$w^h(x) = \bigcup_{e=1}^{n_{\text{el}}} w^e(x) = \bigcup_{e=1}^{n_{\text{el}}} \boldsymbol{N}^e(x) \boldsymbol{w}^e \qquad (3.122)$$

单元节点位移列阵 $\boldsymbol{d}^e$ 可以通过从系统总体节点位移列阵

$$\boldsymbol{d} = [d_1 \quad d_2 \quad \cdots \quad d_{n_{\mathrm{np}}}]^{\mathrm{T}} \tag{3.123}$$

中提取相应的节点位移得到，即

$$\boldsymbol{d}^e = \boldsymbol{L}^e \boldsymbol{d} \tag{3.124}$$

式中 $\boldsymbol{L}^e$ 为由元素 0 和 1 组成的提取矩阵。将式 (3.124) 代入式 (3.121) 和式 (3.122) 中，得

$$u^h(x) = \boldsymbol{N}\boldsymbol{d} = \sum_{I=1}^{n_{\mathrm{np}}} N_I d_I \tag{3.125}$$

$$w^h(x) = \boldsymbol{N}\boldsymbol{w} = \sum_{I=1}^{n_{\mathrm{np}}} N_I w_I \tag{3.126}$$

式中

$$\boldsymbol{N} = \bigcup_{e=1}^{n_{\mathrm{el}}} \boldsymbol{N}^e \boldsymbol{L}^e \tag{3.127}$$

为总体形函数矩阵，

$$\boldsymbol{w} = [w_1 \quad w_2 \quad \cdots \quad w_{n_{\mathrm{np}}}]^{\mathrm{T}} \tag{3.128}$$

为总体节点权函数值列阵。若某节点位于本质边界上，其节点权函数值为 0，即 $w_I = 0, \forall x_I \in \Gamma_u$。

式 (3.127) 表明，各节点的总体形函数是由该节点的单元形函数拼接而成的。以如图 3.8 所示系统为例，两个单元的提取矩阵分别为

$$\boldsymbol{L}^{(1)} = \begin{bmatrix} 1 & 0 & 0 \\ 0 & 1 & 0 \end{bmatrix}, \quad \boldsymbol{L}^{(2)} = \begin{bmatrix} 0 & 1 & 0 \\ 0 & 0 & 1 \end{bmatrix}$$

因此总体形函数矩阵为

$$\boldsymbol{N} = \boldsymbol{N}^{(1)}\boldsymbol{L}^{(1)} \bigcup \boldsymbol{N}^{(2)}\boldsymbol{L}^{(2)} = [N_1 \quad N_2 \quad N_3]$$

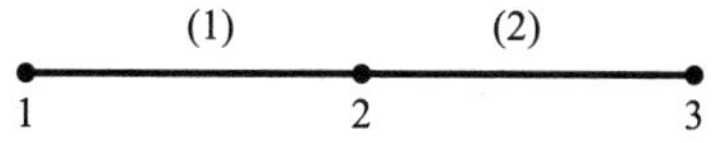

图 3.8 两个 2 节点单元组成的系统

式中 $N_1 = N_1^{(1)}$，$N_2 = N_2^{(1)} \bigcup N_1^{(2)}$，$N_3 = N_2^{(2)}$ 为各节点的总体形函数，它们是由各节点的单

元形函数拼接而成的，如图 3.9 所示。节点的总体形函数 $N_I(x)$ 为 $H^1(\Omega)$ 函数，而总体近似函数 $u^h(x)$ 是节点总体形函数 $N_I(x)$ 的线性组合，因此也是 $H^1(\Omega)$ 函数。

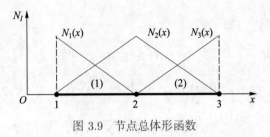

图 3.9　节点总体形函数

原强形式的解 u 是无限维空间 U 中的函数 $[u \in U(\Omega)]$，而有限元的试探解 u^h 和权函数 w^h 分别是有限维空间

$$U^h(\Omega) = \{u^h(x)|u^h(x) = \boldsymbol{N}(x)\boldsymbol{d}, \ \boldsymbol{N} \in H^1(\Omega), \ u^h|_{\Gamma_u} = \overline{u}\} \tag{3.129}$$

$$U_0^h(\Omega) = \{w^h(x)|w^h(x) = \boldsymbol{N}(x)\boldsymbol{w}, \ \boldsymbol{N} \in H^1(\Omega), \ w^h|_{\Gamma_u} = 0\} \tag{3.130}$$

的函数，且 $U^h \subset U$，$U_0^h \subset U_0$，因此有限元解是强形式的近似解。当 $U^h = U$，$U_0^h = U_0$ 时，有限元法给出精确解。

3.6.2　二次单元

线性单元只能精确重构线性场。为了提高有限元解的精度，可以采用更高阶的单元（如二次单元），即将试探解取为二次完全多项式

$$u^e(x) = \alpha_0^e + \alpha_1^e x + \alpha_2^e x^2 = \boldsymbol{p}(x)\boldsymbol{\alpha}^e \tag{3.131}$$

式中

$$\boldsymbol{p}(x) = [1 \quad x \quad x^2], \quad \boldsymbol{\alpha}^e = [\alpha_0^e \quad \alpha_1^e \quad \alpha_2^e]^{\mathrm{T}}$$

二次单元有 3 个广义坐标，因此需要采用 3 节点单元，如图 3.10 所示。令试探解 $u^e(x)$ 在单元的 3 个节点处分别等于其节点值，可以得到 3 个方程，将其写成矩阵形式

$$\boldsymbol{d}^e = \boldsymbol{M}^e \boldsymbol{\alpha}^e \tag{3.132}$$

式中

$$\boldsymbol{d}^e = [u_1^e \quad u_2^e \quad u_3^e]^{\mathrm{T}}$$

$$\boldsymbol{\alpha}^e = [\alpha_0^e \quad \alpha_1^e \quad \alpha_2^e]^{\mathrm{T}}$$

$$\boldsymbol{M}^e = \begin{bmatrix} 1 & x_1^e & (x_1^e)^2 \\ 1 & x_2^e & (x_2^e)^2 \\ 1 & x_3^e & (x_3^e)^2 \end{bmatrix}$$

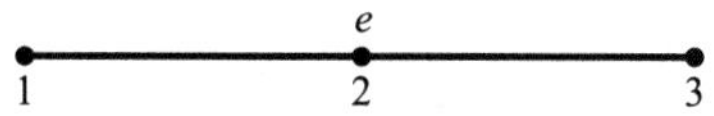

图 3.10 3 节点二次单元

由式 (3.132) 解出广义坐标 $\boldsymbol{\alpha}^e = (\boldsymbol{M}^e)^{-1}\boldsymbol{d}^e$，代入式 (3.131) 得

$$u^e(x) = \boldsymbol{N}^e(x)\boldsymbol{d}^e$$

式中 $\boldsymbol{N}^e(x) = \boldsymbol{p}(x)(\boldsymbol{M}^e)^{-1} = [N_1^e(x) \quad N_2^e(x) \quad N_3^e(x)]$，

$$N_1^e(x) = \frac{2}{(l^e)^2}(x - x_2^e)(x - x_3^e)$$

$$N_2^e(x) = -\frac{4}{(l^e)^2}(x - x_1^e)(x - x_3^e) \tag{3.133}$$

$$N_3^e(x) = \frac{2}{(l^e)^2}(x - x_1^e)(x - x_2^e)$$

可以验证，二次单元形函数 $N_I^e(x)$（图 3.11）也具有克罗内克 δ 性质 $N_I^e(x_J^e) = \delta_{IJ}$ 和单位分解性质 $\displaystyle\sum_{I=1}^{3} N_I^e(x) = 1$。

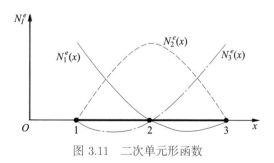

图 3.11 二次单元形函数

前面在推导有限元形函数时，需要对矩阵 $\boldsymbol{M}^e$ 求逆。对于三次以上的单元，矩阵 $\boldsymbol{M}^e$ 解析求逆是很困难的。形函数也可以利用其克罗内克 δ 性质 $N_J^e(x_I^e) = \delta_{IJ}$ 直接建立。例如，3 节

点单元的形函数 $N_1^e(x)$ 在单元节点 2 和 3 处等于零，因此它应表示为

$$N_1^e(x) = \frac{(x - x_2^e)(x - x_3^e)}{a}$$

再根据条件 $N_1^e(x_1^e) = 1$ 可确定系数 $a = (x_1^e - x_2^e)(x_1^e - x_3^e)$。类似地，可以得到 $N_2^e(x)$ 和 $N_3^e(x)$，整理得

$$
\begin{aligned}
N_1^e(x) &= \frac{(x - x_2^e)(x - x_3^e)}{(x_1^e - x_2^e)(x_1^e - x_3^e)} \\
N_2^e(x) &= \frac{(x - x_1^e)(x - x_3^e)}{(x_2^e - x_1^e)(x_2^e - x_3^e)} \\
N_3^e(x) &= \frac{(x - x_1^e)(x - x_2^e)}{(x_3^e - x_1^e)(x_3^e - x_2^e)}
\end{aligned}
\tag{3.134}
$$

式 (3.134) 是拉格朗日插值。当节点 2 位于单元中心时，它们与式 (3.133) 完全相同。

类似地，可以建立更高阶的形函数。例如 n 节点单元形函数为

$$N_I^e = \prod_{J=1, J \neq I}^{n} \frac{x - x_J^e}{x_I^e - x_J^e} \tag{3.135}$$

本节介绍的几个单元的试探解均为 C^0 函数，因此称为 C^0 单元。如果要推导具有 C^1 连续性的单元形函数（称为 C^1 单元），还需要使试探解的 1 阶导数在单元界面处连续，见习题 3.13。

3.7 有限元格式

将有限元近似函数代入弱形式或变分原理中，即可建立有限元求解方程。本节基于弱形式建立有限元求解方程。

3.7.1 有限元离散

考虑如图 3.12 所示一维问题，将其离散为 n_{el} 个 2 节点单元，共有 n_{np} 个节点。离散后，弱形式 (3.35) 中的各项积分转化为各单元内的积分之和，即

$$\sum_{e=1}^{n_{el}} [a(u^e, w^e) - F(w^e)] = 0, \quad \forall w^e \in U_0^h \tag{3.136}$$

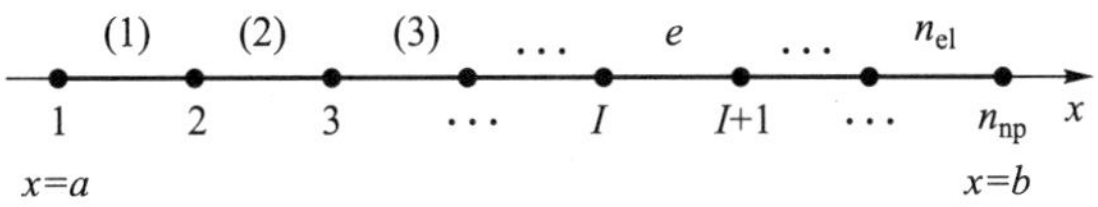

图 3.12 一维问题

式中 $u^e(x) \in U^h$ 为单元试探解，$w^e(x) \in U_0^h$ 为单元权函数，

$$a(u^e, w^e) = \int_{\Omega^e} \frac{\mathrm{d}w^e}{\mathrm{d}x} A^e E^e \frac{\mathrm{d}u^e}{\mathrm{d}x} \mathrm{d}x \tag{3.137}$$

$$F(w^e) = \int_{\Omega^e} w^e b^e \mathrm{d}x + (w^e A^e \overline{t}^e)|_{\Gamma_t^e} \tag{3.138}$$

将式 (3.109) 和式 (3.116) 代入式 (3.136)，得

$$\sum_{e=1}^{n_{\mathrm{el}}} \boldsymbol{w}^{e\mathrm{T}} (\boldsymbol{K}^e \boldsymbol{d}^e - \boldsymbol{f}^e) = 0 \tag{3.139}$$

式中

$$\boldsymbol{K}^e = a(\boldsymbol{N}^{e\mathrm{T}}, \boldsymbol{N}^e) = \int_{\Omega^e} \boldsymbol{B}^{e\mathrm{T}} A^e E^e \boldsymbol{B}^e \mathrm{d}x \tag{3.140}$$

$$\boldsymbol{f}^e = F(\boldsymbol{N}^{e\mathrm{T}}) = \int_{\Omega^e} \boldsymbol{N}^{e\mathrm{T}} b^e \mathrm{d}x + (\boldsymbol{N}^{e\mathrm{T}} A^e \overline{t}^e)|_{\Gamma_t^e} \tag{3.141}$$

分别为单元刚度矩阵和单元节点载荷列阵。式 (3.141) 右端第一项为由单元分布载荷 $b^e(x)$ 贡献的单元节点载荷，第二项为单元给定面力 $\overline{t}^e$ 贡献的单元节点载荷。式 (3.141) 表明，有限元法基于虚功原理（弱形式）将作用在单元内的分布载荷 b^e 和给定面力载荷 $\overline{t}^e$ 转化为单元节点载荷。比较式 (3.136) 和式 (3.139) 可以看出，单元节点载荷 $\boldsymbol{f}^e$ 和原单元分布载荷和给定面力载荷在同一组虚位移上所做的虚功相等

$$\boldsymbol{w}^{e\mathrm{T}} \boldsymbol{f}^e = \int_{\Omega^e} w^e b^e \mathrm{d}x + (w^e A^e \overline{t}^e)|_{\Gamma_t^e} \tag{3.142}$$

即它们之间是等效的，因此由式 (3.141) 定义的单元节点载荷列阵 $\boldsymbol{f}^e$ 也称为一致节点载荷（consistent nodal load）列阵。

将单元节点位移列阵 $\boldsymbol{d}^e$ 和总体位移列阵 $\boldsymbol{d}$ 之间的关系式 (3.124) 代入式 (3.139) 中，得

$$\boldsymbol{w}^{\mathrm{T}}(\boldsymbol{K}\boldsymbol{d} - \boldsymbol{f}) = 0, \quad \forall \boldsymbol{w}_{\mathrm{F}} \tag{3.143}$$

式中 $\boldsymbol{w}_{\mathrm{F}}$ 为由非本质边界节点的权函数值组成的子列阵，

$$\boldsymbol{K} = \sum_{e=1}^{n_{\mathrm{el}}} \boldsymbol{L}^{e\mathrm{T}} \boldsymbol{K}^e \boldsymbol{L}^e \tag{3.144}$$

$$f = \sum_{e=1}^{n_{\mathrm{el}}} L^{e\mathrm{T}} f^e \tag{3.145}$$

分别为总体刚度矩阵和总体节点载荷列阵。

3.7.2 有限元方程求解

总体节点位移列阵 d 和总体节点权函数值列阵 w 可以分别分块为

$$d = \begin{bmatrix} \bar{d}_{\mathrm{E}} \\ d_{\mathrm{F}} \end{bmatrix}, \quad w = \begin{bmatrix} w_{\mathrm{E}} \\ w_{\mathrm{F}} \end{bmatrix} = \begin{bmatrix} \mathbf{0} \\ w_{\mathrm{F}} \end{bmatrix} \tag{3.146}$$

式中带下标 E 的子列阵是由本质边界节点值组成的子列阵，带下标 F 的子列阵是由其余节点值组成的子列阵。本质边界节点的权函数值应为 0，即 $w_{\mathrm{E}} = \mathbf{0}$，因此式 (3.143) 可以改写为

$$w^{\mathrm{T}} r = w_{\mathrm{F}}^{\mathrm{T}} r_{\mathrm{F}} = 0, \quad \forall w_{\mathrm{F}} \tag{3.147}$$

式中

$$r = \begin{bmatrix} r_{\mathrm{E}} \\ r_{\mathrm{F}} \end{bmatrix} = Kd - f \tag{3.148}$$

考虑到 w_{F} 的任意性，由式 (3.147) 可知

$$r_{\mathrm{F}} = \mathbf{0} \tag{3.149}$$

将式 (3.149) 代入式 (3.148)，并写成分块形式，得

$$\begin{bmatrix} K_{\mathrm{E}} & K_{\mathrm{EF}} \\ K_{\mathrm{EF}}^{\mathrm{T}} & K_{\mathrm{F}} \end{bmatrix} \begin{bmatrix} \bar{d}_{\mathrm{E}} \\ d_{\mathrm{F}} \end{bmatrix} = \begin{bmatrix} f_{\mathrm{E}} \\ f_{\mathrm{F}} \end{bmatrix} + \begin{bmatrix} r_{\mathrm{E}} \\ \mathbf{0} \end{bmatrix} \tag{3.150}$$

由式 (3.150) 的第二式解出节点位移 d_{F}，然后再代入其第一式可解出节点约束力 r_{E}，即

$$K_{\mathrm{F}} d_{\mathrm{F}} = f_{\mathrm{F}} - K_{\mathrm{EF}}^{\mathrm{T}} \bar{d}_{\mathrm{E}} \tag{3.151}$$

$$r_{\mathrm{E}} = K_{\mathrm{E}} \bar{d}_{\mathrm{E}} + K_{\mathrm{EF}} d_{\mathrm{F}} - f_{\mathrm{E}} \tag{3.152}$$

单元内任一点的位移和应力可以由单元节点位移求得，即

$$u^e(x) = N^e(x) d^e \tag{3.153}$$

$$\sigma^e(x) = E^e B^e(x) d^e \tag{3.154}$$

思考题 本节采用缩减法（详见 2.3.3.1 节）来施加本质边界条件。若所有本质边界节点的位移均为 0，即 $\overline{\boldsymbol{d}}_{\mathrm{E}} = \boldsymbol{0}$，式 (3.151) 简化为 $\boldsymbol{K}_{\mathrm{F}}\boldsymbol{d}_{\mathrm{F}} = \boldsymbol{f}_{\mathrm{F}}$，程序实现时只需组装 $\boldsymbol{K}_{\mathrm{F}}$ 即可，这也是 STAPpp/STAPpy/STAP90 所采用的方法。若存在非零本质边界条件（即 $\overline{\boldsymbol{d}}_{\mathrm{E}} \neq \boldsymbol{0}$），还需要计算 $\boldsymbol{K}_{\mathrm{EF}}^{\mathrm{T}}\overline{\boldsymbol{d}}_{\mathrm{E}}$。请思考如何在 STAPpp/STAPpy/STAP90 中施加非零本质边界条件。

3.7.3 线性单元的单元矩阵

下面推导 2 节点线性单元的刚度矩阵和节点载荷列阵。将 2 节点单元应变矩阵 (3.115) 代入式 (3.140) 中，可得到 2 节点线性单元的刚度矩阵为

$$\boldsymbol{K}^e = \int_{x_1^e}^{x_2^e} \boldsymbol{B}^{e\mathrm{T}} A^e E^e \boldsymbol{B}^e \mathrm{d}x = \frac{A^e E^e}{l^e} \begin{bmatrix} 1 & -1 \\ -1 & 1 \end{bmatrix} \tag{3.155}$$

对于线性单元，单元内的分布载荷 $b^e(x)$ 可以近似为线性函数（图 3.13），采用单元形函数插值，即

$$b^e(x) = \boldsymbol{N}^e(x)\boldsymbol{b}^e \tag{3.156}$$

式中

$$\boldsymbol{b}^e = [b_1^e \quad b_2^e]^{\mathrm{T}}, \quad b_1^e = b^e(x_1^e), \quad b_2^e = b^e(x_2^e)$$

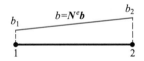

图 3.13 2 节点单元分布载荷

将单元形函数矩阵 (3.110) 和分布载荷 (3.156) 代入式 (3.141)，可得到 2 节点线性单元的节点载荷列阵为

$$\boldsymbol{f}^e = \int_{\Omega^e} \boldsymbol{N}^{e\mathrm{T}} b^e \mathrm{d}x = \frac{l^e}{6} \begin{bmatrix} 2b_1^e + b_2^e \\ b_1^e + 2b_2^e \end{bmatrix} \tag{3.157}$$

对于均布载荷，$b_1^e = b_2^e = b^e$，有 $f_1^e = f_2^e = \frac{1}{2}b^e l^e$，即总载荷 $b^e l^e$ 被平均分配到单元的两个节点上。

讨论 比较式 (3.155) 和式 (2.8) 可以看出，基于伽辽金弱形式并采用线性试探解得到的

单元刚度矩阵和第二章采用直接刚度法得到的单元刚度矩阵完全相同。虽然直接刚度法更简单，但它只能用于很简单的问题。弱形式则可以用于求解更复杂的问题，如非均匀的截面面积 A 和弹性模量 E、多维问题、高阶单元和复杂载荷等。

例题 **3–7**：考虑一长 $l = 4\,\mathrm{m}$ 的均质杆 (图 3.14)，其内部有均匀热源 $s = 5\,\mathrm{Wm^{-1}}$，截面面积 $A = 0.1\,\mathrm{m^2}$，导热系数 $k = 2\,\mathrm{W°C^{-1}}$，边界条件为 $T|_{x=0} = 0$，$\bar{q}|_{x=4\,\mathrm{m}} = 5\,\mathrm{Wm^{-2}}$。将该杆离散为 2 个等长度的 2 节点线性单元，用有限元法求解单元内的温度分布和温度梯度分布。

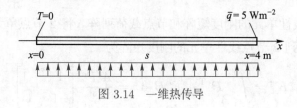

图 3.14　一维热传导

解答：将杆离散为 2 个等长度的 2 节点线性单元，并对本质边界处的节点先进行编号，如图 3.15 所示。

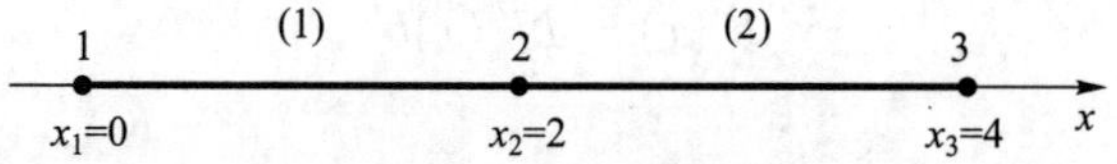

图 3.15　有限元网格

比较式 (3.3)、(3.6) 和式 (3.10) 可以看出，一维线弹性问题、一维热传导问题和一维扩散问题的微分方程在形式上完全相同，只是基本变量和系数的物理意义不同。因此这些问题的有限元格式相同，但单元矩阵 $\boldsymbol{K}^e$、$\boldsymbol{f}^e$ 和 $\boldsymbol{d}^e$ 的物理意义不同，如表 3.4 所示。

表 3.4　单元矩阵

矩阵	线弹性问题	热传导问题	扩散问题
$\boldsymbol{K}^e$	刚度矩阵	热传导矩阵	扩散矩阵
$\boldsymbol{f}^e$	节点载荷列阵	节点通量列阵	节点通量列阵
$\boldsymbol{d}^e$	节点位移列阵	节点温度列阵	节点浓度列阵

在式 (3.155) 中用导热系数 k^e 替换弹性模量 E^e，可得单元热传导矩阵

$$\boldsymbol{K}^e = \int_{x_1^e}^{x_2^e} \boldsymbol{B}^{\mathrm{eT}} A^e k^e \boldsymbol{B}^e \mathrm{d}x = \frac{A^e k^e}{l^e} \begin{bmatrix} 1 & -1 \\ -1 & 1 \end{bmatrix}$$

对于本问题有 $l^{(1)} = l^{(2)} = 2$, $A^{(1)}k^{(1)} = A^{(2)}k^{(2)} = 0.2$, 因此有

$$\boldsymbol{K}^{(1)} = \boldsymbol{K}^{(2)} = \begin{bmatrix} 0.1 & -0.1 \\ -0.1 & 0.1 \end{bmatrix}$$

单元的提取矩阵分别为

$$\boldsymbol{L}^{(1)} = \begin{bmatrix} 1 & 0 & 0 \\ 0 & 1 & 0 \end{bmatrix}, \quad \boldsymbol{L}^{(2)} = \begin{bmatrix} 0 & 1 & 0 \\ 0 & 0 & 1 \end{bmatrix}$$

系统总体热传导矩阵为

$$\boldsymbol{K} = \sum_{e=1}^{2} \boldsymbol{L}^{(e)\mathrm{T}} \boldsymbol{K}^{(e)} \boldsymbol{L}^{(e)} = \begin{bmatrix} 0.1 & -0.1 & 0 \\ -0.1 & 0.2 & -0.1 \\ 0 & -0.1 & 0.1 \end{bmatrix}$$

系统总体热传导矩阵也可以通过直接组装得到, 即将单元热传导矩阵 $\boldsymbol{K}^{(e)}$ 的各元素分别累加到总体热传导矩阵 $\boldsymbol{K}$ 的相应元素中。例如 $\boldsymbol{K}_{12}^{(2)}$ 将被累加到 $\boldsymbol{K}_{23}$ 上。

利用式 (3.141) 可知单元节点通量列阵为

$$\begin{aligned} \boldsymbol{f}^e &= \int_{\Omega^e} \boldsymbol{N}^{e\mathrm{T}} s \mathrm{d}x - (\boldsymbol{N}^{e\mathrm{T}} A^e \bar{q})|_{\Gamma_q^e} \\ &= \frac{l^e s}{2} \begin{bmatrix} 1 \\ 1 \end{bmatrix} - A^e \bar{q} \boldsymbol{N}^{e\mathrm{T}}|_{x=x_3} \end{aligned}$$

因此有

$$\boldsymbol{f}^{(1)} = \begin{bmatrix} 5 \\ 5 \end{bmatrix}, \quad \boldsymbol{f}^{(2)} = \begin{bmatrix} 5 \\ 5 \end{bmatrix} - \begin{bmatrix} 0 \\ 0.5 \end{bmatrix}$$

系统总体节点通量列阵为

$$\boldsymbol{f} = \sum_{e=1}^{2} \boldsymbol{L}^{(e)\mathrm{T}} \boldsymbol{f}^{(e)} = \begin{bmatrix} 5 \\ 10 \\ 4.5 \end{bmatrix}$$

总体方程为

$$\begin{bmatrix} 0.1 & -0.1 & 0 \\ -0.1 & 0.2 & -0.1 \\ 0 & -0.1 & 0.1 \end{bmatrix} \begin{bmatrix} 0 \\ T_2 \\ T_3 \end{bmatrix} = \begin{bmatrix} r_1 + 5 \\ 10 \\ 4.5 \end{bmatrix}$$

由上式的后两个方程得

$$\begin{bmatrix} 0.2 & -0.1 \\ -0.1 & 0.1 \end{bmatrix} \begin{bmatrix} T_2 \\ T_3 \end{bmatrix} = \begin{bmatrix} 10 \\ 4.5 \end{bmatrix}$$

可解得

$$\begin{bmatrix} T_2 \\ T_3 \end{bmatrix} = \begin{bmatrix} 145 \\ 190 \end{bmatrix}$$

单元内的温度场为

$$T^{(1)} = \boldsymbol{N}^{(1)} \boldsymbol{L}^{(1)} \boldsymbol{d} = 72.5x$$
$$T^{(2)} = \boldsymbol{N}^{(2)} \boldsymbol{L}^{(2)} \boldsymbol{d} = 100 + 22.5x$$

单元内的温度梯度为

$$\frac{\mathrm{d}T^{(1)}}{\mathrm{d}x} = \boldsymbol{B}^{(1)} \boldsymbol{L}^{(1)} \boldsymbol{d} = 72.5$$
$$\frac{\mathrm{d}T^{(2)}}{\mathrm{d}x} = \boldsymbol{B}^{(2)} \boldsymbol{L}^{(2)} \boldsymbol{d} = 22.5$$

式中 $\boldsymbol{B}^{(1)} = \boldsymbol{B}^{(2)} = \frac{1}{2}[-1 \quad 1]$。可见,温度在单元内呈线性分布,其梯度在单元内为常数。

讨论   对热传导方程 (3.6) 积分两次,并利用边界条件可以得到本问题的精确解为

$$T^{\mathrm{ex}} = -12.5x^2 + 97.5x, \qquad \frac{\mathrm{d}T^{\mathrm{ex}}}{\mathrm{d}x} = -25x + 97.5$$

图 3.16 比较了有限元解和精确解。可以看出,有限元解在节点处是精确的(仅对一维问题成立,详见 3.9.3.3 节的证明),其导数在单元内至少有一点(在本例中为单元中点)是精确的。

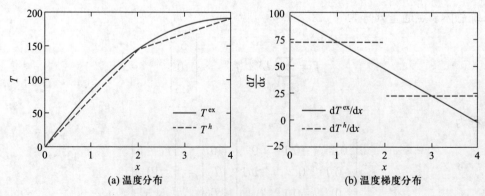

(a) 温度分布   (b) 温度梯度分布

图 3.16   有限元解和精确解比较

另外，有限元解满足本质边界条件，但不满足自然边界条件和微分方程。当网格加密时，自然边界条件满足的程度越来越高，但微分方程的残差 $R(x) = s(x) = 5$ 并不随单元的加密而减小。由于采用了 C^0 函数，有限元解的梯度在单元之间是不连续的。

例题 **3-8**：如图 3.17 所示的弹性楔形杆左端固定，右端自由。杆沿轴向受均布载荷 $b = 8\,\mathrm{Nm^{-1}}$ 作用，并在 $x = 5\,\mathrm{m}$ 处受集中载荷 $F = 24\,\mathrm{N}$ 作用。杆的横截面面积 $A = 2x$，弹性模量 $E = 8\,\mathrm{Pa}$。试用一个 3 节点单元求解该杆的位移和应力分布。

图 3.17　楔形杆

解答：将该杆用一个 3 节点单元离散，如图 3.18 所示。将节点坐标 $x_1^{(1)} = 2$，$x_2^{(1)} = 4$ 和 $x_3^{(1)} = 6$ 代入式 (3.134)，得到该单元的形函数为

$$N_1^{(1)} = \frac{1}{8}(x-4)(x-6)$$

$$N_2^{(1)} = -\frac{1}{4}(x-2)(x-6)$$

$$N_3^{(1)} = \frac{1}{8}(x-2)(x-4)$$

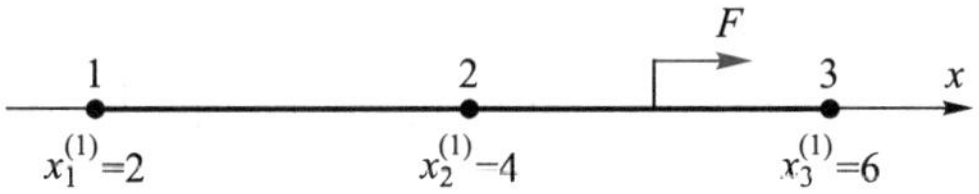

图 3.18　有限元网格

单元的应变矩阵为

$$\boldsymbol{B}^{(1)} = \frac{1}{4}[x-5 \quad 8-2x \quad x-3]$$

单元的刚度矩阵为

$$\boldsymbol{K}^{(1)} = \int_{x_1^{(1)}}^{x_3^{(1)}} \boldsymbol{B}^{(1)\mathrm{T}} A^{(1)} E^{(1)} \boldsymbol{B}^{(1)} \mathrm{d}x$$

$$= \int_2^6 x \begin{bmatrix} (x-5)^2 & (x-5)(8-2x) & (x-5)(x-3) \\ (8-2x)(x-5) & (8-2x)^2 & (8-2x)(x-3) \\ (x-3)(x-5) & (x-3)(8-2x) & (x-3)^2 \end{bmatrix} \mathrm{d}x$$

式中被积函数均为三次多项式，采用 2 点高斯求积即可准确计算各项积分。引入坐标变换

$$x = \frac{1}{2}(x_1^{(1)} + x_3^{(1)}) + \frac{1}{2}\xi(x_3^{(1)} - x_1^{(1)}) = 4 + 2\xi$$

可将区间 $x \in [2, 6]$ 变换为 $\xi \in [-1, 1]$，因此积分 $\int_2^6 f(x)\mathrm{d}x$ 可以用 2 点高斯求积计算为

$$\int_2^6 f(x)\mathrm{d}x = 2\int_{-1}^1 f(x(\xi))\mathrm{d}\xi = 2[W_1 f(x(\xi_1)) + W_2 f(x(\xi_2))]$$

式中权系数 $W_1 = W_2 = 1$，高斯点坐标 $\xi_1 = -\sqrt{3}/3$，$\xi_2 = \sqrt{3}/3$。高斯点的 x 坐标为

$$x_1 = x(\xi_1) = 4 + 2\xi_1 = 2.845\,3$$

$$x_2 = x(\xi_2) = 4 + 2\xi_2 = 5.154\,7$$

因此，$\boldsymbol{K}^{(1)}$ 的元素 $\boldsymbol{K}_{11}^{(1)}$ 为

$$\boldsymbol{K}_{11}^{(1)} = \int_2^6 x(x-5)^2 \mathrm{d}x = 2[x_1(x_1-5)^2 + x_2(x_2-5)^2] = 26.667$$

类似地，可以计算得到 $\boldsymbol{K}^{(1)}$ 的其他元素，得

$$\boldsymbol{K}^{(1)} = \begin{bmatrix} 26.67 & -32 & 5.33 \\ -32 & 85.33 & -53.33 \\ 5.33 & -53.33 & 48 \end{bmatrix}$$

本例中没有面力边界条件，只受分布力 b 和在 $x = 5$ 处的集中载荷 F 作用。集中载荷 F 可以看成是密度为 $F\delta(x=5)$ 的分布力，因此单元节点载荷列阵为

$$
\begin{aligned}
\boldsymbol{f}^{(1)} &= \int_{x_1^{(1)}}^{x_3^{(1)}} \boldsymbol{N}^{(1)\mathrm{T}} b\,\mathrm{d}x + \int_{x_1^{(1)}}^{x_3^{(1)}} \boldsymbol{N}^{(1)\mathrm{T}} F\delta(x-5)\,\mathrm{d}x \\
&= \int_2^6 \begin{bmatrix} (x-4)(x-6) \\ -2(x-2)(x-6) \\ (x-2)(x-4) \end{bmatrix} \mathrm{d}x + \begin{bmatrix} 3(x-4)(x-6) \\ -6(x-2)(x-6) \\ 3(x-2)(x-4) \end{bmatrix}_{x=5} \\
&= \begin{bmatrix} 2.33 \\ 39.33 \\ 14.33 \end{bmatrix}
\end{aligned}
$$

本问题只有一个单元，因此单元刚度矩阵 $\boldsymbol{K}^{(1)}$ 和单元节点载荷列阵 $\boldsymbol{f}^{(1)}$ 即为系统的总体

刚度矩阵 $\boldsymbol{K}$ 和总体节点载荷列阵 $\boldsymbol{f}$，因此系统的平衡方程为

$$\begin{bmatrix} 26.67 & -32 & 5.33 \\ -32 & 85.33 & -53.33 \\ 5.33 & -53.33 & 48 \end{bmatrix} \begin{bmatrix} 0 \\ u_2 \\ u_3 \end{bmatrix} = \begin{bmatrix} r_1 + 2.33 \\ 39.33 \\ 14.33 \end{bmatrix}$$

由后两个方程可以解得

$$\begin{bmatrix} u_2 \\ u_3 \end{bmatrix} = \begin{bmatrix} 2.1193 \\ 2.6534 \end{bmatrix}$$

单元的位移场为

$$u^h(x) = N_1^{(1)} u_1 + N_2^{(1)} u_2 + N_3^{(1)} u_3$$
$$= -0.19815x^2 + 2.24855x - 3.7045$$

应力为

$$\sigma^h(x) = E\frac{\mathrm{d}u}{\mathrm{d}x} = E\boldsymbol{B}^{(1)}\boldsymbol{d}^{(1)}$$
$$= -3.17x + 17.99$$

本问题的精确解为

$$\sigma^{\mathrm{ex}}(x) = \frac{p(x)}{A(x)} = \begin{cases} (36 - 4x)/x & (2 \leqslant x < 5) \\ (24 - 4x)/x & (5 < x \leqslant 6) \end{cases}$$

$$u^{\mathrm{ex}}(x) = \begin{cases} -\dfrac{1}{2}x + \dfrac{9}{2}\ln x + 1 - \dfrac{9}{2}\ln 2 & (2 \leqslant x < 5) \\ -\dfrac{1}{2}x + 3\ln x + 1 + \dfrac{3}{2}\ln 5 - \dfrac{9}{2}\ln 2 & (5 < x \leqslant 6) \end{cases}$$

图 3.19 比较了位移场和应力场的有限元解和精确解。对于本问题，有限元法采用一个单元就得到了很准确的位移解。在节点 2 和节点 3 处，位移的精确解分别为 $u_2^{\mathrm{ex}} = 2.1192$ 和 $u_3^{\mathrm{ex}} = 2.6703$，有限元解的相对误差分别为 0.0065% 和 0.63%。应力精度比位移精度低，但它在单元内至少有一点是精确的。

为了得到更准确的数值解，可以在集中载荷作用点处增加一个节点，将该杆划分为两个单元，如图 3.20 所示。利用本书附带的 bar1D-python 程序（详见 C.2 节）对此问题进行求解，结果如图 3.21 所示。可见，在集中载荷作用点处布置节点后，有限元法的应力精度得到了显著提高。

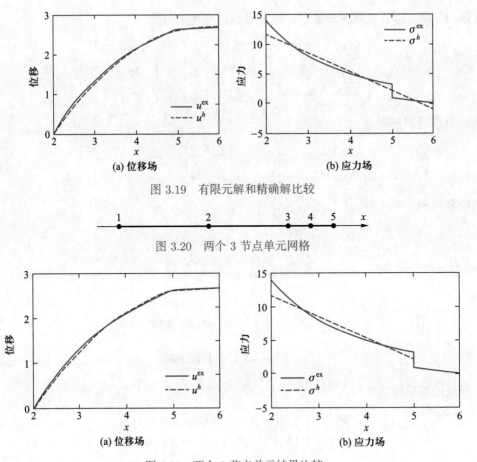

图 3.19 有限元解和精确解比较

图 3.20 两个 3 节点单元网格

图 3.21 两个 3 节点单元结果比较

本节中的两个例子均表明，伽辽金有限元位移解在节点处的精度最高，其导数在单元内至少有一点是精确的。对一维问题，若 AE 为常数，节点位移是精确的，详见 3.9.3.3 节。

3.7.4 温度应力

下面讨论由温度变化在各向同性线弹性材料中引起的应力问题，称为温度应力问题。温度变化 $\Delta T(x)$ 将在材料中产生初始应变

$$\varepsilon_0(x) = \alpha \Delta T(x) \tag{3.158}$$

式中 α 为热膨胀系数。在存在初应变 $\varepsilon_0(x)$ 的情况下，应力–应变关系变为

$$\sigma(x) = E[\varepsilon(x) - \varepsilon_0(x)] \tag{3.159}$$

考虑初应变后，弱形式 (3.35) 变为

$$\int_\Omega \frac{\mathrm{d}w}{\mathrm{d}x} AE \frac{\mathrm{d}u}{\mathrm{d}x}\mathrm{d}x = \int_\Omega wb\mathrm{d}x + (wA\bar{t})|_{\Gamma_t} + \int_\Omega \frac{\mathrm{d}w}{\mathrm{d}x}AE\varepsilon_0\mathrm{d}x, \quad \forall w, w|_{\Gamma_u} = 0 \tag{3.160}$$

式中右端最后一项为初应变的贡献。引入有限元离散，上式右端最后一项为

$$\sum_{e=1}^{n_{\mathrm{el}}} \int_{\Omega^e} \frac{\mathrm{d}w^e}{\mathrm{d}x} A^e E^e \varepsilon_0^e \mathrm{d}x = \sum_{e=1}^{n_{\mathrm{el}}} \boldsymbol{w}^{e\mathrm{T}} \boldsymbol{f}_0^e \tag{3.161}$$

式中

$$\boldsymbol{f}_0^e = \int_{\Omega^e} \boldsymbol{B}^{e\mathrm{T}} A^e E^e \varepsilon_0^e \mathrm{d}x \tag{3.162}$$

为由初应变 ε_0^e 产生的等效单元节点载荷列阵。此时单元节点载荷列阵式 (3.141) 变为

$$\boldsymbol{f}^e = \int_{\Omega^e} \boldsymbol{N}^{e\mathrm{T}} b^e \mathrm{d}x + (\boldsymbol{N}^{e\mathrm{T}} A^e \bar{t}^e)|_{\Gamma_t^e} + \int_{\Omega^e} \boldsymbol{B}^{e\mathrm{T}} A^e E^e \varepsilon_0^e \mathrm{d}x \tag{3.163}$$

可见，初应变效应是通过在单元节点载荷列阵中增加初应变载荷项来实现的。

对于一维线性单元，单元应变矩阵 $\boldsymbol{B}^e$ 由式 (3.115) 给出，若热膨胀系数 α^e 和温度变化 ΔT^e 在单元内为常数，则温度应力的等效单元节点载荷列阵（温度载荷列阵）为

$$\boldsymbol{f}_0^e = A^e E^e \alpha^e \Delta T^e \begin{bmatrix} -1 \\ 1 \end{bmatrix} \tag{3.164}$$

将温度载荷列阵组装到系统总体节点载荷列阵中，求解总体刚度方程可得到考虑温度效应的节点位移列阵 $\boldsymbol{d}$。单元内任一点的应力为

$$\sigma^e(x) = E^e(\boldsymbol{B}^e \boldsymbol{d}^e - \alpha^e \Delta T^e) \tag{3.165}$$

例题 3–9：如图 3.22 所示的杆件系统，其两端固定，在两杆界面处受集中载荷 $F = 300$ kN 的作用。两杆长度分别为 $l^{(1)} = 0.2$ m 和 $l^{(2)} = 0.3$ m，弹性模量、横截面面积和热膨胀系数分别为 $E^{(1)} = 70$ GPa、$E^{(2)} = 200$ GPa、$A^{(1)} = 9 \times 10^{-4}$ m^2、$A^{(2)} = 12 \times 10^{-4}$ m^2、$\alpha^{(1)} = 23 \times 10^{-6}$ °C^{-1}、$\alpha^{(2)} = 11.7 \times 10^{-6}$ °C^{-1}。若杆件温度均匀升高 40 °C，求各节点的位移和单元应力。

解答：由式 (3.155) 可知单元刚度矩阵为

$$\boldsymbol{K}^{(1)} = 315 \times 10^6 \begin{bmatrix} 1 & -1 \\ -1 & 1 \end{bmatrix} \text{N/m}$$

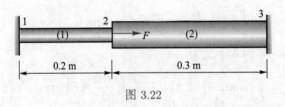

图 3.22

$$\boldsymbol{K}^{(2)} = 800 \times 10^6 \begin{bmatrix} 1 & -1 \\ -1 & 1 \end{bmatrix} \text{N/m}$$

因此系统刚度矩阵为

$$\boldsymbol{K} = 10^6 \begin{bmatrix} 315 & -315 & 0 \\ -315 & 1\,115 & -800 \\ 0 & -800 & 800 \end{bmatrix} \text{N/m}$$

由式 (3.164) 可得单元温度载荷列阵为

$$\boldsymbol{f}_0^{(1)} = \begin{bmatrix} -57\,960 \\ 57\,960 \end{bmatrix} \text{N}$$

$$\boldsymbol{f}_0^{(2)} = \begin{bmatrix} -112\,320 \\ 112\,320 \end{bmatrix} \text{N}$$

组装单元温度载荷列阵和集中载荷列阵，可得系统总体载荷列阵

$$\boldsymbol{f} = \begin{bmatrix} -57\,960 \\ 245\,640 \\ 112\,320 \end{bmatrix} \text{N}$$

由于节点 1 和节点 3 固定，用缩减法引入本质边界条件后可得到系统的缩减刚度方程为

$$10^6 [1\,115] \text{ N/m} \times u_2 = 245\,640 \text{ N}$$

由此解得

$$u_2 = 2.20 \times 10^{-4} \text{ m}$$

两个单元的应力分别为

$$\sigma^{(1)} = E^{(1)}(\boldsymbol{B}^{(1)}\boldsymbol{d}^{(1)} - \alpha^{(1)}\Delta T^{(1)}) = 12.60 \text{ MPa}$$

$$\sigma^{(2)} = E^{(2)}(\boldsymbol{B}^{(2)}\boldsymbol{d}^{(2)} - \alpha^{(2)}\Delta T^{(2)}) = -240.27 \text{ MPa}$$

3.8   一维对流扩散方程

下面讨论一维对流扩散方程的有限元法求解格式。

3.8.1   伽辽金有限元格式

将求解域离散为 n_{el} 个单元后，弱形式 (3.37) 中的各项积分可以由各单元内的积分之和求得，即

$$\sum_{e=1}^{n_{\mathrm{el}}} \left(\int_{\Omega^e} w^e A^e v^e \frac{\mathrm{d}\theta^e}{\mathrm{d}x}\mathrm{d}x + \int_{\Omega^e} \frac{\mathrm{d}w^e}{\mathrm{d}x} A^e k^e \frac{\mathrm{d}\theta^e}{\mathrm{d}x}\mathrm{d}x - \int_{\Omega^e} w^e s\mathrm{d}x + (A^e w^e \overline{q})|_{\Gamma_q^e} \right) = 0 \qquad (3.166)$$

将有限元近似函数 (3.109)、(3.116) 代入弱形式 (3.166) 中，得

$$\sum_{e=1}^{n_{\mathrm{el}}} (\boldsymbol{w}^e)^{\mathrm{T}} (\boldsymbol{K}^e \boldsymbol{d}^e - \boldsymbol{f}^e) = 0 \qquad (3.167)$$

式中

$$\boldsymbol{K}^e = \boldsymbol{K}_D^e + \boldsymbol{K}_A^e \qquad (3.168)$$

为单元系数矩阵，

$$\boldsymbol{K}_D^e = \int_{\Omega^e} A^e k^e \boldsymbol{B}^{e\mathrm{T}} \boldsymbol{B}^e \mathrm{d}x \qquad (3.169)$$

为单元扩散矩阵，

$$\boldsymbol{K}_A^e = \int_{\Omega^e} A^e v^e \boldsymbol{N}^{e\mathrm{T}} \boldsymbol{B}^e \mathrm{d}x \qquad (3.170)$$

为单元对流矩阵，

$$\boldsymbol{f}^e = \int_{\Omega^e} \boldsymbol{N}^{e\mathrm{T}} s\mathrm{d}x - (A^e \boldsymbol{N}^{e\mathrm{T}} \overline{q})|_{\Gamma_q^e} \qquad (3.171)$$

为单元节点通量列阵。

对于 2 节点线性单元，将单元形函数矩阵 (3.110) 和应变矩阵 (3.115) 代入式 (3.169) 和 (3.170)，得

$$\boldsymbol{K}_D^e = \frac{k^e A^e}{l^e} \begin{bmatrix} 1 & -1 \\ -1 & 1 \end{bmatrix} \qquad (3.172)$$

$$\boldsymbol{K}_A^e = \frac{A^e v^e}{2} \begin{bmatrix} -1 & 1 \\ -1 & 1 \end{bmatrix} \tag{3.173}$$

$$\boldsymbol{K}^e = \boldsymbol{K}_D^e + \boldsymbol{K}_A^e = \frac{k^e A^e}{l^e} \begin{bmatrix} 1-P_e & -1+P_e \\ -1-P_e & 1+P_e \end{bmatrix} \tag{3.174}$$

式中

$$P_e = \frac{v^e l^e}{2k^e} \tag{3.175}$$

为单元 Peclet 数，它表示对流与扩散强度的相对比例。随着 P_e 的增大，输运量 θ 中扩散输运的比例减少，对流输运的比例增大。当 $P_e > 1$ 时系统为对流占优问题。

对流矩阵 $\boldsymbol{K}_A^e$ 是不对称的，导致系数矩阵 $\boldsymbol{K}^e$ 不对称，且对于对流占优问题 $(P_e > 1)$ 一般也不再正定。例如，取 $\boldsymbol{z}^{\mathrm{T}} = [1 \quad 0]$ 有

$$\boldsymbol{z}^{\mathrm{T}} \boldsymbol{K}^e \boldsymbol{z} = \frac{k^e A^e}{l^e}(1-P_e) < 0$$

即此时系统矩阵 $\boldsymbol{K}^e$ 不正定。系统矩阵的不对称性和不正定性给数值求解带来了极大的困难。

例题 3–10：用有限元法求解一维对流扩散方程

$$v\frac{\mathrm{d}\theta}{\mathrm{d}x} - k\frac{\mathrm{d}^2\theta}{\mathrm{d}x^2} = 0, \quad x \in (0,10) \tag{3.176}$$

边界条件为 $\theta(0) = 0$，$\theta(10) = 1$。本问题的精确解为

$$\theta^{\mathrm{ex}} = \frac{\mathrm{e}^{vx/k} - 1}{\mathrm{e}^{10v/k} - 1}$$

解答：将求解域 $[0,10]$ 离散为 20 个长度相等的 2 节点单元，如图 3.23 所示。

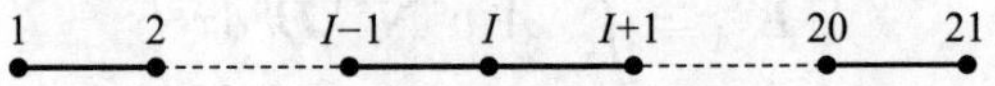

图 3.23   一维对流扩散问题的有限元网格

由于每个节点只和相邻的两个节点连接，因此系统矩阵 $\boldsymbol{K}$ 是一个三对角矩阵。可以证明，系统方程为

$$\left. \begin{array}{l} (1-P_e)d_1 + (-1+P_e)d_2 = 0 \\ (-1-P_e)d_{I-1} + 2d_I + (-1+P_e)d_{I+1} = 0 \quad (2 \leqslant I \leqslant 20) \\ (-1-P_e)d_{20} + (1+P_e)d_{21} = 0 \end{array} \right\} \tag{3.177}$$

其解具有 $d_I = \lambda^I$ 的形式。将 $d_I = \lambda^I$ 代入上式，可得内部节点 I 的特征方程为

$$(1 - P_e)\lambda^2 - 2\lambda + (1 + P_e) = 0$$

其两个根分别为 $\lambda_1 = 1$ 和 $\lambda_2 = (1 + P_e)/(1 - P_e)$，因此方程的解为

$$d_I = C_1 + C_2\left(\frac{1 + P_e}{1 - P_e}\right)^I$$

式中待定常数 C_1 和 C_2 由边界条件确定。上式表明，当 $P_e > 1$ 时，底数 $(1 + P_e)/(1 - P_e)$ 为负，$d_I(I = 1, 2, \cdots)$ 大小交替变化，即伽辽金有限元解在空间上是振荡的。图 3.24a、b 分别给出了当 $P_e = 0.1$ 和 $P_e = 3$ 时的伽辽金有限元解和精确解的比较。图 3.24 表明，当 P_e 较小时（如 $P_e = 0.1$），伽辽金有限元法给出了很好的结果；但当 P_e 较大时（如 $P_e = 3$），伽辽金有限元解严重振荡，即在空间上不稳定。因此采用伽辽金有限元求解对流扩散方程时，单元长度 l_e 必须足够小，以保证 $P_e < 1$。对于对流占优问题 ($P_e > 1$)，需要采用合适的算法以准确求解对流扩散方程。

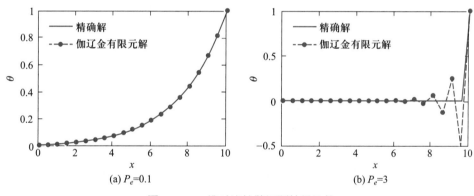

(a) $P_e=0.1$ (b) $P_e=3$

图 3.24   一维对流扩散问题结果比较

讨论   与式 (3.176) 对应的双线性算子为

$$a(\theta, w) = \int_\Omega (k\theta'w' + v\theta'w)\mathrm{d}x \tag{3.178}$$

可以证明它满足连续性条件，但不一定满足椭圆性条件，因此解不一定稳定。由上式可得

$$
\begin{aligned}
|a(\theta, w)| &\leqslant \left| k\int_\Omega \theta'w'\mathrm{d}x \right| + \left| v\int_\Omega \theta'w\mathrm{d}x \right| \\
&\leqslant |k|\left(\int_\Omega \theta'^2\mathrm{d}x\right)^{1/2}\left(\int_\Omega w'^2\mathrm{d}x\right)^{1/2} + |v|\left(\int_\Omega \theta'^2\mathrm{d}x\right)^{1/2}\left(\int_\Omega w^2\mathrm{d}x\right)^{1/2} \\
&\leqslant (|k| + |v|)\|\theta\|_{H^1}\|w\|_{H^1}
\end{aligned}
\tag{3.179}
$$

即算子 $a(\theta, w)$ 满足连续性条件。

由式 (3.178) 和庞加莱不等式 (A.20) 可进一步得

$$
\begin{aligned}
a(w, w) &= \int_\Omega (kw'^2 + vw'w)\mathrm{d}x \\
&= k\int_\Omega w'^2\mathrm{d}x + v\int_\Omega w'w\mathrm{d}x \\
&\geqslant kC^{-2}\|w\|_{H^1}^2 + v\int_\Omega w'w\mathrm{d}x
\end{aligned}
\tag{3.180}
$$

上式最后一项中的 $\int_\Omega w'w\mathrm{d}x$ 不一定大于零，因此当对流速度 v 增大时，算子 $a(\theta, w)$ 可能会丧失椭圆性，导致解不稳定。在推导式 (3.180) 最后一行时利用了庞加莱不等式 (A.21)。

3.8.2　迎风差分格式

内部节点 I 的方程 (3.177) 可以改写为

$$
P_e(d_{I+1} - d_{I-1}) - (d_{I+1} - 2d_I + d_{I+1}) = 0
$$

将 P_e 的表达式 (3.175) 代入上式，得

$$
v^e \frac{d_{I+1} - d_{I-1}}{2l^e} - k^e \frac{d_{I+1} - 2d_I + d_{I+1}}{(l^e)^2} = 0
\tag{3.181}
$$

比较式 (3.181) 和对流扩散方程 (3.176) 可以发现，采用 2 节点线性单元的伽辽金有限元格式和中心差分格式

$$
\left.\frac{\mathrm{d}\theta}{\mathrm{d}x}\right|_{x_I} \approx \frac{d_{I+1} - d_{I-1}}{2l^e}, \quad \left.\frac{\mathrm{d}^2\theta}{\mathrm{d}x^2}\right|_{x_I} \approx \frac{d_{I+1} - 2d_I + d_{I-1}}{(l^e)^2}
$$

在求解无源项的一维对流扩散方程 (3.176) 时完全相同。

事实上，信息是沿着速度 v 的方向传播的。对于对流问题，节点 I 的物理量只受上游影响；对于对流占优的对流扩散问题，节点 I 的物理量同时受上下游的影响，但上游的影响更大。在中心差分法中，上游和下游对节点 I 物理量的影响权重相同，因此中心差分法不能反映对流项的物理本质，从而导致数值解的振荡。

为了反映对流项的物理本质，对流项的差分近似应沿着迎风方向进行，即采用迎风差分（upwind difference）格式。当 $v > 0$ 时，左侧为迎风侧，迎风差分为后向差分（backward difference）；当 $v < 0$ 时，右侧为迎风侧，迎风差分为前向差分（forward difference）。

在本例中，$v > 0$，采用后向差分格式

$$\left.\frac{\mathrm{d}\theta}{\mathrm{d}x}\right|_{x_I} \approx \frac{d_I - d_{I-1}}{l^e} \tag{3.182}$$

和中心差分格式分别近似对流扩散方程 (3.176) 中的对流项和扩散项，得

$$v^e \frac{d_I - d_{I-1}}{l^e} - k^e \frac{d_{I+1} - 2d_I + d_{I-1}}{(l^e)^2} = 0 \tag{3.183}$$

上式可以进一步整理为

$$v^e \frac{d_{I+1} - d_{I-1}}{2l^e} - \left(k^e + \frac{v^e l^e}{2}\right) \frac{d_{I+1} - 2d_I + d_{I-1}}{(l^e)^2} = 0 \tag{3.184}$$

比较式 (3.184) 和式 (3.181) 可见，后向差分相当于在中心差分法中引入人工扩散项（相应的人工扩散系数为 $v^e l^e/2$），使得扩散系数由 k^e 增加至 $k^e + v^e l^e/2$。

在式 (3.183) 两边同时乘以 $(l^e)^2/k^e$，得

$$-(1 + 2P_e)d_{I-1} + 2(1 + P_e)d_I - d_{I+1} = 0 \tag{3.185}$$

其特征方程 $\lambda^2 - 2(1 + P_e)\lambda + (1 + 2P_e) = 0$ 的根为 $\lambda_1 = 1$ 和 $\lambda_2 = 1 + 2P_e$，因此方程的解为

$$d_I = C_1 + C_2(1 + 2P_e)^I$$

其中底数 $(1 + 2P_e)$ 为正，无论 P_e 为多少，数值解均不振荡。

3.8.3 彼得罗夫－伽辽金有限元法

伽辽金有限元法的权函数 W_I 是关于节点 I 对称的，即上游和下游对节点 I 的物理量的影响权重相同，也不能反映对流项的物理本质，从而导致数值解的振荡。借鉴迎风差分思想，应增加上游权函数的比重，即采用非对称的权函数。此时权函数 W_I 和形函数 N_I 不再相同（$W_I \neq N_I$），相应的伽辽金格式称为**彼得罗夫－伽辽金法**。

非对称权函数 W_I 可以通过在对称形函数 N_I 上加一个函数 W_I^* 来构造，即取[39]

$$W_I^e = N_I^e + \alpha W_I^{e*} \tag{3.186}$$

式中 α 为一个可调系数。函数 W_I^{e*} 可以取为泡形函数（即在节点处为零，在单元内部为正），以保持权函数 W_I^e 在单元间的连续性。为了得到和差分法等价的结果，令 W_I^{e*} 满足条件

$$\int_{\Omega_e} W_I^{e*} \mathrm{d}x = \pm \frac{l^e}{2} \tag{3.187}$$

式中右端的正负号取决于单元 e 中速度 v^e 是指向节点 I（单元 e 位于节点 I 的上游，取正号）还是远离节点 I（单元 e 位于节点 I 的下游，取负号）。

函数 W_I^{e*} 有多种不同的取法，如取

$$W_I^{e*}(\xi) = \pm \frac{3}{4}(1-\xi^2) \quad (-1 \leqslant \xi \leqslant 1)$$

相应的权函数如图 3.25 所示。

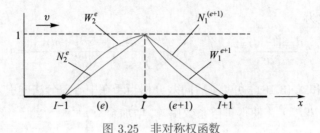

图 3.25 非对称权函数

除泡形函数外，函数 W_I^{e*} 也可以取为其他形式，如取

$$W_I^{e*} = \frac{l^e}{2} \frac{\mathrm{d}N_I^e}{\mathrm{d}x} \operatorname{sgn} v^e \tag{3.188}$$

对于 2 节点线性单元，$\mathrm{d}N_I^e/\mathrm{d}x = \pm 1/l^e$，此时节点 I 的权函数 W_I 是通过将单元 e 的形函数 N_2^e 向上平移 $\alpha/2$，而将单元 $e+1$ 的形函数 N_1^{e+1} 向下平移 $\alpha/2$ 而得到的，如图 3.26 所示。这种方法是根据流动方向修改权函数的，因此称为**流线迎风彼得罗夫–伽辽金法**（streamline upwind Petrov-Galerkin method，简称 SUPG）。

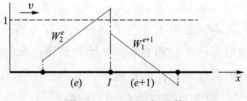

图 3.26 SUPG 权函数

单元 e 的权函数为

$$\widetilde{w}^e(x) = \left(\boldsymbol{N}^e + \frac{\alpha l^e}{2} \boldsymbol{B}^e \operatorname{sgn} v^e \right) \boldsymbol{w}^e$$

$$= w^e(x) + \frac{\alpha l^e}{2} \frac{\mathrm{d}w^e}{\mathrm{d}x} \operatorname{sgn} v^e \tag{3.189}$$

在弱形式 (3.166) 中用上式权函数 $\widetilde{w}^e(x)$ 代替原权函数 $w^e(x)$，并考虑到对于线性单元有

$\mathrm{d}^2 w^e / \mathrm{d}x^2 = 0$,得

$$\sum_{e=1}^{n_{\mathrm{el}}} \left(\int_{\Omega^e} w^e A^e v^e \frac{\mathrm{d}\theta^e}{\mathrm{d}x} \mathrm{d}x + \int_{\Omega^e} \frac{\mathrm{d}w^e}{\mathrm{d}x} A^e \left(k^e + \frac{|v^e|\alpha l^e}{2} \right) \frac{\mathrm{d}\theta^e}{\mathrm{d}x} \mathrm{d}x - \int_{\Omega^e} \widetilde{w}^e s \mathrm{d}x + (A^e \widetilde{w}^e \overline{q})\big|_{\Gamma_q^e} \right) = 0 \tag{3.190}$$

由此可得单元刚度矩阵为

$$\boldsymbol{K}^e = \boldsymbol{K}_A^e + a P^e \boldsymbol{K}_D^e + \boldsymbol{K}_D^e$$

$$= \frac{k^e A^e}{l^e} \begin{bmatrix} 1 + (\alpha - 1)P_e & -1 - (\alpha - 1)P_e \\ -1 - (\alpha + 1)P_e & 1 + (\alpha + 1)P_e \end{bmatrix} \tag{3.191}$$

上式表明,采用非对称权函数改变了对流矩阵,在原对流矩阵的基础上引入了矩阵 $a P^e \boldsymbol{K}_D^e$。矩阵 $a P^e \boldsymbol{K}_D^e$ 在形式上与扩散矩阵 $\boldsymbol{K}_D^e$ 相同,因此彼得罗夫–伽辽金有限元法相当于在伽辽金有限元法中引入了人工扩散(artificial diffusion)矩阵 $a P^e \boldsymbol{K}_D^e$,相应的人工扩散系数为

$$\overline{k}^e = \frac{|v|\alpha l^e}{2} = \alpha k^e P_e$$

引入非对称权函数后,节点 I 的方程变为

$$[-1 - (\alpha + 1)P_e]d_{I-1} + 2(1 + \alpha P_e)d_I + [-1 - (\alpha - 1)P_e]d_{I+1} = 0 \tag{3.192}$$

比较式 (3.192)、(3.185) 和式 (3.177) 可知,当 $\alpha = 0$ 时,式 (3.192) 退化为伽辽金有限元格式;当 $\alpha = 1$ 时,式 (3.192) 退化为迎风差分格式。

方程 (3.192) 的解为

$$d_I = C_1 + C_2 \left(\frac{1 + (1 + \alpha)P_e}{1 - (1 - \alpha)P_e} \right)^I$$

可见当 $1 - (1 - \alpha)P_e > 0$(即 $\alpha > 1 - 1/P_e$)时,上式右端第二项的底数为正,解不振荡。可以证明[40,41],当 α 取最优值 $\alpha_{\mathrm{opt}} = \coth|P_e| - 1/|P_e|$ 时,无论 P_e 为何值,节点值都是精确的。

本问题可以利用本书附带的 Advection-Diffusion-python 程序(详见附录 C.3)求解。图 3.27 比较了当 P_e 分别为 0.1、1、3 和 100 时,$\alpha = 0$(伽辽金有限元)、$\alpha = 1$(后向差分)和 $\alpha = \alpha_{\mathrm{opt}}$(采用 α 最优值的彼得罗夫–伽辽金有限元)的数值结果。结果也表明,伽辽金有限元在 $P_e > 1$ 时解是振荡的,后向差分解虽不振荡,但由于引入了过量的人工扩散使得精度较差,而彼得罗夫–伽辽金法当取 $\alpha = \alpha_{\mathrm{opt}}$ 时节点值是精确的。

除了彼得罗夫–伽辽金法外,伽辽金最小二乘(Galerkin least square)法也能得到类似的结果。伽辽金最小二乘法是伽辽金格式和最小二乘格式的线性组合[39],其弱形式为

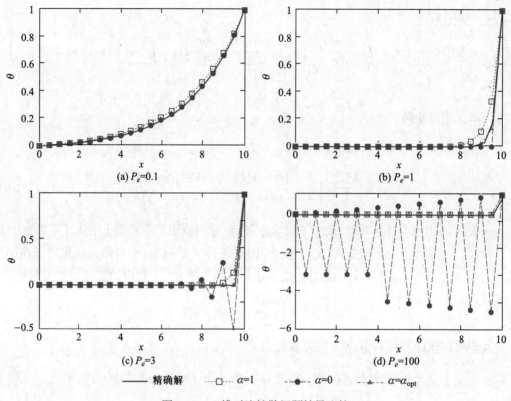

图 3.27   一维对流扩散问题结果比较

$$\delta \Pi + \int_{\Omega} \delta \left[Av \frac{\mathrm{d}w}{\mathrm{d}x} - \frac{\mathrm{d}}{\mathrm{d}x} \left(Ak \frac{\mathrm{d}w}{\mathrm{d}x} \right) \right] \tau \left[Av \frac{\mathrm{d}\theta}{\mathrm{d}x} - \frac{\mathrm{d}}{\mathrm{d}x} \left(Ak \frac{\mathrm{d}\theta}{\mathrm{d}x} \right) - s \right] \mathrm{d}x = 0 \qquad (3.193)$$

式中 $\delta \Pi$ 是原伽辽金弱形式 (3.37) 的各项, τ 为人工参数。最小二乘项提供了与参数 τ 相关的人工扩散项。若单元为线性单元, 且忽略单元界面上的不连续性, 则上式提供的人工扩散项可以消除解的振荡[39]。

思考题   与采用泡形函数不同, 采用函数 (3.188) 构造的非对称权函数在单元间是不连续的, 这是否会对弱形式的计算造成困难?

3.9   误差与收敛性分析

满足收敛准则的有限元格式是收敛的, 即其解的误差应随单元尺寸的减小而不断减小。有限元程序计算结果的误差包括离散误差和舍入误差，其中离散误差是用有限元离散化模型替代原数学模型而产生的误差，舍入误差是因计算机位数有限而无法精确表示浮点数而引起的误差。舍入误差一般是很微小的，但对于不稳定的算法，它在计算过程中可能会被不断放大并累积，从而淹没真实解。收敛性分析仅考虑离散误差。

3.9.1 误差的度量

令 $u(x)$ 表示位移精确解，则有限元解 $u^h(x)$ 的误差为

$$e^h(x) = u(x) - u^h(x) \tag{3.194}$$

误差 $e^h(x)$ 是空间坐标的函数，仅研究各点的误差不足以准确度量有限元解的误差。例如，对于一维问题，如果 AE 为常数，则节点处的误差 $e^h(x_I) = 0$，但单元内其余各处的误差并不为 0。因此需要引入范数来度量有限元解的误差。

有限元解的误差可以用 L_2 范数

$$\|e^h(x)\|_{L_2} = \left\{ \int_{x_1}^{x_2} [e^h(x)]^2 \mathrm{d}x \right\}^{1/2} \tag{3.195}$$

来度量，称为 L_2 范数误差。在比较不同解的误差时，经常使用关于精确解归一化的相对误差

$$\bar{e}_{L_2}^h = \frac{\|e^h(x)\|_{L_2}}{\|u(x)\|_{L_2}} = \frac{\left\{ \int_{x_1}^{x_2} [e^h(x)]^2 \mathrm{d}x \right\}^{1/2}}{\left\{ \int_{x_1}^{x_2} [u(x)]^2 \mathrm{d}x \right\}^{1/2}} \tag{3.196}$$

为了度量有限元解导数（如应力和应变）的误差，可使用误差的能量范数

$$\begin{aligned}
\|e^h(x)\|_{\mathrm{en}} &= \left\{ \frac{1}{2} \int_{x_1}^{x_2} AE[\varepsilon(x) - \varepsilon^h(x)]^2 \mathrm{d}x \right\}^{1/2} \\
&= \left[\frac{1}{2} a(e^h, e^h) \right]^{1/2}
\end{aligned} \tag{3.197}$$

其中 $\varepsilon(x) = \mathrm{d}u(x)/\mathrm{d}x$ 为应变精确解，$\varepsilon^h(x) = \mathrm{d}u^h(x)/\mathrm{d}x$ 为应变有限元解。$\|e^h\|_{\mathrm{en}}$ 称为能量范数误差，它实际上是误差应变能的平方根。在实际应用中，也可以略去定义式 (3.197) 中的系数 $1/2$，而取 $\|e^h(x)\|_{\mathrm{en}} = [a(e^h, e^h)]^{1/2}$。

类似地，关于精确解归一化的相对能量范数误差为

$$\bar{e}_{\mathrm{en}}^h = \frac{\|e^h(x)\|_{\mathrm{en}}}{\|u(x)\|_{\mathrm{en}}} = \frac{\left\{\dfrac{1}{2}\displaystyle\int_{x_1}^{x_2} AE[\varepsilon(x) - \varepsilon^h(x)]^2 \mathrm{d}x\right\}^{1/2}}{\left\{\dfrac{1}{2}\displaystyle\int_{x_1}^{x_2} AE[\varepsilon(x)]^2 \mathrm{d}x\right\}^{1/2}} \tag{3.198}$$

误差范数中的域内积分可以由各单元内的积分之和来计算，而单元内积分可以采用高斯求积。为保证误差范数的计算精度，应根据单元的阶次选用适当的高斯积分格式。假设单元近似函数的最高完备阶次为 p，则误差 $e^h(x)$ 的主项阶次为 $p+1$，范数 $\|e^h(x)\|_{L_2}$ 中被积函数主项的阶次为 $2(p+1)$，因此所采用的高斯积分应能准确积分 $2(p+1)$ 次多项式。

如采用 N 个均匀分布的积分点进行数值积分，各积分点所代表的长度为 $\Delta x = (x_2 - x_1)/N = L/N$，则 L_2 范数误差也可以近似表示为

$$\|e^h\|_{L_2} = \left[\sum_{I=1}^{N} (e_I^h)^2 \Delta x\right]^{1/2} = \sqrt{L}\left[\frac{1}{N}\sum_{I=1}^{N} (e_I^h)^2\right]^{1/2} \tag{3.199}$$

式中求解域长度 L 是常数，它不影响收敛率，因此也可取

$$\|e^h\|_{L_2} = \left[\frac{1}{N}\sum_{I=1}^{N} (e_I^h)^2\right]^{1/2} \tag{3.200}$$

可见，L_2 范数误差实际上是有限元解的均方根（root-mean-square）误差。有限维空间上的任何两个范数 $\|x\|_1$ 和 $\|x\|_2$ 都是等价的（即对于该空间中的任意函数 x，均存在常数 $c_1 > 0$ 和 $c_2 > 0$，使得 $c_1\|x\|_1 \leqslant \|x\|_2 \leqslant c_2\|x\|_1$），由它们定义的收敛性也是等价的，因此也可以使用其他范数（如 L_∞ 范数 $\|e^h\|_{L_\infty} = \operatorname*{ess\,sup}_{x\in[x_1,x_2]}|e^h(x)|$，详见附录 A.3）来度量有限元解的误差。

有限元解的收敛率可以通过数值实验或理论分析来获得。

3.9.2 数值实验

下面以图 3.28 所示的长为 $2l$、横截面面积为 A、弹性模量为 E 的一维均质杆为例分析有限元解的收敛率[1]。杆上作用有分布力 $b(x) = cx$，左端 $(x=0)$ 固定，右端 $(x=2l)$ 作用有面力 $\bar{t} = -cl^2/A$。本问题的强形式为

$$\frac{\mathrm{d}}{\mathrm{d}x}\left(AE\frac{\mathrm{d}u}{\mathrm{d}x}\right) + cx = 0 \quad (0 < x < 2l) \tag{3.201}$$

$$u(0) = 0 \tag{3.202}$$

$$E \left.\frac{\mathrm{d}u}{\mathrm{d}x}\right|_{x=2l} = -\frac{cl^2}{A} \tag{3.203}$$

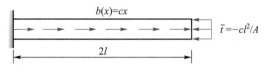

图 3.28　一维等截面弹性杆

本问题的精确解为

$$u(x) = \frac{c}{AE}\left(-\frac{x^3}{6} + l^2 x\right) \tag{3.204}$$

$$\varepsilon(x) = \frac{c}{AE}\left(-\frac{x^2}{2} + l^2\right) \tag{3.205}$$

取 $l = 1\,\mathrm{m}$，$c = 1\,\mathrm{Nm}^{-2}$，$A = 1\,\mathrm{m}^2$，$E = 10^4\,\mathrm{Nm}^{-2}$。将杆分别划分为 2、4、8、16 和 32 个 2 节点线性单元，利用 bar1D-python 程序（详见 C.2 节）可得到各种网格下的节点位移 d_I，进而由式 (3.109) 和式 (3.114) 计算位移场 $u^h(x)$ 和应变场 $\varepsilon^h(x)$，由式 (3.195) 和式 (3.197) 计算有限元解的 L_2 范数误差和能量范数误差（在图 3.29 中用黑点表示），详见 bar1D-python 程序中的代码 ConvergeCompressionBar.py。图 3.29 表明，范数误差 $\|e^h\|_{L_2}$ 和 $\|e^h\|_{\mathrm{en}}$ 在双对数曲线图中与 h 成线性关系，利用曲线拟合可得

$$\|e^h\|_{L_2} = C_1 h^2 \tag{3.206}$$

$$\|e^h\|_{\mathrm{en}} = C_2 h \tag{3.207}$$

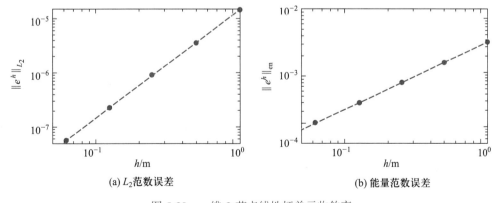

(a) L_2范数误差　　　　　(b) 能量范数误差

图 3.29　一维 2 节点线性杆单元收敛率

式中 $C_1 = 1.46 \times 10^{-5}$，$C_2 = 3.27 \times 10^{-3}$。式 (3.206) 和式 (3.207) 表明，有限元解的误差随

单元尺寸的减小而减小，即有限元解是收敛的。对于 2 节点线性单元，位移的收敛率为 2，应变（应力）的收敛率为 1。应变（应力）收敛率比位移收敛率低 1 阶。因此，2 节点线性单元具有二阶精度。

类似地，将杆分别划分为 2、4、8 和 16 个 3 节点二次单元，利用 bar1D-python 程序求解各种网格下的节点位移 d_I，并进而计算 L_2 范数误差和能量范数误差（在图 3.30 中用黑点表示），详见 bar1D-python 程序中的代码 ConvergeCompressionBar.py。图 3.30 表明，范数误差 $\|e^h\|_{L_2}$ 和 $\|e^h\|_{en}$ 在双对数曲线图中与 h 成线性关系，利用曲线拟合可得

$$\|e^h\|_{L_2} = C_1 h^3 \tag{3.208}$$

$$\|e^h\|_{en} = C_2 h^2 \tag{3.209}$$

式中 $C_1 = 8.13 \times 10^{-7}$，$C_2 = 3.73 \times 10^{-4}$。式 (3.208) 和式 (3.209) 表明，3 节点二次单元的位移收敛率为 3（具有三阶精度），应变（应力）收敛率为 2，因此在线性分析中常使用二次单元。

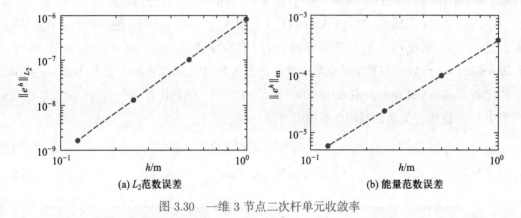

(a) L_2范数误差   (b) 能量范数误差

图 3.30   一维 3 节点二次杆单元收敛率

讨论   这里在计算范数误差时，对于线性单元采用了 3 点高斯积分，对于二次单元采用了 4 点高斯积分。可以证明，在二次单元中，采用单点高斯积分计算得到的 L_2 范数误差 $\|e^h\|_{L_2}$ 为 0，而采用 2 点高斯积分计算得到能量范数误差 $\|e^h\|_{en}$ 为 0。请读者思考其原因。

综合以上结果可知，有限元解的收敛率与单元近似函数的最高完全多项式次数 p 有关，其中位移收敛率为 $p+1$，应变（应力）收敛率为 p，即

$$\|e^h\|_{L_2} = C_1 h^{p+1} \tag{3.210}$$

$$\|e^h\|_{en} = C_2 h^p \tag{3.211}$$

可见，若单元尺寸减小为原来的 $1/2$，则位移的误差减小为原来的 $1/2^{p+1}$，即

$$\frac{\|u^1 - u\|_{L_2}}{\|u^2 - u\|_{L_2}} = \frac{O(h^{p+1})}{O((h/2)^{p+1})} = 2^{p+1}$$

事实上，有限元解的收敛率不仅取决于单元的最高完全多项式次数 p，还取决于精确解 $u(x)$ 的光滑程度。下一小节将证明，只有当精确解的 $p+1$ 阶导数是有界的，应变（应力）的收敛率才为 p。

思考题 对于不存在精确解的问题，如何评判有限元解的质量（即所得到的有限元解是否足够精确）？如果解的精度不满足要求，如何获得更准确的有限元解？

讨论 利用理查德森外推法（Richardson extrapolation）可以在有限元近似解的基础上获得具有更高精度的估计解。对于具有 α 阶精度的有限元格式，精确解 $u(x)$ 可以用近似解 $u^h(x)$ 展开为

$$u = u^h + g_\alpha h^\alpha + g_{\alpha+1} h^{\alpha+1} + O(h^{\alpha+2}) \tag{3.212}$$

式中 g_α 和 $g_{\alpha+1}$ 为常数。

采用两套具有不同单元尺寸的网格分别进行有限元分析。将加密网格的单元尺寸记为 h，则原网格的单元尺寸为 $h_c = rh$，其中 $r = h_c/h > 1$ 为网格加密系数。加密网格的有限元近似解记为 u^h，原网格的有限元近似解记为 u^{rh}。精确解 u 也可以用原网格的近似解 u^{rh} 展开，即

$$u = u^{rh} + g_\alpha (rh)^\alpha + g_{\alpha+1} (rh)^{\alpha+1} + O(h^{\alpha+2}) \tag{3.213}$$

在式 (3.212) 两边乘以 r^α 后减去式 (3.213)，可以消除 h^α 项，得

$$u = \bar{u} + g_{\alpha+1} \frac{r^\alpha(1-r)}{r^\alpha - 1} h^{\alpha+1} + O(h^{\alpha+2})$$

$$= \bar{u} + O(h^{\alpha+1}) \tag{3.214}$$

式中

$$\bar{u} = u^h + \frac{u^h - u^{rh}}{r^\alpha - 1} \tag{3.215}$$

式 (3.214) 表明，$\bar{u}$ 是精确解 u 的具有 $\alpha+1$ 阶精度的估计解，其精度比有限元近似解 u^h 的精度高 1 阶。

3.9.3 理论分析

假设单元近似函数的最高完全多项式次数为 p。本节将证明以下结论：

1. 在空间 U^h 中，伽辽金有限元解是精确解在能量范数误差意义下的最佳近似，且有限元解低估了系统的应变能，高估了系统的势能（3.9.3.1 节）；

2. 若精确解的 $p+1$ 阶导数在各单元内有界，则有限元解位移收敛率为 $p+1$，应力收敛率为 p（3.9.3.2 节）；

3. 对于一维问题，如果 AE 为常数，有限元位移解在节点处是精确的（3.9.3.3 节）；

4. 应力在单元内至少有一点是精确的，在 p 阶高斯点处具有 $p+1$ 阶精度，比预期精度高 1 阶，具有超收敛性（3.9.3.4 节和 3.9.3.5 节）。

3.9.3.1　有限元解的性质

当试探函数 u 和检验函数 w 分别取自无穷维函数空间 $U(\Omega)$［详见式 (3.55) 的定义］和 $U_0(\Omega)$［详见式 (3.56) 的定义］时，伽辽金弱形式和强形式精确等价。但当试探函数 u 和检验函数 w 分别取自有限维函数空间 $U^h \subset U$［详见式 (3.129) 的定义］和 $U_0^h \subset U$［详见式 (3.130) 的定义］时，伽辽金弱形式和强形式近似等价，此时由弱形式得到的解也是近似解。有限元近似解 u^h 具有以下三个性质。

性质 1　有限元解的误差 $e^h = u - u^h$ 和子空间 $U_0^h \subset U_0$ 正交，即

$$a(u - u^h, w^h) = 0, \quad \forall w^h \in U_0^h \tag{3.216}$$

证明：空间 U 和 U^h 中的弱形式分别为

$$a(u, w) - F(w) = 0, \quad \forall w \in U_0 \tag{3.217}$$
$$a(u^h, w^h) - F(w^h) = 0, \quad \forall w^h \in U_0^h \tag{3.218}$$

U_0^h 是 U_0 的子空间（即 $U_0^h \subset U_0$），因此当取 $w = w^h \in U_0^h$ 时，式 (3.217) 仍然成立，即

$$a(u, w^h) - F(w^h) = 0, \quad \forall w^h \in U_0^h \tag{3.219}$$

将式 (3.218) 和式 (3.219) 相减，即可得式 (3.216)。这一性质也称为伽辽金正交性（Galerkin orthogonality），它表明有限元解 u^h 是精确解 u 向 U^h 空间关于 $a(\cdot, \cdot)$ 的投影，如图 3.31 所示。

性质 2　在空间 U^h 中，伽辽金有限元解 $u^h(x)$ 是精确解在能量范数误差意义下的最佳近似（best approximation），即

$$a(u - u^h, u - u^h) = \min_{v^h \in U^h} a(u - v^h, u - v^h) \tag{3.220}$$

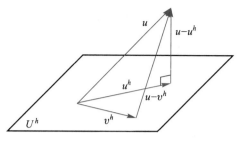

图 3.31　伽辽金正交性的几何意义

证明：令 v^h 表示近似空间 U^h 中的任意函数，它不一定满足弱形式 (3.218)。u^h 和 v^h 都是 U^h 空间中的函数（均满足本质边界条件），故有 $(u^h - v^h) \equiv w^h \in U_0^h$，因此近似函数 v^h 的误差可以改写为

$$
\begin{aligned}
u - v^h &= (u - u^h) + (u^h - v^h) \\
&= e^h + w^h
\end{aligned}
\tag{3.221}
$$

考虑到伽辽金正交性 (3.216) 和关系式 $a(w^h, w^h) \geqslant 0$，有

$$
\begin{aligned}
a(u - v^h, u - v^h) &= a(e^h + w^h, e^h + w^h) \\
&= a(e^h, e^h) + a(w^h, w^h) + 2a(w^h, e^h) \\
&= a(e^h, e^h) + a(w^h, w^h) \\
&\geqslant a(e^h, e^h)
\end{aligned}
\tag{3.222}
$$

式 (3.222) 说明，有限元解 $u^h(x)$ 使得能量范数误差最小，即有式 (3.220)。

讨论　有限元空间 U^h 决定了近似误差，因此其选择至关重要。式 (3.220) 表明，如果精确解 $u(x)$ 刚好在有限元空间 U^h 中，则有限元近似解 u^h 即为精确解 $u(x)$。如果我们构建一个有限元空间序列 $U_1^h \subset U_2^h \subset \cdots \subset U_N^h$，则相应的有限元解 $u_1^h, u_2^h, \cdots, u_N^h$ 的能量范数误差将随着 N 的增加而单调递减，有限元解的应变能将单调递增，趋近于精确的应变能。

性质 3　有限元解低估了系统的应变能，高估了系统的势能，即

$$
a(u^h, u^h) \leqslant a(u, u)
\tag{3.223}
$$

$$
\Pi(u^h) \geqslant \Pi(u)
\tag{3.224}
$$

证明：假设本质边界条件是齐次的，即 $U^h = U_0^h$，$u^h \in U_0^h$，则有

$$
a(u, u) = a(u^h + e^h, u^h + e^h)
$$

$$= a(u^h, u^h) + 2a(u^h, e^h) + a(e^h, e^h)$$
$$= a(u^h, u^h) + a(e^h, e^h) \tag{3.225}$$

由此可得

$$a(e^h, e^h) = a(u, u) - a(u^h, u^h) \tag{3.226}$$

即误差的应变能等于应变能的误差。由于 $a(e^h, e^h) \geqslant 0$，由上式即可得式 (3.223)，即有限元解低估了系统的应变能。在推导式 (3.225) 的第二个等式时利用了伽辽金正交性式 (3.216)。

系统的势能 [见式 (3.74)] 为

$$\Pi(u) = \frac{1}{2}a(u, u) - F(u) \tag{3.227}$$

其一阶和二阶变分分别为

$$\delta\Pi(u) = a(\delta u, u) - F(\delta u) \tag{3.228}$$
$$\delta^2\Pi(u) = a(\delta u, \delta u) > 0 \tag{3.229}$$

在推导式 (3.229) 时使用了双线性算子 $a(\cdot, \cdot)$ 的椭圆性条件 (3.63)。将弱形式 (3.57) 代入式 (3.228) 可得 $\delta\Pi = 0$，进一步由式 (3.229) 可知势能在精确解 u 处取极小值，因此对所有 $\delta u \in U_0$ 有 $\Pi(u) \leqslant \Pi(u + \delta u)$，即有限元解高估了系统的势能，$\Pi(u^h) \geqslant \Pi(u)$。这一结论也可以直接由最小势能原理得到。

讨论　基于有限元解的性质，可以证明有限元解整体上低估了系统的位移。将式 (3.109) 和式 (3.124) 代入式 (3.227) 中，可得

$$\Pi(u^h) = \frac{1}{2}\boldsymbol{d}^{\mathrm{T}}\boldsymbol{K}\boldsymbol{d} - \boldsymbol{d}^{\mathrm{T}}\boldsymbol{f} \tag{3.230}$$

式中 $\boldsymbol{K}$、$\boldsymbol{d}$ 和 $\boldsymbol{f}$ 分别由式 (3.144)、(3.123) 和式 (3.145) 给出。令势能取驻值得

$$\boldsymbol{K}\boldsymbol{d} = \boldsymbol{f} \tag{3.231}$$

因此势能 $\Pi(u^h)$ 和应变能 $U(u^h)$ 可以用有限元位移解 $\boldsymbol{d}$ 表示为

$$\Pi(u^h) = -\frac{1}{2}\boldsymbol{d}^{\mathrm{T}}\boldsymbol{f}, \quad U(u^h) = \frac{1}{2}\boldsymbol{d}^{\mathrm{T}}\boldsymbol{f} \tag{3.232}$$

由式 (3.223) 和式 (3.232) 可知，有限元低估了系统的应变能，也从整体上低估了系统的位移，即高估了系统的刚度。这是由于有限元位移空间为精确解位移空间的子空间（即 $U^h \subset U$），相当于引入了位移约束，使得系统变得更刚硬。随着有限元网格不断加密，位移约束减少，有

限元解位移和刚度收敛于系统的位移和刚度。

另外，也可以证明，伽辽金有限元解低估了载荷作用点处的位移。假设系统的边界条件都是齐次的（即 $\overline{u}=\overline{t}=0$，$U=U^0$），且只在 $\overline{x}$ 处受单位集中力 $b(x)=\delta(x-\overline{x})$ 作用，则系统的弱形式为

$$a(w,u)=F(w)=w(\overline{x}) \tag{3.233}$$

将上式代入式 (3.223) 可得

$$u^h(\overline{x}) \leqslant u(\overline{x}) \tag{3.234}$$

即伽辽金有限元解低估了载荷作用点处的位移。

3.9.3.2　误差估计

1. Céa 引理

利用伽辽金正交性 (3.216)、双线性算子 $a(\cdot,\cdot)$ 的椭圆性 (3.63) 和连续性 (3.62)，可得

$$
\begin{aligned}
\alpha\|u-u^h\|_{H^1}^2 &\leqslant a(u-u^h,u-u^h) \\
&= a(u-u^h,u-v^h)+a(u-u^h,v^h-u^h) \\
&= a(u-u^h,u-v^h) \\
&\leqslant M\|u-u^h\|_{H^1}\|u-v^h\|_{H^1}
\end{aligned}
$$

因此有

$$\|u-u^h\|_{H^1} \leqslant c \inf_{v^h\in U^h}\|u-v^h\|_{H^1} \tag{3.235}$$

式中 $c=M/\alpha$，inf 为下确界（最大下界）。空间 U^h 是闭空间，因此上式右端的 $\inf\limits_{v^h\in U^h}$ 也可以替换为 $\min\limits_{v^h\in U^h}$。这一结论称为 Céa 引理（Céa lemma），它表明有限元解 u^h 在空间 U^h 中是"准最优"，其误差与空间 U^h 中的最优解误差成正比。由于常数 c 与材料特性有关，对于弱可压/不可压问题，常数 $c\to\infty$，伽辽金有限元解的误差远大于空间 U^h 中的最优解误差，收敛很慢，甚至会发生闭锁，详见 5.4 节和 5.5 节。

Céa 引理在有限元误差估计中具有非常重要的作用，它将有限元误差 $\|u-u^h\|_{H^1}$ 估计问题转化为逼近论中的插值误差 $\inf\limits_{v^h\in U^h}\|u-v^h\|_{H^1}$ 估计问题。有限元误差 $\|u-u^h\|_{H^1}$ 在求解有限元方程后才能得到，而插值误差 $\inf\limits_{v^h\in U^h}\|u-v^h\|_{H^1}$ 则很容易进行理论估计。

2. 能量范数误差

考虑 2 节点线性单元, 有限元近似函数在各单元内为线性函数, 因此单元 e 内的有限元位移误差为

$$e^e(x) = u(x) - [u_1^e N_1^e(x) + u_2^e N_2^e(x)] \tag{3.236}$$

式中 x_1^e 和 x_2^e 分别为单元 e 左右节点坐标, $u_1^e = u(x_1^e)$ 和 $u_2^e = u(x_2^e)$ 为单元 e 左右节点的位移。

有限元近似函数为插值函数, 即 $u_I^e = u(x_I^e)$, 因此误差函数 $e^e(x)$ 在节点处为 0 [即 $e^e(x_1^e) = e^e(x_2^e) = 0$], 在单元内光滑可导。由微积分学中的罗尔定理 (Rolle's theorem) 可知, 在单元内至少有一点 $c(x_1^e \leqslant c \leqslant x_2^e)$, 使得 $e_{,x}^e(c) = 0$, 即单元内至少有一点导数是精确的。假设 $u_{,xx}(x)$ 在单元内连续, 且由式 (3.236) 知 $e_{,xx}^e(x) = u_{,xx}(x)$, 则有

$$e_{,x}^e(x) - e_{,x}^e(c) = \int_c^x e_{,ss}^e(s)\mathrm{d}s = \int_c^x u_{,ss}(s)\mathrm{d}s \tag{3.237}$$

已知 $e_{,x}^e(c) = 0$, 由上式可得

$$|e_{,x}^e(x)| = \left| \int_c^x u_{,ss}(s)\mathrm{d}s \right| \leqslant \int_c^x |u_{,ss}(s)|\mathrm{d}s$$

$$\leqslant \int_{x_1^e}^{x_2^e} |u_{,xx}(x)|\mathrm{d}x$$

$$\leqslant \alpha^e h^e \tag{3.238}$$

式中 $h^e = x_2^e - x_1^e$ 为单元长度, $\alpha^e = \max\limits_{x_1^e \leqslant x \leqslant x_2^e} |u_{,xx}(x)|$ 为 $u_{,xx}(x)$ 在单元 e 内的最大绝对值。利用式 (3.238) 可得

$$\|e^h\|_{\mathrm{en}}^2 = \frac{1}{2} \int_\Omega AE[e_{,x}^h(x)]^2 \mathrm{d}x = \frac{1}{2} \sum_{e=1}^{n_{\mathrm{el}}} \int_{x_1^e}^{x_2^e} A^e E^e [e_{,x}^e(x)]^2 \mathrm{d}x$$

$$\leqslant \frac{1}{2} K(\alpha h)^2 \sum_{e=1}^{n_{\mathrm{el}}} h^e = \frac{1}{2} K l \alpha^2 h^2 \tag{3.239}$$

式中 K 为 AE 在域内的最大值, $\alpha = \max\limits_e (\alpha^e) = \max |u_{,xx}(x)|$ 为精确解二阶导数 $u_{,xx}(x)$ 在域内的最大绝对值, $h = \max\limits_e (h^e)$ 为最大的单元长度 (网格的单元特征长度), $l = \sum\limits_{e=1}^{n_{\mathrm{el}}} h^e$ 为求解域的长度。由此可得能量范数误差界为

$$\|e^h\|_{\mathrm{en}} \leqslant Ch \tag{3.240}$$

式中 $C = \sqrt{\dfrac{1}{2}Kl\alpha}$ 为与 h 无关的常数。可见，若精确解的二阶导数 $u_{,xx}(x)$ 在各单元内有界（即 $\alpha^e < \infty$），线性单元的应变精度（收敛率）为 **1**。

3. L_2 范数误差

类似地可以分析位移误差界。假设点 $x = c$ 距单元左节点 x_1^e 更近，将左节点误差 $e^e(x_1^e)$ 关于 $x = c$ 点展开，得

$$e^e(x_1^e) = e^e(c) + (x_1^e - c)e_{,x}^e(c) + \frac{1}{2}(x_1^e - c)^2 e_{,xx}^e(\zeta) \quad (x_1^e \leqslant \zeta \leqslant c) \qquad (3.241)$$

由于 $e^e(x_1^e) = 0$，$e_{,x}^e(c) = 0$，$e_{,xx}^e(\zeta) = u_{,xx}(\zeta)$，由上式得

$$e^e(c) = -\frac{1}{2}(x_1^e - c)^2 u_{,xx}(\zeta) \qquad (3.242)$$

误差 $e^e(x)$ 在其导数为零的点 $x = c$ 处最大，并考虑到 $|c - x_1^e| \leqslant h^e/2$，有

$$|e^e(x)| \leqslant |e^e(c)| \leqslant \frac{1}{8}\alpha^e(h^e)^2 \qquad (3.243)$$

若点 $x = c$ 距单元右节点 x_2^e 更近，将右节点误差 $e^e(x_2^e)$ 关于 $x = c$ 点展开，可以得到相同的结论。

L_2 范数误差界为

$$\|e^h\|_{L_2} = \left[\int_\Omega |e^h(x)|^2 \mathrm{d}x \right]^{1/2} = \left[\sum_{e=1}^{n_{\mathrm{el}}} \int_{x_1^e}^{x_2^e} |e^e(x)|^2 \mathrm{d}x \right]^{1/2}$$

$$\leqslant \frac{1}{8}\alpha h^2 \left(\sum_{e-1}^{n_{\mathrm{el}}} h^e \right)^{1/2} = Ch^2 \qquad (3.244)$$

式中 $C = \dfrac{1}{8}\sqrt{l}\alpha$ 为常数。可见，若精确解的二阶导数 $u_{,xx}(x)$ 在各单元内有界（即 $\alpha^e < \infty$），线性单元的位移精度（收敛率）为 **2**。

类似地，可以证明若精确解的 $p+1$ 阶导数在各单元内有界，有限元解位移收敛率为 $p+1$，应变/应力收敛率为 p，其中 p 为单元近似函数的最高完全多项式的次数。对于一维问题，式 (3.240) 和式 (3.244) 中的 h 可以替换为 $1/n_{\mathrm{el}}$。对于多维问题，h 可以替换为 $n_{\mathrm{el}}^{-1/n_{\mathrm{sd}}}$，其中 n_{sd} 为空间维数，n_{el} 为单元总数。

误差估计式 (3.240) 和式 (3.244) 的右端项只与问题的精确解 $u(x)$ 有关，而与有限元解 $u^h(x)$ 无关。此类误差在进行有限元分析前就可以估计，因此称为先验误差估计（a priori error estimate）。一般情况下，问题的精确解是未知的，因此先验误差估计可以给出有限元分析的

收敛率（精度），但无法给出其误差的定量估计。如果误差估计式的右端项只与有限元解 $u^h(x)$ 有关，而与问题的精确解 $u(x)$ 无关，则该误差可以在求得有限元解 $u^h(x)$ 后进行估计，因此称为后验误差估计（a posteriori error estimate），详见 4.8 节。

例题 3–11： 如图 3.32 所示的长为 $2l$、横截面面积为 A、弹性模量为 E 的一维均质杆。杆上作用有分布力 $b(x) = cx$，左端 $x = 0$ 处固定，右端 $x = 2l$ 处受一集中力 F_1 作用，在杆内 $x = 15l/16$ 处受一集中力 F_2 作用。本问题的位移和应力精确解分别为

$$u^{\mathrm{ex}}(x) = \begin{cases} \dfrac{c}{AE}\left(-\dfrac{x^3}{6} + 2l^2 x\right) + \dfrac{F_1 + F_2}{AE}x & \left(0 < x < \dfrac{15}{16}l\right) \\[3mm] \dfrac{c}{AE}\left(-\dfrac{x^3}{6} + 2l^2 x\right) + \dfrac{15F_2 l}{16AE} + \dfrac{F_1}{AE}x & \left(\dfrac{15}{16}l < x < 2l\right) \end{cases} \tag{3.245}$$

$$\sigma^{\mathrm{ex}} = \begin{cases} \dfrac{c}{A}\left(-\dfrac{x^2}{2} + 2l^2\right) + \dfrac{F_1 + F_2}{A} & \left(0 < x < \dfrac{15}{16}l\right) \\[3mm] \dfrac{c}{A}\left(-\dfrac{x^2}{2} + 2l^2\right) + \dfrac{F_1}{A} & \left(\dfrac{15}{16}l < x < 2l\right) \end{cases} \tag{3.246}$$

试分析线性单元在求解本问题时的收敛率。

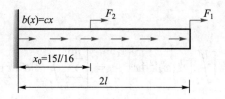

图 3.32   受分布力和集中力作用的一维等截面弹性杆

解答：本问题的位移精确解的二阶导数在点 $x_0 = 15l/16$ 处无界。下面采用两类网格进行收敛性分析，其中第一类网格将杆均匀划分为 2、4、8 和 16 个单元，点 x_0 位于单元内部；第二类网格将点 x_0 取为节点，然后将杆的左右两部分均匀细分。利用 bar1D-python 程序（详见 C.2 节）求解各种网格下的节点位移 d_I，进而计算 L_2 范数误差和能量范数误差（详见 bar1D-python 程序中的代码 ConvergeConcentratedForce.py）可以得到两类网格下，位移收敛率分别为 1.77 和 1.99，应力收敛率分别为 0.77 和 0.99，详见图 3.33 所示。可见，只有当位移精确解二阶导数在单元内有界时，线性单元才会具有最优收敛率（位移和应力收敛率分别为 2 和 1），否则其收敛率将低于最优收敛率。

思考题   在例题 3–8 中，由于存在集中力，精确解的二阶导数 $u_{,xx}(x)$ 在 $x = 5\mathrm{m}$ 处是奇异的，但一阶导数 $u_{,x}(x)$ 在该处非奇异。如用等长度 3 节点二次单元求解此问题，位移收敛率

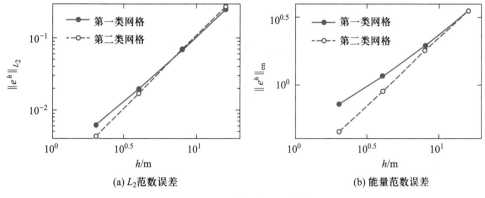

(a) L_2范数误差   (b) 能量范数误差

图 3.33 两类网格的收敛率

是多少? 如何才能保证位移收敛率为 3? 若令例题 3-8 中的杆仅受分布力 $b(x) = 0 (x \leqslant 5 \text{ m})$ 和 $b(x) = 8 \text{ N/m}^{-1} (x > 5 \text{ m})$ 的作用, 用等长度 3 节点二次单元求解此问题, 位移收敛率是多少? 如何才能保证位移收敛率为 3?

3.9.3.3 节点位移精度

下面讨论有限元节点位移的精度[3]。令 $g(x)$ 为格林函数（Green's Function), 它满足方程

$$AEg_{,xx} + \delta(x - y) = 0 \quad (a < x < b) \tag{3.247}$$

$$g(b) = 0 \tag{3.248}$$

$$g_{,x}(a) = 0 \tag{3.249}$$

即格林函数 $g(x)$ 为左端自由、右端固定, 并在 $x = y$ 处受一单位集中力作用时的位移函数。对式 (3.247) 积分两次, 并利用边界条件 (3.249)、 (3.248) 确定积分常数, 得

$$AEg(x) = (b - y) - \langle x - y \rangle \tag{3.250}$$

式中

$$\langle x - y \rangle = \begin{cases} 0 & (x \leqslant y) \\ x - y & (x > y) \end{cases} \tag{3.251}$$

为麦考莱括号（Macaulay bracket), 它和单位阶跃函数（Heaviside step function）

$$\varepsilon(x - y) = \begin{cases} 0 & (x \leqslant y) \\ 1 & (x > y) \end{cases} \tag{3.252}$$

及狄拉克 δ 函数 $\delta(x-y)$ 之间的关系（图 3.34）为

$$\varepsilon(x-y) = \int_a^b \delta(x-y)\mathrm{d}x \tag{3.253}$$

$$\langle x-y \rangle = \int_a^b \varepsilon(x-y)\mathrm{d}x \tag{3.254}$$

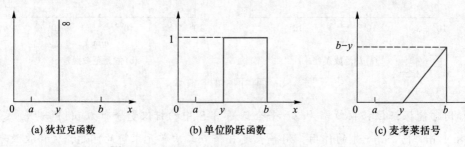

(a) 狄拉克函数   (b) 单位阶跃函数   (c) 麦考莱括号

图 3.34   狄拉克 δ 函数、单位阶跃函数和麦考莱括号

格林函数 $g(x)$ 是一个分段线性函数，如图 3.35 所示。当单位集中力 $\delta(x-y)$ 作用于节点（即 y 点是节点）上时，格林函数 $g(x)$ 是在本质边界处为 0 的分段线性函数，即 $g(x) \in U_0^h$。

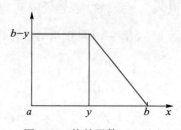

图 3.35   格林函数 $AEg(x)$

在伽辽金弱形式 (3.35) 中将 u 替换为 g，将 b 替换为 $\delta(x-y)$，并代入边界条件 (3.249)，可得到本问题的伽辽金弱形式为

$$\int_a^b w_{,x} AE g_{,x}\mathrm{d}x = \int_a^b w(x)\delta(x-y)\mathrm{d}x, \quad \forall w \in U_0 \tag{3.255}$$

利用狄拉克 δ 函数可以将节点位移误差表示为

$$e^h(x_I) = \int_a^b e^h(x)\delta(x-x_I)\mathrm{d}x \tag{3.256}$$

考虑到 $e^h(x) \in U_0^h \subset U_0$，$w(x) \in U_0$，$g(x) \in U_0^h$，由式 (3.255)、(3.256) 和伽辽金正交性 (3.216) 得

$$e^h(x_I) = \int_a^b e^h_{,x} AE g_{,x} \mathrm{d}x = a(g, u - u^h) = 0 \tag{3.257}$$

即对于一维问题，如果 AE 为常数，有限元节点位移是精确的。对于多维问题，位移在节点处不再是精确的，但比单元内其他点的精度更高。

3.9.3.4 导数的精度

将 $u(x_2^e)$ 和 $u(x_1^e)$ 分别关于 $x \in [x_1^e, x_2^e]$ 做泰勒展开，有

$$u(x_2^e) = u(x) + (x_2^e - x)u'(x) + \frac{1}{2}(x_2^e - x)^2 u''(x) + \frac{1}{3!}(x_2^e - x)^3 u'''(c_1) \tag{3.258}$$

$$u(x_1^e) = u(x) + (x_1^e - x)u'(x) + \frac{1}{2}(x_1^e - x)^2 u''(x) + \frac{1}{3!}(x_1^e - x)^3 u'''(c_2) \tag{3.259}$$

式中 $c_1 \in [x, x_2^e]$，$c_2 \in [x_1^e, x]$。将以上两式相减后除以 h^e，并利用 $u_I^e = u(x_I^e)$，得

$$e^e_{,x}(x) = -\left(\frac{x_2^e + x_1^e}{2} - x\right)u''(x) - \frac{1}{3!h^e}\left[(x_2^e - x)^3 u'''(c_1) - (x_1^e - x)^3 u'''(c_2)\right] \tag{3.260}$$

导数在单元节点处的误差为

$$e^e_{,x}(x_1^e) = -\frac{h^e}{2}u''(x_1^e) - \frac{(h^e)^2}{3!}u'''(c_1) = O(h^e) \tag{3.261}$$

$$e^e_{,x}(x_2^e) = \frac{h^e}{2}u''(x_2^e) - \frac{(h^e)^2}{3!}u'''(c_2) = O(h^e) \tag{3.262}$$

导数在单元中点处的误差为

$$e^e_{,x}\left(\frac{x_1^e + x_2^e}{2}\right) = -\frac{(h^e)^2}{48}[u'''(c_1) + u'''(c_2)] = O((h^e)^2)$$

可见，对于 2 节点线性单元，有限元解的一阶导数在单元中点具有二阶精度，在其余点处仅有一阶精度。

3.9.3.5 最佳应力点

上节的讨论表明，线性单元的应力在单元中点处具有二阶精度，高于其他点处的应力精度。下面讨论二次单元，其节点坐标分别为 $\xi = -1$、$\xi = 0$ 和 $\xi = 1$。二次单元的近似函数为

$$u_a = [1 \quad \xi \quad \xi^2]\boldsymbol{a} \tag{3.263}$$

式中 $-1 \leqslant \xi \leqslant 1$，$\boldsymbol{a}$ 为待定系数列阵。假设用二次单元来近似一个三次函数

$$u_b = [1 \quad \xi \quad \xi^2 \quad \xi^3]\boldsymbol{b} \tag{3.264}$$

式中 b 为给定系数列阵。函数 u_a 和 u_b 的节点位移列阵为

$$d_a = Aa \tag{3.265}$$

$$d_b = Bb \tag{3.266}$$

式中系数矩阵

$$A = \begin{bmatrix} 1 & -1 & 1 \\ 1 & 0 & 0 \\ 1 & 1 & 1 \end{bmatrix}, \quad B = \begin{bmatrix} 1 & -1 & 1 & -1 \\ 1 & 0 & 0 & 0 \\ 1 & 1 & 1 & 1 \end{bmatrix}$$

有限元位移解在节点处的精度最高，可以认为有限元节点位移 d_a 和实际节点位移 d_b 近似相等（在一维问题中若 AE 为常数则严格相等），即

$$Aa \cong Bb \tag{3.267}$$

由此可解得待定系数列阵

$$a = A^{-1}Bb \tag{3.268}$$

式中

$$A^{-1}B = \begin{bmatrix} 1 & 0 & 0 & 0 \\ 0 & 1 & 0 & 1 \\ 0 & 0 & 1 & 0 \end{bmatrix}$$

二次单元无法精确表示三次函数，因此位移解及其导数一定存在误差，但在单元内至少存在一点其导数是精确的，在该点有

$$\frac{\mathrm{d}u_a}{\mathrm{d}\xi} = \frac{\mathrm{d}u_b}{\mathrm{d}\xi} \tag{3.269}$$

将式 (3.263)、(3.264) 和式 (3.268) 代入上式，得

$$[0 \quad 1 \quad 2\xi \quad 1]b = [0 \quad 1 \quad 2\xi \quad 3\xi^2]b \tag{3.270}$$

由上式可解得 $\xi = \pm\sqrt{3}/3$，即二次单元在 2 点高斯积分点处应力具有三阶精度，高于预期的二阶精度。Barlow 给出了 2 节点欧拉梁单元、二维 8 节点等参元、三维 20 节点等参元和 3 节点三角形单元的最佳应力[42]。可见，有限元解的一阶导数在 p 阶高斯点处具有 $p+1$ 阶精度，高于预期的 p 阶精度。应力精度比预期精度高的点称为 Barlow 应力点 或最佳应力点，应力误差在这些点处比在其他点处随网格加密而减小得更快，即具有超收敛性（superconvergence）。

最佳应力点也可以从有限元解的最佳近似特性（有限元解的性质 2）得到。对于线弹性问题，伽辽金有限元解的能量范数误差

$$a(e^h, e^h) = \frac{1}{2} \sum_e \int_{\Omega^e} (\varepsilon - \varepsilon^e) A^e E^e (\varepsilon - \varepsilon^e) \mathrm{d}x \tag{3.271}$$

取最小值，即 $\delta a(e^h, e^h) = 0$。对上式变分并采用高斯求积得

$$\begin{aligned} \delta a(e^h, e^h) &= \sum_e \int_{\Omega^e} \delta \varepsilon^e A^e E^e (\varepsilon - \varepsilon^e) \mathrm{d}x \\ &= \sum_e \sum_i \delta \varepsilon_i^e A^e E^e (\varepsilon_i - \varepsilon_i^e) W_i |J_i| \\ &= 0 \end{aligned} \tag{3.272}$$

式中 W_i 为第 i 个积分点的权系数，$|J_i|$ 为雅可比行列式在第 i 个积分点处的值。

有限元解 u^h 的最高完备阶次为 p，应变 ε^h 和应力 σ^h 的最高完备阶次为 $n = p - m$。当雅可比行列式 $|J|$ 为常数时，式 (3.272) 中被积函数的第二项 $\delta \varepsilon^e A^e E^e \varepsilon^e$ 为 $2n$ 次多项式，需要 $n+1$ 阶高斯积分。若精确解 ε 为 $n+1$ 次多项式，式 (3.272) 的被积函数为 $2n+1$ 次多项式，采用 $n+1$ 阶高斯积分可以对其准确积分。应变场 ε_i^e 为 n 次多项式，$\delta \varepsilon_i^e = \delta a_1 + \delta a_2 x_i + \cdots + \delta a_n x_i^n$ 共有 $n+1$ 个独立量，因此式 (3.272) 第二行中的 $n+1$ 个求和项之间是相互独立的，从而有

$$\varepsilon_i^h - \varepsilon_i = 0 \quad (i = 1, 2, \cdots, n+1) \tag{3.273}$$

也就是说，单元在 $n+1$ 阶高斯积分点上，有限元的应变/应力解可以达到 $n+2$ 阶精度，即具有比本身高一阶的精度。对于线弹性问题，$m = 1$，$n = p - 1$，最佳应力点为 p 点高斯积分点，其应力精度为 $p+1$。

习   题

3.1 微分方程

$$\frac{\mathrm{d}^2 u}{\mathrm{d} x^2} + 4u = 12 \quad (0 < x < 1)$$

$$u|_{x=0} = 3$$

$$u|_{x=1} = 1$$

的精确解为 $u = 3 - 2.199\,5\sin 2x$。将近似解取为 $\widetilde{u} = 3 - 2x + a(x^2 - x)$，分别利用配点法（取 $x_1 = 0.5$）、子域法、最小二乘法、伽辽金法和最小二乘配点法（取 $x_1 = 1/3$，$x_2 = 2/3$）确定待定系数 a，并比较 $x = 0.5$ 和 $x = 0.7$ 处的相对误差。

3.2 微分方程

$$\frac{\mathrm{d} u}{\mathrm{d} x} + 2u - 16x = 0 \quad (0 < x < 1)$$

$$u|_{x=0} = 0$$

的精确解为 $u = 4(e^{-2x} - 1) + 8x$。将近似解取为 $\widetilde{u} = a_1 x + a_2 x^2$，分别利用最小二乘配点法（取 $x_1 = 0.25$，$x_2 = 0.5$，$x_3 = 0.75$）和伽辽金法确定待定系数 a_1 和 a_2，并比较 $x = 0.5$ 和 $x = 0.7$ 处的相对误差。

3.3 建立一维稳态热传导问题（见 3.1.2 节）的弱形式，并证明其与强形式的等价性。

3.4 建立一维对流扩散问题（见 3.1.4 节）的弱形式，并证明其与强形式的等价性。

3.5 建立强形式

$$\frac{\mathrm{d}}{\mathrm{d} x}\left(AE\frac{\mathrm{d} u}{\mathrm{d} x}\right) + 2x = 0 \quad (1 < x < 3)$$

$$u|_{x=3} = 10^{-3}$$

$$\sigma|_{x=1} = \left(E\frac{\mathrm{d} u}{\mathrm{d} x}\right)_{x=1} = 0.1$$

的弱形式，并求其线性近似解和二次近似解。

3.6 建立强形式

$$-\frac{\mathrm{d}^2 u}{\mathrm{d} x^2} + u = x \quad (0 < x < 1)$$

$$u|_{x=0} = 0$$

$$u|_{x=1} = 0$$

的弱形式和变分原理并求其近似解。近似解可以取为

$$u^h(x) = a_1 x(1-x) + a_2 x^2(1-x)$$

式中 a_1 和 a_2 为待定系数。

3.7　建立一维稳态热传导问题（见 3.1.2 节）的变分原理。

3.8　建立一维稳态扩散问题（见 3.1.3 节）的变分原理。

3.9　建立控制方程

$$\frac{\mathrm{d}^2 u}{\mathrm{d}x^2} + u + x = 0 \quad (0 \leqslant x \leqslant 1)$$

$$u|_{x=0} = 0$$

$$u|_{x=1} = 0$$

的变分原理。

3.10　一两端固定的均质杆受体力 $b(x) = 2x^3 + x$ 作用（习题 3.10 图），令 $E = 2 \times 10^{11}$ Pa，$A = 0.1\,\mathrm{m}^2$，$L = 1\,\mathrm{m}$。试用里茨法求其近似位移场和近似应力场。近似位移场可以取为 $u(x) = a_0 + a_1 x + a_2 x^2$。

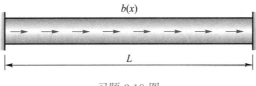

习题 3.10 图

3.11　由两根杆件组成的系统两端固定，在界面处受集中力 $F = 8\,000$ N 作用，如习题 3.11 图所示。两个杆件的弹性模量、横截面面积和长度分别为 $E_1 = 97\,\mathrm{GPa}$，$E_2 = 123\,\mathrm{GPa}$，$A_1 = 800\,\mathrm{mm}^2$，$A_2 = 1\,000\,\mathrm{mm}^2$，$L_1 = 300\,\mathrm{mm}$，$L_2 = 500\,\mathrm{mm}$。试利用里茨法求解杆件系统的近似位移场。近似位移场可以取为分段线性的形式，即取

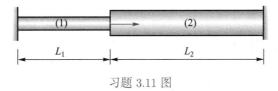

习题 3.11 图

$$u(x) = \begin{cases} a_1 + a_2 x & (0 \leqslant x \leqslant 300 \text{ mm}) \\ a_3 + a_4 x & (300 \text{ mm} \leqslant x \leqslant 800 \text{ mm}) \end{cases}$$

3.12 分别利用单点、2 点和 3 点高斯求积计算以下积分并计算相对误差:

(1) $\int_{-1}^{1} (\xi^2 + \xi^3) \mathrm{d}\xi$;

(2) $\int_{-1}^{1} \cos 1.5\xi \mathrm{d}\xi$;

(3) $\int_{-1}^{1} (1 - \xi)/(2 + \xi) \mathrm{d}\xi$;

(4) $\int_{1}^{7} 1/x \mathrm{d}x$。

3.13 推导一维 2 节点单元的具有 C^1 连续性的形函数。提示:C^1 连续性要求试探解及其 1 阶导数在单元界面处连续,因此每个节点具有 2 个自由度(位移及其 1 阶导数),单元具有 4 个自由度,可以确定 4 个待定系数,即可以将试探解取为 3 次完全多项式 $u^e(x) = \alpha_0^e + \alpha_1^e x + \alpha_2^e x^2 + \alpha_3^e x^3$。

3.14 考虑位移场 $u(x) = x^3$,$0 \leqslant x \leqslant 1$。编写程序完成如下任务:

(1) 将求解域 $[0,1]$ 划分为 2 个单元。令节点位移值为 $u_I = x_I^3$,采用 2 节点线性单元计算每个单元的位移场 $u^e(x) = \boldsymbol{N}^e(x)\boldsymbol{L}^e\boldsymbol{d}$,并绘制精确位移 $u(x)$ 和有限元位移 $u^e(x)$ 曲线。

(2) 计算每个单元的应变 $\varepsilon^e(x) = \boldsymbol{B}^e(x)\boldsymbol{L}^e\boldsymbol{d}$,并绘制有限元应变场和精确应变场。

(3) 分别采用 4 个单元和 8 个单元,重复 (1) 和 (2) 两部分。

(4) 插值的误差可以用 L_2 范数误差

$$\|e\|_{L_2} = \left(\int_0^L [u^e(x) - u(x)]^2 \mathrm{d}x \right)^{1/2}$$

来度量,式中 $u(x) = x^3$ 为精确位移。分别计算采用 2 个单元、4 个单元和 8 个单元时的范数误差 $\|e\|_{L_2}$(采用高斯求积计算范数中的积分)。绘制范数误差 $\|e\|_{L_2}$-h(单元尺寸)的双对数曲线图,应该得到一条直线。请解释该直线斜率的含义和原因。

(5) 采用 3 节点二次单元,重复第 (4) 部分,注意观察双对数图中直线斜率的变化,并解释斜率变化的原因。

3.15 考虑如习题 3.15 图所示的一维单元,坐标 x 和 ξ 之间的变换关系为

$$\xi = \frac{2}{x_2^e - x_1^e}(x - x_1^e) - 1$$

位移场使用下式插值：

$$u^e(\xi) = N_1^e(\xi)u_1^e + N_2^e(\xi)u_2^e$$

其中形函数取为

$$N_1^e(\xi) = \cos\frac{\pi(1+\xi)}{4},\ N_2^e(\xi) = \cos\frac{\pi(1-\xi)}{4}$$

请推导

(1) 应变矩阵 $\boldsymbol{B}^e$；

(2) 单元刚度矩阵 $\boldsymbol{K}^e$（不用计算积分）。

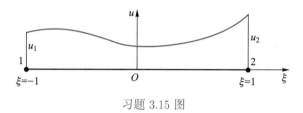

习题 3.15 图

3.16　请推导如习题 3.16 图所示的一维锥形单元的单元刚度矩阵 $\boldsymbol{K}^e$。锥形单元的直径在单元内线性变化，在左右端处分别为 d_1 和 d_2。

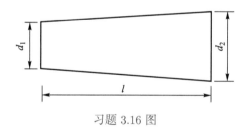

习题 3.16 图

3.17　考虑一维杆热传导问题。杆长 $l = 20\ \text{m}$，横截面面积 $A = 1\ \text{m}^2$，导热系数 $k = 5\ \text{W}^\circ\text{C}^{-1}\text{m}^{-1}$，热源 $s = 100\ \text{Wm}^{-1}$，边界条件为 $T(x = 0) = 0\ ^\circ\text{C}$，$\bar{q}(x = 20\ \text{m}) = 0$。本问题的精确解为 $T(x) = -10x^2 + 400x$。

(1) 采用 2 个等长度线性单元求解此问题，绘制有限元解 $T^h(x)$ 和 $\mathrm{d}T^h(x)/\mathrm{d}x$，并与精确解比较。

(2) 将杆分别划分 4、8 和 16 个等长度线性单元，用 bar1D-python 程序求解，绘制有限元解 L_2 范数误差 $\|e\|_{L_2}$-h 的双对数曲线图和自然边界条件误差 e_n-h 曲线图，并考察温度和自然边界条件的收敛特性。

3.18 将 3.9.2 节中的一维杆分别划分为 2、4、8 和 16 个 3 节点二次单元，修改 bar1D-python 或 bar1D-json 程序计算各种网格下的 L_2 范数误差 $\|e\|_{L_2}$ 和能量范数误差 $\|e\|_{\mathrm{en}}$，并绘制 $\|e\|_{L_2} - h$ 和 $\|e\|_{\mathrm{en}} - h$ 的双对数曲线图，其中 h 为单元尺寸。

第四章   线弹性问题

与一维问题相比，多维问题的控制方程为偏微分方程，只有对于某些简单问题才有可能解析求解，而对于一般实际问题只能近似求解。无论是一维问题还是多维问题，有限元法的求解过程完全相同：将求解区域离散为有限个在节点处相连接的单元，利用在各单元内构造的近似函数来分片逼近全求解域上的未知场函数，然后将近似函数代入微分方程的弱形式 (或变分形式) 中，建立线性代数方程组求解。当单元数增加时，有限元解的精度逐步提高。若单元近似函数满足完备性和连续性要求，当单元尺寸 h 趋于零时，有限元解收敛于正确解。

4.1 节简要总结线弹性问题的强形式，并建立其弱形式；4.2 节讨论多维问题的单元近似函数，包括三角形、四面体、矩形、四边形、六面体和楔形体等基本单元；4.3 节介绍多维问题的高斯求积方法；4.4 节将近似函数代入弱形式建立线弹性问题的有限元格式；4.5 节讨论高阶单元，包括高阶三角形/四面体/四边形单元、可变节点四边形单元、高阶六面体单元、无限单元、奇异元和阶谱单元等；4.6 节讨论用于检验单元是否收敛的一种有效手段——分片试验及其应用；4.7 节讨论有限元解的性质、先验误差估计和最佳应力点；4.8 节讨论如何基于最佳应力点的应力重构与位移场精度同阶的应力场和后验误差估计方法。

4.1   强形式和弱形式

线弹性问题的基本方程（强形式，详见附录 B）为

$$\text{平衡方程：} \quad \sigma_{ij,j} + b_i = 0, \quad x \in \Omega \tag{4.1}$$

$$\text{几何方程：} \quad \varepsilon_{ij} = \frac{1}{2}(u_{i,j} + u_{j,i}) \tag{4.2}$$

$$\text{物理方程：} \quad \sigma_{ij} = D_{ijkl}\varepsilon_{kl} \tag{4.3}$$

$$\text{边界条件：} \quad \sigma_{ij}n_j = \bar{t}_i, \quad x \in \Gamma_t \tag{4.4}$$

$$u_i = \bar{u}_i, \quad x \in \Gamma_u \tag{4.5}$$

式中 σ_{ij} 为应力张量（图 4.1），b_i 为体力矢量，ε_{ij} 为应变张量，u_i 为位移矢量，D_{ijkl} 为弹性张量，n_j 为边界面外法线单位矢量，$\bar{t}_i$ 为给定面力矢量，$\bar{u}_i$ 为给定位移矢量，Γ_u 为给定位移边界，Γ_t 为给定面力边界，$\Gamma_u \bigcup \Gamma_t = \Gamma$，$\Gamma_u \bigcap \Gamma_t = 0$。对于二维问题，下标 $i,j = 1,2$，分别对应于直角坐标 $x_1(x)$ 和 $x_2(y)$；对于三维问题，下标 $i,j = 1,2,3$，分别对应于直角坐标 $x_1(x)$、$x_2(y)$ 和 $x_3(z)$。下标 "$,j$" 表示对坐标 x_j 的偏导数，重复指标为哑指标，表示该项在该指标的取值范围内求和。

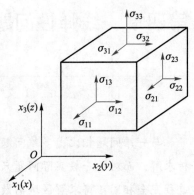

图 4.1　应力张量

在平衡方程 (4.1) 和给定面力边界条件 (4.4) 的两边同时乘以容许权函数 $w_i \in U_0(\Omega)$，并分别在域 Ω 内和边界 Γ_t 上积分，有

$$\int_\Omega w_i(\sigma_{ij,j} + b_i)\mathrm{d}\Omega = 0, \quad \forall w_i \in U_0(\Omega) \tag{4.6}$$

$$\int_{\Gamma_t} w_i(\sigma_{ij}n_j - \bar{t})\mathrm{d}\Gamma = 0, \quad \forall w_i \in U_0(\Omega) \tag{4.7}$$

利用散度定理和式 (4.7)，并考虑到 $w_i|_{\Gamma_u} = 0$，式 (4.6) 左端第一项可以写为

$$\begin{aligned}
\int_\Omega w_i\sigma_{ij,j}\mathrm{d}\Omega &= \int_\Omega [(w_i\sigma_{ij})_{,j} - w_{i,j}\sigma_{ij}]\mathrm{d}\Omega \\
&= \int_{\Gamma_t} w_i\sigma_{ij}n_j\mathrm{d}\Gamma - \int_\Omega w_{i,j}\sigma_{ij}\mathrm{d}\Omega \\
&= \int_{\Gamma_t} w_i\bar{t}_i\mathrm{d}\Gamma - \int_\Omega w_{i,j}\sigma_{ij}\mathrm{d}\Omega
\end{aligned} \tag{4.8}$$

将上式代入式 (4.6)，可以得到线弹性问题的弱形式，即寻找容许试探解 $u_i \in U(\Omega)$ 使得对于任意容许权函数 $w_i \in U_0(\Omega)$ 均满足

$$\int_\Omega w_{i,j}\sigma_{ij}\mathrm{d}\Omega = \int_\Omega w_ib_i\mathrm{d}\Omega + \int_{\Gamma_t} w_i\bar{t}_i\mathrm{d}\Gamma \tag{4.9}$$

其中 $U(\Omega) = \{u : u \in H^1(\Omega), u|_{\Gamma_u} = \bar{u}\}$，$U_0(\Omega) = \{w : w \in H^1(\Omega), w|_{\Gamma_u} = 0\}$。

将虚位移 δu_i 取为权函数，可以看出弱形式 (4.9) 就是虚位移原理：在所有容许位移场 $u_i \in U(\Omega)$ 中，真实位移场使得内力和外力在任意虚位移场 $\delta u_i \in U_0(\Omega)$ 上所做的虚功相等，即

$$\int_\Omega \delta u_{i,j}\sigma_{ij}\mathrm{d}\Omega = \int_\Omega \delta u_ib_i\mathrm{d}\Omega + \int_{\Gamma_t} \delta u_i\bar{t}_i\mathrm{d}\Gamma \tag{4.10}$$

对于线弹性问题，将几何方程式 (4.2) 和物理方程式 (4.3) 代入上式，可得

$$\delta \Pi = \int_\Omega \delta\varepsilon_{ij} D_{ijkl}\varepsilon_{kl}\mathrm{d}\Omega - \int_\Omega \delta u_i b_i \mathrm{d}\Omega - \int_{\Gamma_t} \delta u_i \bar{t}_i \mathrm{d}\Gamma = 0 \tag{4.11}$$

式中

$$\Pi = \frac{1}{2}\int_\Omega \varepsilon_{ij} D_{ijkl}\varepsilon_{kl}\mathrm{d}\Omega - \int_\Omega u_i b_i \mathrm{d}\Omega - \int_{\Gamma_t} u_i \bar{t}_i \mathrm{d}\Gamma \tag{4.12}$$

为系统的势能。式 (4.11) 即为最小势能原理: 在所有的可能位移 $u_i \in U(\Omega)$ 中, 真实位移使系统的总势能取最小值。

为了便于建立有限元格式, 需将弱形式 (4.9) 和势能 (4.12) 写为矩阵形式。对于二维问题, 引入列阵记号

$$\boldsymbol{w} = \begin{bmatrix} w_x \\ w_y \end{bmatrix}, \quad \boldsymbol{u} = \begin{bmatrix} u_x \\ u_y \end{bmatrix}, \quad \bar{\boldsymbol{t}} = \begin{bmatrix} \bar{t}_x \\ \bar{t}_y \end{bmatrix}, \quad \boldsymbol{b} = \begin{bmatrix} b_x \\ b_y \end{bmatrix}$$

$$\boldsymbol{\sigma} = [\sigma_{xx} \quad \sigma_{yy} \quad \sigma_{xy}]^\mathrm{T}, \quad \boldsymbol{\varepsilon} = [\varepsilon_{xx} \quad \varepsilon_{yy} \quad \gamma_{xy}]^\mathrm{T}$$

式中 $\gamma_{xy} = \varepsilon_{xy} + \varepsilon_{yx}$ 为工程剪应变。

几何方程 (4.2) 和物理方程 (4.3) 的矩阵形式为

$$\boldsymbol{\varepsilon} = \boldsymbol{\nabla}_\mathrm{S} \boldsymbol{u} \tag{4.13}$$

$$\boldsymbol{\sigma} = \boldsymbol{D}\boldsymbol{\varepsilon} \tag{4.14}$$

式中

$$\boldsymbol{\nabla}_\mathrm{S} = \begin{bmatrix} \partial/\partial x & 0 \\ 0 & \partial/\partial y \\ \partial/\partial y & \partial/\partial x \end{bmatrix} \tag{4.15}$$

$$\boldsymbol{D} = \begin{cases} \dfrac{E}{1-\nu^2}\begin{bmatrix} 1 & \nu & 0 \\ \nu & 1 & 0 \\ 0 & 0 & (1-\nu)/2 \end{bmatrix} & \text{(平面应力问题)} \\[4mm] \dfrac{E}{(1+\nu)(1-2\nu)}\begin{bmatrix} 1-\nu & \nu & 0 \\ \nu & 1-\nu & 0 \\ 0 & 0 & (1-2\nu)/2 \end{bmatrix} & \text{(平面应变问题)} \end{cases} \tag{4.16}$$

弱形式 (4.9) 的矩阵形式为

$$\int_{\Omega}(\boldsymbol{\nabla}_{\mathrm{S}}\boldsymbol{w})^{\mathrm{T}}\boldsymbol{\sigma}\mathrm{d}\Omega = \int_{\Omega}\boldsymbol{w}^{\mathrm{T}}\boldsymbol{b}\mathrm{d}\Omega + \int_{\Gamma_t}\boldsymbol{w}^{\mathrm{T}}\bar{\boldsymbol{t}}\mathrm{d}\Gamma, \quad \forall \boldsymbol{w}\in U_0(\Omega) \tag{4.17}$$

总势能 (4.12) 的矩阵形式为

$$\Pi = \frac{1}{2}\int_{\Omega}(\boldsymbol{\nabla}_{\mathrm{S}}\boldsymbol{u})^{\mathrm{T}}\boldsymbol{D}\boldsymbol{\nabla}_{\mathrm{S}}\boldsymbol{u}\mathrm{d}\Omega - \int_{\Omega}\boldsymbol{u}^{\mathrm{T}}\boldsymbol{b}\mathrm{d}\Omega - \int_{\Gamma_t}\boldsymbol{u}^{\mathrm{T}}\bar{\boldsymbol{t}}\mathrm{d}\Gamma \tag{4.18}$$

对于轴对称问题, $u_r = u_r(r,z)$, $u_z = u_z(r,z)$, $u_\theta = 0$, $\varepsilon_{r\theta} = \varepsilon_{z\theta} = 0$, $\tau_{r\theta} = \tau_{z\theta} = 0$, 因此只需对某一 rz 截面进行离散求解（图 4.2）, 有

$$\boldsymbol{\varepsilon} = [\varepsilon_r \quad \varepsilon_z \quad \gamma_{rz} \quad \varepsilon_\theta]^{\mathrm{T}}, \quad \boldsymbol{\sigma} = [\sigma_r \quad \sigma_z \quad \tau_{rz} \quad \sigma_\theta]^{\mathrm{T}}$$

$$\boldsymbol{\nabla}_{\mathrm{S}} = \begin{bmatrix} \partial/\partial r & 0 & \partial/\partial z & 1/r \\ 0 & \partial/\partial z & \partial/\partial r & 0 \end{bmatrix}^{\mathrm{T}} \tag{4.19}$$

$$\boldsymbol{D} = \frac{E}{(1+\nu)(1-2\nu)}\begin{bmatrix} 1-\nu & \nu & 0 & \nu \\ \nu & 1-\nu & 0 & \nu \\ 0 & 0 & (1-2\nu)/2 & 0 \\ \nu & \nu & 0 & 1-\nu \end{bmatrix} \tag{4.20}$$

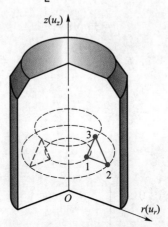

图 4.2　轴对称问题

对于三维问题, 有

$$\boldsymbol{w} = [w_x \quad w_y \quad w_z]^{\mathrm{T}}, \quad \boldsymbol{u} = [u_x \quad u_y \quad u_z]^{\mathrm{T}}$$

$$\bar{\boldsymbol{t}} = [\bar{t}_x \quad \bar{t}_y \quad \bar{t}_z]^{\mathrm{T}}, \quad \boldsymbol{b} = [b_x \quad b_y \quad b_z]^{\mathrm{T}}$$

$$\boldsymbol{\sigma} = [\sigma_{xx} \quad \sigma_{yy} \quad \sigma_{zz} \quad \sigma_{xy} \quad \sigma_{xz} \quad \sigma_{yz}]^{\mathrm{T}}$$

$$\boldsymbol{\varepsilon} = [\varepsilon_{xx} \quad \varepsilon_{yy} \quad \varepsilon_{zz} \quad \gamma_{xy} \quad \gamma_{xz} \quad \gamma_{yz}]^{\mathrm{T}}$$

$$\boldsymbol{\nabla}_{\mathrm{S}} = \begin{bmatrix} \partial/\partial x & 0 & 0 \\ 0 & \partial/\partial y & 0 \\ 0 & 0 & \partial/\partial z \\ \partial/\partial y & \partial/\partial x & 0 \\ \partial/\partial z & 0 & \partial/\partial x \\ 0 & \partial/\partial z & \partial/\partial y \end{bmatrix} \tag{4.21}$$

$$\boldsymbol{D} = \frac{E}{(1+\nu)(1-2\nu)} \begin{bmatrix} 1-\nu & \nu & \nu & 0 & 0 & 0 \\ \nu & 1-\nu & \nu & 0 & 0 & 0 \\ \nu & \nu & 1-\nu & 0 & 0 & 0 \\ 0 & 0 & 0 & (1-2\nu)/2 & 0 & 0 \\ 0 & 0 & 0 & 0 & (1-2\nu)/2 & 0 \\ 0 & 0 & 0 & 0 & 0 & (1-2\nu)/2 \end{bmatrix} \tag{4.22}$$

4.2 多维问题的近似函数

本节讨论在多维问题中如何构建近似函数。

4.2.1 完备性和连续性

为了保证有限元解的收敛性，在构造近似函数时需满足完备性和连续性要求。对于线弹性问题，弱形式 (4.9) 中导数的最高阶次为 1，因此近似函数必须至少具有线性完备性，且在单元内为 H^1 函数，在单元界面上满足 C^0 连续性，详见 3.3.5 节的讨论。

对于二维问题，线性和二次完全多项式分别为

$$线性: u^e(x,y) = \alpha_0^e + \alpha_1^e x + \alpha_2^e y$$
$$二次: u^e(x,y) = \alpha_0^e + \alpha_1^e x + \alpha_2^e y + \alpha_3^e x^2 + \alpha_4^e xy + \alpha_5^e y^2$$

有限元解的收敛率取决于近似函数中完全多项式的最高阶次 p，因此采用高阶完备近似函数可以提高有限元解的收敛率。近似函数的完全多项式最高阶次可以通过帕斯卡三角形（Pascal triangle，图 4.3）来确定，若近似函数中包含帕斯卡三角形的第一行至第 p 行的所有项但不包括 $p+1$ 行的某一项，则其最高完备阶次为 p。

$$1$$
$$x \quad y$$
$$x^2 \quad xy \quad y^2$$
$$x^3 \quad x^2y \quad xy^2 \quad y^3$$

图 4.3　二维帕斯卡三角形

思考题　以下近似函数是否收敛？如收敛，其收敛率是多少？

$$(a) \quad u^e(x,y) = \alpha_0^e + \alpha_1^e x + \alpha_2^e y$$

$$(b) \quad u^e(x,y) = \alpha_0^e + \alpha_1^e x^2 + \alpha_2^e y$$

$$(c) \quad u^e(x,y) = \alpha_0^e + \alpha_1^e x + \alpha_2^e y + \alpha_3^e x^2 + \alpha_4^e y^2$$

$$(d) \quad u^e(x,y) = \alpha_0^e + \alpha_1^e x + \alpha_2^e y + \alpha_3^e x^2 + \alpha_4^e xy + \alpha_5^e y^2$$

满足完备性的近似函数在单元内显然是 H^1 函数，还需使其在单元界面上满足 C^0 连续性。对于一维单元，单元近似函数在节点处连续即可满足单元间的连续性要求。但对于多维问题，单元近似函数不仅要在节点处连续，还要在单元界面上的所有点处连续。例如，对于图 4.4 所示的两个 3 节点三角形单元，其近似函数需满足条件

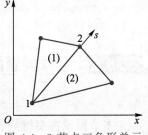

图 4.4　3 节点三角形单元间的连续性

$$u^{(1)}(s) = u^{(2)}(s)$$

如果 $u^{(1)}(s)$ 和 $u^{(2)}(s)$ 均为线性函数，只要使它们在节点 1 和节点 2 处相等，即 $u^{(1)}(s_1) = u^{(2)}(s_1)$，$u^{(1)}(s_2) = u^{(2)}(s_2)$，则它们在单元界面上处处相等。

4.2.2　3 节点三角形单元

3 节点三角形单元（简称 T3 单元）是最简单的二维单元，可以用其离散任意复杂求解域。例如，具有中心圆孔的求解域（图 4.5a）可以用 3 节点三角形单元离散（图 4.5b）。由于 3 节点三角形单元为直边单元，在离散具有曲边的求解域时会引入几何误差。例如，在图 4.5b 中，圆孔边被离散为多个直线段。一般情况下，只要单元足够多，几何近似引入的误差很小。

4.2.2.1　单元近似函数

图 4.5c 为一典型的 3 节点三角形单元，其局部节点号按逆时针进行编号，节点坐标记为 (x_I^e, y_I^e) $(I = 1,2,3)$。单元近似函数需满足完备性和连续性要求，其中完备性要求单元近似函数至少能够重构常应变场，即至少为线性完全多项式

$$u^e(x,y) = \alpha_0^e + \alpha_1^e x + \alpha_2^e y = \boldsymbol{p}(x,y)\boldsymbol{\alpha}^e \tag{4.23}$$

式中 α_0^e、α_1^e 和 α_2^e 为待定系数（称为广义坐标），

$$\boldsymbol{p}(x,y) = [1 \quad x \quad y], \quad \boldsymbol{\alpha}^e = [\alpha_0^e \quad \alpha_1^e \quad \alpha_2^e]^{\mathrm{T}}$$

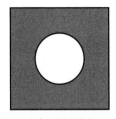　　

(a) 中心圆孔方板　　　　　　(b) 有限元离散　　　　(c) 典型3节点三角形单元

图 4.5　3 节点三角形单元离散

为了满足单元间的 C^0 连续性要求，需要将广义坐标 α_0^e、α_1^e 和 α_2^e 用单元节点函数值 u_1^e、u_2^e 和 u_3^e 来表示。将单元 3 个节点的坐标分别代入近似函数 (4.23) 中得

$$\begin{aligned}
u_1^e &= \alpha_0^e + \alpha_1^e x_1^e + \alpha_2^e y_1^e \\
u_2^e &= \alpha_0^e + \alpha_1^e x_2^e + \alpha_2^e y_2^e \\
u_3^e &= \alpha_0^e + \alpha_1^e x_3^e + \alpha_2^e y_3^e
\end{aligned} \tag{4.24}$$

写成矩阵的形式有

$$\boldsymbol{d}^e = \boldsymbol{M}^e \boldsymbol{\alpha}^e \tag{4.25}$$

式中

$$\boldsymbol{d}^e = [u_1^e \quad u_2^e \quad u_3^e]^{\mathrm{T}}$$

$$\boldsymbol{M}^e = \begin{bmatrix} 1 & x_1^e & y_1^e \\ 1 & x_2^e & y_2^e \\ 1 & x_3^e & y_3^e \end{bmatrix}$$

矩阵 $\boldsymbol{M}^e$ 的逆为

$$(\boldsymbol{M}^e)^{-1} = \frac{1}{2A^e} \begin{bmatrix} a_1 & a_2 & a_3 \\ b_1 & b_2 & b_3 \\ c_1 & c_2 & c_3 \end{bmatrix} \tag{4.26}$$

式中

$$2A^e = \det(\boldsymbol{M}^e) = a_1 + a_2 + a_3$$

A^e 为三角形单元的面积，

$$a_1 = \begin{vmatrix} x_2^e & y_2^e \\ x_3^e & y_3^e \end{vmatrix} = x_2^e y_3^e - x_3^e y_2^e$$

$$b_1 = -\begin{vmatrix} 1 & y_2^e \\ 1 & y_3^e \end{vmatrix} = y_2^e - y_3^e \qquad (1,2,3) \tag{4.27}$$

$$c_1 = \begin{vmatrix} 1 & x_2^e \\ 1 & x_3^e \end{vmatrix} = x_3^e - x_2^e$$

其中 $(1,2,3)$ 表示下标轮换，即将 1 换为 2，2 换为 3，3 换为 1，可得 a_2、b_2 和 c_2。类似地可得 a_3、b_3 和 c_3。

需要特别强调的是，在推导以上各式时，单元局部节点号是按逆时针进行编号的，因此有限元网格中所有单元的局部节点号必须均按逆时针编号，否则会导致单元面积为负。

由式 (4.25) 解得 $\boldsymbol{\alpha}^e = (\boldsymbol{M}^e)^{-1}\boldsymbol{d}^e$，代入式 (4.23) 得

$$u^e(x,y) = \boldsymbol{N}^e(x,y)\boldsymbol{d}^e = \sum_{I=1}^{3} N_I^e(x,y) u_I^e \tag{4.28}$$

式中

$$\boldsymbol{N}^e(x,y) = \boldsymbol{p}(x,y)\,(\boldsymbol{M}^e)^{-1} = [N_1^e(x,y) \quad N_2^e(x,y) \quad N_3^e(x,y)] \tag{4.29}$$

为单元形函数矩阵，$N_I^e(x,y)$ 为单元节点 I 的形函数。将式 (4.26) 代入式 (4.29) 中，可得形函数的显式表达式为

$$N_I^e(x,y) = \frac{1}{2A^e}(a_I + b_I x + c_I y) \quad (I = 1,2,3) \tag{4.30}$$

可见，3 节点三角形单元的形函数 $N_I^e(x,y)$ 在单元内为线性，且在节点 $I(x_I^e, y_I^e)$ 处等于 1，在其他节点处等于 0，如图 4.6 所示。

可以验证，形函数 $N_I^e(x,y)$ 具有如下性质：

1. 克罗内克 δ 性质

$$N_I^e(x_J^e, y_J^e) = \delta_{IJ} \tag{4.31}$$

在构造有限元近似函数时，广义坐标是通过令 $u^e(x,y)$ 在单元节点处取该节点的函数值 u_I^e

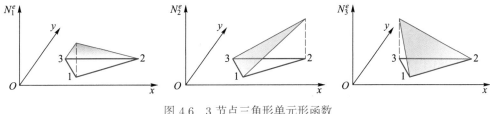

图 4.6　3 节点三角形单元形函数

来确定的, 即要求 $u^e(x_I^e, y_I^e) = u_I^e$, 由式 (4.28) 可知形函数 $N_I^e(x, y)$ 必然具有克罗内克 δ 性质。

2. 单位分解性质

$$\sum_{I=1}^{3} N_I^e(x, y) = 1 \tag{4.32}$$

若单元具有刚体位移, 则 $u_1^e = u_2^e = u_3^e = u_0$, 代入式 (4.28) 得

$$u^e(x, y) = [N_1^e(x, y) + N_2^e(x, y) + N_3^e(x, y)]u_0$$

可见, 为了使单元内各点的位移 $u^e(x, y)$ 均等于 u_0, 要求形函数 $N_I^e(x, y)$ 必须满足单位分解性质 (4.32)。

4.2.2.2　形函数的梯度

由式 (4.28) 可知, 近似函数 $u^e(x, y)$ 的梯度为

$$\nabla u^e = \nabla \boldsymbol{N}^e \boldsymbol{d}^e \tag{4.33}$$

式中

$$\nabla = [\partial/\partial x \quad \partial/\partial y]^{\mathrm{T}}$$

为二维梯度算子。将形函数 (4.30) 代入 $\nabla \boldsymbol{N}^e$ 中可得

$$\nabla \boldsymbol{N}^e = \frac{1}{2A^e} \begin{bmatrix} b_1 & b_2 & b_3 \\ c_1 & c_2 & c_3 \end{bmatrix} \tag{4.34}$$

可见, 3 节点三角形单元近似函数的梯度在单元内为常数, 称为常应变三角形单元 (constant-strain triangle, CST)。CST 单元精度较低, 一般情况下应尽可能避免使用该单元。

4.2.2.3　总体近似函数

求解域内的总体近似函数 $u^h(x, y)$ 可以通过拼接各单元的局部近似函数 $u^e(x, y)$ 得到, 即

$$u^h(x,y) = \bigcup_{e=1}^{n_{\text{el}}} u^e(x,y)$$

将式 (4.28) 代入上式，并利用关系式 (3.124) 可得

$$u^h(x,y) = \boldsymbol{N}(x,y)\boldsymbol{d} = \sum_{I=1}^{n_{\text{np}}} N_I d_I$$

式中

$$\boldsymbol{N}(x,y) = [N_1 \quad N_2 \quad \cdots \quad N_{n_{\text{np}}}] = \bigcup_{e=1}^{n_{\text{el}}} \boldsymbol{N}^e(x,y)\boldsymbol{L}^e$$

为总体形函数矩阵，其中节点 I 的总体形函数 N_I 是由该节点在与其相连的各单元中的形函数 N_I^e 拼接而成的（图 4.7），它在各单元内是 H^1 函数，在与节点 I 连接的单元之间连续，因此在全求解域上是 C^0 函数。总体近似函数 $u^h(x,y)$ 是 n_{np} 个具有 C^0 连续性的总体形函数 N_I 的线性组合，因此在全求解域上也具有 C^0 连续性。

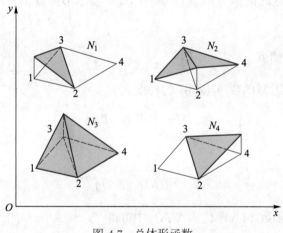

图 4.7　总体形函数

4.2.2.4　面积坐标

基于广义坐标来构建单元近似函数需要求解矩阵 $\boldsymbol{M}^e$ 的逆，推导较为复杂。事实上，通过引入面积坐标（area coordinates）可以直接构造三角形单元的形函数，而无须求解矩阵 $\boldsymbol{M}^e$ 的逆。三角形单元内任意点 P 的面积坐标 ξ_I 定义为

$$\xi_I = \frac{A_I}{A^e} \quad (I=1,2,3) \tag{4.35}$$

式中 A^e 为三角形单元的面积，A_I 为点 P 和三角形中与顶点 I 相对的底边组成的子三角形的面积（图 4.8a）。例如

$$A_1 = \frac{1}{2} \begin{vmatrix} 1 & x & y \\ 1 & x_2^e & y_2^e \\ 1 & x_3^e & y_3^e \end{vmatrix} = \frac{1}{2}(a_1 + b_1 x + c_1 y) \tag{4.36}$$

式中 a_1、b_1 和 c_1 的定义见式 (4.27)。对下标 $(1,2,3)$ 进行轮换，即 $1 \to 2,\ 2 \to 3,\ 3 \to 1$，可得 A_2 和 A_3 的表达式。因此面积坐标 ξ_I 可以进一步写为

$$\xi_I = \frac{1}{2A^e}(a_I + b_I x + c_I y) \quad (I = 1, 2, 3) \tag{4.37}$$

图 4.8b 给出了若干典型线段的面积坐标值。面积坐标也称为三角坐标 (triangular coordinate) 或质心坐标 (barycentric coordinate)，满足克罗内克 δ 性质

$$\xi_I(x_J^e, y_J^e) = \delta_{IJ} \tag{4.38}$$

和单位分解性质

$$\xi_1 + \xi_2 + \xi_3 = 1 \tag{4.39}$$

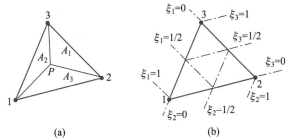

图 4.8 面积坐标

比较式 (4.37) 和式 (4.30) 可以看出，面积坐标 ξ_I 就是三角形单元的形函数，即

$$N_I^{\mathrm{T3}} = \xi_I \tag{4.40}$$

式中形函数采用符号 N_I^{T3} 而非 N_I^e 是为了强调 N_I^{T3} 是母单元（面积坐标中的边长为 1 的直角三角形单元，如图 4.8c 所示）的形函数，而 N_I^e 表示物理单元（任意三角形单元）的形函数。N_I^e 和 N_I^{T3} 是同一个函数在不同坐标系（物理坐标系和母单元坐标系）中的表达形式。

可以证明，面积坐标 (ξ_1, ξ_2, ξ_3) 和物理坐标 (x, y) 之间的坐标变换关系为

$$x = \sum_{I=1}^{3} \xi_I x_I^e$$

$$y = \sum_{I=1}^{3} \xi_I y_I^e \tag{4.41}$$

上式表明，面积坐标和物理坐标之间的坐标变换公式实际上也是由单元节点坐标插值单元内各点坐标的插值公式。上式建立了母单元和物理单元之间的几何映射关系，它将面积坐标系中边长为 1 的直角三角形单元（母单元）映射为物理坐标系中任意三角形单元（物理单元）。

单元近似函数 (4.28) 可以改写为

$$u^e = \sum_{I=1}^{3} N_I^{\mathrm{T3}} u_I^e \tag{4.42}$$

可见，三角形单元近似函数可以通过两种方法构造：

1. 广义坐标法　直接在物理单元上构造近似函数，但该方法在建立形函数 $N^e(x,y)$ 时需要求解矩阵 M^e 的逆，推导过程较为复杂，难以用于构造高阶单元的形函数。

2. 自然坐标法　首先在母单元中构造近似函数，然后再利用坐标变换将其映射到物理单元中。在三角形单元中，单元几何映射（坐标变换）式 (4.41) 采用的形函数和单元近似函数 (4.42) 采用的形函数完全相同，即单元内坐标和位移可以通过相同的形函数分别由节点坐标和节点位移插值得到，因此三角形单元也是一种等参单元。关于等参元的讨论详见 4.2.5 节。

4.2.3　4 节点四面体单元

与 3 节点三角形单元类似，四面体单元（简称 Tet4 单元）的形函数既可以仿照 4.2.2.1 节的方式通过矩阵求逆构建，也可以通过引入体积坐标直接构建。四面体中任意点 $P(x,y,z)$ 的体积坐标 (volume coordinates) 定义为

$$\xi_I = \frac{V_I}{V^e} \quad (I = 1,2,3,4) \tag{4.43}$$

式中 V_I 为点 P 和四面体中与顶点 I 相对的底面组成的子四面体的体积 (图 4.9)，

$$V^e = \frac{1}{6} \begin{vmatrix} 1 & x_1^e & y_1^e & z_1^e \\ 1 & x_2^e & y_2^e & z_2^e \\ 1 & x_3^e & y_3^e & z_3^e \\ 1 & x_4^e & y_4^e & z_4^e \end{vmatrix} = \frac{1}{6}(a_1 + a_2 + a_3 + a_4)$$

为四面体单元的体积,

$$a_1 = \begin{vmatrix} x_2^e & y_2^e & z_2^e \\ x_3^e & y_3^e & z_3^e \\ x_4^e & y_4^e & z_4^e \end{vmatrix} \quad (I = 1, 2, 3, 4)$$

对下标 $(1, 2, 3, 4)$ 进行轮换, 即 $1 \to 2$, $2 \to 3$, $3 \to 4$, $4 \to 1$, 可得 a_2、a_3 和 a_4 的表达式。

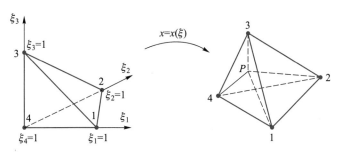

图 4.9 四面体坐标

四面体 $P234$ 的体积为

$$V_1 = \frac{1}{6} \begin{vmatrix} 1 & x & y & z \\ 1 & x_2^e & y_2^e & z_2^e \\ 1 & x_3^e & y_3^e & z_3^e \\ 1 & x_4^e & y_4^e & z_4^e \end{vmatrix} = \frac{1}{6}(a_1 + b_1 x + c_1 y + d_1 z) \tag{4.44}$$

式中

$$b_1 = - \begin{vmatrix} 1 & y_2^e & z_2^e \\ 1 & y_3^e & z_3^e \\ 1 & y_4^e & z_4^e \end{vmatrix}, \quad c_1 = \begin{vmatrix} 1 & x_2^e & z_2^e \\ 1 & x_3^e & z_3^e \\ 1 & x_4^e & z_4^e \end{vmatrix}, \quad d_1 = - \begin{vmatrix} 1 & x_2^e & y_2^e \\ 1 & x_3^e & y_3^e \\ 1 & x_4^e & y_4^e \end{vmatrix}$$

对下标 $(1, 2, 3, 4)$ 进行轮换, 可得 V_2、V_3 和 V_4 的表达式。因此体积坐标 ξ_I 可以写为

$$\xi_I = \frac{1}{6V^e}(a_I + b_I x + c_I y + d_I z) \quad (I = 1, 2, 3, 4) \tag{4.45}$$

体积坐标 ξ_I 也称为**四面体坐标** (tetrahedral coordinates), 它是线性函数, 且满足单位分解性质

$$\xi_1 + \xi_2 + \xi_3 + \xi_4 = 1$$

和克罗内克 δ 性质

$$\xi_I(x_J^e, y_J^e, z_J^e) = \delta_{IJ}$$

因此，体积坐标 ξ_I 即为四面体单元的形函数，即

$$N_I^{\text{Tet4}} = \xi_I \tag{4.46}$$

可以证明，体积坐标和物理坐标之间的坐标变换关系为

$$x = \sum_{I=1}^{4} \xi_I x_I^e$$

$$y = \sum_{I=1}^{4} \xi_I y_I^e \tag{4.47}$$

$$z = \sum_{I=1}^{4} \xi_I z_I^e$$

它将体积坐标系中边长为 1 的直角四面体映射为物理坐标系中任意四面体，如图 4.9 所示。

单元近似函数可以通过节点函数值插值得到，即

$$u^e = \sum_{I=1}^{4} N_I^{\text{Tet4}} u_I^e \tag{4.48}$$

形函数的梯度矩阵为

$$\nabla \boldsymbol{N}^{\text{Tet4}} = \frac{1}{6V^e} \begin{bmatrix} b_1 & b_2 & b_3 & b_4 \\ c_1 & c_2 & c_3 & c_4 \\ d_1 & d_2 & d_3 & d_4 \end{bmatrix} \tag{4.49}$$

即 4 节点四面体单元为常应变单元，单元内应变/应力为常数。

4.2.4　4 节点矩形单元

图 4.10 所示为一长为 $2a$ 宽为 $2b$ 的 4 节点矩形单元 (简称 R4 单元)，其节点局部编号按逆时针进行。4 节点矩形单元有 4 个节点，可以确定 4 个广义坐标，即近似函数应该包含 4 项。线性完全多项式已含有 3 项，还需从帕斯卡三角形的第 3 行 x^2、xy 和 y^2 中选择 1 项。矩形单元每条边上有 2 个节点，只能唯一地确定一个线性函数。为保证近似函数在单元间连续，近似函数在单元边界上必须是线性的。在单元的 4 条边上，x 和 y 总有一个是常数，因此只有 xy 在单元边界上是线性的，其余两项要么是常数，要么是二次项。因此，4 节点矩形单元的近似

函数应取为

$$u^e(x, y) = \alpha_0^e + \alpha_1^e x + \alpha_2^e y + \alpha_3^e xy \tag{4.50}$$

另外, 选择 xy 项也保证了近似函数具有几何各向同性。

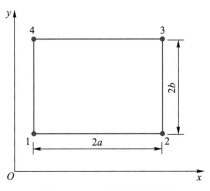

图 4.10   4 节点矩形单元

令近似函数 $u^e(x, y)$ 在单元节点 I 处等于单元节点函数值 u_I^e 即可确定广义坐标 α_I^e, 但需要求解 4 阶矩阵的逆, 其显式表达式的推导过程较为繁杂。

对于矩形单元, 其形函数可以由张量积方法直接构造, 即由 x 方向和 y 方向的一维线性形函数 $N_I^e(x)$ $(I = 1, 2)$ 和 $N_J^e(y)$ $(J = 1, 2)$ 的乘积来构造。引入记号 $[I, J]$ 表示该节点对应于 x 方向的节点 I 和 y 方向的节点 J, 其形函数为

$$N_{[I,J]}^e(x, y) = N_I^e(x) N_J^e(y)$$

矩形单元的 4 个节点分别对应于 $[1,1]$、$[2,1]$、$[2,2]$ 和 $[1,2]$。将一维线性形函数 (3.111)、(3.112) 代入上式, 可得矩形单元形函数为

$$\begin{aligned}
N_1^e(x, y) &= N_1^e(x) N_1^e(y) = \frac{1}{A^e}(x - x_2^e)(y - y_4^e) \\
N_2^e(x, y) &= N_2^e(x) N_1^e(y) = -\frac{1}{A^e}(x - x_1^e)(y - y_4^e) \\
N_3^e(x, y) &= N_2^e(x) N_2^e(y) = \frac{1}{A^e}(x - x_1^e)(y - y_1^e) \\
N_4^e(x, y) &= N_1^e(x) N_2^e(y) = -\frac{1}{A^e}(x - x_2^e)(y - y_1^e)
\end{aligned} \tag{4.51}$$

式中 $A^e = (x_2^e - x_1^e)(y_4^e - y_1^e) = 4ab$ 为单元面积。形函数 $N_I^e(x, y)$ 是双线性函数, 它在单元边界上是线性的 (图 4.11), 且满足克罗内克 δ 性质和单位分解性质。

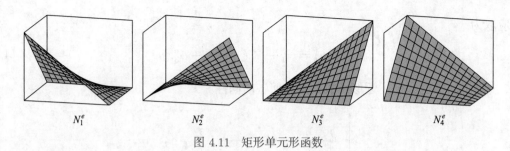

$$N_1^e \qquad\qquad N_2^e \qquad\qquad N_3^e \qquad\qquad N_4^e$$

图 4.11 矩形单元形函数

单元近似函数 $u^e(x, y)$ 可以通过节点函数值 u_I^e $(I = 1, 2, 3, 4)$ 插值得到, 即

$$u^e = \boldsymbol{N}^e \boldsymbol{d}^e = \sum_{I=1}^4 N_I^e u_I^e \tag{4.52}$$

近似函数 $u^e(x, y)$ 的梯度为

$$\nabla u^e = \nabla \boldsymbol{N}^e \boldsymbol{d}^e \tag{4.53}$$

其中

$$\nabla \boldsymbol{N}^e = \frac{1}{4ab} \begin{bmatrix} y - y_4^e & -(y - y_4^e) & y - y_1^e & -(y - y_1^e) \\ x - x_2^e & -(x - x_1^e) & x - x_1^e & -(y - y_2^e) \end{bmatrix}$$

为形函数的梯度矩阵。形函数 (4.51) 只适用于矩形单元。对于任意四边形单元, 在单元边界上 x 和 y 均不是常数, 因此近似函数 (4.50) 在单元边界上是二次的。单元在每条边上只有两个节点, 无法唯一确定一个二次函数, 因此近似函数在单元界面上不连续, 不满足 C^0 连续性要求。

4.2.5 4 节点四边形单元

矩形单元只能离散具有规则几何形状的区域, 而四边形单元 (简称 Q4 单元) 可以离散具有任意几何形状的复杂区域, 适用范围更广。为了构造协调的任意四边形单元, 可以先在边长为 2 的标准正方形单元 ($-1 \leqslant \xi \leqslant 1; -1 \leqslant \eta \leqslant 1$) 上构造近似函数 (自变量为 ξ 和 η), 然后再利用坐标变换 $x = x(\xi, \eta)$ 和 $y = y(\xi, \eta)$ 将其映射到物理单元中, 如图 4.12 所示。坐标 (ξ, η) 称为自然坐标 (natural coordinate) 或母坐标 (parent coordinate), 标准正方形单元称为母单元 (parent element), 物理坐标系中的单元简称为物理单元。

4.2.5.1 等参变换

下面先以一维问题为例进行讨论。首先在边长为 2 的标准单元 ($-1 \leqslant \xi \leqslant 1$) 中构造近似函数。由式 (3.109) 可知, 标准单元中的线性近似函数为

$$u^e(\xi) = \frac{1-\xi}{2}u_1^e + \frac{1+\xi}{2}u_2^e$$
$$= N_1^{\mathrm{L2}}(\xi)u_1^e + N_2^{\mathrm{L2}}(\xi)u_2^e \tag{4.54}$$

式中

$$N_I^{\mathrm{L2}}(\xi) = \frac{1}{2}(1 + \xi_I\xi) \quad (I = 1, 2) \tag{4.55}$$

为 2 节点线性单元自然坐标形式的形函数，$\xi_I = \pm 1$ 为单元左右节点的自然坐标值。这里形函数采用符号 N_I^{L2} 而非 N_I^e 来表示是为了强调形函数 $N_I^{\mathrm{L2}}(\xi)$ 是母单元的形函数，而 $N_I^e(x)$ 表示物理单元的形函数。

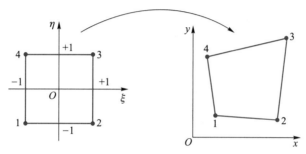

图 4.12　母单元和物理单元间的映射

在标准单元中构造近似函数后，再利用坐标变换 $x = x(\xi)$ 将其映射到物理单元中。由 3.5 节的讨论可知，坐标变换

$$x(\xi) = \frac{1-\xi}{2}x_1^e + \frac{1+\xi}{2}x_2^e$$
$$= N_1^{\mathrm{L2}}(\xi)x_1^e + N_2^{\mathrm{L2}}(\xi)x_2^e \tag{4.56}$$

将母单元 $\xi \in [-1, 1]$ 变换为物理单元 $x \in [x_1^e, x_2^e]$。

比较式 (4.56) 和式 (4.54) 可见，单元几何映射采用的形函数和试探解采用的形函数完全相同，即单元内坐标和位移可以通过相同的形函数分别由节点坐标和节点位移插值得到，因此称为**等参单元**（isoparametric element）。若单元几何映射采用的形函数个数小于试探解采用的形函数个数，则称为**亚参单元**（subparametric element），详见 4.5.3.3 节。反之，若单元几何映射采用的形函数个数大于试探解采用的形函数个数，则称为**超参单元** (superparametric element)。

对于二维问题，将一维形函数 $N_I^{\mathrm{L2}}(\xi)$ 和 $N_J^{\mathrm{L2}}(\eta)$ 相乘可得到边长为 2 的正方形母单元的形函数为

$$N_I^{\mathrm{Q4}}(\xi, \eta) = \frac{1}{4}(1 + \xi_I \xi)(1 + \eta_I \eta) \quad (I = 1, 2, 3, 4) \tag{4.57}$$

式中 $(\xi_I = \pm 1, \eta_I = \pm 1)$ 为母单元节点 I 的自然坐标。上式展开为

$$\begin{aligned}
N_1^{\mathrm{Q4}}(\xi, \eta) &= \frac{1}{4}(1 - \xi)(1 - \eta) \\
N_2^{\mathrm{Q4}}(\xi, \eta) &= \frac{1}{4}(1 + \xi)(1 - \eta) \\
N_3^{\mathrm{Q4}}(\xi, \eta) &= \frac{1}{4}(1 + \xi)(1 + \eta) \\
N_4^{\mathrm{Q4}}(\xi, \eta) &= \frac{1}{4}(1 - \xi)(1 + \eta)
\end{aligned} \tag{4.58}$$

这里形函数采用符号 N_I^{Q4} 而非 N_I^e 来表示，也是为了强调形函数 N_I^{Q4} 是母单元的形函数，N_I^e 为物理单元的形函数。形函数 N_I^{Q4} 满足单位分解特性

$$\sum_{I=1}^{4} N_I^{\mathrm{Q4}}(\xi, \eta) = 1 \tag{4.59}$$

和克罗内克 δ 性质

$$N_I^{\mathrm{Q4}}(\xi_J, \eta_J) = \delta_{IJ} \tag{4.60}$$

在母单元中近似函数可以构造为

$$u^e(\xi, \eta) = \boldsymbol{N}^e(\xi, \eta) \boldsymbol{d}^e \tag{4.61}$$

式中 $\boldsymbol{d}^e = [u_1^e \quad u_2^e \quad u_3^e \quad u_4^e]^{\mathrm{T}}$，

$$\boldsymbol{N}^e(\xi, \eta) = [N_1^{\mathrm{Q4}} \quad N_2^{\mathrm{Q4}} \quad N_3^{\mathrm{Q4}} \quad N_4^{\mathrm{Q4}}] \tag{4.62}$$

为母单元形函数矩阵。

利用形函数 $N_I^{\mathrm{Q4}}(\xi, \eta)$ 可以将边长为 2 的正方形母单元映射为物理坐标系中的任意四边形单元，即

$$\begin{aligned}
x(\xi, \eta) &= \boldsymbol{N}^e(\xi, \eta) \boldsymbol{x}^e \\
y(\xi, \eta) &= \boldsymbol{N}^e(\xi, \eta) \boldsymbol{y}^e
\end{aligned} \tag{4.63}$$

式中

$$\begin{aligned}
\boldsymbol{x}^e &= [x_1^e \quad x_2^e \quad x_3^e \quad x_4^e]^{\mathrm{T}} \\
\boldsymbol{y}^e &= [y_1^e \quad y_2^e \quad y_3^e \quad y_4^e]^{\mathrm{T}}
\end{aligned} \tag{4.64}$$

为由物理单元各节点的 x 坐标和 y 坐标组成的列阵。式 (4.63) 将母单元的 $1 \sim 4$ 节点分别映射为物理单元的 $1 \sim 4$ 节点，将边长为 2 的正方形母单元映射为任意四边形物理单元，如图 4.12 所示。

单元几何映射采用的形函数和试探解采用的形函数完全相同，因此该单元是等参单元。

4.2.5.2　近似函数的连续性

映射 (4.63) [记为 $\boldsymbol{x} = \boldsymbol{x}(\boldsymbol{\xi})$] 是一个双线性映射，它将母单元中 ξ 为常数和 η 为常数的直线映射为物理单元中的直线，将其他直线映射为物理单元中的二次曲线，如图 4.13 所示。

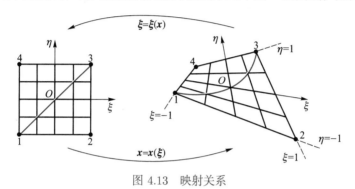

图 4.13　映射关系

沿单元边上母坐标 ξ 或 η 为常数 ± 1，因此双线性形函数 $N_I^{\mathrm{Q4}}(\xi, \eta)$ 在单元边上退化为线性函数。例如，在单元的 2–3 边上 $\xi = 1$，各节点形函数退化为 $N_2^{\mathrm{Q4}} = \frac{1}{2}(1 - \eta)$，$N_3^{\mathrm{Q4}} = \frac{1}{2}(1 + \eta)$，$N_1^{\mathrm{Q4}} = N_4^{\mathrm{Q4}}(\xi, \eta) = 0$。单元每条边上均有 2 个节点，可以唯一确定一个线性函数。只要近似函数在相邻单元公共边上的 2 个节点处的值相等，它在单元之间就是连续的，因此在全求解域上是 C^0 函数。

四边形等参单元和三角形单元的近似函数在单元边上均为线性函数，因此这两类单元是相容的，可以在同一个网格中混合使用。

4.2.5.3　近似函数的光滑性

形函数 $N_I^{\mathrm{Q4}}(\xi, \eta)$ 是关于母坐标 (ξ, η) 的光滑函数。为了保证形函数 $N_I^e(x, y)$ 也是关于物理坐标 (x, y) 的光滑函数，逆映射 $\boldsymbol{\xi} = \boldsymbol{\xi}(\boldsymbol{x})$ 必须存在且光滑。由反函数定理 (inverse function theorem) 可知，如果映射 $\boldsymbol{x} = \boldsymbol{x}(\boldsymbol{\xi})$ 为 C^k 函数，且其雅可比矩阵 $\boldsymbol{J}(\boldsymbol{\xi})$ 在所有点处均为可逆矩阵，则逆映射 $\boldsymbol{\xi} = \boldsymbol{\xi}(\boldsymbol{x})$ 存在且为 C^k 函数。

自然坐标系中的面元 $\mathrm{d}\boldsymbol{\xi}\mathrm{d}\boldsymbol{\eta}$ 被 $\boldsymbol{x} = \boldsymbol{x}(\boldsymbol{\xi})$ 映射为物理坐标系中的面元 $\mathrm{d}\boldsymbol{r}_\xi \mathrm{d}\boldsymbol{r}_\eta$，如图 4.14 所

示。线元 $\mathrm{d}\boldsymbol{r}_\xi$ 和 $\mathrm{d}\boldsymbol{r}_\eta$ 分别为

$$\mathrm{d}\boldsymbol{r}_\xi = \frac{\partial x}{\partial \xi}\mathrm{d}\xi\boldsymbol{i} + \frac{\partial y}{\partial \xi}\mathrm{d}\xi\boldsymbol{j}$$
$$\mathrm{d}\boldsymbol{r}_\eta = \frac{\partial x}{\partial \eta}\mathrm{d}\eta\boldsymbol{i} + \frac{\partial y}{\partial \eta}\mathrm{d}\eta\boldsymbol{j} \tag{4.65}$$

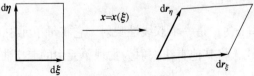

图 4.14　面元映射

面元 $\mathrm{d}\boldsymbol{r}_\xi\mathrm{d}\boldsymbol{r}_\eta$ 的面积为

$$\mathrm{d}S = \boldsymbol{k}\cdot(\mathrm{d}\boldsymbol{r}_\xi \times \mathrm{d}\boldsymbol{r}_\eta) = |\boldsymbol{J}|\mathrm{d}\xi\mathrm{d}\eta \tag{4.66}$$

式中

$$\boldsymbol{J} = \begin{bmatrix} x_{,\xi} & y_{,\xi} \\ x_{,\eta} & y_{,\eta} \end{bmatrix} \tag{4.67}$$

为**雅可比矩阵**。为保证雅可比矩阵可逆，雅可比行列式 $|\boldsymbol{J}|$ 必须不等于 0，否则自然坐标系中的微元 $\mathrm{d}\xi\mathrm{d}\eta$ 被映射为物理坐标系中的一个点，此映射不是双射（bijection），逆映射不存在。

雅可比行列式在单元内是连续变化的。如果单元某节点处的雅可比行列式小于 0，则在单元内一定至少存在一点其雅可比行列式等于 0，在该点处逆映射不存在。图 4.15 给出了三种雅可比行列式可能等于 0 的情况。在图 4.15a 中，节点 3 和节点 4 重合，四边形单元退化为三角形单元（详见 4.2.5.6 节），此时母单元的边 $\eta = 1$ 被映射为物理单元中的一个点，在该点处雅可比行列式为 0，逆映射不存在；在图 4.15b 中，单元节点 3 处的两条边夹角等于 $180°$，$\mathrm{d}\boldsymbol{r}_\xi$ 和 $\mathrm{d}\boldsymbol{r}_\eta$ 平行，雅可比行列式在这两条边上均等于 0；在图 4.15c 中，单元节点 3 处的两条边夹角大于 $180°$，$|\mathrm{d}\boldsymbol{r}_\xi \times \mathrm{d}\boldsymbol{r}_\eta| < 0$，在该点处雅可比行列式小于 0，但在其他节点处雅可比行列式

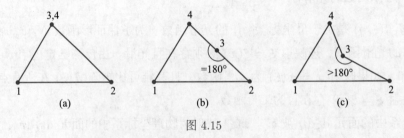

图 4.15

大于 0，因此在单元内一定至少存在一点，其雅可比行列式为 0。

综上所述，若单元所有内角均小于 $180°$，则形函数 $N_I^e(x,y)$ 是关于物理坐标 (x,y) 的光滑函数，且在单元的四条边上是线性函数。对于畸变单元（内角大于 $180°$），逆映射 $\boldsymbol{\xi} = \boldsymbol{\xi}(\boldsymbol{x})$ 不再是双射，母单元内的不同点可能被映射为物理单元内的同一个点，或者母单元内的某些点可能被映射到物理单元之外。在生成有限元网格时，要确保各单元内的所有内角均小于 $180°$。对于大变形问题，初始质量很高的有限元网格在分析过程中也可能会发生畸变（图 4.16），导致分析异常中止，此时需要重新生成网格，或者采用任意拉格朗日–欧拉法（arbitrary Lagrangian-Eulerian method）[10]，以维持合理的单元形状。

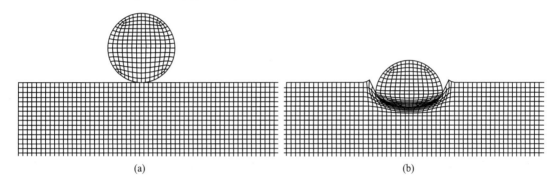

(a)   (b)

图 4.16　网格畸变

4.2.5.4　近似函数完备性

为保证有限元解收敛，近似函数必须在物理坐标系中至少具有线性完备性。假设单元节点函数值 u_I^e 按线性场给定，即取

$$u_I^e = \alpha_0 + \alpha_1 x_I^e + \alpha_2 y_I^e \tag{4.68}$$

并考虑到关系式 (4.59) 和式 (4.63)，单元近似函数为

$$\begin{aligned}
u^e(x,y) &= \sum_{I=1}^{4} (\alpha_0 + \alpha_1 x_I^e + \alpha_2 y_I^e) N_I^{\mathrm{Q4}} \\
&= \alpha_0 \sum_{I=1}^{4} N_I^{\mathrm{Q4}} + \alpha_1 \sum_{I=1}^{4} x_I^e N_I^{\mathrm{Q4}} + \alpha_2 \sum_{I=1}^{4} y_I^e N_I^{\mathrm{Q4}} \\
&= \alpha_0 + \alpha_1 x + \alpha_2 y \tag{4.69}
\end{aligned}$$

式 (4.69) 表明，若单元节点函数值 u_I^e 按线性场给定，则由此得到的单元近似函数 $u^e(x,y)$ 即为该线性场，这说明 Q4 单元在物理坐标系中可以精确重构线性场，即具有线性完备性。

等参单元几何映射 (4.63) 采用的形函数和试探解 (4.61) 采用的形函数完全相同，因此一定具有线性完备性。

4.2.5.5　近似函数的梯度

近似函数 $u^e(x, y)$ 的梯度为

$$\nabla u^e = \nabla \boldsymbol{N}^e \boldsymbol{d}^e \tag{4.70}$$

式中

$$\nabla = \begin{bmatrix} \partial/\partial x \\ \partial/\partial y \end{bmatrix} \tag{4.71}$$

为物理坐标系中的梯度算子，

$$\nabla \boldsymbol{N}^e = \begin{bmatrix} N_{1,x}^{\mathrm{Q4}} & N_{2,x}^{\mathrm{Q4}} & N_{3,x}^{\mathrm{Q4}} & N_{4,x}^{\mathrm{Q4}} \\ N_{1,y}^{\mathrm{Q4}} & N_{2,y}^{\mathrm{Q4}} & N_{3,y}^{\mathrm{Q4}} & N_{4,y}^{\mathrm{Q4}} \end{bmatrix} \tag{4.72}$$

为单元形函数梯度矩阵。

形函数 N_I^{Q4} 是母坐标 (ξ, η) 的函数，为了求其对物理坐标 (x, y) 的导数，可利用复合函数求导法则，得

$$\frac{\partial N_I^{\mathrm{Q4}}}{\partial \xi} = \frac{\partial N_I^{\mathrm{Q4}}}{\partial x}\frac{\partial x}{\partial \xi} + \frac{\partial N_I^{\mathrm{Q4}}}{\partial y}\frac{\partial y}{\partial \xi} \tag{4.73}$$

$$\frac{\partial N_I^{\mathrm{Q4}}}{\partial \eta} = \frac{\partial N_I^{\mathrm{Q4}}}{\partial x}\frac{\partial x}{\partial \eta} + \frac{\partial N_I^{\mathrm{Q4}}}{\partial y}\frac{\partial y}{\partial \eta} \tag{4.74}$$

写成矩阵形式有

$$\begin{bmatrix} N_{I,\xi}^{\mathrm{Q4}} \\ N_{I,\eta}^{\mathrm{Q4}} \end{bmatrix} = \begin{bmatrix} x_{,\xi} & y_{,\xi} \\ x_{,\eta} & y_{,\eta} \end{bmatrix} \begin{bmatrix} N_{I,x}^{\mathrm{Q4}} \\ N_{I,y}^{\mathrm{Q4}} \end{bmatrix} \tag{4.75}$$

由上式可得

$$\nabla \boldsymbol{N}_I^e = (\boldsymbol{J}^e)^{-1} \boldsymbol{G}_I^{\mathrm{Q4}} \tag{4.76}$$

式中

$$\boldsymbol{J}^e = \begin{bmatrix} x_{,\xi} & y_{,\xi} \\ x_{,\eta} & y_{,\eta} \end{bmatrix} \tag{4.77}$$

为单元雅可比矩阵，

$$\boldsymbol{G}_I^{\text{Q4}} = \begin{bmatrix} N_{I,\xi}^{\text{Q4}} \\ N_{I,\eta}^{\text{Q4}} \end{bmatrix}$$

为节点形函数 N_I^{Q4} 关于母坐标的梯度。将式 (4.63) 代入式 (4.77)，有

$$\boldsymbol{J}^e = \begin{bmatrix} \displaystyle\sum_{I=1}^{4} N_{I,\xi}^{\text{Q4}} x_I^e & \displaystyle\sum_{I=1}^{4} N_{I,\xi}^{\text{Q4}} y_I^e \\ \displaystyle\sum_{I=1}^{4} N_{I,\eta}^{\text{Q4}} x_I^e & \displaystyle\sum_{I=1}^{4} N_{I,\eta}^{\text{Q4}} y_I^e \end{bmatrix} = \boldsymbol{G}^{\text{Q4}}[\boldsymbol{x}^e \quad \boldsymbol{y}^e] \tag{4.78}$$

式中

$$\begin{aligned} \boldsymbol{G}^{\text{Q4}} &= \begin{bmatrix} N_{1,\xi}^{\text{Q4}} & N_{2,\xi}^{\text{Q4}} & N_{3,\xi}^{\text{Q4}} & N_{4,\xi}^{\text{Q4}} \\ N_{1,\eta}^{\text{Q4}} & N_{2,\eta}^{\text{Q4}} & N_{3,\eta}^{\text{Q4}} & N_{4,\eta}^{\text{Q4}} \end{bmatrix} \\ &= \frac{1}{4} \begin{bmatrix} \eta-1 & 1-\eta & 1+\eta & -\eta-1 \\ \xi-1 & -\xi-1 & 1+\xi & 1-\xi \end{bmatrix} \end{aligned} \tag{4.79}$$

为单元形函数在母坐标系中的梯度矩阵，

$$\begin{aligned} \boldsymbol{x}^e &= [x_1^e \quad x_2^e \quad x_3^e \quad x_4^e]^{\text{T}} \\ \boldsymbol{y}^e &= [y_1^e \quad y_2^e \quad y_3^e \quad y_4^e]^{\text{T}} \end{aligned} \tag{4.80}$$

为单元节点坐标列阵。

将式 (4.79)、(4.80) 代入式 (4.78)，可得 4 节点四边形单元的雅可比矩阵为

$$\boldsymbol{J}^e = \frac{1}{4} \begin{bmatrix} x_{21}^e(1-\eta) - x_{43}^e(1+\eta) & y_{21}^e(1-\eta) - y_{43}^e(1+\eta) \\ x_{41}^e(1-\xi) + x_{32}^e(1+\xi) & y_{41}^e(1-\xi) + y_{32}^e(1+\xi) \end{bmatrix} \tag{4.81}$$

式中 $x_{IJ}^e = x_I^e - x_J^e$，$y_{IJ}^e = y_I^e - y_J^e$。雅可比矩阵 $\boldsymbol{J}^e$ 的逆为

$$(\boldsymbol{J}^e)^{-1} = |\boldsymbol{J}^e|^{-1}\text{adj}(\boldsymbol{J}^e) \tag{4.82}$$

式中

$$\text{adj}(\boldsymbol{J}^e) = \begin{bmatrix} J_{22}^e & -J_{12}^e \\ -J_{21}^e & J_{11}^e \end{bmatrix} \tag{4.83}$$

为雅可比矩阵 $\boldsymbol{J}^e$ 的伴随矩阵，J_{ij}^e 为雅可比矩阵 $\boldsymbol{J}^e$ 的 i 行 j 列元素，

$$|\boldsymbol{J}^e| = J_{11}^e J_{22}^e - J_{21}^e J_{12}^e \tag{4.84}$$

为雅可比行列式。

对于平行四边形单元有 $x_{41}^e = x_{32}^e$，$x_{21}^e = x_{34}^e$，$y_{41}^e = y_{32}^e$，$y_{21}^e = y_{34}^e$，可知雅可比矩阵 $\boldsymbol{J}^e$ 为常数矩阵。特别地，对于矩形单元，设单元边界与坐标轴平行，有 $x_{14}^e = x_{23}^e = y_{12}^e = y_{34}^e = 0$，雅可比矩阵 $\boldsymbol{J}^e$ 变为对角常数矩阵，即

$$\boldsymbol{J}^e = \begin{bmatrix} x_{21}^e/2 & 0 \\ 0 & y_{41}^e/2 \end{bmatrix} \tag{4.85}$$

此时雅可比行列式为 $|\boldsymbol{J}^e| = A^e/4$，其中 $A^e = x_{21}^e y_{41}^e$ 为单元面积。

思考题　为什么平行四边形单元的雅可比矩阵为常数矩阵？为什么矩形单元的雅可比矩阵为对角常数矩阵？

4.2.5.6　单元退化

若两相邻节点（如节点 3 和节点 4）重合，四边形单元退化为三角形单元，如图 4.17 所示。坐标映射关系为

$$x(\xi,\eta) = N_1^{Q4}x_1^e + N_2^{Q4}x_2^e + (N_3^{Q4} + N_4^{Q4})x_3^e = \sum_{I=1}^{3} N_I'(\xi,\eta)x_I^e$$
$$y(\xi,\eta) = N_1^{Q4}y_1^e + N_2^{Q4}y_2^e + (N_3^{Q4} + N_4^{Q4})y_3^e = \sum_{I=1}^{3} N_I'(\xi,\eta)y_I^e \tag{4.86}$$

式中

$$N_I'(\xi,\eta) = \begin{cases} \dfrac{1}{4}(1+\xi_I\xi)(1-\eta) & (I=1,2) \\[2mm] \dfrac{1}{2}(1+\eta) & (I=3) \end{cases} \tag{4.87}$$

等参映射 (4.86) 将母单元的 3-4 边映射为物理单元的节点 3，即它在 3-4 边上不是双射，

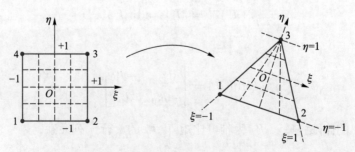

图 4.17　四边形单元退化为三角形单元

因此雅可比矩阵在退化单元节点 3 处是奇异的。除节点 3 外，退化单元的应变矩阵与三角形等参单元的应变矩阵完全相同。退化单元近似函数在各边上均为线性函数，因此可以和 4 节点四边形单元并存于同一个网格中，以增加有限元离散的灵活性。如果某程序中没有提供 3 节点三角形单元，可以通过令四边形单元两个相邻节点为同一个节点来得到三角形单元。

4.2.6　8 节点六面体单元

对于三维问题，采用映射

$$
\begin{aligned}
x(\xi, \eta, \zeta) &= \boldsymbol{N}^e(\xi, \eta, \zeta)\boldsymbol{x}^e \\
y(\xi, \eta, \zeta) &= \boldsymbol{N}^e(\xi, \eta, \zeta)\boldsymbol{y}^e \\
z(\xi, \eta, \zeta) &= \boldsymbol{N}^e(\xi, \eta, \zeta)\boldsymbol{z}^e
\end{aligned}
\tag{4.88}
$$

可以将自然坐标系中边长为 2 的立方体单元映射为物理坐标系中的 8 节点六面体单元（称为 H8 单元），如图 4.18 所示。形函数 $\boldsymbol{N}^{\mathrm{H8}}(\xi, \eta, \zeta)$ 由三个方向的一维线性形函数张量积得到，即

$$
\begin{aligned}
N_L^{\mathrm{H8}}(\xi, \eta, \zeta) &= N_I^{\mathrm{L2}}(\xi) N_J^{\mathrm{L2}}(\eta) N_K^{\mathrm{L2}}(\zeta) \\
&= \frac{1}{8}(1 + \xi_L\xi)(1 + \eta_L\eta)(1 + \zeta_L\zeta)
\end{aligned}
$$

其中 $L = 1, 2, \cdots, 8$ 为六面体单元节点号，$(I, J, K) = (1, 2)$ 为一维单元节点号，(ξ_L, η_L, ζ_L) 为节点 L 的自然坐标。例如，节点 5 对应于 $[1, 1, 2]$，其自然坐标为 $(-1, -1, 1)$。此单元的形函数 $N_L^{\mathrm{H8}}(\xi, \eta, \zeta)$ 在三个方向上都是线性的，因此也称为**三线性单元**（tri-linear element）。

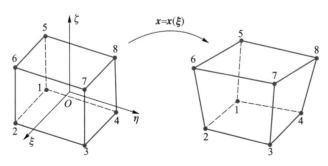

图 4.18　六面体单元

自然坐标系中的体元 $\mathrm{d}\boldsymbol{\xi}\mathrm{d}\boldsymbol{\eta}\mathrm{d}\boldsymbol{\zeta}$ 被 $\boldsymbol{x} = \boldsymbol{x}(\boldsymbol{\xi})$ 映射为物理坐标系中的体元 $\mathrm{d}\boldsymbol{r}_\xi\mathrm{d}\boldsymbol{r}_\eta\mathrm{d}\boldsymbol{r}_\zeta$，如图 4.19 所示。线元 $\mathrm{d}\boldsymbol{r}_\xi$、$\mathrm{d}\boldsymbol{r}_\eta$ 和 $\mathrm{d}\boldsymbol{r}_\zeta$ 分别为

$$d\boldsymbol{r}_\xi = \frac{\partial x}{\partial \xi}d\xi \boldsymbol{i} + \frac{\partial y}{\partial \xi}d\xi \boldsymbol{j} + \frac{\partial z}{\partial \xi}d\xi \boldsymbol{k}$$

$$d\boldsymbol{r}_\eta = \frac{\partial x}{\partial \eta}d\eta \boldsymbol{i} + \frac{\partial y}{\partial \eta}d\eta \boldsymbol{j} + \frac{\partial z}{\partial \eta}d\eta \boldsymbol{k} \tag{4.89}$$

$$d\boldsymbol{r}_\zeta = \frac{\partial x}{\partial \zeta}d\zeta \boldsymbol{i} + \frac{\partial y}{\partial \zeta}d\zeta \boldsymbol{j} + \frac{\partial z}{\partial \zeta}d\zeta \boldsymbol{k}$$

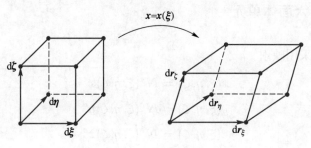

图 4.19　体元映射

体元 $d\boldsymbol{r}_\xi d\boldsymbol{r}_\eta d\boldsymbol{r}_\zeta$ 的体积为

$$dV = d\boldsymbol{r}_\zeta \cdot (d\boldsymbol{r}_\xi \times d\boldsymbol{r}_\eta) = |\boldsymbol{J}^e|d\xi d\eta d\zeta \tag{4.90}$$

式中

$$\boldsymbol{J}^e = \begin{bmatrix} x_{,\xi} & y_{,\xi} & z_{,\xi} \\ x_{,\eta} & y_{,\eta} & z_{,\eta} \\ x_{,\zeta} & y_{,\zeta} & z_{,\zeta} \end{bmatrix} \tag{4.91}$$

为映射 $\boldsymbol{x} = \boldsymbol{x}(\boldsymbol{\xi})$ 的雅可比矩阵。式 (4.90) 表明，为保证雅可比行列式 $|\boldsymbol{J}^e|$ 在单元内所有点处均不为 0，单元中由任何两条相邻边形成的内角必须小于 $180°$。

如果节点 7 和节点 8 重合，节点 3 和节点 4 重合，六面体单元退化为 6 节点楔形体单元，如图 4.20 所示。坐标映射关系为

$$x(\xi,\eta,\zeta) = \sum_{I=1}^{3} N_I^{\mathrm{W6}} x_I^e + \sum_{I=5}^{7} N_I^{\mathrm{W6}} x_I^e$$

$$y(\xi,\eta,\zeta) = \sum_{I=1}^{3} N_I^{\mathrm{W6}} y_I^e + \sum_{I=5}^{7} N_I^{\mathrm{W6}} y_I^e \tag{4.92}$$

$$z(\xi,\eta,\zeta) = \sum_{I=1}^{3} N_I^{\mathrm{W6}} z_I^e + \sum_{I=5}^{7} N_I^{\mathrm{W6}} z_I^e$$

式中 6 节点楔形体单元形函数为

$$N_I^{\text{W6}} = \begin{cases} N_I^{\text{H8}} & (I = 1, 2, 5, 6) \\ N_I^{\text{H8}} + N_{I+1}^{\text{H8}} & (I = 3, 7) \end{cases}$$

沿着单元的 3–7 边,雅可比行列式的值为 0,式 (4.92) 不再是双射,但形函数的导数在单元内仍是良态的 (well behaved)。

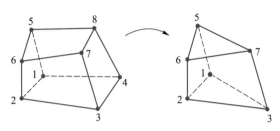

图 4.20　6 节点楔形体单元

如果进一步令节点 5、6、7 重合,则退化为 4 节点四面体单元,如图 4.21 所示。坐标映射关系为

$$x(\xi, \eta, \zeta) = \sum_{I=1}^{3} N_I^{\text{W6}} x_I^e + N_5^{\text{Tet4}} x_5^e$$

$$y(\xi, \eta, \zeta) = \sum_{I=1}^{3} N_I^{\text{W6}} y_I^e + N_5^{\text{Tet4}} y_5^e$$

$$z(\xi, \eta, \zeta) = \sum_{I=1}^{3} N_I^{\text{W6}} z_I^e + N_5^{\text{Tet4}} z_5^e$$

式中

$$N_5^{\text{Tet4}} = N_5^{\text{W6}} + N_6^{\text{W6}} + N_7^{\text{W6}}$$

形函数关于 (x, y, z) 的导数为常数,即 4 节点四面体单元是三维常应变单元。

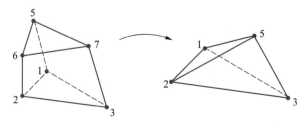

图 4.21　4 节点四面体单元

讨论　基于形状映射思想，可以实现有限元网格的自动生成（映射法）。映射法先采用适当的映射函数（如 N_I^{T3}、N_I^{Q4}、N_I^{Tet4} 和 N_I^{H8} 等）将欧几里得空间中待划分网格的物理域映射为自然坐标空间中的规则域（如正三角形、正四边形、正四面体和正六面体等），对规则域进行网格划分，最后将自然坐标空间中的网格反向映射到欧几里得空间中，得到物理域的有限元网格。例如，对于图 4.22a 所示的四边形物理域，利用映射函数 N_I^{Q4} 可以将其映射为自然坐标空间中的边长为 2 的正四边形。对正四边形很容易进行网格划分，如可将其划分为均匀规则网格，如图 4.22b 所示。最后利用映射关系式 (4.63)，可由有限元网格各节点的自然坐标 (ξ_I, η_I) 得到其物理坐标 (x_I, y_I)，如图 4.22c 所示。

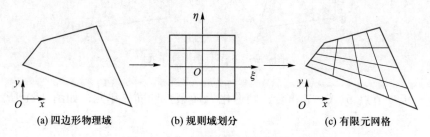

(a) 四边形物理域　　　　(b) 规则域划分　　　　(c) 有限元网格

图 4.22　生成有限元网格的映射法

对于形状较为复杂的物理域，可以根据所要生成的网格类型先将物理域分割为一系列可映射的子区域，再利用映射法对每一个子区域生成有限元网格。

4.3　多维问题的高斯求积

有限元法将求解域 Ω 离散为有限个单元 Ω^e，因此在求解域上的积分可以转化为在每个单元上的积分之和，即

$$\int_{\Omega} f(x,y)\mathrm{d}S = \sum_{e=1}^{n_{\mathrm{e}}} \int_{\Omega^e} f(x,y)\mathrm{d}S$$

式中 n_{e} 为单元总数。下面分别讨论不同类型单元的高斯求积方法。

4.3.1　四边形单元

为了便于使用 3.5 节的一维高斯求积格式，先利用映射式 (4.63) 将任意四边形单元 Ω^e 变换为边长为 2 的母单元，再在每单元中采用高斯求积格式计算积分。利用式 (4.63) 和式 (4.66) 可得

$$I^e = \int_{\Omega^e} f(x,y)\mathrm{d}S = \int_{-1}^{1}\int_{-1}^{1} f(\xi,\eta)|\boldsymbol{J}^e(\xi,\eta)|\mathrm{d}\xi\mathrm{d}\eta$$

式中 $f(\xi,\eta) = f(x(\xi,\eta), y(\xi,\eta))$，$|\boldsymbol{J}^e(\xi,\eta)|$ 为单元 e 的雅可比行列式。先对 ξ 进行高斯求积，然后再对 η 进行高斯求积，得

$$\begin{aligned}
I^e &= \int_{-1}^{1}\sum_{i=1}^{n} W_i f(\xi_i,\eta)|\boldsymbol{J}^e(\xi_i,\eta)|\mathrm{d}\eta \\
&= \sum_{i=1}^{n}\sum_{j=1}^{n} W_i W_j f(\xi_i,\eta_j)|\boldsymbol{J}^e(\xi_i,\eta_j)|
\end{aligned} \tag{4.93}$$

式中 n 为每个坐标方向的积分点数，W_i 和 W_j 为一维高斯求积的权重，如表 3.2 所示。对于多项式 $f(\xi,\eta) = \sum_{i=1}^{m}\sum_{j=1}^{m} b_{ij}\xi^i\eta^j$，若 $m \leqslant 2n-1$，则利用高斯求积式 (4.93) 可以得到其积分的精确值。

思考题 如何利用高斯求积式 (4.93) 计算四边形单元的面积？

4.3.2 六面体单元

类似地，对于任意六面体单元有

$$\begin{aligned}
I^e &= \int_{\Omega^e} f(x,y,z)\mathrm{d}V = \int_{-1}^{1}\int_{-1}^{1}\int_{-1}^{1} f(\xi,\eta,\zeta)|\boldsymbol{J}^e(\xi,\eta,\zeta)|\mathrm{d}\xi\mathrm{d}\eta\mathrm{d}\zeta \\
&= \sum_{i=1}^{n}\sum_{j=1}^{n}\sum_{k=1}^{n} W_i W_j W_k f(\xi_i,\eta_j,\zeta_k)|\boldsymbol{J}^e(\xi_i,\eta_j,\zeta_k)|
\end{aligned} \tag{4.94}$$

思考题 如何利用高斯求积式 (4.94) 计算任意六面体单元的体积？

对于一维问题，高斯求积格式是最优的，但对于多维问题，高斯求积格式不一定是最优的。例如，对于二维问题 7 点积分格式可以在每个方向上保证 5 阶精确积分，而高斯积分则需要 $3 \times 3 = 9$ 个积分点。对于三维问题，14 点积分格式可以在每个方向上保证 5 阶精确积分，而高斯积分则需要 27 个积分点[43]。

4.3.3 三角形单元

对于三角形单元，可以先利用面积坐标 (area coordinate) 将其映射为边长为 1 的直角三角形，然后再进行积分。

任意三角形单元上的积分可以写为

$$I^e = \int_{\Omega^e} f(x, y) \mathrm{d}S$$

$$= \sum_{i=1}^{n} W_i |\boldsymbol{J}^e(\xi_1^i, \xi_2^i, \xi_3^i)| f(\xi_1^i, \xi_2^i, \xi_3^i) \tag{4.95}$$

式中 $|\boldsymbol{J}^e(\xi_1^i, \xi_2^i, \xi_3^i)|$ 为雅可比行列式。由式 (4.41) 可知

$$|\boldsymbol{J}^e(\xi_1^i, \xi_2^i, \xi_3^i)| = \begin{vmatrix} \partial x/\partial \xi_1 & \partial y/\partial \xi_1 \\ \partial x/\partial \eta_1 & \partial y/\partial \eta_1 \end{vmatrix} = \begin{vmatrix} x_{13}^e & y_{13}^e \\ x_{23}^e & y_{23}^e \end{vmatrix} = 2A^e$$

积分点坐标 $(\xi_1^i, \xi_2^i, \xi_3^i)$ 和权重 W_i 见表 4.1 [6,39,44,45]，其中 n 为积分点数，p 为积分阶次，即能够被精确积分的多项式的最高阶次，M 为具有权重 W_i 的积分点数，这些积分点是 $(\xi_1^i, \xi_2^i, \xi_3^i)$ 的不同排列。例如，当 $M = 3$ 时，积分点分别为 (α, α, β)、(α, β, α) 和 (β, α, α)。Cowper 给出了直至 7 阶的高斯积分格式 [44]。

表 4.1　三角形单元的积分点和权重

n	ξ_1^i	ξ_2^i	ξ_3^i	W_i	M	p
1	1/3	1/3	1/3	1/2	1	1
2	2/3	1/6	1/6	1/6	3	2
3	1/2	1/2	0	1/6	3	2
4	1/3	1/3	1/3	−27/96	1	3
	0.6	0.2	0.2	25/96	3	

4.3.4　四面体单元

类似地，对于四面体单元，先利用体积坐标将其映射为边长为 1 的直角四面体，然后再进行积分。任意四面体单元上的积分可以写为

$$I^e = \int_{\Omega^e} f(x, y, z) \mathrm{d}V$$

$$= V^e \sum_{i=1}^{n_{\mathrm{gp}}} W_i |\boldsymbol{J}^e(\xi_1^i, \xi_2^i, \xi_3^i, \xi_4^i)| f(\xi_1^i, \xi_2^i, \xi_3^i, \xi_4^i) \tag{4.96}$$

积分点坐标 $(\xi_1^i, \xi_2^i, \xi_3^i, \xi_4^i)$ 和权重 W_i 见表 4.2 [39]，其中 $\alpha = 0.585\,410\,196\,624\,969$，$\beta = 0.138\,196\,601\,125\,011$。

表 4.2 四面体单元的积分点和权重

n	ξ_1^i	ξ_2^i	ξ_3^i	ξ_4^i	W_i	M	p
1	1/4	1/4	1/4	1/4	1	1	1
4	α	β	β	β	1/4	4	2
5	1/4	1/4	1/4	1/4	$-4/5$	1	3
	1/2	1/6	1/6	1/6	9/20	4	

4.4 有限元格式

二维求解域可以用有限个三角形或四边形单元离散, 如图 4.5b 所示, 其中曲线边界用若干个直线段近似。随着单元数的增加, 边界近似误差逐步减小。

4.4.1 位移近似函数

位移场的 x 和 y 方向的分量 u_x 和 u_y 可以用不同的形函数近似, 但一般采用相同的形函数近似, 即

$$u_x \approx u_x^e(x,y) = \sum_{I=1}^{n_{\text{en}}} N_I^e(x,y) u_{xI}^e$$

$$u_y \approx u_y^e(x,y) = \sum_{I=1}^{n_{\text{en}}} N_I^e(x,y) u_{yI}^e$$

写成矩阵形式有

$$\boldsymbol{u}(x,y) \approx \boldsymbol{u}^e(x,y) = \boldsymbol{N}^e(x,y)\boldsymbol{d}^e \tag{4.97}$$

式中 $\boldsymbol{u} = [u_x \quad u_y]^{\text{T}}$ 为单元位移场列阵,

$$\boldsymbol{d}^e = [u_{x1}^e \quad u_{y1}^e \quad u_{x2}^e \quad u_{y2}^e \quad \cdots \quad u_{xn_{\text{en}}}^e \quad u_{yn_{\text{en}}}^e]^{\text{T}} \tag{4.98}$$

为单元节点位移列阵,

$$\boldsymbol{N}^e = [\boldsymbol{N}_1^e \quad \boldsymbol{N}_2^e \quad \cdots \quad \boldsymbol{N}_{n_{\text{en}}}^e] \tag{4.99}$$

为单元形函数矩阵,

$$\boldsymbol{N}_I^e = \begin{bmatrix} N_I^e & 0 \\ 0 & N_I^e \end{bmatrix}$$

为节点 I 的形函数矩阵。

对于伽辽金法，权函数也用单元形函数近似，即

$$w(x,y) \approx \boldsymbol{w}^e(x,y) = \boldsymbol{N}^e(x,y)\boldsymbol{W}^e \tag{4.100}$$

式中

$$\boldsymbol{W}^e = [w_{x1}^e \quad w_{y1}^e \quad w_{x2}^e \quad w_{y2}^e \quad \cdots \quad w_{xn_{\mathrm{en}}}^e \quad w_{yn_{\mathrm{en}}}^e]^{\mathrm{T}} \tag{4.101}$$

为单元节点权函数值列阵。

4.4.2　应变和应力

将单元位移近似 (4.97) 代入几何方程 (4.13)，可得单元应变为

$$\boldsymbol{\varepsilon}^e = \boldsymbol{B}^e \boldsymbol{d}^e \tag{4.102}$$

式中

$$\boldsymbol{B}^e = \nabla_{\mathrm{S}}\boldsymbol{N}^e = [\boldsymbol{B}_1^e \quad \boldsymbol{B}_2^e \quad \cdots \quad \boldsymbol{B}_{n_{\mathrm{en}}}^e] \tag{4.103}$$

为单元应变矩阵，

$$\boldsymbol{B}_I^e = \nabla_{\mathrm{S}}\boldsymbol{N}_I^e = \begin{bmatrix} N_{I,x}^e & 0 \\ 0 & N_{I,y}^e \\ N_{I,y}^e & N_{I,x}^e \end{bmatrix}$$

将单元应变 (4.102) 代入物理方程 (4.14)，可得单元应力为

$$\boldsymbol{\sigma}^e = \boldsymbol{D}^e \boldsymbol{B}^e \boldsymbol{d}^e \tag{4.104}$$

4.4.3　有限元离散

有限元近似函数具有 C^0 连续性，它在单元之间连续，但其导数在单元之间是不连续的，因此弱形式 (4.17) 中在全域 Ω 上的积分可通过各单元 Ω^e 上的积分之和来计算，即

$$\sum_{e=1}^{n_{\mathrm{el}}} \left[\int_{\Omega^e} (\nabla_{\mathrm{S}}\boldsymbol{w}^e)^{\mathrm{T}} \boldsymbol{D}^e \nabla_{\mathrm{S}}\boldsymbol{u}^e \mathrm{d}\Omega - \int_{\Gamma_t^e} \boldsymbol{w}^{e\mathrm{T}}\bar{\boldsymbol{t}}\mathrm{d}\Gamma - \int_{\Omega^e} \boldsymbol{w}^{e\mathrm{T}}\boldsymbol{b}\mathrm{d}\Omega \right] = 0, \quad \forall \boldsymbol{w}^e \in U_0^h \tag{4.105}$$

式中 n_{el} 为单元总数。将式 (4.97) 和式 (4.100) 代入上式，并考虑到 $\boldsymbol{d}^e = \boldsymbol{L}^e\boldsymbol{d}$，$\boldsymbol{W}^e = \boldsymbol{L}^e\boldsymbol{W}$，$\boldsymbol{W} = [\boldsymbol{W}_{\mathrm{E}}^{\mathrm{T}} \quad \boldsymbol{W}_{\mathrm{F}}^{\mathrm{T}}]^{\mathrm{T}}$ 和 $\boldsymbol{W}_{\mathrm{E}} = \boldsymbol{0}$，得

$$\boldsymbol{W}^{\mathrm{T}}\left[\sum_{e=1}^{n_{\mathrm{el}}}(\boldsymbol{L}^{e\mathrm{T}}\boldsymbol{K}^e\boldsymbol{L}^e)\boldsymbol{d} - \sum_{e=1}^{n_{\mathrm{el}}}\boldsymbol{L}^{e\mathrm{T}}\boldsymbol{f}^e\right] = 0, \quad \forall \boldsymbol{W}_{\mathrm{F}} \tag{4.106}$$

式中 $\boldsymbol{W}_{\mathrm{E}}$ 为 $\boldsymbol{W}$ 中与本质边界节点对应的子列阵, $\boldsymbol{W}_{\mathrm{F}}$ 为 $\boldsymbol{W}$ 的其余部分,

$$\boldsymbol{K}^e = \int_{\Omega^e} \boldsymbol{B}^{e\mathrm{T}}\boldsymbol{D}^e\boldsymbol{B}^e \mathrm{d}\Omega \tag{4.107}$$

为单元刚度矩阵,

$$\boldsymbol{f}^e = \int_{\Gamma_t^e} \boldsymbol{N}^{e\mathrm{T}}\bar{\boldsymbol{t}}\mathrm{d}\Gamma + \int_{\Omega^e} \boldsymbol{N}^{e\mathrm{T}}\boldsymbol{b}\mathrm{d}\Omega \tag{4.108}$$

为单元节点等效载荷列阵。式 (4.107) 和式 (4.108) 中的积分一般采用高斯求积法计算。

单元节点等效载荷列阵由单元体力列阵

$$\boldsymbol{f}_{\Omega}^e = \int_{\Omega^e} \boldsymbol{N}^{e\mathrm{T}}\boldsymbol{b}\mathrm{d}\Omega \tag{4.109}$$

和单元边界力列阵

$$\boldsymbol{f}_{\Gamma}^e = \int_{\Gamma_t^e} \boldsymbol{N}^{e\mathrm{T}}\bar{\boldsymbol{t}}\mathrm{d}\Gamma \tag{4.110}$$

组成。在点 $P(x_P, y_P)$ 处作用的集中力 $\boldsymbol{F}$ 可以看成是密度为 $\boldsymbol{F}\delta(x - x_P, y - y_P)$ 的分布力, 由式 (4.109) 可得其对单元节点等效载荷的贡献为

$$\boldsymbol{f}_F^e = \boldsymbol{N}^{e\mathrm{T}}(x_P, y_P)\boldsymbol{F} \tag{4.111}$$

权函数 $\boldsymbol{w}^e(x, y) \in U_0^h$ 是系统的虚位移。比较式 (4.106) 和式 (4.105) 可知, 单元节点等效载荷的虚功 $\boldsymbol{w}^{e\mathrm{T}}\boldsymbol{f}^e$ 与体力和面力的虚功和 $\left(\int_{\Omega^e} \boldsymbol{w}^{e\mathrm{T}}\boldsymbol{b}\mathrm{d}\Omega + \int_{\Gamma_t^e} \boldsymbol{w}^{e\mathrm{T}}\bar{\boldsymbol{t}}\mathrm{d}\Gamma\right)$ 相等, 即单元节点等效载荷 $\boldsymbol{f}^e$ 是原体力 $\boldsymbol{b}$ 和面力 $\bar{\boldsymbol{t}}$ 的等效力系。

式 (4.106) 可以进一步写为

$$\boldsymbol{W}^{\mathrm{T}}(\boldsymbol{K}\boldsymbol{d} - \boldsymbol{f}) = 0, \quad \forall \boldsymbol{W}_{\mathrm{F}} \tag{4.112}$$

式中

$$\boldsymbol{K} = \sum_{e=1}^{n_{\mathrm{el}}}(\boldsymbol{L}^{e\mathrm{T}}\boldsymbol{K}^e\boldsymbol{L}^e) \tag{4.113}$$

为总体刚度矩阵,

$$\boldsymbol{f} = \sum_{e=1}^{n_{\mathrm{el}}} \boldsymbol{L}^{e\mathrm{T}}\boldsymbol{f}^e \tag{4.114}$$

为总体节点等效载荷列阵。

式 (4.112) 可以写成分块的形式

$$\boldsymbol{W}^{\mathrm{T}}\boldsymbol{r} = \boldsymbol{W}_{\mathrm{F}}^{\mathrm{T}}\boldsymbol{r}_{\mathrm{F}} + \boldsymbol{W}_{\mathrm{E}}^{\mathrm{T}}\boldsymbol{r}_{\mathrm{E}} = 0, \quad \forall \boldsymbol{W}_{\mathrm{F}} \tag{4.115}$$

式中

$$\boldsymbol{r} = \boldsymbol{K}\boldsymbol{d} - \boldsymbol{f} \tag{4.116}$$

为约束力列阵。已知 $\boldsymbol{W}_{\mathrm{E}} = \boldsymbol{0}$ 且 $\boldsymbol{W}_{\mathrm{F}}$ 任意，由式 (4.115) 可知 $\boldsymbol{r}_{\mathrm{F}} = \boldsymbol{0}$。因此式 (4.116) 可以展开为

$$\begin{bmatrix} \boldsymbol{K}_{\mathrm{E}} & \boldsymbol{K}_{\mathrm{EF}} \\ \boldsymbol{K}_{\mathrm{EF}}^{\mathrm{T}} & \boldsymbol{K}_{\mathrm{F}} \end{bmatrix} \begin{bmatrix} \overline{\boldsymbol{d}}_{\mathrm{E}} \\ \boldsymbol{d}_{\mathrm{F}} \end{bmatrix} = \begin{bmatrix} \boldsymbol{f}_{\mathrm{E}} \\ \boldsymbol{f}_{\mathrm{F}} \end{bmatrix} + \begin{bmatrix} \boldsymbol{r}_{\mathrm{E}} \\ \boldsymbol{0} \end{bmatrix} \tag{4.117}$$

式中 $\boldsymbol{r}_{\mathrm{E}}$ 为本质边界节点的约束力列阵，$\boldsymbol{K}_{\mathrm{E}}$、$\boldsymbol{K}_{\mathrm{F}}$ 和 $\boldsymbol{K}_{\mathrm{EF}}$ 为按本质边界节点和其余节点分块的刚度矩阵子矩阵。由式 (4.117) 的第二式可以解得节点位移列阵 $\boldsymbol{d}_{\mathrm{F}}$，再由第一式可以解得约束力列阵 $\boldsymbol{r}_{\mathrm{E}}$，即

$$\boldsymbol{K}_{\mathrm{F}}\boldsymbol{d}_{\mathrm{F}} = \boldsymbol{f}_{\mathrm{F}} - \boldsymbol{K}_{\mathrm{EF}}^{\mathrm{T}}\overline{\boldsymbol{d}}_{\mathrm{E}} \tag{4.118}$$

$$\boldsymbol{r}_{\mathrm{E}} = \boldsymbol{K}_{\mathrm{E}}\overline{\boldsymbol{d}}_{\mathrm{E}} + \boldsymbol{K}_{\mathrm{EF}}\boldsymbol{d}_{\mathrm{F}} - \boldsymbol{f}_{\mathrm{E}} \tag{4.119}$$

以上格式对任意类型的单元均适用，不同类型的单元具有不同的形函数矩阵 $\boldsymbol{N}^e$、应变矩阵 $\boldsymbol{B}^e$、单元刚度矩阵 $\boldsymbol{K}^e$、单元节点等效载荷列阵 $\boldsymbol{f}^e$ 和提取矩阵 $\boldsymbol{L}^e$。

有限元解不满足微元平衡条件 (4.1)，但满足节点平衡和单元平衡条件。

(1) **节点平衡**　式 (4.116) 表明，在任何节点，单元节点力的总和 $\boldsymbol{K}\boldsymbol{d}$ 与作用在节点上的外载荷（包括体力、面力和集中力等）$\boldsymbol{f}$ 及约束力 $\boldsymbol{r}$ 相平衡，即有限元解满足节点平衡条件。

(2) **单元平衡**　单元 e 在单元节点力

$$\boldsymbol{F}^e = \boldsymbol{K}^e\boldsymbol{d}^e = \int_{\Omega^e} \boldsymbol{B}^{e\mathrm{T}}\boldsymbol{D}^e\boldsymbol{B}^e \mathrm{d}\Omega \boldsymbol{d}^e = \int_{\Omega^e} \boldsymbol{B}^{e\mathrm{T}}\boldsymbol{\sigma}^e \mathrm{d}\Omega \tag{4.120}$$

作用下平衡。设 $\delta\boldsymbol{u}^e$ 为与单元刚体运动对应的节点虚位移列阵，相应的单元虚应变 $\delta\boldsymbol{\varepsilon}^e = \boldsymbol{B}^e\delta\boldsymbol{u}^e = \boldsymbol{0}$。单元节点力 $\boldsymbol{F}^e$ 的虚功为

$$\delta\boldsymbol{u}^{e\mathrm{T}}\boldsymbol{F}^e = \int_{\Omega^e} (\boldsymbol{B}^e\delta\boldsymbol{u}^e)^{\mathrm{T}}\boldsymbol{\sigma}^e \mathrm{d}\Omega = \int_{\Omega^e} \delta\boldsymbol{\varepsilon}^{e\mathrm{T}}\boldsymbol{\sigma}^e \mathrm{d}\Omega = 0$$

即单元节点力 $\boldsymbol{F}^e$ 是平衡力系。

下面仅讨论 3 节点三角形单元和 4 节点四边形单元的单元矩阵，其他单元的单元矩阵建立

过程与此类似，不再赘述。

4.4.3.1　3 节点三角形单元

考虑图 4.23 所示的典型 3 节点三角形单元，其单元节点位移列阵为

$$\boldsymbol{d}^e = [u_{x1}^e \quad u_{y1}^e \quad u_{x2}^e \quad u_{y2}^e \quad u_{x3}^e \quad u_{y3}^e]^{\mathrm{T}} \tag{4.121}$$

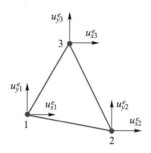

图 4.23　3 节点三角形单元

单元形函数矩阵为

$$\boldsymbol{N}^e = \begin{bmatrix} N_1^{\mathrm{T3}} & 0 & N_2^{\mathrm{T3}} & 0 & N_3^{\mathrm{T3}} & 0 \\ 0 & N_1^{\mathrm{T3}} & 0 & N_2^{\mathrm{T3}} & 0 & N_3^{\mathrm{T3}} \end{bmatrix} \tag{4.122}$$

式中 N_1^{T3}、N_2^{T3} 和 N_3^{T3} 的具体表达式由式 (4.40) 给出。将单元形函数矩阵 (4.122) 代入式 (4.103) 可得单元应变矩阵为

$$\boldsymbol{B}^e = \frac{1}{2A^e} \begin{bmatrix} b_1 & 0 & b_2 & 0 & b_3 & 0 \\ 0 & c_1 & 0 & c_2 & 0 & c_3 \\ c_1 & b_1 & c_2 & b_2 & c_3 & b_3 \end{bmatrix} \tag{4.123}$$

1. 单元刚度矩阵

式 (4.123) 表明，3 节点三角形单元的应变矩阵在单元内为常数，因此单元刚度矩阵为

$$\boldsymbol{K}^e = \int_{\varOmega^e} \boldsymbol{B}^{e\mathrm{T}} \boldsymbol{D}^e \boldsymbol{B}^e \mathrm{d}\varOmega = A^e t^e \boldsymbol{B}^{e\mathrm{T}} \boldsymbol{D}^e \boldsymbol{B}^e \tag{4.124}$$

式中 t^e 为单元的厚度。

2. 单元体力列阵

体力 $\boldsymbol{b}$ 可以采用 3 节点单元形函数插值近似为

$$\boldsymbol{b} = \boldsymbol{N}^e \boldsymbol{b}^e \tag{4.125}$$

式中 $\boldsymbol{b}^e = [b_{x1}\quad b_{y1}\quad b_{x2}\quad b_{y2}\quad b_{x3}\quad b_{y3}]^{\mathrm{T}}$ 为单元节点体力密度。将式 (4.125) 代入式 (4.109) 中，并将积分域变换为三角坐标中边长为 1 的直角三角形（图 4.8），可得单元体力列阵为

$$\boldsymbol{f}_\Omega^e = 2A^e t^e \int_0^1 \int_0^{1-\xi_1} (\boldsymbol{N}^e)^{\mathrm{T}} \boldsymbol{N}^e \boldsymbol{b}^e \mathrm{d}\xi_2 \mathrm{d}\xi_1$$

$$= \frac{A^e t^e}{12} \begin{bmatrix} 2b_{x1} + b_{x2} + b_{x3} \\ 2b_{y1} + b_{y2} + b_{y3} \\ b_{x1} + 2b_{x2} + b_{x3} \\ b_{y1} + 2b_{y2} + b_{y3} \\ b_{x1} + b_{x2} + 2b_{x3} \\ b_{y1} + b_{y2} + 2b_{y3} \end{bmatrix} \tag{4.126}$$

对于均匀分布的体力，$b_{x1} = b_{x2} = b_{x3} = b_x$，$b_{y1} = b_{y2} = b_{y3} = b_y$，上式简化为

$$\boldsymbol{f}_\Omega^e = \frac{A^e t^e}{3} [b_x\quad b_y\quad b_x\quad b_y\quad b_x\quad b_y]^{\mathrm{T}}$$

即总体力被均分到 3 个节点上。

思考题　采用高阶形函数（如二次形函数）插值体力 $\boldsymbol{b}$，能否提高有限元位移解的精度？为什么？

3. 单元边界力列阵

不失一般性，假设面力 $\bar{\boldsymbol{t}}$ 作用在单元的 1–2 边上。在单元 1–2 边上，$N_3^{\mathrm{T3}} = \xi_3 = 0$，$N_1^{\mathrm{T3}} = \xi_1$，$N_2^{\mathrm{T3}} = \xi_2 = 1 - \xi_1$。面力 $\bar{\boldsymbol{t}}$ 可以用线性形函数插值，即

$$\bar{\boldsymbol{t}} = \xi_1 \bar{\boldsymbol{t}}_1 + (1 - \xi_1)\bar{\boldsymbol{t}}_2 \tag{4.127}$$

将式 (4.127) 代入式 (4.110)，并将积分域变换为母坐标中长度为 1 的线段（即 $\mathrm{d}\Gamma = l\mathrm{d}\xi_1$）上，得

$$\boldsymbol{f}_\Gamma^e = lt^e \int_0^1 \begin{bmatrix} \xi_1 & 0 \\ 0 & \xi_1 \\ 1-\xi_1 & 0 \\ 0 & 1-\xi_1 \\ 0 & 0 \\ 0 & 0 \end{bmatrix} \begin{bmatrix} t_{x1}\xi_1 + t_{x2}(1-\xi_1) \\ t_{y1}\xi_1 + t_{y2}(1-\xi_1) \end{bmatrix} \mathrm{d}\xi_1$$

$$= \frac{lt^e}{6} \begin{bmatrix} 2t_{x1} + t_{x2} \\ 2t_{y1} + t_{y2} \\ t_{x1} + 2t_{x2} \\ t_{y1} + 2t_{y2} \\ 0 \\ 0 \end{bmatrix} \tag{4.128}$$

对于均匀分布的面力, $t_{x1} = t_{x2} = t_x$, $t_{y1} = t_{y2} = t_y$, 有

$$\boldsymbol{f}_\Gamma^e = \frac{lt^e}{2} \begin{bmatrix} t_x & t_y & t_x & t_y & 0 & 0 \end{bmatrix}^\mathrm{T}$$

即总面力被均分到了 2 个节点上。

4.4.3.2 4 节点四边形单元

考虑图 4.24 所示的典型 4 节点四边形单元, 其单元节点位移列阵为

$$\boldsymbol{d}^e = \begin{bmatrix} u_{x1}^e & u_{y1}^e & u_{x2}^e & u_{y2}^e & u_{x3}^e & u_{y3}^e & u_{x4}^e & u_{y4}^e \end{bmatrix}^\mathrm{T} \tag{4.129}$$

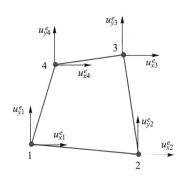

图 4.24 4 节点四边形单元

单元形函数矩阵为

$$\boldsymbol{N}^e = \begin{bmatrix} N_1^{\mathrm{Q4}} & 0 & N_2^{\mathrm{Q4}} & 0 & N_3^{\mathrm{Q4}} & 0 & N_4^{\mathrm{Q4}} & 0 \\ 0 & N_1^{\mathrm{Q4}} & 0 & N_2^{\mathrm{Q4}} & 0 & N_3^{\mathrm{Q4}} & 0 & N_4^{\mathrm{Q4}} \end{bmatrix} \tag{4.130}$$

式中 $N_1^{\mathrm{Q4}} \sim N_4^{\mathrm{Q4}}$ 的具体表达式由式 (4.58) 给出。将单元形函数矩阵 (4.130) 代入式 (4.103) 可得单元应变矩阵为

$$\boldsymbol{B}^e = \begin{bmatrix} N_{1,x}^{\mathrm{Q4}} & 0 & N_{2,x}^{\mathrm{Q4}} & 0 & N_{3,x}^{\mathrm{Q4}} & 0 & N_{4,x}^{\mathrm{Q4}} & 0 \\ 0 & N_{1,y}^{\mathrm{Q4}} & 0 & N_{2,y}^{\mathrm{Q4}} & 0 & N_{3,y}^{\mathrm{Q4}} & 0 & N_{4,y}^{\mathrm{Q4}} \\ N_{1,y}^{\mathrm{Q4}} & N_{1,x}^{\mathrm{Q4}} & N_{2,y}^{\mathrm{Q4}} & N_{2,x}^{\mathrm{Q4}} & N_{3,y}^{\mathrm{Q4}} & N_{3,x}^{\mathrm{Q4}} & N_{4,y}^{\mathrm{Q4}} & N_{4,x}^{\mathrm{Q4}} \end{bmatrix} \tag{4.131}$$

式中 $\boldsymbol{B}^e$ 的各元素可以利用式 (4.76) 求得，即

$$\nabla \boldsymbol{N}^e = (\boldsymbol{J}^e)^{-1} \boldsymbol{G}^{\mathrm{Q4}}$$

其中雅可比矩阵 $\boldsymbol{J}^e$、梯度矩阵 $\nabla \boldsymbol{N}^e$ 和 $\boldsymbol{G}^{\mathrm{Q4}}$ 分别由式 (4.78)、(4.72) 和式 (4.79) 给出。

1. 单元刚度矩阵

由式 (4.107) 可知，单元刚度矩阵为

$$
\begin{aligned}
\boldsymbol{K}^e &= \int_{\Omega^e} \boldsymbol{B}^{e\mathrm{T}} \boldsymbol{D}^e \boldsymbol{B}^e \mathrm{d}\Omega \\
&= \int_{-1}^{1} \int_{-1}^{1} \boldsymbol{B}^{e\mathrm{T}} \boldsymbol{D}^e \boldsymbol{B}^e |\boldsymbol{J}^e| \mathrm{d}\xi \mathrm{d}\eta \\
&= \sum_{i=1}^{n} \sum_{j=1}^{n} W_i W_j \boldsymbol{B}^{e\mathrm{T}}(\xi_i, \eta_j) \boldsymbol{D}^e \boldsymbol{B}^e(\xi_i, \eta_j) |\boldsymbol{J}^e(\xi_i, \eta_j)|
\end{aligned}
\tag{4.132}
$$

式中 n 为每个方向的积分点数。

2. 完全积分和减缩积分

对于 4 节点四边形单元，双线性形函数 $N_I^{\mathrm{Q4}}(\xi, \eta)$ 中包含 $1, \xi, \eta, \xi\eta$ 等项。若单元的雅可比矩阵 $\boldsymbol{J}^e$ 为常数阵，则应变矩阵 $\boldsymbol{B}^e$ 只包含 $1, \xi, \eta$ 等线性项，式 (4.132) 中的被积函数只包含 $1, \xi, \eta, \xi^2, \xi\eta, \eta^2$ 等项，被积函数在 ξ 和 η 方向上的最高阶次均为 2，采用 2×2 点高斯求积即可精确积分。在 $\boldsymbol{J}^e$ 为常数的情况下，为精确积分单元刚度矩阵所有项所需的高斯求积方案称为**完全积分** (full integration)。对于非规则网格，$\boldsymbol{J}^e$ 不再是常数，完全积分也不能精确积分单元刚度矩阵，会引入积分误差。在实际应用中，应使单元形状尽可能规则，避免畸形单元，以减少积分误差。

对于 4 节点四边形单元，近似函数中完全多项式的阶次为 $p = 1$。在 $\boldsymbol{J}^e$ 为常数的情况下，由完全多项式对刚度矩阵的被积函数贡献的部分在 ξ 和 η 方向上的最高阶次均为 $2(p-1) = 0$，只需采用 1×1 点高斯积分即可对其精确积分。此时每个方向上的积分点数均比完全积分少 1 个，称为**减缩积分**（reduced integration）。4.6.2 节将从理论上进一步讨论为保证有限元解收敛所需的高斯求积阶次。

在许多情况下，减缩积分往往会比完全积分给出更精确的结果。原因为：

(1) 完全积分的阶数是由近似函数中非完全项的最高阶次所确定的，而有限元解的精度通常是由完全多项式的最高阶次所确定的。精确积分这些高阶非完全项不但不能提高解的精度，还可能会带来新的误差。减缩积分只精确积分被积函数中与完全多项式对应的部分，可以在一

定程度上改善结果的精度。

(2) 有限元离散相当于对位移模式引入了约束,提高了单元的刚度,从而使位移结果偏小。采用减缩积分,降低了计算模型的刚度,可能有助于提高解的精度。

但是,采用减缩积分可能会导致系统刚度矩阵奇异,出现零能模态,需要采用相应的方案来消除零能模态,详见 4.6.3 节。

3. 单元体力列阵

体力 $\boldsymbol{b}$ 可以采用 4 节点单元形函数插值,即

$$\boldsymbol{b} = \boldsymbol{N}^e \boldsymbol{b}^e \tag{4.133}$$

式中 $\boldsymbol{b}^e = [b_{x1} \quad b_{y1} \quad b_{x2} \quad b_{y2} \quad b_{x3} \quad b_{y3} \quad b_{x4} \quad b_{y4}]^{\mathrm{T}}$ 为单元节点体力密度。将式 (4.133) 代入式 (4.109) 中,并将积分域变换为母坐标系中边长为 2 的正方形,利用高斯求积得单元体力列阵为

$$\begin{aligned}
\boldsymbol{f}_\Omega^e &= t^e \int_{-1}^1 \int_{-1}^1 (\boldsymbol{N}^e)^{\mathrm{T}} \boldsymbol{N}^e \boldsymbol{b}^e |\boldsymbol{J}^e| \mathrm{d}\xi \mathrm{d}\eta \\
&= t^e \sum_{i=1}^n \sum_{j=1}^n W_i W_j (\boldsymbol{N}^e(\xi_i, \eta_j))^{\mathrm{T}} \boldsymbol{N}^e(\xi_i, \eta_j) \boldsymbol{b}^e |\boldsymbol{J}^e(\xi_i, \eta_j)|
\end{aligned}$$

对于均匀分布的体力,$b_{x1} = b_{x2} = b_{x3} = b_{x4} = b_x$,$b_{y1} = b_{y2} = b_{y3} = b_{y4} = b_y$,因此有

$$\boldsymbol{f}_\Omega^e = \frac{A^e t^e}{4} [b_x \quad b_y \quad b_x \quad b_y \quad b_x \quad b_y \quad b_x \quad b_y]^{\mathrm{T}}$$

即总体力被均分到了单元的 4 个节点上。

4. 单元边界力列阵

不失一般性,仍假设面力 $\bar{\boldsymbol{t}}$ 作用在单元的 1–2 边上。在单元 1–2 边上,$\eta = -1$,$N_3^{\mathrm{Q4}} = N_4^{\mathrm{Q4}} = 0$,$N_1^{\mathrm{Q4}} = \frac{1}{2}(1 - \xi)$,$N_2^{\mathrm{Q4}} = \frac{1}{2}(1 + \xi)$。面力 $\bar{\boldsymbol{t}}$ 可以用线性形函数插值,即

$$\bar{\boldsymbol{t}} = \frac{1}{2}(1 - \xi)\bar{\boldsymbol{t}}_1 + \frac{1}{2}(1 + \xi)\bar{\boldsymbol{t}}_2 \tag{4.134}$$

将式 (4.134) 代入式 (4.110),并将积分域变换为母坐标系中长度为 2 的线段(即 $\mathrm{d}\Gamma = l/2\mathrm{d}\xi$)上,得

$$\boldsymbol{f}_\Gamma^e = \frac{lt^e}{2}\int_{-1}^1 \begin{bmatrix} \frac{1}{2}(1-\xi) & 0 \\ 0 & \frac{1}{2}(1-\xi) \\ \frac{1}{2}(1+\xi) & 0 \\ 0 & \frac{1}{2}(1+\xi) \\ 0 & 0 \\ 0 & 0 \\ 0 & 0 \\ 0 & 0 \end{bmatrix} \begin{bmatrix} \frac{1}{2}(1-\xi)t_{x1} + \frac{1}{2}(1+\xi)t_{x2} \\ \frac{1}{2}(1-\xi)t_{y1} + \frac{1}{2}(1+\xi)t_{y2} \end{bmatrix} \mathrm{d}\xi$$

$$= \frac{lt^e}{6}[2t_{x1}+t_{x2} \quad 2t_{y1}+t_{y2} \quad t_{x1}+2t_{x2} \quad t_{y1}+2t_{y2} \quad 0 \quad 0 \quad 0 \quad 0]^\mathrm{T} \tag{4.135}$$

对于均匀分布的面力，$t_{x1} = t_{x2} = t_x$，$t_{y1} = t_{y2} = t_y$，上式简化为

$$\boldsymbol{f}_\Gamma^e = \frac{lt^e}{2}[t_x \quad t_y \quad t_x \quad t_y \quad 0 \quad 0 \quad 0 \quad 0]^\mathrm{T}$$

即总面力被均分到了 2 个节点上。

例题 4-1：考虑图 4.25a 所示的线弹性平面应力问题，弹性模量 $E = 3\times10^7\,\mathrm{Pa}$，泊松比 $\nu = 0.3$。求解域为梯形，尺寸如图 4.25a 所示，厚度取为 1。梯形左端固定，右端和下部边界自由（即 $\bar{\boldsymbol{t}} = \boldsymbol{0}$），在上部边界受均布力 $\bar{t}_y = -20\,\mathrm{N m^{-1}}$ 作用。试采用一个四边形单元求解位移场和应力场。

解答：将求解域用一个单元离散，节点编号（按逆时针）及其坐标如图 4.25b 所示。单元的弹性矩阵为

$$\boldsymbol{D}^{(1)} = \frac{E}{1-\nu^2}\begin{bmatrix} 1 & \nu & 0 \\ \nu & 1 & 0 \\ 0 & 0 & \frac{1-\nu}{2} \end{bmatrix} = 3.3\times10^7\begin{bmatrix} 1 & 0.3 & 0 \\ 0.3 & 1 & 0 \\ 0 & 0 & 0.35 \end{bmatrix}$$

单元的坐标矩阵为

$$[\boldsymbol{x}^{(1)} \quad \boldsymbol{y}^{(1)}] = \begin{bmatrix} 0 & 1 \\ 0 & 0 \\ 2 & 0.5 \\ 2 & 1 \end{bmatrix}$$

由式 (4.81) 可得单元的雅可比矩阵

$$\boldsymbol{J}^{(1)} = \begin{bmatrix} 0 & 0.125\eta - 0.375 \\ 1 & 0.125\xi + 0.125 \end{bmatrix}$$

和雅可比行列式 $|\boldsymbol{J}^{(1)}| = -0.125\eta + 0.375$。雅可比矩阵的逆为

$$(\boldsymbol{J}^{(1)})^{-1} = \begin{bmatrix} \dfrac{1+\xi}{3-\eta} & 1 \\ \dfrac{8}{\eta-3} & 0 \end{bmatrix}$$

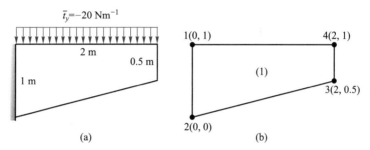

图 4.25　梯形线弹性平面应力问题

由式 (4.76) 可得单元形函数梯度矩阵为

$$\nabla \boldsymbol{N}^{(1)} = \frac{1}{4} \begin{bmatrix} \dfrac{1+\xi}{3-\eta} & 1 \\ \dfrac{8}{\eta-3} & 0 \end{bmatrix} \begin{bmatrix} \eta-1 & 1-\eta & 1+\eta & -\eta-1 \\ \xi-1 & -\xi-1 & 1+\xi & 1-\xi \end{bmatrix}$$

单元应变矩阵为

$$\boldsymbol{B}^{(1)} = \begin{bmatrix} N_{1,x}^{Q4} & 0 & N_{2,x}^{Q4} & 0 & N_{3,x}^{Q4} & 0 & N_{4,x}^{Q4} & 0 \\ 0 & N_{1,y}^{Q4} & 0 & N_{2,y}^{Q4} & 0 & N_{3,y}^{Q4} & 0 & N_{4,y}^{Q4} \\ N_{1,y}^{Q4} & N_{1,x}^{Q4} & N_{2,y}^{Q4} & N_{2,x}^{Q4} & N_{3,y}^{Q4} & N_{3,x}^{Q4} & N_{4,y}^{Q4} & N_{4,x}^{Q4} \end{bmatrix}$$

式中 $N_{I,x}^{Q4}$ 和 $N_{I,y}^{Q4}$ 为梯度矩阵 $\nabla \boldsymbol{N}^{Q4}$ 的相应元素。

单元刚度矩阵为

$$\boldsymbol{K}^{(1)} = \int_{\Omega^{(1)}} \boldsymbol{B}^{(1)\mathrm{T}} \boldsymbol{D}^{(1)} \boldsymbol{B}^{(1)} \mathrm{d}\Omega$$
$$= \int_{-1}^{1} \int_{-1}^{1} \boldsymbol{B}^{(1)\mathrm{T}} \boldsymbol{D}^{(1)} \boldsymbol{B}^{(1)} |\boldsymbol{J}^{(1)}| \mathrm{d}\xi \mathrm{d}\eta$$

当单元雅可比矩阵 $\boldsymbol{J}^{(1)}$ 为常数时，上式被积函数在 ξ 和 η 方向上均为二次多项式，完全

积分对应于 2×2 高斯积分。采用完全积分，上式可以积分为

$$\boldsymbol{K}^{(1)} = \sum_{i=1}^{2} \sum_{j=1}^{2} W_i W_j \boldsymbol{B}^{(1)\mathrm{T}}(\xi_i, \eta_j) \boldsymbol{D}^{(1)} \boldsymbol{B}^{(1)}(\xi_i, \eta_j) |\boldsymbol{J}^{(1)}(\xi_i, \eta_j)|$$

$$= 10^7 \begin{bmatrix} 1.49 & -0.74 & -0.66 & 0.16 & -0.98 & 0.65 & 0.15 & -0.08 \\ -0.74 & 2.75 & 0.24 & -2.46 & 0.66 & -1.68 & -0.16 & 1.39 \\ -0.66 & 0.24 & 1.08 & 0.33 & 0.15 & -0.16 & -0.56 & -0.41 \\ 0.16 & -2.46 & 0.33 & 2.6 & -0.08 & 1.39 & -0.41 & -1.53 \\ -0.98 & 0.66 & 0.15 & -0.08 & 2 & -0.82 & -1.18 & 0.25 \\ 0.65 & -1.68 & -0.16 & 1.39 & -0.82 & 3.82 & 0.33 & -3.53 \\ 0.15 & -0.16 & -0.56 & -0.41 & -1.18 & 0.33 & 1.59 & 0.25 \\ -0.08 & 1.39 & -0.41 & -1.53 & 0.25 & -3.53 & 0.25 & 3.67 \end{bmatrix}$$

其中矩阵运算可以借助 MATLAB 或 python 完成。下面计算边界力矩阵

$$\boldsymbol{f}_\Gamma^{(1)} = \int_{\Gamma_{14}} (\boldsymbol{N}^e)^\mathrm{T} \bar{\boldsymbol{t}} \mathrm{d}\Gamma = \frac{1}{2} \int_{-1}^{1} (\boldsymbol{N}^e)_{\xi=-1}^\mathrm{T} \begin{bmatrix} 0 \\ -20 \end{bmatrix} l \mathrm{d}\eta$$

$$= \begin{bmatrix} 0 & -20 & 0 & 0 & 0 & 0 & 0 & -20 \end{bmatrix}^\mathrm{T}$$

本问题只有一个单元，因此最终总体刚度方程为

$$10^7 \begin{bmatrix} 1.49 & -0.74 & -0.67 & 0.16 & -0.98 & 0.66 & 0.15 & -0.08 \\ -0.74 & 2.75 & 0.25 & -2.46 & 0.66 & -1.68 & -0.16 & 1.39 \\ -0.67 & 0.25 & 1.08 & 0.33 & 0.15 & -0.16 & -0.56 & -0.41 \\ 0.16 & -2.46 & 0.33 & 2.6 & -0.08 & 1.39 & -0.41 & -1.53 \\ -0.98 & 0.66 & 0.15 & -0.08 & 2.00 & -0.82 & -1.18 & 0.25 \\ 0.66 & -1.68 & -0.16 & 1.39 & -0.82 & 3.82 & 0.33 & -3.53 \\ 0.15 & -0.16 & -0.56 & -0.41 & -1.18 & 0.33 & 1.59 & 0.25 \\ -0.08 & 1.39 & -0.41 & -1.53 & 0.25 & -3.53 & 0.25 & 3.67 \end{bmatrix} \begin{bmatrix} 0 \\ 0 \\ 0 \\ 0 \\ u_{x3} \\ u_{y3} \\ u_{x4} \\ u_{y4} \end{bmatrix} = \begin{bmatrix} r_{x1} \\ r_{y1} - 20 \\ r_{x2} \\ r_{y2} \\ 0 \\ 0 \\ 0 \\ -20 \end{bmatrix}$$

缩减刚度方程为

$$10^7 \begin{bmatrix} 2.00 & -0.82 & -1.18 & 0.25 \\ -0.82 & 3.82 & 0.33 & -3.53 \\ -1.18 & 0.33 & 1.59 & 0.25 \\ 0.25 & -3.53 & 0.25 & 3.67 \end{bmatrix} \begin{bmatrix} u_{x3} \\ u_{y3} \\ u_{x4} \\ u_{y4} \end{bmatrix} = \begin{bmatrix} 0 \\ 0 \\ 0 \\ -20 \end{bmatrix}$$

其解为

$$\begin{bmatrix} u_{x3} \\ u_{y3} \\ u_{x4} \\ u_{y4} \end{bmatrix} = 10^{-6} \begin{bmatrix} -1.178 \\ -9.670 \\ 2.674 \\ -9.935 \end{bmatrix}$$

即

$$\boldsymbol{d}^{(1)} = 10^{-6} [0 \quad 0 \quad 0 \quad 0 \quad -1.17 \quad -9.67 \quad 2.67 \quad -9.94]^{\mathrm{T}}$$

单元内任何一点 (ξ, η) 的位移 $\boldsymbol{u}^{(1)}(\xi, \eta)$ 可以由式 (4.97) 插值求得, 任何一点的应变 $\boldsymbol{\varepsilon}^{(1)}(\xi, \eta)$ 和应力 $\boldsymbol{\sigma}^{(1)}(\xi, \eta)$ 可以分别由式 (4.102) 和式 (4.104) 求得。应力在高斯积分点处的精度更高 (详见 4.7 节), 因此有限元程序一般输出高斯积分点处的应力。本例中, 单元 4 个高斯积分点的坐标和应力见表 4.3。

表 4.3 单元高斯积分点的坐标和应力

x 坐标	y 坐标	σ_{xx}	σ_{yy}	τ_{xy}
0.422 650	0.294 658	−12.532 826	−5.642 554	−45.465 564
1.577 350	0.522 329	−42.020 481	−22.981 450	2.552 920
0.422 650	0.811 004	28.457 070	6.654 415	−46.454 727
1.577 350	0.872 008	18.506 311	−4.823 413	1.092 294

利用式 (4.119) 可以求得固定节点受到的约束力

$$\boldsymbol{r}_{\mathrm{E}} = [-40.000\,0 \quad 32.032\,3 \quad 40.000\,0 \quad 7.967\,7]^{\mathrm{T}}$$

加密网格可以求得更精确的结果。例如, 可以将本例中的求解域细分为 4×4 个单元, 如图 4.26 所示, 利用本书附带的程序 `elasticity2d-python` 对其进行求解 (输入数据文件为

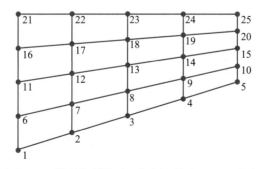

图 4.26 梯形线弹性平面应力问题 (4×4 网格)

elasticity_16.json），可以得到各节点的位移、各单元各高斯积分点的应力和固定节点的约束力。图 4.27 绘出了原网格与变形后的网格图（位移放大了 9 221 倍）和应力 σ_{xx} 的云图。有限元法的应力场在单元之间是不连续的，即同一个节点在不同单元中计算得到的应力值是不同的。为了绘制应力云图，程序 elasticity2d-python 将节点应力取为该节点在与其连接的所有单元中计算得到的应力的平均值。

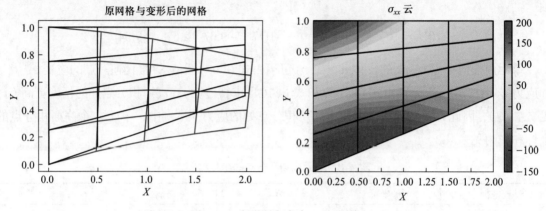

图 4.27　变形图和应力 σ_{xx} 云图

　　讨论　弹性平衡方程为椭圆型方程,其解在求解域内是高度光滑的,应力仅在不同材料的界面处不连续。有限元应力解在单元间的不连续性是由有限元近似导致的虚假现象,因此可以基于有限元应力解按照某种方式（如最小二乘法）重构出全场连续的应力场,称为应力重构（stress recovery）。事实上,有限元应力在单元高斯积分点处的精度更高,因此可基于各单元高斯积分点应力进行重构,得到的应力场不但在单元之间连续,甚至可以达到和位移场同阶的精度,详见 4.8 节。

　　圣维南原理表明,载荷的具体分布形式只影响载荷作用区附近的应力分布,在离载荷作用区稍远的区域,应力分布只与载荷的主矢及主矩有关。对同一物体分别施加两组相互等效的载荷,在远离载荷施加区域处的应力分布是十分接近的。因此,在进行有限元分析时,无须精确地描述载荷的实际分布,只要保证施加的载荷和实际载荷等效即可。另外,模型中的几何误差也对其他区域的应力分布影响很小。

　　弹性解在某些情况下存在奇异性,如在锐角顶点处和集中力作用点处,应力是无限大的。此时无论如何加密网格,在奇异点附近密网格的应力解总是会和原粗网格的应力解有较大的差异。集中力是真实载荷的理想化模型,其作用面积为 0。根据圣维南原理,将真实载荷简化为集中力只影响载荷作用点附近的应力,对其他区域的应力分布影响不大。

4.4.3.3 剪切闭锁与体积闭锁

低阶单元在求解弯曲问题和几乎不可压缩问题（$\nu \to 1/2$）时的精度很差。下面先以三角形单元为例讨论其在求解纯弯曲问题时的表现。考虑如图 4.28a 所示的矩形截面悬臂梁，其右端受一力偶作用，左端一点固定，其余点仅约束水平方向位移，以模拟一维梁的行为。也可以令梁左端所有节点固定，取泊松比 $\nu = 0$ 来模拟一维梁。由欧拉梁理论可知，梁内各点 $\varepsilon_x \neq 0$，但 $\varepsilon_y = \gamma_{xy} = 0$。

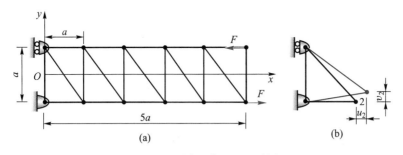

图 4.28 受弯矩作用的悬臂梁

取左端第一个三角形单元进行分析（图 4.28b），其单元节点位移列阵为
$\boldsymbol{d}^e = [0 \quad 0 \quad u_2 \quad v_2 \quad 0 \quad 0]^{\mathrm{T}}$。三角形单元为常应变单元，由式 (4.102) 和式 (4.123) 可得单元内各点的应变为 $\varepsilon_x = u_2/a$，$\varepsilon_y = 0$，$\gamma_{xy} = v_2/a$。可见，在用三角形单元求解纯弯曲问题时会产生虚假的剪切变形，吸收部分能量，导致单元过于刚硬，得到的挠度将会大幅低于解析解，称为**剪切闭锁**（shear locking）。四边形单元也存在剪切闭锁，其产生原因和解决方案详见 4.6.4 节。

下面讨论如图 4.29 所示的平面应变问题（$\varepsilon_z = 0$），体积应变为 $\Delta V/V = \varepsilon_x + \varepsilon_y$。对于几乎不可压缩材料（如橡胶），其泊松比 $\nu \to 1/2$，体积模量 $K \to \infty$，因此单元体积几乎不变。由于节点 1、2 和节点 5 固定，为了使单元 (1) 的体积不变，节点 6 不能沿 x 方向运动，但为了

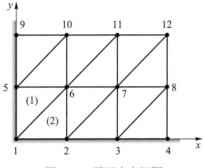

图 4.29 平面应变问题

使单元 (2) 的体积也不变，节点 6 也不能沿 y 方向运动，因此节点 6 不能运动。以此类推，网格中所有节点都不能运动，即发生了**体积闭锁**（volumetric locking），也称为**网格闭锁**（mesh locking）。体积闭锁的产生原因和解决方案详见 5.4.5 节。

4.4.4 验证与确认

在用有限元软件分析工程实际问题时，错误或无意义的输入数据会导致错误或无意义的输出结果，即所谓的垃圾进，垃圾出（garbage in, garbage out）。即使输入数据正确，劣质网格、不恰当地简化约束和载荷等许多因素都可能导致计算结果错误。因此，在进行有限元分析时，必须进行**验证与确认**（verification and validation，V&V），即验证有限元程序的精度并确认有限元解与实验结果吻合，使得有限元解可以用于实际设计中。

用有限元法求解工程实际问题的主要步骤为：(1) 引入若干基本假设对实际问题进行抽象和简化，建立其理想化模型；(2) 基于待求解问题所服从的相关物理定理/原理，建立理想化模型的数学模型，即微分方程和定解条件；(3) 引入有限元离散，将求解域剖分为若干个单元，建立数学模型的离散模型（即有限元模型，包括几何模型、载荷和约束等）并进行求解。因此，有限元解误差的主要来源包括：**理想化误差**（idealization error）、**离散误差**（discretization error）**和求解误差**（solution error）等。理想化误差是用户对实际问题进行抽象和简化（如几何简化、载荷简化、边界条件简化、小变形假设、材料模型简化等）而引入的误差。为了尽可能减小理想化误差，用户需要对所求解的工程实际问题有深入的认识，对相关物理定理/原理和有限元方法有准确的理解，并具有丰富的工程经验和有限元分析经验。离散误差是对数学问题进行有限元离散而产生的误差，主要取决于所采用的单元格式和网格质量，一般可预先可估计。求解误差是计算机在求解方程时产生的误差，主要是由计算机舍入误差引起的。如果所采用的算法是稳定的，舍入误差在计算过程中不会被放大，这部分误差一般可忽略不计。但如果算法是不稳定的，如刚度矩阵的条件数很大，舍入误差将会被放大累积，使计算结果产生很大的误差。

验证是分析有限元解和数学模型精确解之间的误差（即离散误差和求解误差），以保证有限元解是所求解数学模型的近似解，即正确地求解了方程。**确认**则分析有限元解和实验结果之间的误差，以保证有限元模型能够准确代表所求解的实际工程问题。在进行确认时，有限元模型已经进行了验证，因此确认主要是分析理想化误差，即保证求解了正确的方程。

通过验证可以检验程序所使用的单元格式、弱形式、求解器和后处理等是否正确，检验编程是否正确。在进行验证时，利用有限元程序求解具有精确解的问题，确定有限元解 L_2 范数误差和单元尺寸 h 之间的关系，即分析有限元解的收敛率。复杂问题的精确解很难求得，也可以采用人工解（manufactured solutions）的方法，即假设一个解函数，利用该解函数来反求与其对应的体力和边界位移/面力等，从而构造出精确解为该函数的问题。

除了收敛性分析外，也可以利用**分片试验**（patch test）对有限元格式和程序进行验证，详见 4.6 节。

例题 4–2： 考虑一具有中心圆孔方板的各向同性稳态热传导问题，如图 4.30 所示。假设圆孔半径为 a，板宽度为 $2b$，左右边界和圆孔边界均为温度边界 Γ_T，上下边界为热流边界 Γ_q，并取导热系数 $k=1$。试构造此问题的人工解 $T(x,y)$。

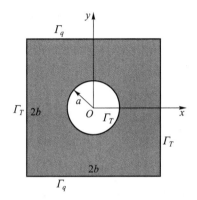

图 4.30 具有中心圆孔的方板热传导问题

解答： 二维各向同性热传导方程为

$$k\nabla^2 T + s = 0, \quad \boldsymbol{x} \in \Omega \tag{a}$$

$$T = \overline{T}, \quad \boldsymbol{x} \in \Gamma_T \tag{b}$$

$$\boldsymbol{q} \cdot \boldsymbol{n} = \overline{q}, \quad \boldsymbol{x} \in \Gamma_q \tag{c}$$

式中 $\boldsymbol{q} = -k\nabla T$ 为热流密度，$\overline{T}$ 为给定温度，$\overline{q}$ 为给定热流密度，Γ_T 和 Γ_q 分别为温度边界和热流边界。根据问题的特点，假设圆孔处的温度为 0，温度场的解析解可取为

$$T(x,y) = (r-a)^2 = a^2 + x^2 + y^2 - 2a\sqrt{x^2+y^2} \tag{d}$$

将人工解 $T(x,y)$ 代入热量平衡方程 (a)、温度边界条件 (b) 和热流边界条件 (c) 中，可以分别得到相应的热源

$$s(x,y) = -\nabla^2 T(x,y) = \frac{2a}{\sqrt{x^2+y^2}} - 4$$

给定温度

$$T(r=a) = 0$$

$$T(x = \pm b, y) = a^2 + b^2 + y^2 - 2a\sqrt{b^2 + y^2}$$

和给定热流密度

$$\bar{q}(x, y = b) = -\frac{\partial T}{\partial y}(x, y = b) = 2b\left(\frac{a}{\sqrt{x^2 + b^2}} - 1\right)$$

$$\bar{q}(x, y = -b) = -\frac{\partial T}{\partial y}(x, y = b) = 2b\left(1 - \frac{a}{\sqrt{x^2 + b^2}}\right)$$

因此人工解 $T(x, y)$ 是对应于以上热源、温度边界条件和热流边界条件的二维稳态热传导问题的精确解。

4.5 高阶单元

4.2 节讨论了 3 节点三角形单元、4 节点四面体单元、4 节点矩形/四边形单元和 8 节点六面体单元等线性/双线性/三线性单元，这些单元的边界都是直线或平面，在离散曲边界几何体时会引入额外的误差。高阶单元的边界可以是曲边，能更好地模拟曲边界几何体。本节进一步讨论高阶三角形/四面体/四边形单元、可变节点四边形单元、高阶六面体单元、无限单元、奇异单元和阶谱单元等。

4.5.1 高阶三角形单元

二次单元的近似函数可以取为二次完全多项式

$$u^e(x, y) = \alpha_0^e + \alpha_1^e x + \alpha_2^e y + \alpha_3^e x^2 + \alpha_4^e xy + \alpha_5^e y^2$$

式中共有 6 个待定系数，因此单元应具有 6 个节点以确定这些待定系数。6 节点三角形单元除了 3 个顶点外，在每条边的中点布置一个节点，如图 4.31a 所示。

三次单元的近似函数可以取为三次完全多项式

$$u^e(x, y) = \alpha_0^e + \alpha_1^e x + \alpha_2^e y + \alpha_3^e x^2 + \alpha_4^e xy + \alpha_5^e y^2 + \alpha_6^e x^3 + \alpha_7^e x^2 y + \alpha_8^e xy^2 + \alpha_9^e y^3$$

式中共有 10 个待定系数，因此单元应具有 10 个节点以确定这些待定系数。10 节点三角形单元除了 3 个顶点外，在每条边上均匀布置 2 个节点，并在单元形心布置 1 个节点，如图 4.31b

所示。

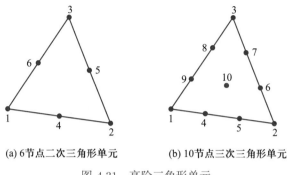

(a) 6节点二次三角形单元　　　　(b) 10节点三次三角形单元

图 4.31　高阶三角形单元

令近似函数 $u^e(x,y)$ 在单元节点 I 处等于单元节点函数值 u_I^e 即可确定待定系数 α_i^e，但需要求解矩阵 $\boldsymbol{M}^e$ 的逆。二次单元的 $\boldsymbol{M}^e$ 为 6 阶矩阵，而三次单元的 $\boldsymbol{M}^e$ 为 10 阶矩阵，求逆过程极为繁杂。

4.5.1.1　6 节点二次三角形单元

利用面积坐标可以直接构造三角形单元的形函数，而无须求解矩阵 $\boldsymbol{M}^e$ 的逆。例如，对于图 4.32a 所示的 6 节点三角形单元（简称 T6 单元），在单元 4–6 边上 $\xi_1 - 1/2 = 0$，在单元 2–5–3 边上 $\xi_1 = 0$，如将 $\xi_1 - 1/2$ 和 ξ_1 相乘并在节点 1 处归一化，得到的函数为二次函数，在节点 1 处为 1，在其他节点处为 0，因此可将其取为 N_1；将 ξ_2 和 ξ_1 相乘并在节点 4 处归一化，得到函数在节点 4 处为 1，在其他节点处为 0，因此可将其取为 N_4。类似地可得

$$N_1^{\mathrm{T6}} = \xi_1(2\xi_1 - 1)$$

$$N_2^{\mathrm{T6}} = \xi_2(2\xi_2 - 1)$$

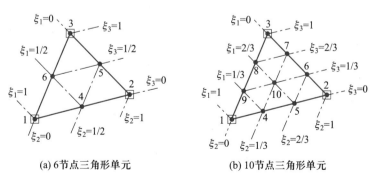

(a) 6节点三角形单元　　　　(b) 10节点三角形单元

图 4.32　高阶三角形单元的面积坐标

$$N_3^{\mathrm{T6}} = \xi_3(2\xi_3 - 1)$$

$$N_4^{\mathrm{T6}} = 4\xi_1\xi_2$$

$$N_5^{\mathrm{T6}} = 4\xi_2\xi_3$$

$$N_6^{\mathrm{T6}} = 4\xi_1\xi_3$$

可以验证, 形函数 $N_I^{\mathrm{T6}}(I = 1, 2, \cdots, 6)$ 满足单位分解条件

$$\sum_{I=1}^{6} N_I^{\mathrm{T6}}(\xi_1, \xi_2, \xi_3) = 1 \tag{4.136}$$

和克罗内克 δ 性质

$$N_I^{\mathrm{T6}}(\xi_1^J, \xi_2^J, \xi_3^J) = \delta_{IJ} \tag{4.137}$$

对于 6 节点三角形等参单元, 几何映射和函数近似格式分别为

$$x(\xi_1, \xi_2, \xi_3) = \boldsymbol{N}^e \boldsymbol{x}^e, \quad y(\xi_1, \xi_2, \xi_3) = \boldsymbol{N}^e \boldsymbol{y}^e \tag{4.138}$$

$$u^e(\xi_1, \xi_2, \xi_3) = \boldsymbol{N}^e \boldsymbol{d}^e \tag{4.139}$$

为保证收敛, 有限元近似函数必须在物理空间中满足连续性和完备性要求。线弹性问题弱形式 (4.9) 中导数的最高阶次为 1, 因此近似函数在物理空间中必须一阶导数平方可积且具有线性完备性。

1. 连续性要求

在单元的三条边上, 坐标 ξ_1、ξ_2 和 ξ_3 之中总有一个为 0, 其余两个之和为 1。例如, 在单元 2-5-3 边上, $\xi_1 = 0$, $\xi_2 = 1 - \xi_3$, 形函数 $N_1^{\mathrm{T6}} = N_4^{\mathrm{T6}} = N_6^{\mathrm{T6}} = 0$, N_2^{T6}、N_3^{T6} 和 N_5^{T6} 是关于 ξ_3 的二次函数。因此, 在单元 2-5-3 边上, 近似函数 $u^e(\xi_1, \xi_2, \xi_3)$ 是关于 ξ_3 的二次函数。该单元在每条边上有 3 个节点, 可以唯一地确定一个二次函数, 只要近似函数在相邻单元界面上的 3 个节点处的值相等, 它在单元之间就是连续的, 因此满足连续性要求。

2. 完备性要求

线性完备性要求表明, 如果近似函数节点值 u_I^e 按照某个线性场给定, 则所构建的近似函数 $u^e(x, y)$ 必须为该线性场。令近似函数节点值 u_I^e 按照某个线性场给定, 即

$$u_I^e = \alpha_0 + \alpha_1 x_I^e + \alpha_2 y_I^e \tag{4.140}$$

则近似函数为

$$u^e(x,y) = \sum_{I=1}^{n_{en}}(\alpha_0 + \alpha_1 x_I^e + \alpha_2 y_I^e)N_I^{T6}$$

$$= \alpha_0 \sum_{I=1}^{n_{en}} N_I^{T6} + \alpha_1 \sum_{I=1}^{n_{en}} x_I^e N_I^{T6} + \alpha_2 \sum_{I=1}^{n_{en}} y_I^e N_I^{T6} \tag{4.141}$$

式中 $n_{en} = 6$ 为单元的节点总数。将等参映射 (4.138) 和单位分解条件 (4.136) 代入上式可得

$$u^e(x,y) = \alpha_0 + \alpha_1 x + \alpha_2 y$$

即当近似函数节点值按某个线性场给定时, 近似函数 (4.139) 可以精确重构该线性场, 表明近似函数 (4.139) 具有线性完备性。事实上, 所有等参单元都满足等参映射 (4.138) 和单位分解条件 (4.136), 因此均具有线性完备性。

有限元解的精度取决于近似函数中完全多项式的最高阶数。由等参映射 (4.138) 可知, 坐标 x 和 y 是关于面积坐标 ξ_1 和 ξ_2 的二次完全多项式, 因此物理空间中的二次完全多项式 $\alpha_0 + \alpha_1 x + \alpha_2 y + \alpha_3 x^2 + \alpha_4 xy + \alpha_5 y^2$ 是关于面积坐标 ξ_1 和 ξ_2 的四次完全多项式。为了精确插值关于面积坐标 ξ_1 和 ξ_2 的四次完全多项式, 形函数也必须是四次完全多项式。形函数 $N_K^{T6}(\xi_1,\xi_2,\xi_3)$ 仅是面积坐标 ξ_1 和 ξ_2 的二次完全多项式, 因此近似函数 (4.139) 只能精确插值关于面积坐标 ξ_1 和 ξ_2 的二次完全多项式, 一般无法精确重构物理空间中的二次完全多项式。

4.5.1.2 6 节点三角形亚参单元

事实上, 如果坐标 x 和 y 是关于面积坐标 ξ_1 和 ξ_2 的线性完全多项式, 则物理空间中的二次完全多项式仍然是面积坐标 ξ_1 和 ξ_2 的二次完全多项式, 此时近似函数 (4.139) 将可以精确重构物理空间中的二次完全多项式。此类单元称为**亚参单元**, 其几何映射的节点数少于函数近似的节点数。例如, 6 节点亚参单元仅采用 3 个角节点 (图 4.32a 中的方块) 进行单元几何映射, 即

$$x = \sum_{I=1}^{3} \xi_I x_I^e, \quad y = \sum_{I=1}^{3} \xi_I y_I^e \tag{4.142}$$

其函数近似仍采用式 (4.139)。

4.5.1.3 10 节点三次三角形单元

类似地可以写出 10 节点三角形单元 (简称 T10 单元, 图 4.32b) 的形函数

$$N_1^{T10} = \frac{9}{2}\xi_1(\xi_1 - \frac{1}{3})(\xi_1 - \frac{2}{3})$$

$$N_2^{\text{T10}} = \frac{9}{2}\xi_2(\xi_2 - \frac{1}{3})(\xi_2 - \frac{2}{3})$$

$$N_3^{\text{T10}} = \frac{9}{2}\xi_3(\xi_3 - \frac{1}{3})(\xi_3 - \frac{2}{3})$$

$$N_4^{\text{T10}} = \frac{27}{2}\xi_1\xi_2(\xi_1 - \frac{1}{3})$$

$$N_5^{\text{T10}} = \frac{27}{2}\xi_1\xi_2(\xi_2 - \frac{1}{3})$$

$$N_6^{\text{T10}} = \frac{27}{2}\xi_2\xi_3(\xi_2 - \frac{1}{3})$$

$$N_7^{\text{T10}} = \frac{27}{2}\xi_2\xi_3(\xi_3 - \frac{1}{3})$$

$$N_8^{\text{T10}} = \frac{27}{2}\xi_1\xi_3(\xi_3 - \frac{1}{3})$$

$$N_9^{\text{T10}} = \frac{27}{2}\xi_1\xi_3(\xi_1 - \frac{1}{3})$$

$$N_{10}^{\text{T10}} = 27\xi_1\xi_3\xi_3$$

对于二次以上的高阶单元, 系统矩阵条件数大, 计算结果对误差很敏感, 数值稳定性差, 因此在有限元分析中一般不使用二次以上的高阶单元。但是, 有限元解的精度取决于近似函数中最高完全多项式的阶次, 提高近似函数的完备阶次可以显著提高有限元解的精度。为了避免系统矩阵条件数大的问题, 可以采用正交多项式（如勒让德多项式和切比雪夫多项式）来构造高阶单元, 称为阶谱单元（hierarchical element）[46,47], 详见 4.5.9 节。

4.5.2 高阶四面体单元

利用体积坐标, 可以建立 10 节点四面体单元（简称 Tet10 单元）的形函数。例如, 在 5-7-8 面上 $\xi_1 - 1/2 = 0$, 在底面 2-6-3-10-4-9 上 $\xi_1 = 0$, 如图 4.33 所示。如将 $\xi_1 - 1/2$ 和 ξ_1 相乘并在节点 1 处归一化, 可得到节点 1 的形函数 N_1^{Tet10}。类似地, 可以得到其他节点的形函数

$$N_1^{\text{Tet10}} = 2\xi_1(\xi_1 - 1/2)$$

$$N_2^{\text{Tet10}} = 2\xi_2(\xi_2 - 1/2)$$

$$N_3^{\text{Tet10}} = 2\xi_3(\xi_3 - 1/2)$$

$$N_4^{\text{Tet10}} = 2\xi_4(\xi_4 - 1/2)$$

$$N_5^{\text{Tet10}} = 4\xi_1\xi_2$$

$$N_6^{\text{Tet10}} = 4\xi_2\xi_3$$

$$N_7^{\text{Tet10}} = 4\xi_1\xi_3$$

$$N_8^{\text{Tet10}} = 4\xi_1\xi_4$$

$$N_9^{\text{Tet10}} = 4\xi_2\xi_4$$

$$N_{10}^{\text{Tet10}} = 4\xi_3\xi_4$$

可以验证，形函数 N_I^{Tet10} ($I = 1, 2, \cdots, 10$) 满足克罗内克 δ 性质和单位分解条件。

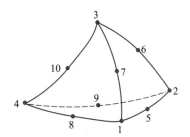

图 4.33　10 节点四面体单元

4.5.3　高阶四边形等参单元

高阶四边形等参单元有两类构造方法。第一类是通过一维单元形函数的张量积来构造，称为拉格朗日单元（Lagrange element）。例如，将 ξ 方向和 η 方向的一维 3 节点二次形函数相乘，可以得到 9 节点四边形单元（简称 Q9 单元）的形函数，如图 4.34a 所示。拉格朗日单元在单元内部有节点，如 Q9 单元的第 9 个节点位于单元形心。第二类方法是通过一定的技巧，只在单元边界上增加新节点，而不在单元内部引入节点，称为**巧凑边点元**（serendipity[①] element），如图 4.34b 所示。

4.5.3.1　9 节点四边形单元

考虑长度为 2 的一维 3 节点母单元，由式 (3.134) 可知其形函数为

$$N_1^{\text{L3}} = \frac{1}{2}\xi(\xi - 1)$$

---

① serendipity 指意外发现珍奇事物的才能，它是英国作家 Horace Walpole 于 1754 年创造的。在写给朋友的一封信中，他借用十四世纪波斯神话《锡兰三王子》（The three princes of Serendip）来表达他的一个意外发现。serendipity 在科学创新历史上也常被用来表示意外的发明，如 Alexander Fleming 于 1928 年意外发现了盘尼西林（青霉素），Percy Spencer 于 1945 年发明了微波炉等。Serendipity 于 2004 年被英国一家翻译公司（Today Translations）评为最难翻译的十个单词之一。

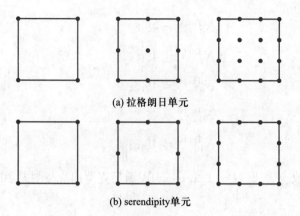

(a) 拉格朗日单元

(b) serendipity单元

图 4.34　拉格朗日单元和 serendipity 单元

$$N_2^{\mathrm{L3}} = 1 - \xi^2 \tag{4.143}$$

$$N_3^{\mathrm{L3}} = \frac{1}{2}\xi(\xi + 1)$$

式中 $-1 \leqslant \xi \leqslant 1$。将关于 ξ 的 3 节点形函数 $N_I^{\mathrm{L3}}(\xi)$ 和关于 η 的 3 节点形函数 $N_J^{\mathrm{L3}}(\eta)$ 相乘，得到 9 节点四边形单元的形函数

$$N_K^{\mathrm{Q9}}(\xi,\eta) = N_{[I,J]}^{\mathrm{Q9}}(\xi,\eta) = N_I^{\mathrm{L3}}(\xi)N_J^{\mathrm{L3}}(\eta)$$

式中单元节点号 $K = 1, 2, \cdots, 9$，它与一维单元节点号 I 和 J 的对应关系如图 4.35 所示，如节点 6 对应于一维单元的节点对 $[3, 2]$，即

$$N_6^{\mathrm{Q9}}(\xi,\eta) = N_3^{\mathrm{L3}}(\xi)N_2^{\mathrm{L3}}(\eta) = \frac{1}{2}\xi(\xi + 1)(1 - \eta^2)$$

可以验证，形函数 $N_K^{\mathrm{Q9}}(\xi,\eta)$ 满足克罗内克 δ 性质

$$N_K^{\mathrm{Q9}}(\xi_L, \eta_L) = \delta_{KL} \tag{4.144}$$

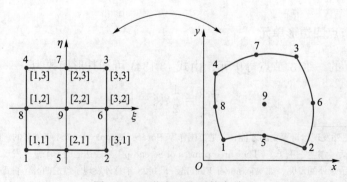

图 4.35　9 节点四边形等参单元

和单位分解条件

$$\sum_{K=1}^{9} N_K^{Q9}(\xi,\eta) = 1 \qquad (4.145)$$

在等参单元中, 用于函数近似的形函数和用于几何映射的形函数完全相同, 即

$$x(\xi,\eta) = \boldsymbol{N}^e(\xi,\eta)\boldsymbol{x}^e, \quad y(\xi,\eta) = \boldsymbol{N}^e(\xi,\eta)\boldsymbol{y}^e \qquad (4.146)$$

$$u^e(\xi,\eta) = \boldsymbol{N}^e(\xi,\eta)\boldsymbol{d}^e \qquad (4.147)$$

形函数 $N_K^{Q9}(\xi,\eta)$ 是关于 ξ 和 η 的双二次函数。在单元的 4 条边上, ξ 或 η 为常数。例如, 在 1-5-2 边上, $\eta = -1$, $N_K^{Q9}(\xi,\eta)$ 只有 1、ξ 和 ξ^2 等单项式, 由映射 (4.146) 可知, 该边上各点的坐标 (x,y) 均为 ξ 的二次函数, 因此是一条曲边, 如图 4.35 所示。与直边单元相比, 采用很少几个曲边单元即能很好地模拟孔和其他曲面边界。等参单元的提出是有限元法的重要进展之一, 它使有限元法可以很准确地模拟具有复杂形状的真实物体。

9 节点等参单元近似函数 $u^e(\xi,\eta)$ 含有 1、ξ、η、ξ^2、$\xi\eta$、η^2、$\xi^2\eta$、$\xi\eta^2$ 和 $\xi^2\eta^2$ 等单项式 (图 4.36), 是完全双二次插值, 其完全多项式的最高阶次为 $p = 2$。

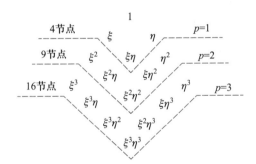

图 4.36　拉格朗日单元形函数的单项式

为保证收敛, 有限元近似函数在物理空间中必须满足连续性和完备性要求。在单元的 4 条边上, ξ 或 η 为常数, 近似函数 (4.147) 为 η 或 ξ 的二次函数。单元每条边上都有 3 个节点, 可以唯一确定一个二次函数, 因此只要相邻单元的各节点均重合且雅可比行列式 $J(\xi,\eta) > 0$ (即逆映射存在且为满射), 它们的近似函数即在单元间连续。

由 4.5.1 节的讨论可知, 等参单元满足线性完备性要求。有限元解的精度取决于近似函数中完全多项式的最高阶数。由等参映射 (4.146) 可知, 坐标 x 和 y 均含有 ξ 和 η 双二次单项式, 物理空间中的二次完全多项式 $\alpha_0 + \alpha_1 x + \alpha_2 y + \alpha_3 x^2 + \alpha_4 xy + \alpha_5 y^2$ 将含有 ξ 和 η 的双四次单项式, 而形函数 $N_K^{Q9}(\xi,\eta)$ 中仅含有 ξ 和 η 的双二次单项式, 因此近似函数 (4.147) 无

法精确重构物理空间中的二次完全多项式。当单元各边均为直线，且节点 $5 \sim 8$ 位于各边中点，节点 9 位于单元中心时，等参映射 (4.146) 退化为双线性映射，即坐标 x 和 y 仅含有 ξ 和 η 的双线性单项式，此时物理空间中的二次完全多项式仅含有 ξ 和 η 的双二次单项式，因此近似函数 (4.147) 可以精确重构物理空间中的二次完全多项式。

形函数梯度矩阵 ∇N^e 可以用 4.2.5 节计算 4 节点四边形单元形函数梯度矩阵 ∇N^e 的方法求得，这里不再赘述。事实上，4.2.5 节的方法适用于任何等参单元的形函数梯度计算。对于 9 节点四边形等参单元，形函数梯度矩阵 ∇N^e 为 2×9 矩阵。

类似地，可以用张量积的方法构造其他等参单元，如将关于 ξ 的 4 节点单元形函数 $N_I^{\mathrm{L4}}(\xi)$ 和关于 η 的 3 节点单元形函数 $N_I^{\mathrm{L3}}(\xi)$ 相乘，得到 12 节点四边形等参单元（图 4.37），各节点形函数为

$$N_K^{\mathrm{Q12}}(\xi,\eta) = N_{[I,J]}^{\mathrm{Q12}}(\xi,\eta) = N_I^{\mathrm{L4}}(\xi)N_J^{\mathrm{L3}}(\eta)$$

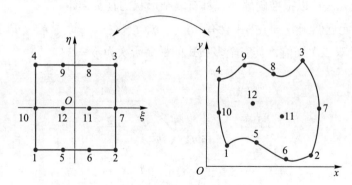

图 4.37　12 节点四边形等参单元

例如，节点 12 在 ξ 方向和 η 方向均对应于 2 号节点，即

$$N_{12}^{\mathrm{Q12}}(\xi,\eta) = N_2^{\mathrm{L4}}(\xi)N_2^{\mathrm{L3}}(\eta)$$

其中 $N_2^{\mathrm{L3}}(\eta) = 1-\eta^2$。4 节点单元形函数 $N_2^{\mathrm{L4}}(\xi)$ 在 $\xi = -1/3$ 处为 1，在 $\xi = -1$、$\xi = 1/3$ 和 $\xi = 1$ 处应为 0，故有

$$N_2^{\mathrm{L4}}(\xi) = \frac{27}{16}(\xi^2 - 1)(\xi - 1/3)$$

因此得

$$N_{12}^{\mathrm{Q12}}(\xi,\eta) = \frac{27}{16}(\xi^2 - 1)(\xi - 1/3)(1 - \eta^2)$$

4.5.3.2   8 节点四边形单元

与拉格朗日单元不同，serendipity 单元只在单元边上增加新节点。例如，在 4 节点四边形单元的 4 条边中点处各增加 1 个节点，可得到 8 节点四边形等参单元 (简称 Q8 单元)，如图 4.38 所示。

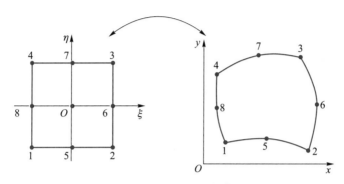

图 4.38   8 节点四边形等参单元

新构造单元的形函数 N_I^{Q8} 必须满足克罗内克 δ 性质和单位分解条件。在单元的 1-2、2-3、3-4 和 1-4 边上分别有 $1+\eta=0$、$1-\xi=0$、$1-\eta=0$ 和 $1+\xi=0$。节点 5 位于 1-2 边上，与其他三条边对应的项相乘并在节点 5 归一化所得到的函数将满足克罗内克 δ 性质，因此可以将其取为该节点的形函数 N_5^{Q8}。类似地，可以得到节点 $6 \sim 8$ 的形函数，即

$$N_5^{\mathrm{Q8}}(\xi,\eta) = \frac{1}{2}(1-\xi^2)(1-\eta)$$

$$N_6^{\mathrm{Q8}}(\xi,\eta) = \frac{1}{2}(1+\xi)(1-\eta^2)$$

$$N_7^{\mathrm{Q8}}(\xi,\eta) = \frac{1}{2}(1-\xi^2)(1+\eta) \tag{4.148}$$

$$N_8^{\mathrm{Q8}}(\xi,\eta) = \frac{1}{2}(1-\xi)(1-\eta^2)$$

四个角节点的形函数 $N_I^{\mathrm{Q8}}(I=1\sim4)$ 可以通过修正 4 节点四边形单元的形函数 N_I^{Q4} 来得到。形函数 N_1^{Q4} 在节点 1 处为 1，在节点 5 和节点 8 处为 1/2，在其余节点处均为 0。$N_5^{\mathrm{Q8}}(\xi,\eta)$ 和 $N_8^{\mathrm{Q8}}(\xi,\eta)$ 分别在节点 5 和节点 8 处为 1，在其余节点处均为 0。因此函数 $N_1^{\mathrm{Q4}}-(N_5^{\mathrm{Q8}}+N_8^{\mathrm{Q8}})/2$ 在节点 1 处为 1，在其余节点处均为 0，即满足克罗内克 δ 性质，故可将其取为 N_1^{Q8}。类似地，可以得到满足克罗内克 δ 性质的 $N_2^{\mathrm{Q8}} \sim N_4^{\mathrm{Q8}}$，即

$$N_1^{Q8} = N_1^{Q4} - \frac{1}{2}(N_5^{Q8} + N_8^{Q8}) = -\frac{1}{4}(1-\xi)(1-\eta)(\xi+\eta+1)$$

$$N_2^{Q8} = N_2^{Q4} - \frac{1}{2}(N_5^{Q8} + N_6^{Q8}) = \frac{1}{4}(1+\xi)(1-\eta)(\xi-\eta-1)$$

$$N_3^{Q8} = N_3^{Q4} - \frac{1}{2}(N_6^{Q8} + N_7^{Q8}) = \frac{1}{4}(1+\xi)(1+\eta)(\xi+\eta-1)$$ (4.149)

$$N_4^{Q8} = N_4^{Q4} - \frac{1}{2}(N_7^{Q8} + N_8^{Q8}) = -\frac{1}{4}(1-\xi)(1+\eta)(\xi-\eta+1)$$

将 $N_1^{Q8} \sim N_8^{Q8}$ 求和，可得

$$\sum_{I=1}^{8} N_I^{Q8} = \sum_{I=1}^{4} N_I^{Q4} = 1$$

可见 $N_1^{Q8} \sim N_8^{Q8}$ 既满足克罗内克 δ 性质也满足单位分解条件，即为 Q8 单元的形函数。

Q8 单元形函数中包含 1、ξ、η、ξ^2、$\xi\eta$、η^2、$\xi^2\eta$ 和 $\xi\eta^2$ 等 8 个单项式，比 Q9 单元少了 $\xi^2\eta^2$ 项。因此，Q8 单元近似函数是非完全双二次插值，其完全多项式的最高阶次仍然是 2，并没有损失逼近的阶次。若在单元 4 条边上各再增加 1 个节点，可得到 12 节点四边形单元，其形函数中将增加 ξ^3、$\xi^3\eta$、$\xi\eta^3$ 和 η^3 等 4 个单项式，完全多项式的阶次为 3。但当进一步在单元边上增加节点时，serendipity 单元形函数缺少 $\xi^2\eta^2$、$\xi^3\eta^2$ 和 $\xi^2\eta^3$ 等高阶单项式，其完全多项式的最高阶次将保持为 3，如图 4.39 所示。拉格朗日单元具有内部节点，其形函数包含过多的高阶单项式，但可以具有任意阶的完全多项式，如图 4.36 所示。在有限元分析中一般不使用二次以上的高阶单元，而 8 节点 serendipity 单元比 9 节点拉格朗日单元少 1 个节点，且可以采用减缩积分而无须引入沙漏控制（详见 4.6.3 节），因此在商用软件中更常用。

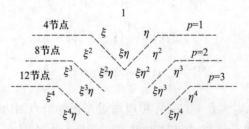

图 4.39 serendipity 单元形函数的单项式

Q8 单元形函数 $N_1^{Q8} \sim N_4^{Q8}$ 也可以直接基于形函数的克罗内克 δ 性质和单位分解条件来构造。以 N_1^{Q8} 为例，它需满足 $N_{1I}^{Q8} = \delta_{1I}$，且在单元内为不含 $\xi^2\eta^2$ 的非完全双二次多项式。直线 2-3、3-4 和 5-8 的方程分别为 $1-\xi=0$、$1-\eta=0$ 和 $1+\xi+\eta=0$，因此满足上述条件的函数为

$$N_1^{\mathrm{Q8}} = \frac{(1-\xi)(1-\eta)(1+\xi+\eta)}{(1-\xi)(1-\eta)(1+\xi+\eta)|_{\xi=\eta=-1}}$$

$$= -\frac{1}{4}(1-\xi)(1-\eta)(\xi+\eta+1)$$

类似地，可得 $N_2^{\mathrm{Q8}} \sim N_4^{\mathrm{Q8}}$，这里不再赘述。

4.5.3.3 8 节点/9 节点四边形亚参单元

由 4.5.3.1 节的讨论可知，9 节点等参单元只有当各边均为直边且边中节点位于各边中点时才能在物理空间中精确重构二次多项式，此时单元几何映射退化为线性映射。因此，若采用 4 节点四边形单元形函数进行单元几何映射，采用 9 节点四边形单元形函数构造近似函数，得到的单元在物理空间中能够精确重构二次多项式。这类单元在单元几何映射时使用的节点数小于构建试探解时使用的节点数，称为**亚参单元**。图 4.40a、b 分别给出了 8 节点亚参单元和 9 节点亚参单元，其中实心圆表示构建近似函数使用的节点，空心方块表示单元几何映射所使用的节点。

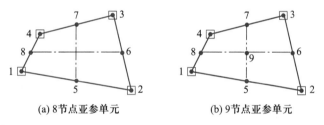

(a) 8节点亚参单元   (b) 9节点亚参单元

图 4.40 亚参单元

亚参单元的单元几何映射格式为

$$x^e(\xi,\eta) = \sum_{I=1}^{4} N_I^{\mathrm{Q4}}(\xi,\eta)x_I^e$$
$$y^e(\xi,\eta) = \sum_{I=1}^{4} N_I^{\mathrm{Q4}}(\xi,\eta)y_I^e \tag{4.150}$$

其近似函数可以统一写为

$$u^e(\xi,\eta) = \sum_{I=1}^{n} N_I(\xi,\eta)u_I^e \tag{4.151}$$

式中 n 为构建近似函数所使用的节点数，$N_I(\xi,\eta)$ 为相应的形函数。对于 8 节点亚参单元，$n=8$，$N_I = N_I^{\mathrm{Q8}}$；对于 9 节点亚参单元，$n=9$，$N_I = N_I^{\mathrm{Q9}}$。由式 (4.149) 和图 4.40可以看出，形函

数 N_I 和 N_I^{Q4} 之间满足关系式

$$N_I^{Q4} = \sum_{J=1}^{n} c_{IJ} N_J \tag{4.152}$$

式中 c_{IJ} 为形函数 N_I^{Q4} 在节点 $J(J = 1, 2, \cdots, n)$ 处的值，即

$$c_{IJ} = N_I^{Q4}(\xi_J, \eta_J) \tag{4.153}$$

例如，对于 8 节点亚参单元 $c_{11} = N_1^{Q4}(\xi_1, \eta_1) = 1, c_{15} = N_1^{Q4}(\xi_5, \eta_5) = 1/2, c_{18} = N_1^{Q4}(\xi_8, \eta_8) = 1/2$，对于 9 节点等参单元 $c_{11} = N_1^{Q4}(\xi_1, \eta_1) = 1, c_{15} = N_1^{Q4}(\xi_5, \eta_5) = 1/2, c_{18} = N_1^{Q4}(\xi_8, \eta_8) = 1/2, c_{19} = N_1^{Q4}(\xi_9, \eta_9) = 1/4$。由式 (4.150) 和式 (4.153) 可知

$$x_J^e = \sum_{I=1}^{4} c_{IJ} x_I^e, \quad y_J^e = \sum_{I=1}^{4} c_{IJ} y_I^e \quad (J = 1, 2, \cdots, n) \tag{4.154}$$

假设节点函数值 u_J^e 按线性场给定，即 $u_J^e = \alpha_0 + \alpha_1 x_J^e + \alpha_2 y_J^e$，则利用式 (4.154)、(4.152) 和式 (4.150) 可将近似函数展开为

$$u = \sum_{J=1}^{n} N_J(\alpha_0 + \alpha_1 x_J^e + \alpha_2 y_J^e)$$

$$= \alpha_0 \sum_{J=1}^{n} N_J + \alpha_1 \sum_{J=1}^{n} N_J \sum_{I=1}^{4} c_{IJ} x_I^e + \alpha_2 \sum_{J=1}^{n} N_J \sum_{I=1}^{4} c_{IJ} y_I^e$$

$$= \alpha_0 + \alpha_1 \sum_{I=1}^{4} N_I^{Q4} x_I^e + \alpha_2 \sum_{I=1}^{4} N_I^{Q4} y_I^e$$

$$= \alpha_0 + \alpha_1 x + \alpha_2 y$$

即亚参单元可以在物理空间中重构线性场。

在亚参单元中，物理坐标 x 和 y 是自然坐标 ξ 和 η 的双线性函数，关于物理坐标 x 和 y 的二阶完全多项式含有 1、ξ、η、ξ^2、$\xi\eta$、η^2、$\xi^2\eta$、$\xi\eta^2$ 和 $\xi^2\eta^2$ 等 9 个单项式。9 节点亚参单元的近似函数中也包含这 9 个单项式（图 4.36），因此可以精确重构物理空间中的二次完全多项式。但是，8 节点亚参单元的近似函数中只包含除 $\xi^2\eta^2$ 以外的 8 个单项式（图 4.39），不能精确重构物理空间的二次完全多项式。

例题 4-3：考虑如图 4.41a 所示的矩形截面悬臂梁问题，其长 $L = 5.0$，高 $h = 0.5$，宽 $b = 0.1$[①]。梁的左端固定，右端受一力偶（$F = 1$）作用。取泊松比 $\nu = 0$，其位移和应力的解

___
① 参见例题 2-1 中的说明。

析解为

$$u(x) = \frac{Fh}{EI}xy, \quad v(x) = -\frac{Fh}{2EI}x^2, \quad \sigma(x) = \frac{Fh}{I}y \qquad (4.155)$$

式中 $I = bh^3/12$ 为截面惯性矩。

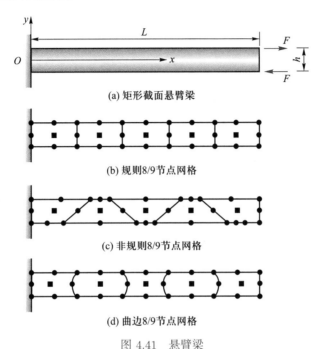

(a) 矩形截面悬臂梁

(b) 规则8/9节点网格

(c) 非规则8/9节点网格

(d) 曲边8/9节点网格

图 4.41 悬臂梁

解答: 此问题可以用一平面应力问题模拟,弹性模量取为 $E = 10\,000$。为了考察单元类型和单元形状对计算结果的影响,分别用 8/9 节点规则网格、非规则网格和曲边网格求解。在规则网格中,各单元边长相同,均为矩形单元,如图 4.41b 所示;非规则网格是在规则网格的基础上,将单元角节点左/右平移 0.3 得到的,如图 4.41c 所示;曲边网格是在规则网格的基础上,将单元部分边中节点左/右平移 0.1 得到的,如图 4.41d 所示。节点 9 位于单元形心。采用完全高斯积分,即 3×3 高斯积分。本例的输入数据文件见 GitHub 的 xzhang66/FEM-Book 仓库中 Examples 目录下的 Example-4-3。

图 4.42 和图 4.43 分别比较了用不同网格计算得到的悬臂梁中性轴挠度 $v(x)$ 和正应力 $\sigma_x(x)$ 分布,其中图 4.43a 是 $y = \sqrt{15}/20$(对应于高斯点 $\eta = \sqrt{3/5}$)线上的应力分布,图 4.43b 是悬臂梁上表面上的应力分布。本问题的挠度解析解为二次函数。对于规则网格,8 节点单元和 9 节点单元均给出了精确解,此时两类单元均可以在物理空间中精确重构二次多项式。对于非规则网格,只有 9 节点单元给出了精确解,此时只有 9 节点单元可以在物理空间中精确

重构二次多项式，8 节点单元因为在形函数中缺少 $\xi^2\eta^2$ 项而无法在物理空间中精确重构二次多项式。对于曲边单元，单元几何映射不再是线性映射，物理坐标 x 和 y 是关于自然坐标 ξ 和 η 的二次函数，两类单元均无法在物理空间中精确重构二次多项式，但 9 节点单元可以更好地逼近二次多项式。

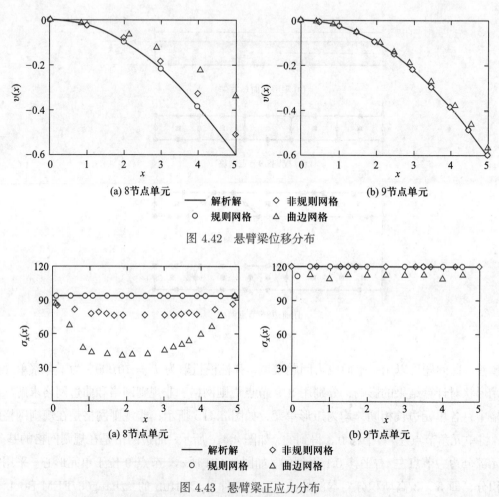

图 4.42 悬臂梁位移分布

图 4.43 悬臂梁正应力分布

4.5.4 静力凝聚与子结构

高阶拉格朗日单元含有内部节点，它们对近似函数在单元间的连续性和最高完备阶次没有贡献。为了减少系统的自由度数，可以在单元一级上利用静力凝聚（static condensation）将内部节点自由度凝聚掉，只保留单元边界节点自由度。将单元节点位移列阵 d^e 分区为边界节点

位移子列阵 $\boldsymbol{d}_{\mathrm{b}}^e$ 和内部节点位移子列阵 $\boldsymbol{d}_{\mathrm{i}}^e$，则单元刚度方程 $\boldsymbol{K}^e \boldsymbol{d}^e = \boldsymbol{f}^e$ 分区为

$$\begin{bmatrix} \boldsymbol{K}_{\mathrm{bb}}^e & \boldsymbol{K}_{\mathrm{bi}}^e \\ \boldsymbol{K}_{\mathrm{ib}}^e & \boldsymbol{K}_{\mathrm{ii}}^e \end{bmatrix} \begin{bmatrix} \boldsymbol{d}_{\mathrm{b}}^e \\ \boldsymbol{d}_{\mathrm{i}}^e \end{bmatrix} = \begin{bmatrix} \boldsymbol{f}_{\mathrm{b}}^e \\ \boldsymbol{f}_{\mathrm{i}}^e \end{bmatrix} \tag{4.156}$$

由式 (4.156) 的第二行可以解得内部节点位移子列阵 $\boldsymbol{d}_{\mathrm{i}}^e = (\boldsymbol{K}_{\mathrm{ii}}^e)^{-1}(\boldsymbol{f}_{\mathrm{i}}^e - \boldsymbol{K}_{\mathrm{ib}}^e \boldsymbol{d}_{\mathrm{b}}^e)$，代回第一行可以得到凝聚后的单元刚度方程

$$\overline{\boldsymbol{K}}_{\mathrm{bb}}^e \boldsymbol{d}_{\mathrm{b}}^e = \overline{\boldsymbol{f}}_{\mathrm{b}}^e \tag{4.157}$$

式中

$$\overline{\boldsymbol{K}}_{\mathrm{bb}}^e = \boldsymbol{K}_{\mathrm{bb}}^e - \boldsymbol{K}_{\mathrm{bi}}^e (\boldsymbol{K}_{\mathrm{ii}}^e)^{-1} \boldsymbol{K}_{\mathrm{ib}}^e \tag{4.158}$$

$$\overline{\boldsymbol{f}}_{\mathrm{b}}^e = \boldsymbol{f}_{\mathrm{b}}^e - \boldsymbol{K}_{\mathrm{bi}}^e (\boldsymbol{K}_{\mathrm{ii}}^e)^{-1} \boldsymbol{f}_{\mathrm{i}}^e \tag{4.159}$$

凝聚后的单元刚度矩阵 $\overline{\boldsymbol{K}}_{\mathrm{bb}}^e$ 和节点载荷列阵 $\overline{\boldsymbol{f}}_{\mathrm{b}}^e$ 的阶数低于原矩阵阶数。式 (4.159) 表明，静力凝聚将作用在内部节点上的力 $\boldsymbol{f}_{\mathrm{i}}^e$ 分配到单元边界节点上。

静力凝聚技术也可以用来求解大规模复杂问题。受计算机内存大小的限制，当求解问题的自由度过多时，系统刚度矩阵只能存放在外存。在对刚度矩阵进行 LDLT 分解时，需要将其分块依次读入内存并写回外存，求解效率大幅降低。为了提高求解效率，可以将复杂结构划分为若干个**子结构**（substructure），利用静力凝聚技术将各子结构的内部节点自由度凝聚掉，只保留其界面节点自由度，从而大幅降低各子结构的自由度数和系统的总自由度数。

例如，图 4.44 所示的二维结构共有 35 个节点，70 个自由度。若将这个结构划分为 2 个子结构，利用静力凝聚技术将各子结构内部节点自由度凝聚掉，只保留其边界节点自由度，则每个子结构的自由度为 28，系统自由度为 46。凝聚后的单元刚度方程 (4.157) 在形式上和普通单元的刚度方程完全相同，因此凝聚后的子结构可以看成是一个特殊单元，称为**超级单元**（super element）。在图 4.44 中，各超级单元为 14 节点矩形单

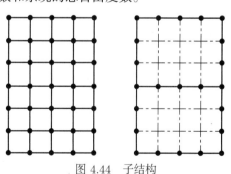

图 4.44 子结构

元。超级单元的刚度矩阵 $\overline{\boldsymbol{K}}_{\mathrm{bb}}^e$ 和节点力列阵 $\overline{\boldsymbol{f}}_{\mathrm{b}}^e$ 向系统总体矩阵的组装方法与普通单元的组装方法完全相同，唯一不同的是，超级单元的矩阵 $\boldsymbol{K}^e$ 和 $\boldsymbol{f}^e$ 是由它所包含的各单元的相应矩阵组装计算而成的。

实际工程结构中存在大量的重复子结构。例如，高层建筑结构一般是由多个不同的标准层重复构成的，具有相同标准层的各楼层平面布置相同，但空间方位不同。将这些标准层处理为

子结构（超级单元），只需计算每个标准层的单元矩阵 $\overline{\boldsymbol{K}}_{bb}^e$ 和 $\overline{\boldsymbol{f}}_{b}^e$，其余楼层的单元矩阵可通过对标准层的单元矩阵进行复制或坐标变换得到，从而大幅提升计算效率，减少计算时间。

房屋建筑存在大量的门窗，利用静力凝聚技术可以将含门窗的墙处理为一个超级单元，以减小有限元模型的规模。基于墙、门和窗的几何信息，可以自动生成含门窗墙的有限元网格（图4.45a），然后利用静力凝聚技术将内部自由度凝聚掉，只保留边界节点自由度（图4.45b），得到该超级单元的单元矩阵。具有相同布局的其他子结构可以直接复用此超级单元的单元矩阵，无须重新计算。子结构技术既可以减小有限元模型的规模，又可以避免对重复子结构单元矩阵的计算，大大提高了结构分析效率。

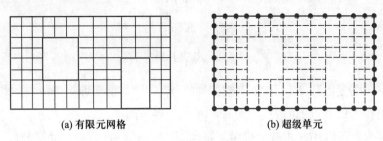

(a) 有限元网格   (b) 超级单元

图 4.45   含有门窗的墙

4.5.5   4～9 可变节点单元

利用构建 8 节点 serendipity 单元的方法，可以构建出 4～9 可变节点单元。如果 9 个节点都存在的话，其形函数应和 9 节点拉格朗日单元相同。如果只有 4 个角节点，其形函数应能退化为 4 节点四边形单元。边中节点 5～9 中的任何一个节点都可以根据需要加入或删除，使得在一个网格中线性单元和高阶单元可以并存，以增加有限元离散的灵活性。例如，图 4.46 所示为一个 5 节点单元，它的 1-5-2 边是二次曲线，可以和 8 节点或 9 节点四边形单元连接，其余边是线性的，可以和 3 节点三角形单元或 4 节点四边形单元连接。

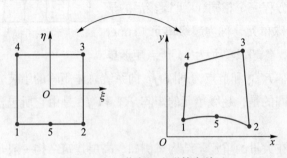

图 4.46   5 节点四边形等参单元

利用上一节中构建 $N_5^{\mathrm{Q8}} \sim N_8^{\mathrm{Q8}}$ 的方法可知，节点 $5 \sim 9$ 的形函数为

$$N_5(\xi, \eta) = \frac{1}{2}(1 - \xi^2)(1 - \eta)$$

$$N_6(\xi, \eta) = \frac{1}{2}(1 + \xi)(1 - \eta^2)$$

$$N_7(\xi, \eta) = \frac{1}{2}(1 - \xi^2)(1 + \eta)$$

$$N_8(\xi, \eta) = \frac{1}{2}(1 - \xi)(1 - \eta^2)$$

$$N_9(\xi, \eta) = (1 - \xi^2)(1 - \eta^2)$$

如果节点 5 存在，需要利用其形函数对 4 节点四边形等参单元形函数 $N_I^{\mathrm{Q4}}(I = 1 \sim 4)$ 进行修正。N_1^{Q4} 和 N_2^{Q4} 在节点 5 处等于 $1/2$，N_3^{Q4} 和 N_4^{Q4} 在节点 5 处等于 0，因此只需对 N_1^{Q4} 和 N_2^{Q4} 进行修正，即

$$N_I = \begin{cases} N_I^{\mathrm{Q4}} - \dfrac{1}{2}N_5 & (I = 1, 2) \\ N_I^{\mathrm{Q4}} & (I = 3, 4) \end{cases}$$

修正后的形函数 $N_I(I = 1 \sim 5)$ 满足单位分解条件和克罗内克 δ 性质。类似地，可新增节点 $6 \sim 8$ 中的任何一个或多个节点。

形函数 $N_1^{\mathrm{Q4}} \sim N_4^{\mathrm{Q4}}$ 在节点 9 处等于 $1/4$，$N_5 \sim N_8$ 在节点 9 处等于 $1/2$，因此如果存在节点 9，需要先将 $N_I^{\mathrm{Q4}}(I = 1 \sim 4)$ 修正为 $N_I^{\mathrm{Q4}} - \dfrac{1}{4}N_9$，同时如果也存在边中节点 $I(I = 5 \sim 8)$ 的话，还需要先将相应的 N_I 修正为 $N_I - \dfrac{1}{2}N_9$。

图 4.47 给出了 $4 \sim 9$ 可变节点单元形函数构造过程。

思考题 在图 4.48a 所示的网格中，单元 (1) 和单元 (2) 为 4 节点四边形单元，单元 (3) 和单元 (4) 为 8 节点四边形单元；在图 4.48b 所示的网格中，所有单元均为 4 节点四边形单元。这两个网格的近似函数是否满足有限元解的收敛性要求？如不满足，如何在不增加新节点的情况下使它们的近似函数满足有限元解的收敛性要求？

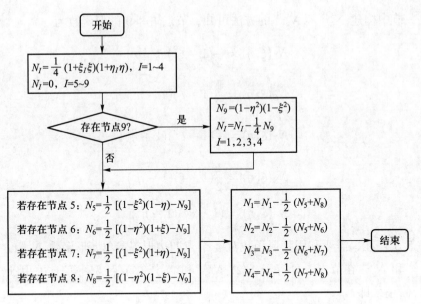

图 4.47   4 ~ 9 可变节点单元形函数构造过程

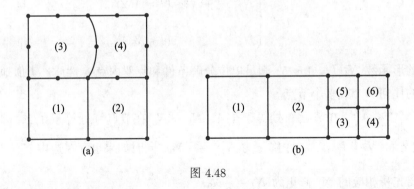

图 4.48

4.5.6   高阶六面体单元

利用 ξ、η 和 ζ 方向的一维二次形函数的张量积可以得到 27 节点拉格朗日六面体单元（简称 H27 单元，图 4.49a）的形函数

$$N_L^{\mathrm{H27}}(\xi,\eta,\zeta) = N_{[I,J,K]}^{\mathrm{H27}}(\xi,\eta,\zeta) = N_I^{\mathrm{L3}}(\xi) N_J^{\mathrm{L3}}(\eta) N_L^{\mathrm{L3}}(\zeta) \qquad (4.160)$$

式中单元节点号 $L = 1, 2, \cdots, 27$ 与一维单元节点号 $I, J, K = 1, 2, 3$ 间的对应关系可以从图 4.49a 中得到。在该单元中，节点 21 位于单元形心，节点 22 ~ 27 分别位于 1-2-3-4、5-6-7-8、1-2-6-5、2-3-7-6、3-4-8-7、4-1-5-8 六个表面的中心。

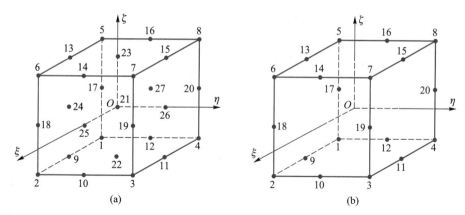

图 4.49　27 节点和 20 节点六面体单元

采用 4.5.3.2 节和 4.5.5 节的方法，基于 8 节点六面体形函数 $N_I^{H8}(\xi,\eta,\zeta)$ 可以构造出 20 节点 serendipity 六面体单元（简称 H20 单元，图 4.49b）和 $8 \sim 27$ 可变节点六面体单元，这里不再赘述，留给读者自行练习。20 节点六面体单元形函数为

$$N_i^{H20}(\xi,\eta,\zeta) = \begin{cases} \dfrac{1}{8}(1+\xi_i\xi)(1+\eta_i\eta)(1+\zeta_i\zeta)(\xi_i\xi+\eta_i\eta+\zeta_i\zeta-2), & \text{角节点} \\[2mm] \dfrac{1}{4}(1-\xi^2)(1+\eta_i\eta)(1+\zeta_i\zeta), & \text{边中节点（}\xi_i=0\text{）} \\[2mm] \dfrac{1}{4}(1-\eta^2)(1+\zeta_i\zeta)(1+\xi_i\xi), & \text{边中节点（}\eta_i=0\text{）} \\[2mm] \dfrac{1}{4}(1-\zeta^2)(1+\xi_i\xi)(1+\eta_i\eta), & \text{边中节点（}\zeta_i=0\text{）} \end{cases} \tag{4.161}$$

4.5.7　无限单元

许多实际问题涉及无限域，或者感兴趣的区域只占整个区域的很小一部分。例如，在求解受集中力 F 作用的弹性半无限域问题时，可以选取一有限区域进行有限元离散，并在截断边界处施加固定边界条件。但是，所选取区域的大小对结果精度有较大的影响，需要多次尝试才能确定合适的离散区域，不但增加计算量，也不方便。**无限单元** (infinite elements) [39,48] 通过引入特殊的映射，将单元的边 $\xi=1$ 映射到无穷远，以模拟无限域问题。

下面先以一维问题为例，讨论无限单元的映射。一维无限单元为 3 节点单元，其节点 3 位于无穷远处。几何映射应将母单元的节点 1 和节点 2 分别映射为无限单元的节点 1 和节点 2，将母单元的节点 3 映射为无穷远，如图 4.50 所示。为了实现这一映射，将单元延长线外与节点 2 对称的点 C 取为极点（坐标 r 的原点），如图 4.50 所示。能将 $\xi=-1$ 映射为 $r=r_1$、将

$\xi = 0$ 映射为 $r = r_2$、将 $\xi = 1$ 映射为 $r = \infty$ 的映射关系为

$$r(\xi) = N_1(\xi)r_1 + N_2(\xi)r_2 \tag{4.162}$$

式中

$$N_1(\xi) = -\frac{2\xi}{1-\xi}, \quad N_2(\xi) = \frac{1+\xi}{1-\xi} \tag{4.163}$$

考虑到 $r_2 = 2a$, $r_1 = a$, 由式 (4.162) 可求得

$$\xi = 1 - \frac{2a}{r} \tag{4.164}$$

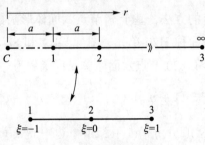

图 4.50　无限单元映射

近似函数 $u^e(\xi)$ 应满足 $u^e(\xi)|_{\xi=-1} = u_1^e$, $u^e(\xi)|_{\xi=0} = u_2^e$ 和 $u^e(\xi)|_{\xi=1} = 0$。采用 3 节点二次单元，近似函数为

$$u^e(\xi) = \frac{1}{2}\xi(\xi-1)u_1^e + (1-\xi^2)u_2^e \tag{4.165}$$

将式 (4.164) 代入上式得

$$u^e(r) = (-u_1^e + 4u_2^e)\frac{a}{r} + (2u_1^e - 4u_2^e)\left(\frac{a}{r}\right)^2$$

可见无限单元的近似函数是关于 a/r 的二次多项式。

类似地，可以构造 4 节点三次无限单元。取 4 个节点分别位于 $\xi = -1, 0, 1/2, 1$ 处，则近似函数为

$$u^e(\xi) = -\frac{1}{3}\xi(\xi-\frac{1}{2})(\xi-1)u_1^e + 2(\xi-\frac{1}{2})(\xi^2-1)u_2^e - \frac{8}{3}\xi(\xi^2-1)u_3^e \tag{4.166}$$

将式 (4.164) 代入上式可知近似函数为关于 a/r 的三次多项式。

由一维无限单元映射函数和一维线性/二次单元形函数的张量积可以得到二维 4 节点和 5

节点、三维 8 节点无限单元（图 4.51）的形函数。例如，二维 4 节点无限单元的形函数为

$$N_1(\xi, \eta) = N_1(\xi) N_1^{L2}(\eta)$$

$$N_2(\xi, \eta) = N_1(\xi) N_2^{L2}(\eta)$$

$$N_3(\xi, \eta) = N_2(\xi) N_2^{L2}(\eta)$$

$$N_4(\xi, \eta) = N_2(\xi) N_1^{L2}(\eta)$$

式中

$$N_1^{L2}(\eta) = \frac{1}{2}(1 - \eta), \quad N_2^{L2}(\eta) = \frac{1}{2}(1 + \eta)$$

为 2 节点线性单元形函数。

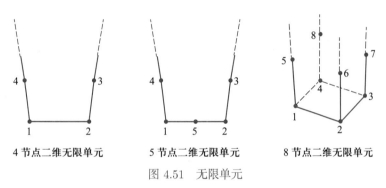

4 节点二维无限单元　　　5 节点二维无限单元　　　8 节点二维无限单元

图 4.51　无限单元

无限单元在径向方向只需给定 2 个节点（第三个节点位于无穷远处），第一个节点一般和有限元节点重合，第二个节点位于指向无穷远的方向。无限单元的第二个节点和极点间的距离必须是第一个节点和极点间距离的 2 倍，且其两条边在无穷远方向上不能相交（图 4.52）。

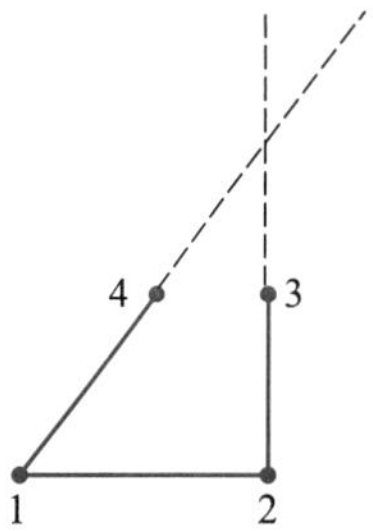

例题 4–4：分析受集中力 F 作用的弹性半无限域问题（Boussinesq 问题），其对称轴线上的竖向位移解析解为

$$w(z) = \frac{F}{2\pi z E}(1 + \nu)(3 - 2\nu)$$

图 4.52　无 效 的
无限单元

解答：取 $E = 1$，$\nu = 0.1$，$F = 1$。分别采取两种方案对本问题进行分析。在第一种方案中，选取一半径为 5 的有限区域用 4 节点轴对称单元进行离散（图 4.53a），并对截断边界节点（图中的黑点）施加固定边界条件。在第二种方案中，将最外层的 4 个单元换为 4 节点轴对称无限单元，并将集中力作用点取为极点，即无限单元沿径向的两个节点间的距离等于其第一个

节点到极点的距离, 且和极点在同一条直线上, 如图 4.53b 所示。

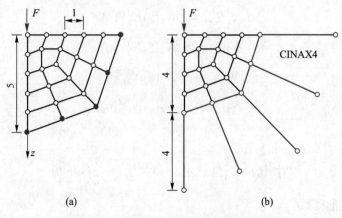

(a)   (b)

图 4.53 受集中力作用的半无限域问题

图 4.54 比较了用两种不同方案由 ABAQUS 计算得到的轴线竖向位移分布。方案一所选取的离散区域较小, 计算结果和解析解有较大的差异。方案二将方案一的最外层单元替换为无限单元, 并没有增加新单元, 但显著地提高了解的精度。可见, 无限单元是求解此类问题非常有效的一种手段。本例的输入数据文件见 GitHub 的 xzhang66/FEM-Book 仓库中 Examples 目录下的 Example-4-4。

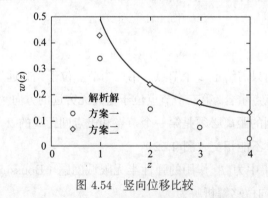

图 4.54 竖向位移比较

4.5.8 奇异单元

由线弹性断裂力学可知, 应力在裂纹尖端附近与 $1/\sqrt{r}$ 成正比, 并在裂纹尖端处是奇异的。因此, 在用常规单元求解含裂纹的问题时, 即使加密网格也难以准确给出裂纹尖端附近的应力场。

可以证明，对于 3 节点二次等参单元，如果将其边中节点布置在单元 1/4 处（图 4.55），即令 $x_2^e = x_1^e + h^e/4$（其中 $h^e = x_3^e - x_1^e$ 为单元长度），则近似函数 $u^h(r)$ 对 $r = (x - x_1^e)/h^e$ 的导数 $u_{,r}^h(r) \propto 1/\sqrt{r}$（见习题 4.16）。也就是说，只要将二次单元的边中节点布置在单元 1/4 位置处，该单元的应力场即与 $1/\sqrt{r}$ 成正比，可以更好地模拟裂纹尖端附近的应力场。图 4.56a 和图 4.56 b 分别给出了用 8 节点四边形二次单元和 6 节点三角形二次单元裂纹尖端离散方案，其中三角形离散方案的精度一般更高 [39]。

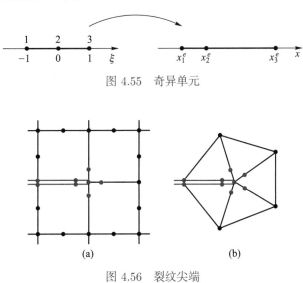

图 4.55 奇异单元

图 4.56 裂纹尖端

有限元近似的基函数是多项式，难以准确模拟具有奇异场的问题。另外，对于裂纹动态扩展问题，需要不断在裂纹尖端附近根据裂纹扩展路径重新划分有限元网格，以使网格边界与裂纹扩展路径匹配。**移动最小二乘近似**（moving least square）可以选取任何函数（包括奇异函数）作为基函数，直接通过离散点而非网格来构造近似函数，构建的近似函数可以精确重构基中的所有函数，且无须划分网格，因此在模拟裂纹扩展等问题时具有明显的优势 [49]。Nayroles 等人于 1992 年将移动最小二乘近似和伽辽金弱形式结合，建立了**漫射单元法**（diffuse element method）[49,50]。Belytschko 等人进一步对该方法进行了改进，提出了**无单元伽辽金法**（element free Galerkin，简称为 EFG）[51]。近 20 多年来，无单元伽辽金法等无网格法 [49] 得到了快速发展，在极端变形和裂纹扩展等涉及网格畸变或网格重分的问题中得到了很好的应用，详见相关文献 [49,52]。

Babuska 及其合作者将单位分解法和有限元法相结合，提出了**单位分解有限元法** [53]（partition of unity finite element method，简称 PUFEM）和**广义有限元法** [54]（generalized finite element method，简称 GFEM）。该方法在标准有限元空间中加入一系列能够反映待求边值问题特性的函数（如由角点附近精确解的局部渐进展开而得到的奇异函数、反映裂纹的不连续函数等），并将这些特殊函数与单位分解函数相乘后和原有限元形函数一起构成了新的增广协调有限元空间。该方法在解空间中引入了能够描述裂纹位置和路径的不连续函数和裂纹尖端的奇异函数，在分析裂纹动态扩展问题时无须重新划分网格，且应力场在裂纹尖端处具有更高的精度。Belytschko 等人在此基础上，利用阶跃函数描述裂纹的不连续性，用水平集（level set）方法确定裂纹尖端的位置，建立了**扩展有限元法** [55]（extended finite element method，简称 XFEM），已发展为分析裂纹扩展问题的主要方法之一。

4.5.9　阶谱单元

为了提高有限元分析的效率，**自适应有限元法**（adaptive finite element method）根据计算结果误差判断各单元解是否已具有所需的精度，并对不满足精度要求的单元自动加密网格（h-**自适应**，h-adaptive）或提高单元阶次（p-**自适应**，p-adaptive），也可以同时加密网格并提高单元阶次（hp-**自适应**，hp-adaptive）。

基于标准单元进行自适应分析并不是很方便。例如，在进行 h-自适应时，加密网格后各单元形函数与原粗网格各单元形函数完全无关，因此需要重新计算新网格单元矩阵的所有元素，而无法重用粗网格的单元矩阵。在进行 p-自适应时，将低阶单元升阶为高阶单元后，高阶单元的形函数和原低阶单元的形函数完全无关，因此也需要重新计算高阶单元的相关矩阵，无法重用原低阶单元的相应矩阵。另外，基于多项式的高阶单元阶次也不能太高，否则刚度矩阵的条件数过大，使得有限元解对误差很敏感。

下面以一维问题为例来说明阶谱单元法的思想。图 4.57 所示为一左右端点均固定的求解域，采用两个单元离散时，系统的刚度方程为 [39]

$$K_{11}^{c} a_1^{c} = f_1$$

式中上标 c 表示粗网格的物理量。网格加密 1 倍后，系统的刚度方程为

$$
\begin{bmatrix}
K_{11}^{f} & K_{12}^{f} & K_{13}^{f} \\
K_{21}^{f} & K_{22}^{f} & 0 \\
K_{31}^{f} & 0 & K_{33}^{f}
\end{bmatrix}
\begin{bmatrix}
a_1 \\
a_2 \\
a_3
\end{bmatrix}
=
\begin{bmatrix}
f_1 \\
f_2 \\
f_3
\end{bmatrix}
$$

式中上标 f 表示密网格的物理量，$a_1 \sim a_3$ 为各节点的位移。密网格刚度矩阵的各元素 K_{ij}^{f} 与原粗网格刚度矩阵元素 K_{11}^{c} 无关，均需要重新计算。

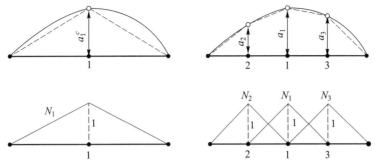

图 4.57　标准形函数

阶谱单元（hierarchical element）法将近似函数

$$u^h = \sum_{I=1}^{n_{\mathrm{np}}} N_I u_I \tag{4.167}$$

看成是一个级数展开，在加密网格（h-自适应）时，除保留原粗网格单元形函数外，再引入新的形函数。例如，阶谱单元法在求解如图 4.58 所示的一维问题时，加密网格后，近似函数为

$$u^h = N_1 a_1^* + N_2 a_2^* + N_3 a_3^* \tag{4.168}$$

式中 a_1^* 为节点 1 的位移，但 a_2^* 和 a_3^* 不再是节点 2 和节点 3 的位移，而是这两点的位移和线性近似位移 $N_1 a_1^*$ 之差，如图 4.58 所示。新网格节点 1 的形函数和原网格节点 1 的形函数相同，故 $K_{11}^{\mathrm{f}} = K_{11}^{\mathrm{c}}$；节点 2 和节点 3 互不影响，即 $K_{23}^{\mathrm{f}} = K_{32}^{\mathrm{f}} = 0$；在左边单元中 $\mathrm{d}N_1/\mathrm{d}x$ 为正常数，但 $\mathrm{d}N_2/\mathrm{d}x$ 在该单元的前半部分为正常数而在后半部分为负常数且绝对值相等，故 $K_{12}^{\mathrm{f}} \propto \int \dfrac{\mathrm{d}N_1}{\mathrm{d}x}\dfrac{\mathrm{d}N_2}{\mathrm{d}x}\mathrm{d}x = 0$；类似地可知 $K_{13}^{\mathrm{f}} \propto \int \dfrac{\mathrm{d}N_1}{\mathrm{d}x}\dfrac{\mathrm{d}N_3}{\mathrm{d}x}\mathrm{d}x = 0$，因此系统刚度矩阵为对角矩阵。一般情况下，系统刚度矩阵不一定是对角矩阵，但比标准有限元的系统刚度矩阵更接近于对角矩阵。此问题的系统刚度方程为

$$\begin{bmatrix} K_{11}^{\mathrm{c}} & 0 & 0 \\ 0 & K_{22}^{\mathrm{f}} & 0 \\ 0 & 0 & K_{33}^{\mathrm{f}} \end{bmatrix} \begin{bmatrix} a_1^* \\ a_2^* \\ a_3^* \end{bmatrix} = \begin{bmatrix} f_1 \\ f_2 \\ f_3 \end{bmatrix}$$

可见，阶谱单元不但可以重用原网格的结果，其系统刚度矩阵也可能会比标准有限元的系统刚度矩阵更接近于对角矩阵，从而使条件数更小。

除了加密网格外，也可以在线性单元的基础上逐步引入高阶函数（p-自适应）。例如，可以

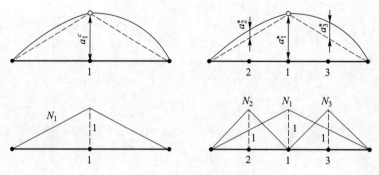

图 4.58　阶谱形函数

在线性单元形函数

$$N_0 = (1-\xi)/2, \quad N_1 = (1+\xi)/2$$

的基础上根据需要引入在单元两端（$\xi = \pm 1$）为零的高阶项

$$N_2 = 1 - \xi^2, \quad N_3 = \xi(1-\xi^2), \quad N_4 = \xi^2(1-\xi^2)$$

以保证建立的近似函数满足 C^0 连续性要求，即将各阶近似函数分别取为

$$u_1^h = u_0 N_0 + u_1 N_1$$
$$u_2^h = u_0 N_0 + u_1 N_1 + a_2 N_2$$
$$u_3^h = u_0 N_0 + u_1 N_1 + a_2 N_2 + a_3 N_3$$
$$u_4^h = u_0 N_0 + u_1 N_1 + a_2 N_2 + a_3 N_3 + a_4 N_4$$

式中 u_0 和 u_1 分别为单元左右节点处的函数值，

$$a_2 = (u_2^h - u_1^h)_{\xi=0}$$

为二次近似和线性近似在单元中心处之差，

$$a_3 = (u_3^h - u_2^h)'_{\xi=0}$$

为三次近似和二次近似在单元中心处的斜率差，

$$a_4 = \frac{1}{2}(u_4^h - u_3^h)''_{\xi=0}$$

为四次近似和三次近似在单元中心处的二阶导数之差的 $1/2$。可见，在阶谱单元中，节点参数不再是近似函数的节点值，即阶谱形函数不再具有原 C^0 型单元插值函数的克罗内克 δ 性质和单位分解性质。

阶谱形函数的选择不是唯一的。例如，也可以取

$$N_p = \begin{cases} \dfrac{1}{p!}(\xi^p - 1) & (p\text{为偶数}) \\[3mm] \dfrac{1}{p!}(\xi^p - \xi) & (p\text{为奇数}) \end{cases}$$

为阶谱形函数，即取

$$N_2 = \frac{1}{2}(\xi^2 - 1), \quad N_3 = \frac{1}{6}(\xi^3 - \xi), \quad N_4 = \frac{1}{24}(\xi^4 - 1), \quad N_5 = \frac{1}{120}(\xi^5 - \xi)$$

此时形函数满足关系式

$$N_p\big|_{\xi=\pm 1} = 0$$

$$\frac{\mathrm{d}^2 N_p}{\mathrm{d}\xi^2}\bigg|_{\xi=0} = \cdots = \frac{\mathrm{d}^{p-1} N_p}{\mathrm{d}\xi^{p-1}}\bigg|_{\xi=0} = 0 \quad (p \geqslant 2)$$

$$\frac{\mathrm{d}^p N_p}{\mathrm{d}\xi^p}\bigg|_{\xi=0} = 1$$

因此，节点参数

$$a_p = \frac{\mathrm{d}^p u^h}{\mathrm{d}\xi^p}\bigg|_{\xi=0} \quad (p \geqslant 2)$$

如果阶谱形函数的导数相互正交，则单元刚度矩阵的非对角元 $K_{lm}^e (l \neq m)$ 为

$$K_{lm}^e \propto \int_{-1}^{1} \frac{\mathrm{d}N_l^e}{\mathrm{d}\xi} \frac{\mathrm{d}N_m^e}{\mathrm{d}\xi} \mathrm{d}\xi = 0$$

即单元刚度矩阵为对角矩阵。因此，可以将正交多项式的积分取为阶谱形函数。例如，可以取

$$N_{p+1}(\xi) = \int P_p(\xi)\mathrm{d}\xi$$

$$= \frac{1}{(p-1)!} \frac{1}{2^p - 1} \frac{\mathrm{d}^{p-1}}{\mathrm{d}\xi^{p-1}}[(\xi^2 - 1)^p]$$

式中

$$P_p(\xi) = \frac{1}{(p-1)!} \frac{1}{2^p - 1} \frac{\mathrm{d}^p}{\mathrm{d}\xi^p}[(\xi^2 - 1)^p]$$

为 p 阶勒让德多项式。此时

$$N_2(\xi) = \xi^2 - 1, \quad N_3(\xi) = 2(\xi^3 - \xi)$$

4.6   分片试验

瑞利－里茨法（简称里茨法）通过泛函驻值条件来确定未知函数 u^h，它有如下 3 个基本要求：

1. 试探函数 u^h 必须至少是 m 次完全多项式且具有 m 阶平方可积的导数（即 $u^h \in H^m$，其中 m 为泛函所含导数的最高阶次），因此在单元间必须具有 C^{m-1} 连续性；

2. 试探函数 u^h 必须满足本质边界条件；

3. 泛函 $\Pi(u^h)$ 须精确计算。

但是，这 3 个要求常常是不满足或者是难以满足的。例如，(1) 对于非协调单元，单元间不满足 C^{m-1} 连续性；(2) 对于壳体问题，其平衡方程是 4 阶偏微分方程，本质边界条件为给定边界上的函数及其法向导数，精确施加本质边界条件变得非常困难；(3) 泛函很难精确计算，它是通过在每个单元上进行数值积分来计算的，且积分域自身也被近似为若干个单元的集合。对于非规则单元，雅可比行列式不是常数，完全积分也不能精确积分泛函中的被积函数。不满足这 3 个基本要求称为**变分违规**（variational crimes）[6]，此时需要检验单元是否仍然收敛。

分片试验（patch test）是检验单元收敛性的一种有效手段，最初由 Irons 提出 [22]，用于检验非协调单元的收敛性。经扩展后的分片试验提供了有限元解收敛的充分必要条件。

为保证收敛，近似方法必须满足一致性条件（consistency requirement）和稳定性条件（stability requirement）。**一致性条件**要求当单元尺寸 h 趋于零时，有限元方程 $\boldsymbol{Kd} = \boldsymbol{f}$ 可以代表原微分方程和边界条件（至少在弱形式上），**稳定性条件**要求离散方程 $\boldsymbol{Kd} = \boldsymbol{f}$ 的解是唯一的，即总体刚度矩阵 $\boldsymbol{K}$ 是非奇异的。分片试验实质上是测试是否满足一致性条件。

4.6.1   分片试验

非协调单元不满足单元间的连续性要求，因此无法保证收敛。但如果单元满足完备性条件，且由若干个单元组成的任意分片都能够表示常应变状态（即通过分片试验），则可以保证收敛。此时收敛不一定是单调收敛，且收敛速度也可能会较慢。

分片试验基于有限元法的 2 条基本特性：

1. 有限元近似函数必须具有 m 次完备性，其中 m 为弱形式中近似函数导数的最高阶次；

2. 若有限元近似函数包含了精确解，有限元解一定为精确解。

对于线弹性问题，由式 (4.1) 可知，当体力 b_i 为 0 时，位移的精确解为线性多项式。考虑

到线性问题解的唯一性，若在求解域的所有边界节点上均按线性多项式

$$u_i(x,y) = \alpha_{i0} + \alpha_{i1}x + \alpha_{i2}y \quad (i = 1, 2, 3) \tag{4.169}$$

给定位移（即所有边界均为本质边界），则式 (4.169) 满足微分方程和边界条件，是此问题的精确解。而有限元近似函数至少具有线性完备性，即它包含了精确解 (4.169)，因此有限元解一定是式 (4.169)。

分片试验选取 $4 \sim 8$ 个具有任意形状的单元组成分片（图 4.59），在其所有或部分节点上按线性多项式 (4.169) 施加位移或力，并进行有限元求解，所得到的结果须和由式 (4.169) 给出的精确值在计算机精度内一致。双精度浮点数最多能表示 16 位有效数字，因此采用双精度浮点运算的分片试验计算结果和精确解之间的误差须在 $10^{-15} \sim 10^{-16}$ 之间。即使只有 10^{-5} 量级的误差也可能表明程序或者格式存在错误。需要特别强调的是，分片试验中的单元必须具有非规则形状（图 4.59）。有时单元可以通过规则形状的分片试验，但不能通过非规则形状的分片试验。

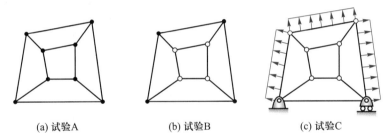

(a) 试验A   (b) 试验B   (c) 试验C

图 4.59 分片试验，其中实心圆为给定位移节点，空心圆为自由节点

分片试验有 3 种可能的实施方式[39]，其中第一种方式（试验 A）在所有节点上均按线性多项式 (4.169) 给定位移（图 4.59a），第二种方式（试验 B）只在分片的所有边界节点上按照线性多项式 (4.169) 给定位移（图 4.59b），而第三种方式（试验 C）在分片的边界节点上只施加能消除分片刚体位移的最少量本质边界条件，而在其余边界节点上按照由线性位移场 (4.169) 确定的面力施加自然边界条件（图 4.59c）。

在试验 A 中，所有节点位移均已给定，因此只需检验内部节点是否满足平衡条件。在试验 B 和试验 C 中，则检验由有限元计算得到的节点位移是否和由式 (4.169) 确定的位移相同。试验 A 和试验 B 只是有限元解收敛的必要条件，它们均没有测试自然边界条件，而试验 C 则给出了有限元解收敛的充分必要条件。

从理论上讲，分片试验只需对无限小的分片通过即可。对于常系数的微分方程和雅可比行

列式为常数的问题, 分片试验不依赖于分片尺寸, 因此可以选择任何尺寸的分片进行分片试验。

　　分片试验也可以用来检验单元近似函数的完备性和其最高完全多项式的阶次。在分片边界节点上按照 k 次完全多项式给定位移, 若有限元计算得到的节点位移和该多项式的精确值在计算机精度内一致, 则说明单元近似函数具有 k 次完全多项式。能通过分片试验的最高阶次 p 即为该单元所具有的最高完全多项式的阶次, 其收敛率为 $p+1$。

　　分片试验可以用来测试单元的收敛性、收敛率和鲁棒性, 也可以用来测试编程的正确性。

　　在进行分片试验时, 需要给定多项式 (4.169) 中的系数 α_{i0}、α_{i1} 和 α_{i2}。这些系数有无穷多种取法, 在分片试验时可根据需要选取, 如取为单向拉伸应力状态。不失一般性, 可以分别对各单项式进行分片试验, 即分别根据 1、x 和 y 等单项式给定边界节点的位移和面力。只要得到的解也分别是相应的单项式, 该单元即通过了分片试验。

　　例题 4-5: 取如图 4.60a 所示的由 5 个单元组成的分片对 4 节点四边形等参单元进行分片试验, 各节点坐标见表 4.4。考虑平面应力问题, 令 $E = 1\,000$, $\nu = 0.3$。

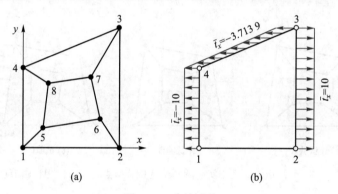

图 4.60　分片试验

　　解答: 为了简单起见, 这里取位移场 (人工解)

$$u_x(x, y) = 0.01x$$
$$u_y(x, y) = -0.003y$$

(4.170)

进行分片试验, 它对应于单向拉伸应力状态, 相应的体力 $b = 0$, 应力 $\sigma_x = 10$, $\sigma_y = \tau_{xy} = 0$。位移场 (4.170) 是图 4.60b 所示问题的解, 其中边界面力为 $\bar{t}_i = \sigma_{ij}n_j$。对于右边界, $n_x = 1$, $\bar{t}_x = n_x\sigma_x = 10$; 对于左边界, $n_x = -1$, $\bar{t}_x = n_x\sigma_x = -10$; 对于上边界, $n_x = -1/\sqrt{1 + 2.5^2} = -0.371\,39$, $\bar{t}_x = n_x\sigma_x = -3.713\,9$。各节点的位移 u_I, v_I 和节点载荷 F_{xI}, F_{yI} 见表 4.4。

　　在进行试验 A 时, 在所有节点上均按照表 4.4 施加给定位移, 用有限元程序计算各节点的约束力, 检查内部节点是否满足平衡条件; 在进行试验 B 时, 只有边界节点 $1 \sim 4$ 按照表 4.4 施

表 4.4 各节点坐标、位移及载荷

节点号 I	x_I	y_I	u_I	v_I	F_{xI}	F_{yI}
1	0.0	0.0	0.0	0.0	-10	0
2	2.5	0.0	0.025	0.0	15	0
3	2.5	3.0	0.025	-0.009	10	0
4	0.0	2.0	0.0	-0.006	-15	0
5	0.5	0.5	0.005	-0.0015	0	0
6	2.0	0.75	0.02	-0.00225	0	0
7	1.75	1.75	0.0175	-0.00525	0	0
8	0.65	1.6	0.0065	-0.0048	0	0

加给定位移, 用有限元程序计算片内各节点位移, 检查其与表 4.4 是否一致; 在进行试验 C 时, 将节点 1 的两个方向和节点 2 的 y 方向固定, 在节点 2 的 x 方向、节点 3 和节点 4 的两个方向上施加由面力 $n_j\sigma_{ij} = \bar{t}_i$ 确定的节点载荷 ($F_{x2} = 15$, $F_{x3} = 10$, $F_{x4} = -15$, $F_{y3} = F_{y4} = 0$, 见表 4.4), 用有限元程序计算这些节点和片内节点的位移, 检查其与表 4.4 是否一致。

利用本书附带的 elasticity2d-python 程序的 4 节点四边形等参单元 (完全积分) 进行计算, 所有分片试验计算得到的结果均和精确解在计算机精度范围内完全一致, 最大误差量级为 10^{-15}。本例的输入数据文件见 GitHub 的 xzhang66/FEM-Book 仓库中 Examples 目录下的 Example-4-5。

4.6.2 数值积分精度要求

当单元非规则时, 雅可比行列式不是常数, 弱形式中的被积函数也不再是多项式, 用高斯求积无法准确积分弱形式。本节利用分片试验讨论在保证解收敛的情况下数值积分应达到什么样的精度。

为了讨论方便, 将弱形式 (4.17) 写成抽象形式

$$a(\boldsymbol{u}, \boldsymbol{w}) = F(\boldsymbol{w}), \quad \forall \boldsymbol{w} \in U_0 \tag{4.171}$$

式中 $\boldsymbol{u} \in U$。对于线弹性问题

$$a(\boldsymbol{u}, \boldsymbol{w}) = \int_{\Omega} (\boldsymbol{\nabla}_S \boldsymbol{w})^{\mathrm{T}} \boldsymbol{D} \boldsymbol{\nabla}_S \boldsymbol{u} \mathrm{d}\Omega$$

$$F(\boldsymbol{w}) = \int_{\Omega} \boldsymbol{w}^{\mathrm{T}} \boldsymbol{b} \mathrm{d}\Omega + \int_{\Gamma_t} \boldsymbol{w}^{\mathrm{T}} \bar{\boldsymbol{t}} \mathrm{d}\Gamma$$

式中算子 $a(\cdot,\cdot)$ 称为能量内积，$\frac{1}{2}a(\cdot,\cdot)^{1/2}$ 为能量范数；$F(\cdot)$ 为线性算子，$a(\cdot,\cdot)$ 为双线性对称算子，即

$$a(\boldsymbol{u},\boldsymbol{w}) = a(\boldsymbol{w},\boldsymbol{u})$$
$$a(c_1\boldsymbol{u} + c_2\boldsymbol{v},\boldsymbol{w}) = c_1 a(\boldsymbol{u},\boldsymbol{w}) + c_2 a(\boldsymbol{v},\boldsymbol{w})$$

引入有限元近似后，弱形式为

$$a(\boldsymbol{u}^h,\boldsymbol{w}^h) = F(\boldsymbol{w}^h), \quad \forall \boldsymbol{w}^h \in U_0^h \tag{4.172}$$

式中 $\boldsymbol{u}^h \in U^h$。有限元法将在求解域 Ω 上的积分转化为在各单元 Ω^e 内的积分之和，用数值积分计算各单元内的积分，并忽略单元间不连续量的贡献（对于非协调单元，此项为无穷大）。在许多情况下，弱形式中的被积函数不是多项式，因此弱形式并没有被准确计算。将采用近似积分的弱形式记为

$$a_*(\boldsymbol{u}_*^h,\boldsymbol{w}^h) = F_*(\boldsymbol{w}^h), \quad \forall \boldsymbol{w}^h \in U_0^h \tag{4.173}$$

式中 $a_*(\cdot,\cdot)$ 和 $F_*(\cdot)$ 是 $a(\cdot,\cdot)$ 和 $F(\cdot)$ 的近似，它们通过各单元数值积分之和计算求解域内的积分，并忽略单元间不连续量的贡献，$\boldsymbol{u}_*^h$ 是相应的有限元解。

由 3.3.5 节的定义可知，如果随着有限元网格的不断加密（$h \to 0$），有限元计算得到的 $a_*(\boldsymbol{u}_*^h,\boldsymbol{w}^h)$ 收敛于其精确值 $a(\boldsymbol{u},\boldsymbol{w})$，则有限元解 $\boldsymbol{u}_*^h$ 收敛于精确解 $\boldsymbol{u}$。因此，为保证有限元解 $\boldsymbol{u}_*^h$ 收敛于精确解 $\boldsymbol{u}$，所采用的积分方案当 $h \to 0$ 时必须能够精确计算 $a_*(\boldsymbol{u}_*^h,\boldsymbol{w}^h)$。

有限元近似函数至少具有 m 次完备性，因此 m 次完全多项式 $P_m(x,y)$ 包含在有限元解空间中，即 $P_m(x,y) \in U^h$。若某分片处于常应变状态 [即 $\boldsymbol{u}(x,y) = \boldsymbol{P}_m(x,y)$]，有限元解 $\boldsymbol{u}^h(x,y)$ 也必为 $\boldsymbol{P}_m(x,y)$。因此分片试验实际上是测试当 $a(\boldsymbol{u}^h,\boldsymbol{w}^h)$ 因积分误差而变为 $a_*(\boldsymbol{u}_*^h,\boldsymbol{w}^h)$ 后，常应变状态的有限元解 $\boldsymbol{u}_*^h(x,y)$ 是否仍然为 $\boldsymbol{P}_m(x,y)$，即测试是否能准确计算 $a_*(\boldsymbol{P}_m,\boldsymbol{w}^h)$。只要所采用的数值积分方案能准确计算 $a_*(\boldsymbol{P}_m,\boldsymbol{w}^h)$ 就能通过分片试验，单元就是收敛的，而无须准确计算 $a_*(\boldsymbol{u}_*^h,\boldsymbol{w}^h)$。函数 $\boldsymbol{w}^h$ 为单元形函数 N_I 的线性组合，因此通过分片试验要求能够准确计算 $a_*(\boldsymbol{P}_m,N_I)$。

先考虑单元雅可比行列式为常数的情况。将形函数 N_I 的 m 阶导数的阶次记为 $\bar{n}$，将 p 次完全多项式 P_p 的 m 阶导数的阶次记为 $n\,(=p-m)$。多项式 P_m 的 m 阶导数为常数，因此 $a_*(\boldsymbol{P}_m,N_I)$ 的被积函数为 $\bar{n}$ 次多项式，单元刚度矩阵的被积函数为 $2\bar{n}$ 次多项式。基于上面的分析，只要数值积分能够精确积分 $\bar{n}$ 次多项式即可以通过分片试验，保证单元收敛。例如，对于 4 节点四边形等参单元，其双线性形函数的一阶导数是线性的（$\bar{n} = 1$），采用减缩积分

（1×1 点高斯求积，见 4.4.3.2 节）即可通过分片试验，保证收敛。如果要精确积分单元刚度矩阵，需要采用完全积分（2×2 点高斯求积）。

高阶单元具有更高的收敛率。假设单元近似函数的完全多项式阶次为 $p > m$，如果数值积分能精确计算 $a_*(\boldsymbol{P}_p, N_I)$，即精确积分 $\bar{n} + n$ 次多项式，该单元的能量范数具有完全收敛率 $n+1$。例如，对于 8 节点 serendipity 单元和 9 节点双二次四边形单元，$\bar{n} = 2$，$n = 1$，$\bar{n}+n = 3$，需要采用 2×2 点高斯求积使单元能量范数具有完全收敛率 2。如果单元的近似函数是 p 次完全多项式（即 $\bar{n} = n$），数值积分只要能精确积分 $2n = 2(p-m)$ 次多项式，单元的能量范数即具有完全收敛率 $n+1$。例如，对于 6 节点三角形单元，$\bar{n} = n = 1$，需要精确积分 $2n = 2$ 次多项式才能使单元能量范数具有完全收敛率 2。

对于等参单元，单元形状非规则时雅可比行列式 $|\boldsymbol{J}^e|$ 不是常数，$a_*(\boldsymbol{u}_*^h, \boldsymbol{w}^h)$ 的被积函数因存在 $|\boldsymbol{J}^e|^{-1}$ 而变为有理式，用数值积分是无法精确计算的。但分片试验要求精确计算 $a_*(\boldsymbol{P}_m, \boldsymbol{w}^h)$ 而非 $a_*(\boldsymbol{u}_*^h, \boldsymbol{w}^h)$。$a_*(\boldsymbol{P}_m, \boldsymbol{w}^h)$ 的具体形式为

$$
\begin{aligned}
a_*(\boldsymbol{P}_m, \boldsymbol{w}^h) &= \sum_e \int_{\Omega^e} (\nabla_{\mathrm{S}} \boldsymbol{w}^e)^{\mathrm{T}} \boldsymbol{D} \nabla_{\mathrm{S}} \boldsymbol{P}_m \mathrm{d}\Omega^e \\
&= \sum_e \int_{-1}^{1} \int_{-1}^{1} (\nabla_{\mathrm{S}} \boldsymbol{w}^e)^{\mathrm{T}} \boldsymbol{D} \nabla_{\mathrm{S}} \boldsymbol{P}_m |\boldsymbol{J}^e| \mathrm{d}\xi \mathrm{d}\eta
\end{aligned}
\tag{4.174}
$$

式中 $\nabla_{\mathrm{S}} \boldsymbol{P}_m$ 为常数。由式 (4.100) 和式 (4.103) 可知

$$
\nabla_{\mathrm{S}} \boldsymbol{w}^e = \boldsymbol{B}^e \boldsymbol{W}^e
\tag{4.175}
$$

式中 $\boldsymbol{B}^e$ 的元素可以由式 (4.76) 求得，即

$$
\begin{aligned}
\nabla \boldsymbol{N}^e &= (\boldsymbol{J}^e)^{-1} \boldsymbol{G}^{\mathrm{Q4}} \\
&= |\boldsymbol{J}^e|^{-1} \mathrm{adj}(\boldsymbol{J}^e) \boldsymbol{G}^{\mathrm{Q4}}
\end{aligned}
\tag{4.176}
$$

其中 $\mathrm{adj}(\boldsymbol{J}^e)$ 为雅可比矩阵 $\boldsymbol{J}^e$ 的伴随矩阵。将上式代入式 (4.174) 后，$|\boldsymbol{J}^e|^{-1}$ 和 $|\boldsymbol{J}^e|$ 正好消去而不再出现在被积函数中，因此被积函数仍然是多项式，可以用数值积分精确计算。将式 (4.79) 和式 (4.81) 代入 $\mathrm{adj}(\boldsymbol{J}^e) \boldsymbol{G}^{\mathrm{Q4}}$ 中，可以进一步证明矩阵 $\mathrm{adj}(\boldsymbol{J}^e) \boldsymbol{G}^{\mathrm{Q4}}$ 各元素中高阶项 $\xi\eta$ 的系数均为零，因此被积函数仍为 ξ 和 η 的线性函数，只需单点高斯求积即可准确积分式 (4.174)。例如，矩阵 $\mathrm{adj}(\boldsymbol{J}^e) \boldsymbol{G}^{\mathrm{Q4}}$ 第一行第一列元素中高阶项 $\xi\eta$ 的系数为

$$
-y_{41}^e + y_{32}^e + y_{21}^e + y_{43}^e = 0
$$

4.6.3　减缩积分

4 节点四边形单元的完全积分为 2×2 高斯求积，8 节点 serendipity 单元和 9 节点拉格朗日单元的完全积分为 3×3 高斯求积。但由 4.6.2 节的讨论可知，4 节点四边形等参单元采用 1×1 点积分、8 节点 serendipity 单元和 9 节点拉格朗日单元采用 2×2 高斯求积即可具有完全收敛率，即仅采用减缩积分即可使相应的单元获得完全收敛率。当单元规则时，完全积分精确积分了被积函数中的所有项，而减缩积分只精确积分了被积函数中与完全多项式对应的部分。

采用 elasticity2d-python 程序对例题 4-5 所示的分片采用减缩积分（单点积分）再次进行分片试验，结果发现采用减缩积分后可以通过试验 A 和试验 B，但不能通过试验 C。

4.6.3.1　沙漏模态

采用减缩积分时，4 节点四边形单元的刚度矩阵为

$$K^e = \int_{\Omega^e} B^{e\mathrm{T}} D^e B^e \mathrm{d}\Omega = 4(B^{e\mathrm{T}} D^e B^e |J^e|)_{\xi=\eta=0}$$

单元刚度矩阵 K^e 是 8×8 矩阵，D^e 是 3×3 矩阵，$B^{e\mathrm{T}}$ 和 B^e 分别是 8×3 和 3×8 矩阵，因此矩阵（$B^{e\mathrm{T}} D^e B^e$）的秩不会超过 3（在这里等于 3）。采用完全积分时，单元刚度矩阵 K^e 是 4 个秩为 3 的矩阵之和，其秩为 5（有 3 个刚体模态）。但采用减缩积分时，单元刚度矩阵 K^e 的秩为 3，导致刚度矩阵秩亏。消除刚体模态后刚度矩阵仍然是奇异的，存在 2 个不受约束的模态，使得单元的应变能 $W_{\mathrm{int}}^e = \frac{1}{2} d^{e\mathrm{T}} K^e d^e = 0$，称为**零能模态**（zero-energy modes）或**沙漏模态**（hourglass modes），如图 4.61 所示。零能模态的个数等于单元刚度矩阵 K^e 的零特征值个数，因此可以求解特征方程 $|K^e - \lambda I| = 0$ 得到零能模态数，或者对矩阵 K^e 进行 Crout 分解，零主元的个数即为零能模态数。

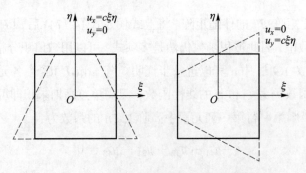

图 4.61　4 节点四边形单元的沙漏模态

在由 Q4 单元组成的网格中，采用减缩积分时，单元的零能模态可能会在网格中传递，使得系统的刚度矩阵奇异或几乎奇异，称为**沙漏不稳定性**（hourglass instability）。如果完全奇异，刚度方程无法求解；如果是几乎奇异，刚度矩阵的条件数很大，计算结果对误差非常敏感，很小的舍入误差都会在计算结果中造成很大的误差。在采用减缩积分对例题 4-5 所示的分片进行分片试验时，试验 A 给定了所有节点的位移，试验 B 给定了所有边界节点的位移，每个单元都至少给定了 2 个节点的位移，完全消除了零能模态，因此可以通过分片试验，其位移 u_x 的云图分布如图 4.62a、b 所示。但试验 C 仅约束了系统的 3 个刚体模态，零能模态可以在网格中从一个单元传递到其他单元中，系统刚度矩阵的条件数为 10^{16} 量级，导致位移结果误差很大，其位移 u_x 的云图分布如图 4.62c 所示。

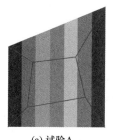 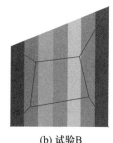 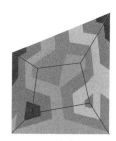

(a) 试验A　　　　　　　　　　(b) 试验B　　　　　　　　　(c) 试验C

图 4.62　位移 u_x 云图

类似地，采用减缩积分的 H8 单元、Q8 单元和 Q9 单元也存在沙漏模态。对于 H8 单元，单元刚度矩阵的秩为 18（有 6 个刚体模态），采用减缩积分（$1 \times 1 \times 1$ 点积分）时，其秩为 6，存在 12 个沙漏模态；对于 Q8 单元，单元刚度矩阵的秩为 13，采用减缩积分（2×2 点积分）时，其秩为 12，因此具有 1 个沙漏模态（图 4.63）；对于 Q9 单元，单元刚度矩阵的秩是 15，采用减缩积分时秩也为 12，因此有 3 个零能模态。

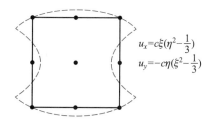

图 4.63　Q8 单元的沙漏模态

采用减缩积分的 Q8 单元虽然有 1 个沙漏模态，但该模态不会在由多个单元组成的网格中传递，因此无须采用额外的沙漏控制即可通过分片试验，保证单元收敛。

　　下面讨论如图 4.64 所示的两种网格在采用减缩积分时总体刚度矩阵的奇异性，其中空心圆表示减缩积分点。对于二维弹性问题，每个积分点贡献的秩为 3。图 4.64a 考虑由两个单元组成的网格，仅约束 3 个位移以消除刚体运动。对于 Q4 单元，系统有 9 个自由度，但只有 2 个积分点，刚度矩阵的秩至多为 6，因此是奇异的。在此基础上每增加一个单元将增加 2 个节点和 1 个积分点，自由度增加 4，但秩仅增加 3，因此总体刚度矩阵仍然是奇异的，除非施加足够的约束。对于 Q8 单元，系统有 23 个自由度，有 8 个积分点，刚度矩阵是正定的。在此基础上每增加一个单元将增加 5 个节点和 4 个积分点，自由度增加 10，秩也增加 10，总体刚度矩阵是正定的。图 4.64b 考虑由 9 个单元组成的网格，约束左端和底部的所有节点。对于 Q4 单元，系统有 18 个自由度，有 9 个积分点，因此总体刚度矩阵是正定的。对于 Q8 单元，系统有 54 个自由度，36 个积分点，因此总体刚度矩阵也是正定的。如果在这个网格中，仅约束 3 个位移以消除刚体运动，则对于 Q4 单元，系统有 29 个自由度，9 个积分点贡献的秩最多为 27，总体刚度矩阵是奇异的。对于 Q8 单元，系统有 77 个自由度，而 36 个积分点贡献的秩也为 77，总体刚度矩阵仍然是正定的。可见，在 Q4 单元中采用减缩积分时，除了充分约束的网格外，总体刚度矩阵一般是奇异的，必须进行沙漏控制。在 Q8 单元采用减缩积分时，如果网格中包含多个单元，总体刚度矩阵是正定的，无须进行沙漏控制。

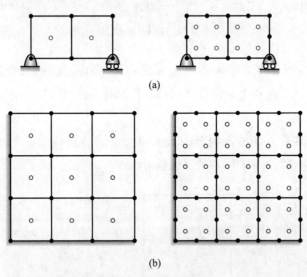

图 4.64　有限元网格

　　例题 4-6：利用图 4.65 所示的问题对 Q8 单元和 Q9 单元分别进行线性和二次分片试验，以检验单元是否收敛及能量范数是否具有 2 阶收敛率。分片由两个单元组成，左端中部节点固定，上下两个节点 x 方向固定，y 向自由。所有计算均使用 FEAPpv 程序[2] 完成。

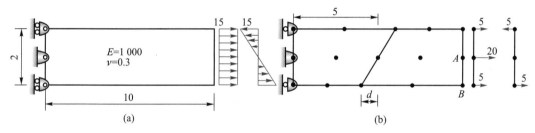

图 4.65 单向拉伸分片试验

解答： 为了检验单元是否收敛，首先进行线性分片试验（取 $d = 1$），即在右端施加单向拉伸载荷，对应于单向拉伸平面应力状态。对于 Q8 单元，完全积分和减缩积分均严格通过了分片试验；对于 Q9 单元，完全积分能够通过分片试验，但减缩积分因受沙漏模态的影响，系统刚度矩阵的条件数为 5.224×10^{15}，使位移产生很大的误差，通不过分片试验。

为了检验单元是否具有更高阶的收敛率，下面进行二次分片试验，即在右端施加弯曲载荷，对应纯弯曲状态。为了考察单元形状的影响，分别取 $d = 0$、$d = 1$ 和 $d = 2$ 三种情况进行试验。表 4.5 列出了各种情况下点 A 的竖向位移 u_{yA} 和点 B 的位移 u_{xB} 和 u_{yB}。

表 4.5 二次分片试验位移结果

单元类型	积分类型	d	u_{yA}	u_{xB}	u_{yB}
Q8 单元	完全积分	0	0.750 00	0.150 00	0.752 25
	减缩积分		0.750 00	0.150 00	0.752 25
Q9 单元	完全积分		0.750 00	0.150 00	0.752 25
Q8 单元	完全积分	1	0.744 85	0.148 96	0.745 72
	减缩积分		0.750 00	0.150 00	0.751 00
Q9 单元	完全积分		0.750 00	0.150 00	0.752 25
Q8 单元	完全积分	2	0.666 84	0.133 31	0.663 64
	减缩积分		0.750 00	0.150 00	0.747 25
Q9 单元	完全积分		0.750 00	0.150 00	0.752 25
精确解			0.750 00	0.150 00	0.752 25

从结果可以看出，采用完全积分的 Q9 单元无论 d 取多少，均通过了二次分片试验，能量范数具有 2 阶收敛率。Q8 单元仅在单元形状规则时通过了二次分片试验，而在单元形状非规则时无法通过二次分片试验，能量范数不再具有 2 阶收敛率。对于 Q8 单元，单元形状非规则时减缩积分比完全积分给出了更精确的结果。

4.6.3.2 沙漏控制

与完全积分法相比，减缩积分的计算量小很多，但必须采取合适的措施控制沙漏模态以保证单元收敛，因此在具体应用中需特别注意。可以在单元刚度矩阵的基础上额外引入基于单元沙漏模态的人工刚度（称为**沙漏刚度**，hourglass stiffness），使单元刚度矩阵不再秩亏，从而消除沙漏不稳定性[3,56]。Flanagan 和 Belytschko 于 1981 年提出的沙漏控制方法[56] 在线性和弱非线性问题中非常成功，但在某些强非线性问题中效果较差，因此 Belytschko 和 Bindeman[57]、Puso[58] 等人进一步基于假设应变建立了相应的沙漏控制方法。ABAQUS 等商用软件在采用减缩积分的实体单元和壳体单元中均引入了沙漏控制。例如，ABAQUS 的 CPS4R 单元是采用减缩积分和沙漏控制的 Q4 单元，它可以通过例题 4-5 的所有分片试验，因此是收敛的。

下面讨论 Q4 单元的沙漏控制[56]。该单元的形函数 (4.57) 可以改写为

$$N_I^{\mathrm{Q4}}(\xi,\eta) = \frac{1}{4}(\Sigma_I + \Lambda_{1I}\xi + \Lambda_{2I}\eta + \Gamma_I\xi\eta) \quad (I = 1,2,3,4) \tag{4.177}$$

式中基向量

$$\Sigma_I = 1, \quad \Lambda_{1I} = \xi_I, \quad \Lambda_{2I} = \eta_I, \quad \Gamma_I = \xi_I\eta_I \tag{4.178}$$

分别描述单元的**刚体平移模式**（Σ_I）、**拉压变形模式**（Λ_{1I}）、**剪切变形模式**（Λ_{2I}）和**沙漏模式**（Γ_I），如图 4.66 所示。若单元以沙漏模式变形，其形心处应变为 0。这 4 个基向量之间相互正交，即

$$\Gamma_I\Lambda_{2I} = \Gamma_I\Lambda_{1I} = \Gamma_I\Sigma_I = \cdots = \Lambda_{1I}\Sigma_I = 0 \tag{4.179}$$

式中重复指标表示在其取值范围内求和。

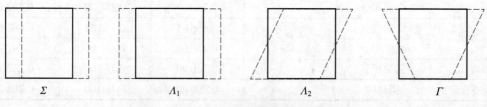

$$\Sigma \qquad\qquad \Lambda_1 \qquad\qquad \Lambda_2 \qquad\qquad \Gamma$$

图 4.66　Q4 单元的位移模式（x 方向）

由式 (4.177) 可见，沙漏模式对应于单元形函数中的双线性项，因此单元位移场 u_i 可以分解为线性位移场 u_i^{LIN} 和沙漏位移场 u_i^{HG}，即沙漏位移场为

$$u_i^{\mathrm{HG}} = u_i - u_i^{\mathrm{LIN}} \quad (i = 1, 2) \tag{4.180}$$

式中

$$u_i^{\mathrm{LIN}} = \overline{u}_i + \overline{u}_{i,j}(x_j - \overline{x}_j) \quad (j = 1, 2) \tag{4.181}$$

为线性位移场,

$$\overline{x}_i = \frac{1}{4} x_{iI} \Sigma_I, \quad \overline{u}_i = \frac{1}{4} u_{iI} \Sigma_I$$

分别为单元形心坐标和单元平均位移,x_{iI} 和 u_{iI} 分别为单元各节点的 i 方向的坐标和位移,

$$\overline{u}_{i,j} = \frac{1}{A} \int_A u_{i,j} \mathrm{d}A = \frac{1}{A} u_{iI} B_{jI} \tag{4.182}$$

为单元平均位移梯度,

$$A = \int_A \mathrm{d}A = \int_{-1}^1 \int_{-1}^1 J \mathrm{d}\xi \mathrm{d}\eta$$

为单元面积,J 为单元雅可比行列式,

$$B_{jI} = \int_A N_{I,j}^{\mathrm{Q4}} \mathrm{d}A \tag{4.183}$$

矩阵 B_{jI} 可以通过对单元面积求导计算[56]。利用关系式 $x_{i,j} = (x_{iI} N_I^{\mathrm{Q4}})_{,j} = \delta_{ij}$,可得

$$\int_A (x_{iI} N_I^{\mathrm{Q4}})_{,j} \mathrm{d}A = x_{iI} B_{jI} = A \delta_{ij} \tag{4.184}$$

因此有[56]

$$[B_{iI}] = \left[\frac{\partial A}{\partial x_{iI}} \right] = \frac{1}{2} \begin{bmatrix} y_{24} & y_{31} & y_{42} & y_{13} \\ x_{42} & x_{13} & x_{24} & x_{31} \end{bmatrix} \tag{4.185}$$

式中 $x_{IJ} = x_I - x_J$,$y_{IJ} = y_I - y_J$。式 (4.183) 也可以用单点高斯求积计算,即

$$[B_{jI}] = (4 \nabla \boldsymbol{N}^e | \boldsymbol{J}^e |)_{\xi=\eta=0} = \left(4 \operatorname{adj}(\boldsymbol{J}^e) \boldsymbol{G}^{\mathrm{Q4}} \right)_{\xi=\eta=0}$$

$$= \frac{1}{2} \begin{bmatrix} y_{24} & y_{31} & y_{42} & y_{13} \\ x_{42} & x_{13} & x_{24} & x_{31} \end{bmatrix} \tag{4.186}$$

式中 $\operatorname{adj}(\boldsymbol{J}^e)$ 和 $\boldsymbol{G}^{\mathrm{Q4}}$ 见式 (4.83) 和式 (4.79)。

利用式 (4.181) 可得节点线性位移为

$$u_{iI}^{\mathrm{LIN}} = \overline{u}_i \Sigma_I + \overline{u}_{i,j}(x_{jI} - \overline{x}_j \Sigma_I) \tag{4.187}$$

节点沙漏位移为

$$u_{iI}^{\mathrm{HG}} = u_{iI} - u_{iI}^{\mathrm{LIN}} \tag{4.188}$$

可以验证，节点沙漏位移场 u_{iI}^{HG} 与基向量 Σ_I、Λ_{1I} 及 Λ_{2I} 正交，即

$$\Sigma_I u_{iI}^{\mathrm{HG}} = \Lambda_{1I} u_{iI}^{\mathrm{HG}} = \Lambda_{2I} u_{iI}^{\mathrm{HG}} = 0 \tag{4.189}$$

因此节点沙漏位移 u_{iI}^{HG} 与沙漏基向量 Γ_I 成正比，即

$$u_{iI}^{\mathrm{HG}} = \frac{1}{2} q_i \Gamma_I \tag{4.190}$$

式中 q_i 为节点沙漏位移的大小，引入系数 $1/2$ 是为了对 Γ_I 进行归一化，使 $(\Gamma_I/2)(\Gamma_I/2) = 1$。在式 (4.190) 两端同时乘以 $(\Gamma_I/2)$，并利用式 (4.188)、(4.187)、(4.179) 和式 (4.182)，得

$$\begin{aligned} q_i &= \frac{1}{2} \Gamma_I u_{iI}^{\mathrm{HG}} \\ &= \frac{1}{2} \Gamma_I (u_{iI} - \overline{u}_{i,j} x_{jI}) \\ &= \frac{1}{2} (\Gamma_I - \frac{1}{A} \Gamma_J x_{jJ} B_{jI}) u_{iI} \\ &= \frac{1}{2} \gamma_I u_{iI} \end{aligned} \tag{4.191}$$

式中

$$\gamma_I = \Gamma_I - \frac{1}{A} \Gamma_J x_{iJ} B_{iI} \tag{4.192}$$

称为沙漏模态向量。式 (4.191) 表明，q_i 为单元节点位移场 u_{iI} 在沙漏模态向量 γ_I 上的投影。

将式 (4.185) 代入上式得

$$\boldsymbol{\gamma} = \frac{1}{A} \begin{bmatrix} x_2 y_{34} + x_3 y_{42} + x_4 y_{23} \\ x_3 y_{14} + x_4 y_{31} + x_1 y_{43} \\ x_4 y_{12} + x_1 y_{24} + x_2 y_{41} \\ x_1 y_{32} + x_2 y_{13} + x_3 y_{21} \end{bmatrix} \tag{4.193}$$

引入单元沙漏刚度矩阵

$$K_{ab}^{\mathrm{HG}} = \kappa V_e \gamma_I \gamma_J \tag{4.194}$$

式中 $a = (I-1) n_{\mathrm{dof}} + i$，$b = (J-1) n_{\mathrm{dof}} + i$，$i = 1 : n_{\mathrm{dof}}$，$V_e$ 为单元体积，系数 κ 一般可取为

$$\kappa = 0.01 G N_{I,i} N_{I,i} \tag{4.195}$$

其中 G 为剪切模量。

H8 单元共有 4 个沙漏模态，其沙漏模态向量[11,56] 为

$$\gamma_{kI} = \Gamma_{kI} - \frac{1}{V}\Gamma_{kJ}x_{iJ}B_{iI} \quad (k = 1, 2, 3, 4) \tag{4.196}$$

式中

$$\Gamma_{1I} = \xi_I\eta_I, \quad \Gamma_{2I} = \eta_I\zeta_I, \quad \Gamma_{3I} = \xi_I\zeta_I, \quad \Gamma_{4I} = \xi_I\eta_I\zeta_I \tag{4.197}$$

$$[B_{jI}] = \int_V \nabla \boldsymbol{N}^e \mathrm{d}V = V\left(8\nabla \boldsymbol{N}^e|\boldsymbol{J}^e|\right)_{\xi=\eta=0} \tag{4.198}$$

沙漏刚度矩阵为

$$K_{IJ}^{\mathrm{HG}} = \kappa V_e \gamma_{kI}\gamma_{kJ} \tag{4.199}$$

例题 4–7：考虑一无限长空心圆柱，其内径为 a，外径为 b，在内外表面上分别受压力 p_a 和 p_b 作用。本问题可以简化为平面应变问题，其径向位移和径向正应力的解析解分别为[59]

$$u_r = \frac{(1+\nu)a^2b^2}{E(b^2-a^2)}\left[\frac{p_a-p_b}{r} + (1-2\nu)\frac{p_aa^2-p_bb^2}{a^2b^2}r\right]$$

$$\sigma_{rr} = \frac{p_aa^2-p_bb^2}{b^2-a^2} - \frac{a^2b^2}{(b^2-a^2)r^2}(p_a-p_b)$$

解答：取量纲为一的参数 $a=1$，$b=4$，$p_a=1$，$p_b=0$，$E=13$，$\nu=0.3$。图 4.67 给出了 elasticity2d-python 程序用减缩积分（单点高斯求积）得到的有限元计算结果，其中图 4.67a 是没有使用沙漏控制得到的网格变形图（位移放大系数为 1.5×10^{-2}），图 4.67b 是采用沙漏控制得到的网格变形图（位移放大系数为 1）。可以看出，沙漏控制可以有效地消除减缩积分导致的虚假沙漏模态。图 4.68 进一步比较了分别用带沙漏控制的减缩积分和完全积分得到的径向

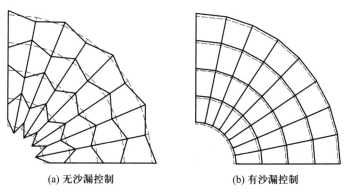

(a) 无沙漏控制   (b) 有沙漏控制

图 4.67 空心无限长圆柱变形图（虚线为原始网格图，实线为变形网格图）

位移有限元解，由减缩积分得到的径向位移比由完全积分得到的结果更接近于精确解。

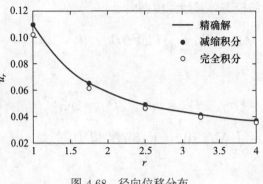

图 4.68　径向位移分布

图 4.69 给出了当泊松比 ν 分别取 0.3、0.45 和 0.499 时的径向应力分布。当泊松比 ν 增加时，完全积分得到的应力误差越来越大。当 $\nu = 0.499$ 时，最外层 3 个单元的应力很小，它们几乎没有变形，即出现了体积闭锁现象。无论泊松比 ν 取多大，减缩积分在 1×1 高斯点（最佳应力点）处均给出了精度很高的应力。当 $\nu = 0.499$，单元内的应力误差很大，但并没有出现体积闭锁。关于体积闭锁的产生原因和解决方案详见 5.5 节。

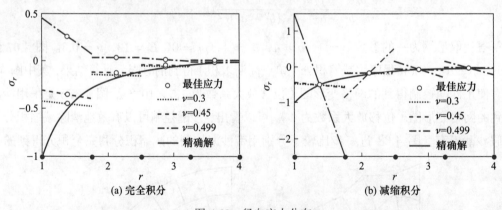

图 4.69　径向应力分布

4.6.4　非协调单元

协调单元在求解某些问题时精度较差。例如，对于图 4.65a 所示的悬臂梁，分别用 5×1 和 5×2 个 Q4 单元（图 4.70）两种网格对受纯弯曲载荷作用的工况进行分析，得到的梁右端 A 点的挠度分别为 0.505 56 和 0.532 16（精确解为 0.752 25，见表 4.5），误差分别达 32.8% 和

29.3%，且在网格加密时，位移精度提高不大。即使采用 10×4 个 Q4 单元进行计算，梁右端 A 点的挠度误差仍达 9.6%。输入数据文件见 GitHub 的 xzhang66/FEM-Book 仓库中 Example 目录下的 Incompatible。

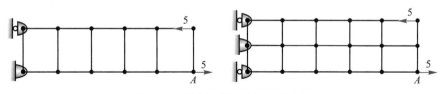

图 4.70　受力偶作用的悬臂梁分析

下面分析误差产生的原因和可能的解决办法。假设如图 4.71a 所示的四边形受力偶作用处于纯弯曲状态，其位移场（平面应力）应为

$$u = -\sigma_0 E^{-1} xy$$

$$v = -\frac{1}{2}\sigma_0 E^{-1}\left[\left(\frac{b}{2}\right)^2 - x^2\right]$$

即挠度是坐标 x 的二次函数，剪应变 ε_{xy} 为 0，如图 4.71b 所示。

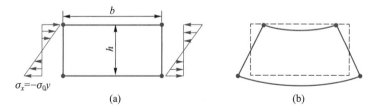

图 4.71　四边形单元纯弯曲状态

在用 Q4 单元求解如图 4.71a 所示的问题时，等效节点载荷如图 4.72a 所示。该单元的变形模式为双线性，因此在此载荷作用下产生的位移场为

$$u \sim xy$$

$$v = 0$$

相应的剪应变为 $\varepsilon_{xy} \sim x \neq 0$，如图 4.72b 所示。可见，在 Q4 单元上施加力偶时，单元的响应为剪切变形而非预期的弯曲变形。这个虚假的剪切变形使得单元过于刚硬，称为**剪切闭锁**。

Q4 单元出现剪切闭锁的原因是它的近似函数没有弯曲变形所需的二次项，因此无法模拟纯弯曲状态。Q8 单元和 Q9 单元均为二次单元，可以模拟纯弯曲状态，因此用一个单元就可以得到此问题的精确解。

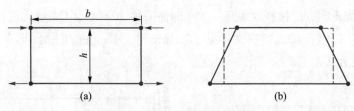

图 4.72　虚假的剪切变形

Wilson 等人在双线性形函数 $N_I^{\mathrm{Q4}}(\xi,\eta)$ 的基础上引入与纯弯曲状态解对应的变形模式[60]

$$N_5(\xi,\eta) = 1 - \xi^2$$
$$N_6(\xi,\eta) = 1 - \eta^2$$

(4.200)

式中 $N_\alpha(\xi_I,\eta_I) = 0$ $(\alpha = 5,6; I = 1 \sim 4)$。新引入的变形模式 $N_\alpha(\xi,\eta)$ $(\alpha = 5,6)$ 在单元之间是不连续的，称为**非协调模式**（incompatible modes）[3]，相应的单元称为**非协调单元**（nonconforming element）。

原形函数 $N_I^{\mathrm{Q4}}(\xi,\eta)$ $(I = 1 \sim 4)$ 已满足单位分解条件，引入 $N_\alpha(\xi,\eta)$ $(\alpha = 5,6)$ 后，这 6 个形函数不再满足单位分解条件，因此无法重构刚体位移。非协调模式是为了模拟纯弯曲对应的应变状态而引入的，因此近似函数可以仍采用原形函数构造，只在近似函数梯度中引入非协调模式，即

$$\nabla u^h(\xi,\eta) = \sum_{I=1}^4 \nabla N_I^{\mathrm{Q4}}(\xi,\eta)u_I^e + \sum_{\alpha=5}^6 \nabla N_\alpha(\xi,\eta)\alpha_I^e$$

(4.201)

式中 α_I^e 为与新增变形模式 $N_\alpha(\xi,\eta)$ 相对应的广义位移。可见，非协调单元只需在原格式的应变矩阵 $\boldsymbol{B}^e$ 中增加 2 列，即

$$\boldsymbol{B}^e = [\boldsymbol{B}_d^e \quad \boldsymbol{B}_\alpha^e]$$

(4.202)

式中

$$\boldsymbol{B}_d^e = [\nabla_S \boldsymbol{N}_1^{\mathrm{Q4}} \quad \nabla_S \boldsymbol{N}_2^{\mathrm{Q4}} \quad \nabla_S \boldsymbol{N}_3^{\mathrm{Q4}} \quad \nabla_S \boldsymbol{N}_4^{\mathrm{Q4}}]$$
$$\boldsymbol{B}_\alpha^e = [\nabla_S \boldsymbol{N}_5 \quad \nabla_S \boldsymbol{N}_6]$$

广义位移 α_I^e 为单元内部自由度，可以利用静力凝聚技术将其在单元一级上凝聚掉，只保留原位移自由度。非协调模式不引入单元节点力，因此单元刚度方程可以分区写为

$$\begin{bmatrix} \boldsymbol{K}_{dd}^e & \boldsymbol{K}_{d\alpha}^e \\ \boldsymbol{K}_{\alpha d}^e & \boldsymbol{K}_{\alpha\alpha}^e \end{bmatrix} \begin{bmatrix} \boldsymbol{d}^e \\ \boldsymbol{\alpha}^e \end{bmatrix} = \begin{bmatrix} \boldsymbol{F}^e \\ \boldsymbol{0} \end{bmatrix}$$

(4.203)

式中

$$\boldsymbol{K}_{dd}^e = \int_{\Omega^e} \boldsymbol{B}_d^{e\mathrm{T}} \boldsymbol{D}^e \boldsymbol{B}_d^e \mathrm{d}\Omega$$

$$\boldsymbol{K}_{\alpha d}^e = \int_{\Omega^e} \boldsymbol{B}_\alpha^{e\mathrm{T}} \boldsymbol{D}^e \boldsymbol{B}_d^e \mathrm{d}\Omega$$

$$\boldsymbol{K}_{\alpha\alpha}^e = \int_{\Omega^e} \boldsymbol{B}_\alpha^{e\mathrm{T}} \boldsymbol{D}^e \boldsymbol{B}_\alpha^e \mathrm{d}\Omega$$

由式 (4.203) 的第二个方程可解得

$$\boldsymbol{\alpha}^e = -(\boldsymbol{K}_{\alpha\alpha}^e)^{-1} \boldsymbol{K}_{\alpha d}^e \boldsymbol{d}^e \qquad (4.204)$$

将其代入式 (4.203) 的第一个方程，得到非协调单元的单元刚度矩阵为

$$\widetilde{\boldsymbol{K}}^e = \boldsymbol{K}_{dd}^e - \boldsymbol{K}_{d\alpha}^e (\boldsymbol{K}_{\alpha\alpha}^e)^{-1} \boldsymbol{K}_{\alpha d}^e \qquad (4.205)$$

非协调单元的近似函数在单元间是不连续的，不满足有限元解收敛的连续性要求，必须进行分片试验以检验单元的收敛性。事实上，前述非协调单元对于图 4.73a、c 的网格可以通过分片试验，但对于图 4.73b 的网格不能通过分片试验[39]，即单元雅可比行列式不是常数时，该单元不收敛。

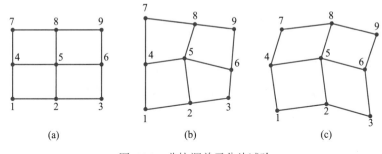

图 4.73 非协调单元分片试验

为了使非协调单元通过分片试验，由若干个单元组成的任意分片必须能够表示常应变状态，即当在各节点上按线性位移场施加位移或力时，不应产生非协调变形模式，即要求 $\boldsymbol{\alpha}^e = \boldsymbol{0}$。由式 (4.203) 的第二个方程可知，分片试验要求

$$\boldsymbol{K}_{\alpha d}^e \boldsymbol{d}^e = \boldsymbol{0} \qquad (4.206)$$

对于线性分片试验，$\boldsymbol{\sigma}^e = \boldsymbol{D}^e \boldsymbol{B}_d^e \boldsymbol{d}^e$ 为常数，因此有

$$\boldsymbol{K}_{\alpha d}^e \boldsymbol{d}^e = \int_{\Omega^e} \boldsymbol{B}_\alpha^{e\mathrm{T}} \boldsymbol{D}^e \boldsymbol{B}_d^e \boldsymbol{d}^e \mathrm{d}\Omega = \left(\int_{\Omega^e} \boldsymbol{B}_\alpha^{e\mathrm{T}} \mathrm{d}\Omega \right) \boldsymbol{\sigma}^e \qquad (4.207)$$

应变矩阵 $\boldsymbol{B}_\alpha^{e\mathrm{T}}$ 是由梯度矩阵 $\nabla \boldsymbol{N}_\alpha^e$ 的元素组成的，因此分片试验要求满足

$$\int_{\Omega^e} \nabla \boldsymbol{N}_\alpha^e \mathrm{d}\Omega = \int_{-1}^{1}\int_{-1}^{1} \nabla \boldsymbol{N}_\alpha^e |\boldsymbol{J}^e(\xi,\eta)| \mathrm{d}\xi \mathrm{d}\eta = \boldsymbol{0} \tag{4.208}$$

式中

$$|\boldsymbol{J}^e(\xi,\eta)|\nabla\boldsymbol{N}_\alpha^e = |\boldsymbol{J}^e(\xi,\eta)|(\boldsymbol{J}^e)^{-1}(\xi,\eta)\boldsymbol{G}_\alpha^{\mathrm{Q4}}$$

$$= |\boldsymbol{J}^e(\xi,\eta)|(\boldsymbol{J}^e)^{-1}(\xi,\eta)\begin{bmatrix} -2\xi & 0 \\ 0 & -2\eta \end{bmatrix} \tag{4.209}$$

可见，$\boldsymbol{G}_\alpha^{\mathrm{Q4}}$ 是关于 ξ 和 η 的线性函数，只有当雅可比行列式 $|\boldsymbol{J}^e(\xi,\eta)|$ 为常数时，式 (4.206) 才成立，否则不能通过分片试验。Taylor 等人建议在式 (4.209) 中将 $|\boldsymbol{J}^e(\xi,\eta)|\,(\boldsymbol{J}^e)^{-1}(\xi,\eta)$ 用单元形心（$\xi=\eta=0$）处的值代替 [61]，即取

$$\nabla\boldsymbol{N}_\alpha^e = \frac{|\boldsymbol{J}^e(0,0)|}{|\boldsymbol{J}^e(\xi,\eta)|}(\boldsymbol{J}^e)^{-1}(0,0)\boldsymbol{G}_\alpha^{\mathrm{Q4}} \tag{4.210}$$

改进后的非协调单元可以通过所有分片试验，因此是收敛的。在分析弯曲问题时，即使在梁厚度方向只用一个单元也能得到很好的结果。

式 (4.210) 是一种选择性减缩积分（selective reduced integration），即在计算刚度矩阵时仅对其中部分项采用减缩积分（单点高斯求积），而对其余项仍采用完全积分。对于图 4.72b 所示的纯弯曲状态，沿 $x=0$ 直线上的虚假剪应变为零。如果把该问题旋转 90°，则沿 $y=0$ 直线上的虚假剪应变为零。因此，Q4 单元在承受纯弯曲载荷作用时，除单元中心点外的其余各点均存在虚假剪应变。对剪切项采用减缩积分，消除了虚假剪应变的影响。

在 Q4 单元中采用选择性减缩积分也可以消除剪切闭锁。弹性矩阵 (4.16) 可以分解为正应变相关部分 $\boldsymbol{D}_\varepsilon$ 和剪应变相关部分 $\boldsymbol{D}_\gamma$，即

$$\boldsymbol{D} = \frac{E}{1-\nu^2}\begin{bmatrix} 1 & \nu & 0 \\ \nu & 1 & 0 \\ 0 & 0 & 0 \end{bmatrix} + \begin{bmatrix} 0 & 0 & 0 \\ 0 & 0 & 0 \\ 0 & 0 & \dfrac{E}{2(1+\nu)} \end{bmatrix}$$

$$= \boldsymbol{D}_\varepsilon + \boldsymbol{D}_\gamma \tag{4.211}$$

因此单元刚度矩阵 (4.107) 可以分解为

$$\boldsymbol{K}^e = \int_{\Omega^e} \boldsymbol{B}^{e\mathrm{T}}\boldsymbol{D}_\varepsilon^e\boldsymbol{B}^e\mathrm{d}\Omega + \int_{\Omega^e} \boldsymbol{B}^{e\mathrm{T}}\boldsymbol{D}_\gamma^e\boldsymbol{B}^e\mathrm{d}\Omega$$

$$= \boldsymbol{K}_\varepsilon^e + \boldsymbol{K}_\gamma^e \tag{4.212}$$

在计算 $\boldsymbol{K}_\gamma^e$ 时采用单点高斯求积可以消除虚假剪应变的影响，避免剪切闭锁。

4.7　先验误差估计

本节将从理论上证明以下结论：

1. 在 U^h 空间中，伽辽金有限元解 $\boldsymbol{u}^h$ 是精确解 $\boldsymbol{u}$ 在能量范数误差意义下的近似解，即有限元应力是精确应力在加权最小二乘意义下的最佳拟合，它们在精确解上下振荡，并在某些点上正好等于精确解；

2. 有限元解低估了系统的应变能，高估了系统的势能，低估了载荷作用点的位移；

3. 若精确解 $\boldsymbol{u} \in H^{p+1}$，则有限元位移解及其梯度的收敛率分别为 $p+1$ 和 p。增加完全多项式的阶次 p 可提高有限元解的收敛率；

4. p 阶单元在减缩积分点（p 阶高斯求积点）处的应力精度高于其他点处的应力精度，即减缩积分点为最佳应力点。

4.7.1　有限元解的性质

与一维问题类似，可以证明有限元近似解 $\boldsymbol{u}^h \in U^h$ 具有以下三个性质，具体证明详见 3.9.3.1 节。

性质 1　有限元解的误差 $\boldsymbol{e}^h = \boldsymbol{u} - \boldsymbol{u}^h$ 和子空间 $U_0^h \subset U_0$ 正交，即

$$a(\boldsymbol{u} - \boldsymbol{u}^h, \boldsymbol{w}^h) = a(\boldsymbol{e}^h, \boldsymbol{w}^h) = 0 \tag{4.213}$$

即有限元解 $\boldsymbol{u}^h$ 是精确解 $\boldsymbol{u}$ 向 U^h 空间关于 $a(\cdot, \cdot)$ 的投影。这一性质也称为伽辽金正交性（Galerkin orthogonality）。

性质 2　在空间 U^h 中，伽辽金有限元解 $\boldsymbol{u}^h(x)$ 是精确解在能量范数误差意义下的最佳近似解，其误差的能量范数 $a(\boldsymbol{u} - \boldsymbol{u}^h, \boldsymbol{u} - \boldsymbol{u}^h)$ 是最小的，即

$$a(\boldsymbol{e}^h, \boldsymbol{e}^h) \leqslant a(\boldsymbol{u} - \boldsymbol{v}^h, \boldsymbol{u} - \boldsymbol{v}^h) \tag{4.214}$$

或

$$a(\boldsymbol{u} - \boldsymbol{u}^h, \boldsymbol{u} - \boldsymbol{u}^h) = \min_{\boldsymbol{v}^h \in U^h} a(\boldsymbol{u} - \boldsymbol{v}^h, \boldsymbol{u} - \boldsymbol{v}^h) \tag{4.215}$$

可见伽辽金有限元解 $\boldsymbol{u}^h$ 是精确解 $\boldsymbol{u}$ 在 $a(\cdot,\cdot)$ 意义下的最小二乘最佳拟合，或者说 $\boldsymbol{u}^h$ 的 m 阶导数是精确解的 m 阶导数在加权最小二乘意义下的近似解，它们在精确解上下振荡，并在某些点上正好等于精确解。因此对于线弹性问题，**伽辽金有限元的应变/应力的精度在能量范数的意义下是最优的**。

Céa 引理（详见 3.9.3.1 节）表明，有限元解 $\boldsymbol{u}^h$ 的误差与 U^h 空间中的最佳解的误差成正比，即

$$\|\boldsymbol{u} - \boldsymbol{u}^h\|_{H^m} \leqslant c \inf_{\boldsymbol{v}^h \in U^h} \|\boldsymbol{u} - \boldsymbol{v}^h\|_m \tag{4.216}$$

式中常数 c 与材料特性有关，$\|\cdot\|_{H^m}$ 为 m 阶索伯列夫范数（H^m 范数，详见附录 A.5）。对于弹性问题有 $m = 1$。

性质 3　有限元解低估了系统的应变能，高估了系统的势能，即

$$a(\boldsymbol{u}^h, \boldsymbol{u}^h) \leqslant a(\boldsymbol{u}, \boldsymbol{u}) \tag{4.217}$$

$$\Pi(\boldsymbol{u}^h) \geqslant \Pi(\boldsymbol{u}) \tag{4.218}$$

假设系统的边界条件都是齐次的（即 $\overline{u} = \overline{t} = 0$），且只在 $\overline{\boldsymbol{x}}$ 处受 $\boldsymbol{e}_i$ 方向的单位集中力 $\boldsymbol{b}(\boldsymbol{x}) = \delta(\boldsymbol{x} - \overline{\boldsymbol{x}})\boldsymbol{e}_i$ 作用，则系统的弱形式为

$$a(\boldsymbol{w}, \boldsymbol{u}) = F(\boldsymbol{w}) = w_i(\overline{\boldsymbol{x}}) \tag{4.219}$$

将上式代入式 (4.217) 可得

$$u_i^h(\overline{\boldsymbol{x}}) \leqslant u_i(\overline{\boldsymbol{x}}) \tag{4.220}$$

即伽辽金有限元解低估了载荷作用点处的位移。

4.7.2　误差估计

对于线弹性问题，双线性算子 $a(\cdot,\cdot)$ 具有以下两条重要特性。

1. **连续性**（continuity）　双线性算子 $a(\cdot,\cdot)$ 是连续的（与有界性等价），因此对于任意函数 $\boldsymbol{w}_1 \in U_0$ 和 $\boldsymbol{w}_2 \in U_0$，存在常数 $M > 0$，使得

$$a(\boldsymbol{w}_1, \boldsymbol{w}_2) \leqslant M\|\boldsymbol{w}_1\|_{H^m}\|\boldsymbol{w}_2\|_{H^m} \tag{4.221}$$

2. **椭圆性**（ellipticity）或**强制性**（coercivity）　对于任意函数 $\boldsymbol{w} \in U_0$，存在常数 $\alpha > 0$，使得

$$a(\boldsymbol{w}, \boldsymbol{w}) \geqslant \alpha \|\boldsymbol{w}\|_{H^m}^2 \tag{4.222}$$

由拉克斯–米尔格拉姆定理（详见 3.3.4 节）可知，线弹性问题存在唯一解。

双线性算子的椭圆性保证了所得到的系数矩阵是正定矩阵。这里的常数 M 和 α 与函数 $\boldsymbol{w}$ 无关，仅依赖于所求解的弹性问题（如弹性模量）。由双线性算子 $a(\cdot, \cdot)$ 的这两个性质可以得到

$$c_1 \|\boldsymbol{w}\|_{H^m} \leqslant a(\boldsymbol{w}, \boldsymbol{w})^{1/2} \leqslant c_2 \|\boldsymbol{w}\|_{H^m} \tag{4.223}$$

即能量范数和索伯列夫范数是等价的。索伯列夫范数常用于从数学上度量收敛率，但能量范数 $a(\boldsymbol{w}, \boldsymbol{w})^{1/2}$ 一般更容易计算，因此多用于有限元程序中。

由插值逼近理论可知，若函数 $\boldsymbol{u}$ 具有 r 阶平方可积的导数（即 $\boldsymbol{u} \in H^r$），且插值函数 $\boldsymbol{v}^h \in U^h$ 对于任意不高于 p 次的多项式都是准确的，则有

$$\|\boldsymbol{u} - \boldsymbol{v}^h\|_{H^m} \leqslant c h^\alpha \|\boldsymbol{u}\|_{H^r}, \quad 0 \leqslant m \leqslant \min(p+1, r) \tag{4.224}$$

式中 $\alpha = \min(p+1-m, r-m)$，$p$ 为单元形函数中的最高完全多项式阶次，h 为单元尺寸（如网格中能包含最大单元的最小圆/球的直径），c 为与 $\boldsymbol{u}$ 和 h 无关的常数。利用式 (4.223)、(4.214) 和式 (4.224) 可对误差的索伯列夫范数进行估计，即[3]

$$
\begin{aligned}
\|\boldsymbol{e}^h\|_{H^m} &\leqslant \frac{1}{c_1} a(\boldsymbol{e}^h, \boldsymbol{e}^h)^{1/2} \\
&\leqslant \frac{1}{c_1} a(\boldsymbol{u} - \boldsymbol{v}^h, \boldsymbol{u} - \boldsymbol{v}^h)^{1/2} \\
&\leqslant \frac{c_2}{c_1} \|\boldsymbol{u} - \boldsymbol{v}^h\|_{H^m} \\
&\leqslant \bar{c} h^\alpha \|\boldsymbol{u}\|_{H^r}
\end{aligned}
\tag{4.225}
$$

式中 $\bar{c} = cc_2/c_1$。在推导上式第二行时，使用了有限元解的最佳近似特性式 (4.214)。上式表明，若精确解 $\boldsymbol{u}$ 具有 $p+1$ 阶平方可积的导数，即 $\boldsymbol{u} \in H^{p+1}$，则

$$\|\boldsymbol{e}^h\|_{H^m} \leqslant \bar{c} h^{p+1-m} \|\boldsymbol{u}\|_{H^{p+1}} \tag{4.226}$$

误差估计式 (4.226) 也可以直接由 Céa 引理得到。将插值误差式 (4.224) 代入 Céa 引理式 (4.216) 即可得到式 (4.226)。

在实际有限元分析中，一般多采用非均匀网格，在高应力区域中使用细密网格，而在其他区域中使用粗网格。此时解的总误差为各单元局部误差之和，即

$$\|\boldsymbol{e}^h\|_{H^m}^2 \leqslant c \sum_e h_e^{2(p+1-m)} \|\boldsymbol{u}\|_{e, H^{p+1}}^2 \tag{4.227}$$

式中 h_e 为单元 e 的特征尺寸，$\|\boldsymbol{u}\|_{e,H^{p+1}}$ 为单元 e 的 H^{p+1} 范数。

伽辽金有限元解误差的 $H^s(s < m)$ 范数不是最小的，因此无法保证 $\boldsymbol{u}^h$ 比 U^h 空间中的其他函数 $\boldsymbol{v}^h$ 在 H^s 范数的意义下更接近于精确解 $\boldsymbol{u}$，因此分析 $\boldsymbol{u}^h$ 关于 H^s 范数的误差估计更为困难。由 Aubin-Nitsche 技巧可以得到关于 H^s 范数 $(0 \leqslant s \leqslant m)$ 的误差估计 [3,6] 为

$$\|e^h\|_{H^s} \leqslant ch^\beta \|\boldsymbol{u}\|_{H^{p+1}} \tag{4.228}$$

式中 $\beta = \min(p+1-s, 2(p+1-m))$，$c$ 为常数。对于线性单元 $p = 1$，

$$\|e^h\|_{H^0} \leqslant ch^2 \|\boldsymbol{u}\|_{H^2} \tag{4.229}$$

$$\|e^h\|_{H^1} \leqslant ch \|\boldsymbol{u}\|_{H^2} \tag{4.230}$$

即位移解 $\boldsymbol{u}^h$ 的 H^0 和 H^1 范数收敛率分别为 2 和 1。增加完全多项式 p 可提高收敛阶次。

以上误差估计结果要求网格是均匀加密的，即当 $h \to 0$ 时，网格的细长比 $\sigma = h/\rho$ 有界，其中 ρ 为网格中包含在最小单元内的最大圆/球的半径。因此在加密网格时，应在各方向上同时加密网格，而不能只在某一个方向上加密网格。

以上误差估计的右端项只与问题的精确解 $u(x)$ 有关，而与有限元解 $u^h(x)$ 无关，因此在进行有限元分析前就可以估计，称为先验误差估计。

4.7.3   最佳应力点

3.9.3.5 节已经给出了一维 3 节点单元的最佳应力点，本节采用类似的方法进一步讨论二维 8 节点等参单元的最佳应力点 [42]。Barlow 方法的基本思想是利用最高完全多项式阶次为 p 的单元来近似表示 $p+1$ 次位移场，并假设节点位移是精确的，来确定在哪些点处有限元位移解的梯度也是精确的。

8 节点等参单元的最高完全多项式阶次为 $p = 2$，其位移近似函数为

$$[u_a \quad v_a] = [1 \quad \xi \quad \eta \quad \xi^2 \quad \xi\eta \quad \eta^2 \quad \xi^2\eta \quad \xi\eta^2][\boldsymbol{a}_u \quad \boldsymbol{a}_v] \tag{4.231}$$

式中 $\boldsymbol{a}_u$ 和 $\boldsymbol{a}_v$ 为待定系数列阵。用此单元来近似一个给定的完全三次（$p+1$）位移场

$$[u_b \quad v_b] = [1 \quad \xi \quad \eta \quad \xi^2 \quad \xi\eta \quad \eta^2 \quad \xi^3 \quad \xi^2\eta \quad \xi\eta^2 \quad \eta^3][\boldsymbol{b}_u \quad \boldsymbol{b}_v] \tag{4.232}$$

式中 $\boldsymbol{b}_u$ 和 $\boldsymbol{b}_v$ 为给定系数列阵。假设有限元节点位移是精确的，则位移场 $[u_a \quad v_a]$ 和 $[u_b \quad v_b]$ 的单元节点位移列阵相等，可解得待定系数列阵

$$[\boldsymbol{a}_u \quad \boldsymbol{a}_v] = \begin{bmatrix} 1 & 0 & 0 & 0 & 0 & 0 & 0 & 0 & 0 & 0 \\ 0 & 1 & 0 & 0 & 0 & 0 & 1 & 0 & 0 & 0 \\ 0 & 0 & 1 & 0 & 0 & 0 & 0 & 0 & 0 & 1 \\ 0 & 0 & 0 & 1 & 0 & 0 & 0 & 0 & 0 & 0 \\ 0 & 0 & 0 & 0 & 1 & 0 & 0 & 0 & 0 & 0 \\ 0 & 0 & 0 & 0 & 0 & 1 & 0 & 0 & 0 & 0 \\ 0 & 0 & 0 & 0 & 0 & 0 & 0 & 1 & 0 & 0 \\ 0 & 0 & 0 & 0 & 0 & 0 & 0 & 0 & 1 & 0 \end{bmatrix} [\boldsymbol{b}_u \quad \boldsymbol{b}_v] \tag{4.233}$$

二维 8 节点等参单元无法精确表示三次位移场，因此位移解及其导数一定存在误差，但在单元内至少存在一点其导数是精确的，在该点有

$$\begin{bmatrix} \partial u_a/\partial \xi & \partial v_a/\partial \xi \\ \partial u_a/\partial \eta & \partial v_a/\partial \eta \end{bmatrix} = \begin{bmatrix} \partial u_b/\partial \xi & \partial v_b/\partial \xi \\ \partial u_b/\partial \eta & \partial v_b/\partial \eta \end{bmatrix} \tag{4.234}$$

将式 (4.231) ~ (4.233) 代入上式，得

$$\begin{bmatrix} 0 & 1 & 0 & 2\xi & \eta & 0 & 1 & 2\xi\eta & \eta^2 & 0 \\ 0 & 0 & 1 & 0 & \xi & 2\eta & 0 & \xi^2 & 2\xi\eta & 1 \end{bmatrix} [\boldsymbol{b}_u \quad \boldsymbol{b}_v]$$

$$= \begin{bmatrix} 0 & 1 & 0 & 2\xi & \eta & 0 & 3\xi^2 & 2\xi\eta & \eta^2 & 0 \\ 0 & 0 & 1 & 0 & \xi & 2\eta & 0 & \xi^2 & 2\xi\eta & 3\eta^2 \end{bmatrix} [\boldsymbol{b}_u \quad \boldsymbol{b}_v] \tag{4.235}$$

由上式可解得

$$\xi = \pm\frac{\sqrt{3}}{3}, \quad \eta = \pm\frac{\sqrt{3}}{3}$$

即二维 8 节点等参单元的应力解在 2×2 高斯求积点处具有三阶（$p+1$）精度，高于预期的二阶（p）精度，具有超收敛性。

在上面的讨论中，假定有限元法的节点位移是精确的。事实上，有限元法的节点位移只有在 AE 为常数的一维问题中才是精确的，因此以上结论对二维和三维问题是近似的。一般情况下，2×2 高斯求积点的应力不一定具有三阶精度，但这些点的应力精度高于单元内其他点处的应力精度，因此称为最佳应力点（optimal stress points）。

最佳应力点也可以从有限元解的最佳近似特性得到。对于线弹性问题，伽辽金有限元解的能量范数误差

$$a(\boldsymbol{e}^h, \boldsymbol{e}^h) = \sum_e \int_{\Omega^e} (\boldsymbol{\varepsilon}^h - \boldsymbol{\varepsilon})^{\mathrm{T}} \boldsymbol{D} (\boldsymbol{\varepsilon}^h - \boldsymbol{\varepsilon}) \mathrm{d}\Omega$$

$$= \sum_e \int_{\Omega^e} (\boldsymbol{\sigma}^h - \boldsymbol{\sigma})^{\mathrm{T}} \boldsymbol{C} (\boldsymbol{\sigma}^h - \boldsymbol{\sigma}) \mathrm{d}\Omega \tag{4.236}$$

取最小值，即 $\delta a(\boldsymbol{e}^h, \boldsymbol{e}^h) = 0$。对上式变分得

$$\delta a(\boldsymbol{e}^h, \boldsymbol{e}^h) = 2\sum_e \int_{\Omega^e} (\boldsymbol{\sigma}^h - \boldsymbol{\sigma})^{\mathrm{T}} \boldsymbol{C}\delta\boldsymbol{\sigma}^h \mathrm{d}\Omega$$

$$= 2\sum_e \sum_i W_i (\boldsymbol{\sigma}_i^h - \boldsymbol{\sigma}_i)^{\mathrm{T}} \boldsymbol{C}\delta\boldsymbol{\sigma}_i^h |\boldsymbol{J}_i| \tag{4.237}$$

有限元解 $\boldsymbol{u}^h$ 的最高完备阶次为 p，$\boldsymbol{\varepsilon}^h$ 和 $\boldsymbol{\sigma}^h$ 的最高完备阶次为 $n = p - m$。当雅可比行列式 $|\boldsymbol{J}|$ 为常数时，若精确解 $\boldsymbol{\sigma}$ 为 $n+1$ 次多项式，式 (4.237) 的被积函数为 $2n+1$ 阶多项式，采用 $n+1$ 阶高斯积分可以对其准确积分，而 $\delta\boldsymbol{\sigma}_i^h(i=1,2,\cdots,n+1)$ 之间相互独立，因此有

$$\boldsymbol{\sigma}_i^h - \boldsymbol{\sigma}_i = 0 \quad (i = 1, 2, \cdots, n+1) \tag{4.238}$$

也就是说，等参单元在 $n+1$ 阶高斯积分点上，有限元应力 (应变) 解可以达到 $n+2$ 阶精度，即具有比本身高一阶的精度。对于线弹性问题，$m = 1$，$n+1 = p$，最佳应力点为 p 点高斯积分点。因此，一维线性和二次单元的最佳应力点分别为 1 点和 2 点高斯求积点，Q4 单元的最佳应力点为 1×1 高斯积分点，而 Q8 单元和 Q9 单元的最佳应力点均为 2×2 高斯积分点，H20 单元的最佳应力点为 $2 \times 2 \times 2$ 高斯求积点。可见，减缩积分的积分点恰好对应于最佳应力点。

表 4.6 中列出了几种常用单元的最佳应力点的位置（用菱形表示）和坐标。

表 4.6　常用单元的最佳应力点

单元类型	p	最佳应力点位置	最佳应力点坐标
T3	1		$\left(\dfrac{1}{3}, \dfrac{1}{3}, \dfrac{1}{3}\right)$
Q4			$(0, 0)$
T6	2		$\left(\dfrac{1}{2}, \dfrac{1}{2}, 0\right)$ $\left(0, \dfrac{1}{2}, \dfrac{1}{2}\right)$ $\left(\dfrac{1}{2}, 0, \dfrac{1}{2}\right)$

单元类型	p	最佳应力点位置	最佳应力点坐标
Q8	2		$\left(-\dfrac{\sqrt{3}}{3}, -\dfrac{\sqrt{3}}{3}\right)$ $\left(\dfrac{\sqrt{3}}{3}, -\dfrac{\sqrt{3}}{3}\right)$ $\left(\dfrac{\sqrt{3}}{3}, \dfrac{\sqrt{3}}{3}\right)$ $\left(-\dfrac{\sqrt{3}}{3}, \dfrac{\sqrt{3}}{3}\right)$
Q9			$\left(-\dfrac{\sqrt{3}}{3}, -\dfrac{\sqrt{3}}{3}\right)$ $\left(\dfrac{\sqrt{3}}{3}, -\dfrac{\sqrt{3}}{3}\right)$ $\left(\dfrac{\sqrt{3}}{3}, \dfrac{\sqrt{3}}{3}\right)$ $\left(-\dfrac{\sqrt{3}}{3}, \dfrac{\sqrt{3}}{3}\right)$

4.8 应力重构和后验误差估计

伽辽金有限元解的位移精度在节点处最佳，应力精度在减缩积分点（p 点高斯求积点）处最佳。在这些点处，位移或其导数的收敛率比多项式逼近预期的收敛率高 1 阶，因此称为**超收敛点**（superconvergent points）。

有限元得到的应力场在单元间是不连续的。基于超收敛应力点处的有限元应力解 $\hat{\sigma}$，可以采取某种方式确定节点应力 $\tilde{\sigma}$，然后利用插值

$$\sigma^* = N^* \tilde{\sigma} \tag{4.239}$$

得到在单元间连续的重构应力场 σ^*。式 (4.239) 中的 N^* 是用于重构应力场的插值函数矩阵，它可以和位移插值函数矩阵 N 相同，也可以不同。例如，对于二次单元，在重构应力场时可以采用二次单元，也可以采用线性单元。

基于超收敛应力点处的有限元应力解 $\hat{\sigma}$ 来重构节点应力 $\tilde{\sigma}$ 的方法有多种 [39]。例如，对于三角形单元（常应力单元），节点应力 $\tilde{\sigma}$ 可以取为相邻单元应力的平均值或面积加权平均值，

但由此得到的边界节点的应力精度较低。对于二次单元，可以先利用外插法将各单元的高斯点应力外插到节点，然后对外插得到的节点应力进行平均来确定重构节点应力 $\tilde{\boldsymbol{\sigma}}$。另外，还有最小二乘法和超收敛分片重构法等，下面分别进行介绍。

4.8.1　最小二乘法

最小二乘法要求重构的应力场 $\boldsymbol{\sigma}^*$ 为有限元应力解 $\boldsymbol{\sigma}^e$ 的最小二乘拟合，即要求泛函

$$\Pi^* = \sum_{e=1}^{n_{\rm el}} \int_{\Omega^e} \frac{1}{2}(\boldsymbol{\sigma}^* - \boldsymbol{\sigma}^e)^{\rm T} \boldsymbol{C}(\boldsymbol{\sigma}^* - \boldsymbol{\sigma}^e)\mathrm{d}\Omega \tag{4.240}$$

取驻值。式中 $n_{\rm el}$ 为单元总数，$\boldsymbol{C}$ 为柔度矩阵。为了使重构解的应变能和有限元解的应变能之差最小，这里引入了柔度矩阵 $\boldsymbol{C}$ 作为权系数矩阵。

将式 (4.239) 代入式 (4.240) 并进行变分，并考虑到变分 $\delta\tilde{\boldsymbol{\sigma}}$ 的任意性，可得

$$\boldsymbol{A}\tilde{\boldsymbol{\sigma}} = \boldsymbol{b} \tag{4.241}$$

式中

$$\boldsymbol{A} = \sum_{e=1}^{n_{\rm el}} \int_{\Omega^e} \boldsymbol{N}^{*\rm T} \boldsymbol{C} \boldsymbol{N}^* \mathrm{d}\Omega \tag{4.242}$$

$$\boldsymbol{b} = \sum_{e=1}^{n_{\rm el}} \int_{\Omega^e} \boldsymbol{N}^{*\rm T} \boldsymbol{C} \boldsymbol{\sigma}^e \mathrm{d}\Omega \tag{4.243}$$

最小二乘法需要求解线性方程组 (4.241)，其计算量和求解系统总体刚度方程的计算量相当。

4.8.2　超收敛分片重构

Zienkiewicz 和 Zhu 于 1992 年提出了超收敛分片重构(superconvergent patch recovery)[62,63] 方法，直接在由多个单元组成的分片上基于多项式来光滑高斯点应力，即在分片上将应力分量 σ_i 用 p 次完全多项式重构为

$$\sigma_i^* = \boldsymbol{p}\boldsymbol{\alpha} \tag{4.244}$$

式中

$$\boldsymbol{p} = [1 \quad x \quad y \quad \cdots \quad y^p]$$

$$\boldsymbol{\alpha} = [\alpha_1 \quad \alpha_2 \quad \cdots \quad \alpha_m]$$

式中 $m = (p+1)(p+2)/2$ 为 p 次完全多项式的单项式数。令重构应力 σ_i^* 在分片内 n 个超收敛点处的值与有限元应力值 $\widehat{\sigma}_i(x_k, y_k)$ 之差的平方和

$$\sum_{k=1}^{n} [\widehat{\sigma}_i(x_k, y_k) - \boldsymbol{p}_k \boldsymbol{\alpha}]^2$$

取最小，可得

$$\boldsymbol{A}\boldsymbol{\alpha} = \boldsymbol{b} \tag{4.245}$$

式中 $\boldsymbol{p}_k = [1 \quad x_k \quad y_k \quad \cdots \quad y_k^p]$，

$$\boldsymbol{A} = \sum_{k=1}^{n} \boldsymbol{p}_k^{\mathrm{T}} \boldsymbol{p}_k \tag{4.246}$$

$$\boldsymbol{b} = \sum_{k=1}^{n} \boldsymbol{p}_k^{\mathrm{T}} \widehat{\sigma}_i(x_k, y_k) \tag{4.247}$$

重构应力 σ_i^* 是 p 次多项式，其系数 $\boldsymbol{\alpha}$ 是通过具有 $p+1$ 阶精度的超收敛点应力 $\widehat{\sigma}_i(x_k, y_k)$ 确定的，因此重构应力也具有 $p+1$ 阶精度，在分片内具有超收敛性。为了保证方程 (4.245) 是良定的，分片内的取样点数 n 应大于 p 次完全多项式的待定系数的个数 m。

在具体应用时，针对系统的每个内部节点均可以构造一个分片，在此分片上利用超收敛分片重构式 (4.244) 确定该节点的重构应力值 $\widetilde{\boldsymbol{\sigma}}$。如某节点属于多个分片，其重构应力值由各分片所得应力的平均值确定。在求得所有节点的重构应力值 $\widetilde{\boldsymbol{\sigma}}$ 后，由式 (4.239) 即可插值得到重构应力场。

图 4.74 给出了四边形单元的几种分片选择方式 [39]，其中菱形表示超收敛点，空心圆和实心圆均表示单元节点，但只有实心圆节点的重构应力由该分片的重构应力场 (4.244) 确定，而空心圆节点的重构应力需由与其对应的分片重构确定。

若某节点处于边界，其应力值由该节点所在的分片确定，如图 4.75a 所示；若某节点处于材料界面，其应力值分别由该节点所在的不同材料的分片确定，如图 4.75b 所示。

超收敛分片重构技术也可以用于构造超收敛位移场。有限元位移解在节点处的精度最高，即节点是位移的超收敛点。在由多个单元组成的分片上，将位移分量 u_i 用 $p+1$ 次多项式重构，令重构位移场 u_i^* 在分片各节点上的值与有限元位移解之差的平方和取最小，以确定重构位移场的待定系数。重构位移场 u_i^* 在全域具有 $p+2$ 阶精度，比有限元位移解的 $p+1$ 阶精度高 1 阶。

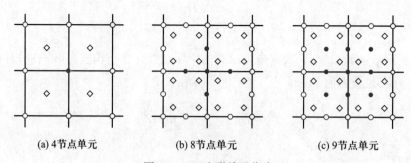

(a) 4 节点单元　　　　　(b) 8 节点单元　　　　　(c) 9 节点单元

图 4.74　四边形单元分片

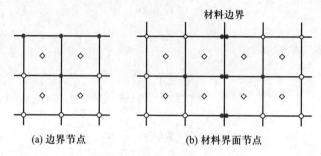

(a) 边界节点　　　　　　(b) 材料界面节点

图 4.75　四边形单元分片

例题 4-8：考虑 3.9.2 节的一维等截面弹性杆，取 $l = 1$ m，$c = 1$ Nm^{-2}，$A = 1$ m^2，$E = 10^4$ Nm^{-2}，其应力精确解为

$$\sigma(x) = -\frac{x^2}{2} + 1$$

利用 bar1D-python 程序采用如图 4.76 所示的均匀网格计算，可以得到各单元中点（超收敛点，其坐标为 $\hat{\boldsymbol{x}} = [0.25 \quad 0.75 \quad 1.25 \quad 1.75]^{\mathrm{T}}$）的有限元应力为

$$\hat{\boldsymbol{\sigma}} = [0.958\,333 \quad 0.708\,333 \quad 0.208\,333 \quad -0.541\,667]^{\mathrm{T}}$$

试分别用最小二乘法和超收敛分片重构法重构应力场。

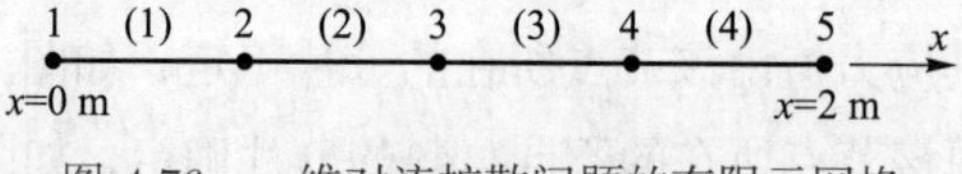

图 4.76　一维对流扩散问题的有限元网格

解答：采用线性插值函数进行应力重构，各单元的应力插值函数矩阵为

$$\boldsymbol{N}^{*(1)} = [1 - 2x \quad 2x]$$

$$\boldsymbol{N}^{*(2)} = [2(1 - x) \quad 2x - 1]$$

$$\boldsymbol{N}^{*(3)} = [3 - 2x \quad 2(x - 1)]$$

$$\boldsymbol{N}^{*(4)} = [2(2 - x) \quad 2x - 3]$$

因此重构应力场为

$$\sigma^* = \begin{cases} (1 - 2x)\widetilde{\sigma}_1 + 2x\widetilde{\sigma}_2 & (0 \leqslant x < 0.5) \\ 2(1 - x)\widetilde{\sigma}_2 + (2x - 1)\widetilde{\sigma}_3 & (0.5 \leqslant x < 1) \\ (3 - 2x)\widetilde{\sigma}_3 + 2(x - 1)\widetilde{\sigma}_4 & (1 \leqslant x < 1.5) \\ 2(2 - x)\widetilde{\sigma}_4 + (2x - 3)\widetilde{\sigma}_5 & (1.5 \leqslant x \leqslant 2) \end{cases}$$

式中 $\widetilde{\sigma}_1 \sim \widetilde{\sigma}_5$ 为待求的重构节点应力, 可以通过最小二乘法或超收敛分片重构确定.

1. 最小二乘法

为简单起见, 令权系数矩阵 $\boldsymbol{C}$ 为单位矩阵。由式 (4.242) 可得各单元系数矩阵为

$$\boldsymbol{A}^e = \int_{\Omega^e} (\boldsymbol{N}^{*e})^{\mathrm{T}} \boldsymbol{N}^{*e} \mathrm{d}\Omega$$

各单元的长度相等, 其系数矩阵 $\boldsymbol{A}^e$ 完全相同, 因此有

$$\boldsymbol{A}^e = \boldsymbol{A}^{(1)} = \int_0^{1/2} (\boldsymbol{N}^{*(1)})^{\mathrm{T}} \boldsymbol{N}^{*(1)} \mathrm{d}x = \begin{bmatrix} 1/6 & 1/12 \\ 1/12 & 1/6 \end{bmatrix}$$

根据各单元的对号数组

$$\mathrm{LM} = \begin{bmatrix} 1 & 2 & 3 & 4 \\ 2 & 3 & 4 & 5 \end{bmatrix}$$

对单元系数矩阵进行组装, 可得系统的系数矩阵为

$$\boldsymbol{A} = \begin{bmatrix} 1/6 & 1/12 & 0 & 0 & 0 \\ 1/12 & 1/3 & 1/12 & 0 & 0 \\ 0 & 1/12 & 1/3 & 1/12 & 0 \\ 0 & 0 & 1/12 & 1/3 & 1/12 \\ 0 & 0 & 0 & 1/12 & 1/6 \end{bmatrix}$$

将应力插值函数矩阵 $\boldsymbol{N}^{*e}$ 和超收敛点应力 $\widehat{\boldsymbol{\sigma}}$ 代入式 (4.243) 中可得各单元的右端项

$$\boldsymbol{b}^{(1)} = \begin{bmatrix} 0.239\,583\,25 \\ 0.239\,583\,25 \end{bmatrix}, \quad \boldsymbol{b}^{(2)} = \begin{bmatrix} 0.177\,083\,25 \\ 0.177\,083\,25 \end{bmatrix}$$

$$\boldsymbol{b}^{(3)} = \begin{bmatrix} 0.052\,083\,25 \\ 0.052\,083\,25 \end{bmatrix}, \quad \boldsymbol{b}^{(4)} = \begin{bmatrix} -0.135\,416\,75 \\ -0.135\,416\,75 \end{bmatrix}$$

对各单元右端项组装, 得

$$\boldsymbol{b} = \begin{bmatrix} 0.239\,583\,25 & 0.416\,666 & 0.229\,166\,5 & -0.083\,333\,5 & -0.135\,416\,75 \end{bmatrix}^{\mathrm{T}}$$

解方程 (4.241) 可得重构节点应力

$$\tilde{\boldsymbol{\sigma}} = \begin{bmatrix} 1.003\,0 & 0.869\,0 & 0.520\,8 & -0.202\,4 & -0.711\,3 \end{bmatrix}^{\mathrm{T}}$$

2. 超收敛分片重构

线性单元的应力超收敛点为一阶高斯求积点, 其收敛阶次为 2, 因此在每个分片中均采用线性重构应力场

$$\sigma^*(x) = a_1 + a_2 x$$

本问题有 3 个内部节点, 分别以节点 2、3 和节点 4 为中心, 取其相邻两个单元构成 3 个分片。边界节点 1、5 的应力分别由节点 2 和节点 4 的分片确定。

分片 1 (节点 2 的分片) 包含单元 1 和单元 2, 超收敛点坐标为 $\hat{x}_1 = 0.25$, $\hat{x}_2 = 0.75$。由式 (4.246) 和式 (4.247) 可得系数矩阵和右端项分别为

$$\boldsymbol{A} = \begin{bmatrix} 1 \\ \hat{x}_1 \end{bmatrix} \begin{bmatrix} 1 & \hat{x}_1 \end{bmatrix} + \begin{bmatrix} 1 \\ \hat{x}_2 \end{bmatrix} \begin{bmatrix} 1 & \hat{x}_2 \end{bmatrix} = \begin{bmatrix} 2 & 1 \\ 1 & 5/8 \end{bmatrix}$$

$$\boldsymbol{b} = \begin{bmatrix} 1 \\ \hat{x}_1 \end{bmatrix} \hat{\sigma}_1 + \begin{bmatrix} 1 \\ \hat{x}_2 \end{bmatrix} \hat{\sigma}_2 = \begin{bmatrix} 1.666\,666 \\ 0.770\,833 \end{bmatrix}$$

解方程 (4.245) 可得到待定系数 $a_1 = 1.083\,333, a_2 = -0.5$, 即重构应力场为 $\sigma^*(x) = 1.083\,333 - 0.5x$, 由此可得节点 1 和节点 2 的重构应力分别为 $\tilde{\sigma}_1 = 1.083\,333$, $\tilde{\sigma}_2 = 0.833\,333$。

分片 2 (节点 3 的分片) 包含单元 2 和单元 3, 超收敛点坐标为 $\hat{x}_2 = 0.75$, $\hat{x}_3 = 1.25$。由式 (4.246) 和式 (4.247) 可得系数矩阵和右端项分别为

$$\boldsymbol{A} = \begin{bmatrix} 1 \\ \hat{x}_2 \end{bmatrix} \begin{bmatrix} 1 & \hat{x}_2 \end{bmatrix} + \begin{bmatrix} 1 \\ \hat{x}_3 \end{bmatrix} \begin{bmatrix} 1 & \hat{x}_3 \end{bmatrix} = \begin{bmatrix} 2 & 2 \\ 2 & 17/8 \end{bmatrix}$$

$$\boldsymbol{b} = \begin{bmatrix} 1 \\ \hat{x}_2 \end{bmatrix} \hat{\sigma}_2 + \begin{bmatrix} 1 \\ \hat{x}_3 \end{bmatrix} \hat{\sigma}_3 = \begin{bmatrix} 0.916\,666 \\ 0.791\,666 \end{bmatrix}$$

解方程 (4.245) 可得到待定系数 $a_1 = 1.458\,333, a_2 = -1.0$, 即重构应力场为 $\sigma^*(x) = 1.458\,333 -$

x，由此可得节点 3 的重构应力为 $\tilde{\sigma}_3 = 0.458\,333$。

分片 3（节点 4 的分片）包含单元了 3 和单元 4，超收敛点坐标为 $x_3 = 1.25$，$x_4 = 1.75$。由式 (4.246) 和式 (4.247) 可得系数矩阵和右端项分别为

$$\boldsymbol{A} = \begin{bmatrix} 1 \\ \hat{x}_3 \end{bmatrix} \begin{bmatrix} 1 & \hat{x}_3 \end{bmatrix} + \begin{bmatrix} 1 \\ \hat{x}_4 \end{bmatrix} \begin{bmatrix} 1 & \hat{x}_4 \end{bmatrix} = \begin{bmatrix} 2 & 3 \\ 3 & 37/8 \end{bmatrix}$$

$$\boldsymbol{b} = \begin{bmatrix} 1 \\ \hat{x}_3 \end{bmatrix} \hat{\sigma}_3 + \begin{bmatrix} 1 \\ \hat{x}_4 \end{bmatrix} \hat{\sigma}_4 = \begin{bmatrix} -0.333\,334 \\ -0.687\,501 \end{bmatrix}$$

解方程 (4.245) 可得到待定系数 $a_1 = 2.083\,333$，$a_2 = -1.5$，即重构应力场为 $\sigma^*(x) = 2.083\,333 - 1.5x$，由此可得节点 4 和节点 5 的重构应力分别为 $\tilde{\sigma}_4 = -0.166\,667$，$\tilde{\sigma}_5 = -0.916\,667$。

图 4.77 比较了精确解、有限元解、最小二乘重构解和超收敛分片重构解，其中超收敛分片重构解的精度高于最小二乘重构解。最小二乘重构解的 L_2 范数误差为 $0.106\,5$，超收敛分片重构解的范数误差为 $0.073\,4$。

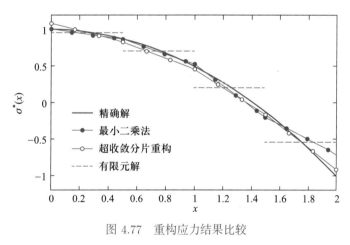

图 4.77 重构应力结果比较

4.8.3 后验误差估计

超收敛重构技术的一个重要应用是用于后验误差估计。先验误差估计依赖于问题的精确解，但一般情况下问题的精确解是未知的，因此只能从理论上给出有限元分析的收敛率，而无法给出有限元解的误差大小。超收敛重构场 $\boldsymbol{u}^*$ 的精度高于有限元解 $\boldsymbol{u}^h$ 的精度，因此可以用其替代精确解来计算有限元解的误差，即定义误差范数为

$$\|\boldsymbol{e}\|_{L_2} \approx \|\bar{\boldsymbol{e}}\|_{L_2} = \|\boldsymbol{u}^* - \boldsymbol{u}^h\|_{L_2} \tag{4.248}$$

$$\|\boldsymbol{e}_\sigma\|_{L_2} \approx \|\bar{\boldsymbol{e}}_\sigma\|_{L_2} = \|\boldsymbol{\sigma}^* - \boldsymbol{\sigma}^h\|_{L_2} \tag{4.249}$$

$$\|\boldsymbol{e}\|_{\mathrm{en}} \approx \|\bar{\boldsymbol{e}}\|_{\mathrm{en}} = \|\boldsymbol{u}^* - \boldsymbol{u}^h\|_{\mathrm{en}} \tag{4.250}$$

以上误差范数依赖于有限元解 $\boldsymbol{u}^h$，与问题的精确解无关，因此可以在完成有限元分析后计算有限元解的误差，称为**后验误差估计**。该误差估计的精度可以用指标

$$\theta = \frac{\|\bar{\boldsymbol{e}}\|_{\mathrm{en}}}{\|\boldsymbol{e}\|_{\mathrm{en}}} \tag{4.251}$$

来度量，θ 越接近于 1，说明该误差估计的精度越高。能量范数 (4.250) 可以进一步改写为

$$\|\bar{\boldsymbol{e}}\|_{\mathrm{en}} = \|\boldsymbol{u}^* - \boldsymbol{u} + \boldsymbol{u} - \boldsymbol{u}^h\|_{\mathrm{en}} = \|\boldsymbol{e} - \boldsymbol{e}^*\|_{\mathrm{en}}$$

式中 $\boldsymbol{e}^* = \boldsymbol{u} - \boldsymbol{u}^*$ 为重构解 $\boldsymbol{u}^*$ 的误差。利用三角不等式，由上式可得

$$\|\boldsymbol{e}\|_{\mathrm{en}} - \|\boldsymbol{e}^*\|_{\mathrm{en}} \leqslant \|\bar{\boldsymbol{e}}\|_{\mathrm{en}} \leqslant \|\boldsymbol{e}\|_{\mathrm{en}} + \|\boldsymbol{e}^*\|_{\mathrm{en}} \tag{4.252}$$

在上式两边除以 $\|\boldsymbol{e}\|_{\mathrm{en}}$ 可得指标 θ 的界为

$$1 - \frac{\|\boldsymbol{e}^*\|_{\mathrm{en}}}{\|\boldsymbol{e}\|_{\mathrm{en}}} \leqslant \theta \leqslant 1 + \frac{\|\boldsymbol{e}^*\|_{\mathrm{en}}}{\|\boldsymbol{e}\|_{\mathrm{en}}} \tag{4.253}$$

任何能够提高精度的重构技术均可以给出合理的后验误差估计。假设单元近似函数的最高完全多项式阶次为 p，即 $\|\boldsymbol{e}\|_{\mathrm{en}} = O(h^p)$。如果重构解的收敛率高于有限元解的收敛率，即重构解的能量范数可以写为

$$\|\boldsymbol{e}^*\|_{\mathrm{en}} = O(h^{p+\alpha}) \quad (\alpha > 0) \tag{4.254}$$

代入式 (4.253) 可得指标 θ 的界为

$$1 - O(h^\alpha) \leqslant \theta \leqslant 1 + O(h^\alpha) \tag{4.255}$$

因此当 $h \to 0$ 时 $\theta \to 1$，基于重构解计算的误差渐进收敛于真实误差。

后验误差估计可以用于有限元自适应分析，即基于重构解计算有限元解的误差，判断各单元解是否已具有所需的精度，并对不满足精度要求的单元自动加密网格 (h-**自适应**) 或提高单元阶次 (p-**自适应**)，也可以同时加密网格并提高单元阶次 (hp-**自适应**)。

4.9 有限元模型化

有限元模型是对实际科学与工程问题的理想化数学抽象，包括有限元网格、材料模型、载

荷、约束和边界条件等。不恰当的有限元模型会使有限元分析给出不可靠甚至错误的结果，因此建立合理的有限元模型是有限元分析的关键。

建立有限元模型时应兼顾计算精度和计算规模的要求。一般来说，当单元总数较小时，增加单元数量（即减小单元尺寸）可以显著提高有限元解的计算精度，并且不会大幅增加计算时间。当单元总数增加到一定程度后，再继续增加单元数量时计算精度提高不大，但会大幅增加计算时间。在进行实际有限元分析时，可以比较两种网格的有限元计算结果，如果它们相差较大，则应继续减小单元尺寸。

有限元分析误差的主要来源包括理想化误差、离散误差和求解误差，因此提高有限元分析精度的措施主要包括：对实际问题进行合理抽象和简化（如几何简化、载荷简化、边界条件简化、材料模型简化、小变形简化等），提高单元阶次和单元质量（尽可能采用形状规则的单元），增加单元数量等。

有限元分析的计算量主要为系统总体刚度方程求解计算量，约为 $\frac{1}{2}nM_K^2$ 次浮点运算（其中 n 为系统自由度总数，M_K 为系统总体刚度矩阵的平均/有效带宽）。如果内存容量不足，在求解系统总体刚度方程时还需要进行内外存交换，将会成倍地增加方程求解时间。因此需采用有效手段尽可能降低计算规模，如利用对称性和反对称性、子结构法（见 4.5.4 节）、周期性条件、降维处理、几何简化和节点编号优化等。商用有限元软件一般都具有带宽优化功能，自动对节点编号进行优化，以尽可能减小系统总体刚度矩阵的平均带宽 M_K，从而减小有限元分析计算量。

下面讨论建立有限元模型时应考虑的一些基本原则。

4.9.1　单元布局

在物体几何形状或载荷发生突变的地方（如内凹角附近、裂纹尖端处、厚度/材料/截面属性突变处、分布载荷突变处和集中载荷作用处等），将会出现应力集中现象。在突变处附近，应力梯度大，应力随着远离突变处而迅速衰减。

在划分有限元网格时，不同厚度/材料/截面突变面应与单元界面重合，以保证每个单元中只有一种厚度/材料/截面。在分布载荷突变处和集中载荷作用处应布置节点，以避免在单元内出现应力不连续。

为了在保证计算精度的同时尽可能减小计算量，在应力集中区应采用较为精密的网格以准确计算快速变化的应力，而在远离应力集中的区域采用较稀疏的网格以减小模型规模。在这两个区域之间，单元尺寸应由小逐渐变大。例如，在对受水平单向拉伸载荷作用下的带中心圆孔方板进行有限元分析时，利用对称性可以只取其四分之一进行分析，如图 4.78 所示。图 4.78a 在方板全域采用密度均匀的网格，而图 4.78b 在圆孔附近采用较为精密的网格，在远离圆孔处采用相对稀疏的网格。图 4.78c 比较了正应力 σ_x 沿板竖向对称面上的分布，虽然两种网格的单元总数相同，但非均匀网格在圆孔附近的应力精度远高于均匀网格的应力精度。

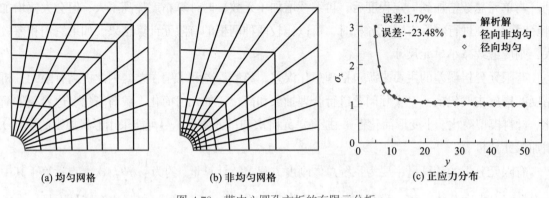

(a) 均匀网格　　　　　　　　　　(b) 非均匀网格　　　　　　　　　(c) 正应力分布

图 4.78　带中心圆孔方板的有限元分析

4.9.2　位移协调性

　　近似函数必须满足完备性条件和协调性条件，以保证有限元解的收敛性。有限元软件提供的单元已经具备了完备性要求，因此用户在建立有限元模型时只需要考虑协调性要求。对于平面问题，单元间位移必须是连续的；对于梁、板和壳问题，单元间除位移连续外，位移的一阶导数也必须连续，详见第六章。为了保证单元间位移的连续性，相邻单元在交界面上必须使用完全相同的节点，且任一单元的角点必须同时也是相邻单元的角点，而不能是相邻单元边上的内点。例如，图 4.79 中交界面 $A-A$ 左边的单元和右边的单元没有使用完全相同的节点，节点 $3'$ 没有和左边的单元连接，位移场在交界面 $A-A$ 处是不连续的。在交界面 $B-B$ 处，左边的单元位移函数是分段线性的，右边的单元位移函数是二次的。虽然相邻单元使用了完全相同的节点，位移场在 $B-B$ 面仍然是不连续的。

　　对于不同阶单元（如 Q4 单元和 Q8 单元），可以采用 4.5.5 节所述的可变节点过渡单元来实现位移协调的单元疏密过渡（图 4.80）。对于同阶单元的疏密过渡，可以采用以下三种方法来实现疏密过渡。

　　1. 采用形状不规则的单元过渡，如图 4.81a 所示。此时需要关注非规则单元质量，以免引入过大的误差。

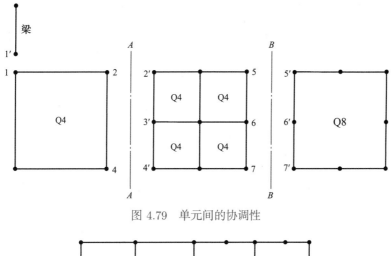

图 4.79 单元间的协调性

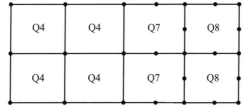

图 4.80 利用可变节点过渡单元实现单元疏密过渡

2. 采用三角形单元过渡, 如图 4.81b 所示。三角形单元为常应变单元, 精度低于 4 节点四边形单元, 应尽可能减少网格中三角形单元的数量。

3. 采用多点约束 (详见 2.3.3.4 节) 过渡, 如图 4.81c 所示。在该图中, 单元 $e_1 \sim e_4$ 均为 4 节点单元, 因此节点 2 属于单元 e_2 和单元 e_3, 节点 3 属于单元 e_3 和单元 e_4。为了保证界面处的位移协调, 节点 2 和节点 3 的位移应该分别等于单元 e_1 的位移场在这两个节点处的值, 即施加约束方程

$$u_{i2} = \frac{2}{3}u_{i1} + \frac{1}{3}u_{i4}$$
$$u_{i3} = \frac{1}{3}u_{i1} + \frac{2}{3}u_{i4}$$

这里假设单元 e_2、e_3 和单元 e_4 的尺寸相同。约束方程既可以利用 2.3.3.4 节所述的主从自由度法引入 (节点位移 u_{i2} 和 u_{i3} 被消去, 不进入系统总体刚度方程中), 也可以用罚函数法 (详见 5.2 节) 或拉格朗日乘子法 (详见 5.1 节) 引入。商用软件一般会提供多点约束 (multi-point constraints, MPC) 功能, 用于处理刚性连接、铰接和滑动等约束。

梁单元节点除了具有平移自由度外, 还具有转动自由度, 而平面单元节点只具有平移自由

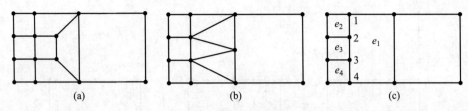

图 4.81　调整大小和形状实现单元疏密过渡

度。图 4.79 中梁单元和平面四边形单元在节点 1 处连接，位移场函数在单元间是连续的，但其一阶导数（转角）不连续，因此不满足协调性条件。梁单元节点 1 处的弯矩无法传递到平面单元上，该节点相当于一个机械铰，使得系统可能变为机构，可能产生刚体位移而导致系统刚度矩阵奇异。

例如，对于图 4.82a 所示的由大矩形区域和细长附件组成的结构，大矩形区域可以用平面应力四边形单元离散，细长附件可以用 1 个或多个梁单元离散。为了避免图 4.79 中梁单元和平面单元连接时所产生的困难，可以采取图 4.82b 所示的离散方案，即在矩形区域内额外增加一个梁单元 BC，并删除 C 点的转动自由度。由于删除了梁单元上 C 点的转动自由度，消除了梁整体的刚体转动，不会导致系统刚度矩阵奇异。梁中的弯矩通过梁单元 BC 以力偶的形式传递到矩形区域。另外，也可以通过多点约束方法来连接梁单元和平面单元，请读者自行思考。

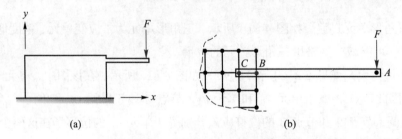

图 4.82　梁单元与四边形单元的连接

4.9.3　单元形状

单元形状对单元的精度影响较大，随着单元细长比的增加，单元精度大幅下降。在划分有限元网格时，应避免在三角形单元中出现钝角，而矩形单元的细长比不宜过大（如不超过 3）。对于任意四边形单元，应尽可能使各内角接近于 $90°$，且使最大边长与最小边长之比接近于 1。

由 4.5 节的讨论可知，对于 6 节点三角形等参单元、8/9 节点四边形等参单元和 20/27 节点六面体等参单元，只有当单元各边均为直边且边节点位于各边的中点时，这些单元才能在物理空间中精确重构二次完全多项式，其应力才具有二阶精度。此时单元坐标映射退化为线性映射，这些单元退化为相应的亚参单元。因此，在有限元分析中，应尽可能使高阶单元的各边为直边，且令单元的边节点位于各边的中点。

4.9.4 单元阶次

有限元解的能量范数收敛率等于近似函数中的最高完全多项式的阶次 p，因此高阶单元的收敛率显著高于低阶单元。在单元数相同的情况下，由高阶单元组成的模型的自由度数远大于由低阶单元组成的模型的自由度数，因此在选择单元阶次时应综合考虑计算精度和计算时间。对于较稀疏的网格，两种单元的计算精度相差很大，应采用高阶单元以获得更为准确的应力解。对于较精密的网格，两种单元的计算精度相差不大，应采用低阶单元以在获得具有所需精度应力解的同时减少计算时间。一般来说，对于静力问题和低频载荷（如地震载荷）作用下结构动态响应问题，宜采用较为稀疏的高阶单元以提高计算精度。而对于高频载荷（如冲击和爆炸）作用下的结构动态响应问题，需要均匀的精密网格来准确模拟波的传播过程，单元尺寸取决于所关心的最小波长，一般可取为最小波长的 1/8 左右，此时宜采用低阶单元以提高计算效率。

在用二维/三维实体单元分析弯曲类问题时，低阶单元存在剪切闭锁，需要在高度方向上划分足够多的单元，或者采用非协调单元和高阶单元。

4.9.5 对称性

工程中许多结构都具有对称性。充分利用对称性可以大幅度缩减有限元模型的规模，大幅度降低有限元建模和计算的工作量。例如，图 4.83 所示的具有中心圆孔的矩形板，x 轴和 y 轴是结构的对称面。如果外载荷关于 x 轴和 y 轴对称或反对称，则可取结构的四分之一作为有限元计算模型，如取第一象限的四分之一结构作为计算模型。对称面上的边界条件可以按以下规则确定：

(1) 在不同的对称面上，将位移分量和载荷分量区分为对称分量和反对称分量。例如，在 Oxz 面上，u 和 F_x 是对称分量，v 和 F_y 是反对称分量。而在 Oyz 面上，v 和 F_y 是对称分

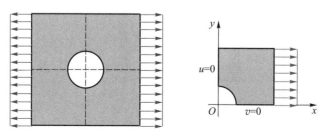

图 4.83 结构对称、载荷对称情况

量，u 和 F_x 是反对称分量。

(2) 对于同一对称面，如载荷是对称的，则位移的反对称分量为零；如载荷是反对称的，则位移的对称分量为零。

利用上述规则，可以建立板在不同载荷作用下的计算模型。图 4.83 中的载荷关于 x 轴和 y 轴都是对称的，因此在对称面上位移的反对称分量为零，即在 Oxz 面上 $v = 0$，而在 Oyz 面上 $u = 0$。图 4.84 中的载荷关于 x 轴和 y 轴都是反对称的，因此在对称面上位移的对称分量为零，即在 Oxz 面上 $u = 0$，而在 Oyz 面上 $v = 0$。

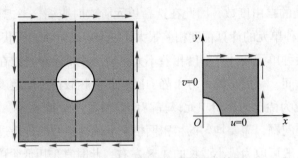

图 4.84　结构对称、载荷反对称情况

另一类重要的对称问题是轴对称问题，即旋转体（轴对称体）在轴对称载荷作用下的应力分布问题。根据对称性，轴对称体的环向位移为零，因此在通过对称轴的任意平截面内的径向和轴向位移分量完全确定了物体的应变状态，也完全确定了应力状态，如图 4.85 所示。对于这类问题，可以取出任意平截面用轴对称单元（二维单元）离散。可见，利用轴对称性，将三维旋转体转化成了二维问题进行求解，大幅度降低了有限元模型的规模。

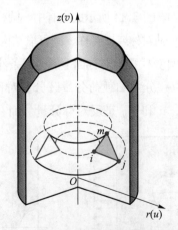

图 4.85　轴对称情况

4.1 分别计算习题 4.1 图中的两个单元形心（$\xi = \eta = \zeta = 0$）处的雅可比行列式，绘制其与坐标 $x_1^e \in [-2, 2]$ 之间的函数曲线，并分析。

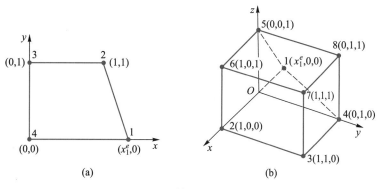

习题 4.1 图

4.2 计算习题 4.2 图所示 4 节点单元的雅可比矩阵 $\boldsymbol{J}^e(\xi, \eta)$。

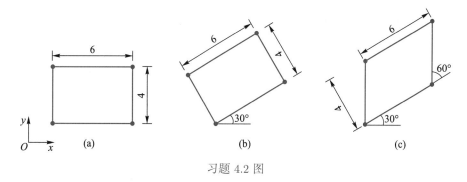

习题 4.2 图

4.3 计算习题 4.3 图所示单元的雅可比矩阵 $\boldsymbol{J}^e(\xi, \eta)$，并确定雅可比矩阵 $\boldsymbol{J}^e(\xi, \eta)$ 奇异的点的母坐标 (ξ, η)。

4.4 采用习题 4.4 图所示的由 2 个三角形组成的网格，重新手工求解例题 4-1 中的问题。

4.5 对于图 4.10 所示的 4 节点矩形单元，假设各节点的位移按照线性位移场给定，即令节点 I 的位移为

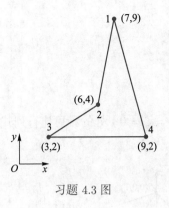

习题 4.3 图

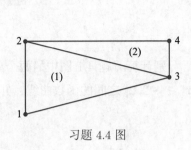

习题 4.4 图

$$u_I = a_1 + a_2 x_I + a_3 y_I$$

$$v_I = a_4 + a_5 x_I + a_6 y_I$$

试证明由式 (4.97) 得到的位移近似函数为

$$u = a_1 + a_2 x + a_3 y$$

$$v = a_4 + a_5 x + a_6 y$$

由式 (4.102) 得到的应变场为 $\varepsilon_x = a_2$，$\varepsilon_y = a_6$，$\gamma_{xy} = a_3 + a_5$。

　　4.6　基于双线性形函数 (4.57) 推导习题 4.6 图所示退化三角形单元的形函数梯度矩阵 ∇N^e [结果应该与式 (4.34) 相同]。

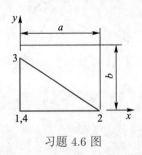

习题 4.6 图

　　4.7　分别采用 1×1、2×2 和 3×3 高斯求积计算积分 $\int_{-1}^{1} \int_{-1}^{1} \dfrac{3 + \xi^2}{2 + \eta^2} \mathrm{d}\xi \mathrm{d}\eta$，并计算相对误差。

　　4.8　如习题 4.8 图所示结构，求单元 e 的单元刚度矩阵 $\boldsymbol{K}^e$ 对结构总体刚度矩阵 $\boldsymbol{K}$ 的第 40 行第 41 列、第 42 行第 65 列和第 63 行第 63 列的贡献值是多少？单元厚度 $t = 1$，泊松比 $\nu = 0$，弹性模量 $E = 10^7$。假设总体自由度的编号顺序为 $u_1, v_1, u_2, \cdots$。

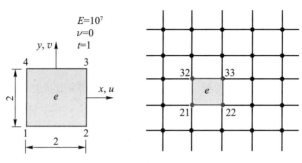

习题 4.8 图

4.9 编写三角形常应变单元程序，并利用习题 4.4 的计算结果或者用程序 elasticity2d-python 采用密网格（至少 64 个单元）计算例题 4-1 所给问题的结果来验证程序的正确性。三角形单元的刚度矩阵为常数，程序中无须使用高斯积分。

4.10 在 STAPpp/STAP90/STAPpy 程序中实现 4 节点四边形单元（考虑平面应力、平面应变和轴对称几种情况），并对具有精确解的问题进行计算，画出其收敛率曲线，并进行分析。

4.11 一涵洞顶部路面受均布载荷 $q = 5\,000\,\text{Pa}$ 作用，尺寸如习题 4.11 图所示。将本问题简化为平面应变问题，取弹性模量和泊松比分别为 $E = 70\,\text{GPa}$ 和 $\nu = 0.3$。考虑到对称性，可只取涵洞的一半进行分析。请利用 elasticity2d-python 程序确定最大主应力的位置和大小。

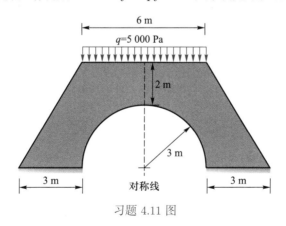

习题 4.11 图

4.12 习题 4.12 图所示为一长 $L = 5.0$，高 $h = 0.5$，宽 $b = 0.1$ 的矩形截面悬臂梁，其左端固定，右端受一力偶（$F = 1$）作用。取泊松比 $\nu = 0$，以模拟一维应力状态。位移和应力的解析解为

$$u(x) = \frac{Fh}{EI}xy, \quad v(x) = -\frac{Fh}{2EI}x^2, \quad \sigma_x(x) = \frac{Fh}{I}y$$

式中 $I = bh^3/12$ 为截面惯性矩。此问题可以用一平面应力问题模拟, 弹性模量取为 $E = 10\,000$。

(1) 将求解域分别用 1×5 和 2×10 个均匀规则单元进行离散, 利用 elasticity2d-python 程序采用完全积分和减缩积分进行求解, 画出用 5 种不同方案 (解析解、网格一完全积分、网格一减缩积分、网格二完全积分、网格二减缩积分) 计算得到的轴线 ($y = 0$) 的挠度 $v(x)$ 曲线和 $y = \sqrt{3}/12$ (对应于高斯点 $\eta = \sqrt{3/3}$) 线上的正应力 $\sigma_x(x)$ 分布, 并分析。

(2) 使用 $N \times 5N$ 网格 ($N = 1, 2, 4, 8$) 研究有限元位移解的 L_2 范数和能量范数收敛率。

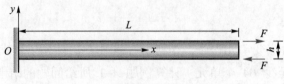

习题 4.12 图

4.13　假设平面单元的厚度为 $t = \sum_I N_I t_I$ (其中 t_I 为节点 I 处的厚度), 试确定为了精确计算 4 节点矩形单元和 8 节点矩形单元的单元刚度矩阵所需要采用的高斯求积阶次。对于 8 节点矩形单元, 其边节点位于各边的中点。

4.14　请推导 6 节点三角形单元在其一边受均匀分布力 p 作用 (习题 4.14a 图) 时的单元等效节点外力, 并通过组装单元等效节点外力计算习题 4.14b 图中节点 $1 \sim 5$ 的总体节点力。取单元厚度为 1。

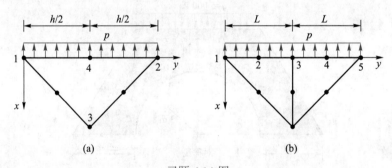

(a)   (b)

习题 4.14 图

4.15　请利用一维线性和二次形函数建立习题 4.15 图所示的两个 6 节点 serendipity 单元形函数及其梯度。

4.16　考虑习题 4.16 图所示的一维二次单元。已知 $x_2^e = x_1^e + h^e/4 (h^e = x_3^e - x_1^e)$, $r = (x - x_1^e)/h^e$, 请推导近似函数梯度 $\theta_{,r}^h(r)$ 的表达式, 并给出它在 $r = 0$ 处的奇异阶次 [即 $\theta_{,r}^h(r) = O(r^{-\alpha})$ 中的指数 α]。

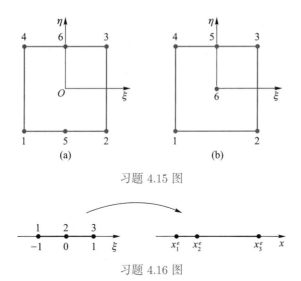

习题 4.15 图

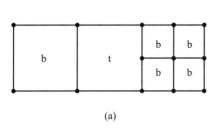

习题 4.16 图

4.17 为了实现网格中单元密度的快速过渡，需要构造过渡单元。例如在习题 4.17a 图所示的网格中，利用过渡单元（用 t 表示）可实现左右两边 4 节点单元（用 b 表示）的尺寸变化。试建立习题 4.17b 图所示的 5 节点过渡单元的形函数。所构造的形函数在单元间必须满足连续性要求，因此形函数在 1–5–2 边上应为分段线性函数而非二次函数，即可将 N_5 取为

$$N_5(\xi, \eta) = \frac{1}{2}(1 - \eta)(1 - |\xi|)$$

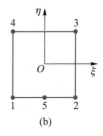

(a)   (b)

习题 4.17 图

4.18 请证明 6 节点亚参单元是收敛的，且能精确重构关于物理坐标 x 和 y 的二次完全多项式，但 6 节点等参单元只能精确重构关于物理坐标 x 和 y 的完全线性多项式。

4.19 请构造 20 节点三维 serendipity 单元（图 4.49b）的形函数。假设某单元的物理坐标和自然坐标完全相同（即 $\xi = x, \eta = y, \zeta = z$），在单元的下表面受均匀分布压力 p 作用，求节点 1 和节点 9 的节点力的 z 向分量。

4.20 请构造 5 节点二维无限单元和 8 节点三维无限单元（图 4.51）的形函数。

4.21　利用 STAPpy/elasticity2d-python/ABAQUS 对 4 节点四边形等参单元进行分片试验。考虑平面应力问题，令 $E = 1\,000$，$\nu = 0.3$。取位移场 $u(x,y) = 0.01x$，$v(x,y) = -0.003y$，它对应于单向拉伸状态，相应的体力 $b = 0$，应力 $\sigma_x = 10$，$\sigma_y = \tau_{xy} = 0$。

4.22　一悬臂梁右端受横向力作用，采用习题 4.22a 图和习题 4.22b 图所示的两种网格（均为 16 个单元）来分别计算悬臂梁端部挠度。

(1) 采用哪种网格能得到更精确的解答，为什么？

(2) 不进行实际有限元分析计算，估计两种网格位移解的相对误差（取 $\nu = 0$）。

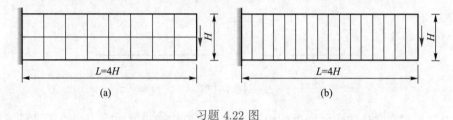

习题 4.22 图

4.23　习题 4.23 图所示为由 3 个单元组成的有限元模型，各单元的应力 σ^e 在单元内为常数。试分别利用最小二乘法和超收敛分片重构法重构应力场。对于最小二乘法，假设应力场为

$$\sigma(x) = N_1\sigma_1 + N_2\sigma_2 + N_3\sigma_3 + N_4\sigma_4$$

其中 $\sigma_I(I = 1,2,3,4)$ 为节点 I 处的应力，N_I 为节点 I 的形函数。

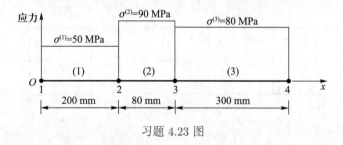

习题 4.23 图

第五章 约束变分原理和不可压缩问题

最小势能原理是自然变分原理，其自变函数需事先满足所有约束条件（几何方程和本质边界条件）。在许多实际问题中，要求试探函数事先满足所有约束条件是极其困难的。例如，对于体积不可压缩问题，试探函数需要满足体积应变为零的条件，即 $u_{i,i} = 0$；对于处于斜面上的滚轴支座，其沿斜面法向的位移应为零，即位移需满足约束条件 $-u_x \sin\theta + u_y \cos\theta = 0$（其中 θ 为斜面和 x 轴之间的夹角）；对于板壳问题，其泛函中含有试探函数的二阶导数，因此试探函数必须是 C^1 函数，即函数及其法向导数在单元界面上连续。对于此类问题，如果仍使用自然变分原理，在构造试探函数时需要使其事先满足所有这些约束条件，给近似函数的构造带来了很大的困难。另外，无网格法[49]的近似函数一般不是插值函数，它不满足克罗内克 δ 性质，因此在构造近似函数时也难以使其事先满足本质边界条件。为了克服这一困难，可以先通过一定的方法解除这些约束，将约束条件引入到泛函中，把原泛函的有约束条件的驻值问题转化为新泛函的无约束条件的驻值问题，从而在构造试探函数时不要求它事先满足这些约束条件，以便于构造近似解。

将约束条件引入到泛函中的方法有两大类：拉格朗日乘子法和罚函数法。5.1 节和 5.2 节分别讨论拉格朗日乘子法和罚函数法；5.3 节利用拉格朗日乘子法放松运动/静力容许条件，建立广义变分原理（包括胡–鹫津变分原理和赫林格–赖斯纳变分原理）。广义变分原理放松了运动/静力容许条件，易于构造近似函数，是体积不可压缩问题和板壳问题有限元分析的理论基础。5.4 节和 5.5 节应用拉格朗日乘子法和罚函数法建立不可压缩问题和几乎不可压缩问题的有限元求解格式。

5.1 拉格朗日乘子法

考虑泛函 $\Pi(\boldsymbol{u})$ 的驻值问题，其中试探函数 $\boldsymbol{u}$ 需事先满足一组附加的约束条件

$$\boldsymbol{C}(\boldsymbol{u}) = \boldsymbol{0} \quad （在域 \ \Omega \ 中） \tag{5.1}$$

利用拉格朗日乘子法解除约束 (5.1)，将其引入到原泛函中得到修正泛函

$$\overline{\Pi}(\boldsymbol{u}, \boldsymbol{\lambda}) = \Pi(\boldsymbol{u}) + \int_{\Omega} \boldsymbol{\lambda}^{\mathrm{T}} \boldsymbol{C}(\boldsymbol{u}) \mathrm{d}\Omega \tag{5.2}$$

式中 $\boldsymbol{\lambda}$ 为拉格朗日乘子（Lagrange multipliers）列阵，其元素个数和约束方程数相同。解除约束后，原泛函 $\Pi(\boldsymbol{u})$ 有约束条件的驻值问题就转化为修正泛函 $\overline{\Pi}(\boldsymbol{u}, \boldsymbol{\lambda})$ 无约束条件的驻值问题，即

$$\delta\overline{\Pi}(\boldsymbol{u}, \boldsymbol{\lambda}) = \delta\Pi(\boldsymbol{u}) + \int_{\Omega} \delta\boldsymbol{\lambda}^{\mathrm{T}} \boldsymbol{C}(\boldsymbol{u}) \mathrm{d}\Omega + \int_{\Omega} \boldsymbol{\lambda}^{\mathrm{T}} \delta\boldsymbol{C}(\boldsymbol{u}) \mathrm{d}\Omega = 0 \tag{5.3}$$

根据拉格朗日乘子 $\boldsymbol{\lambda}$ 的任意性，由上式可得

$$\delta\Pi(\boldsymbol{u}) = 0 \tag{5.4}$$

$$\boldsymbol{C}(\boldsymbol{u}) = \boldsymbol{0} \tag{5.5}$$

即由修正泛函 $\overline{\Pi}(\boldsymbol{u})$ 无约束条件的驻值问题可以得到原泛函 $\Pi(\boldsymbol{u})$ 有约束条件的驻值问题的解。

若约束条件是在边界上定义的，则式 (5.2) 右端第二项的积分应改为边界积分；若约束条件是在一些离散点上定义的，则该项无须积分。

对于线性离散系统，其势能泛函为

$$\Pi(\boldsymbol{d}) = \frac{1}{2}\boldsymbol{d}^{\mathrm{T}}\boldsymbol{K}\boldsymbol{d} - \boldsymbol{d}^{\mathrm{T}}\boldsymbol{f} \tag{5.6}$$

式中 $\boldsymbol{K}$ 为系统的刚度矩阵，$\boldsymbol{d}$ 为位移列阵，$\boldsymbol{f}$ 为外力列阵。假设位移列阵需满足约束条件

$$\boldsymbol{B}\boldsymbol{d} - \boldsymbol{g} = \boldsymbol{0} \tag{5.7}$$

则修正泛函为

$$\overline{\Pi}(\boldsymbol{d}, \boldsymbol{\lambda}) = \frac{1}{2}\boldsymbol{d}^{\mathrm{T}}\boldsymbol{K}\boldsymbol{d} - \boldsymbol{d}^{\mathrm{T}}\boldsymbol{f} + \boldsymbol{\lambda}^{\mathrm{T}}(\boldsymbol{B}\boldsymbol{d} - \boldsymbol{g}) \tag{5.8}$$

令修正泛函 $\overline{\Pi}(\boldsymbol{d}, \boldsymbol{\lambda})$ 的一阶变分为零，得

$$\begin{aligned}
\delta\overline{\Pi}(\boldsymbol{d}, \boldsymbol{\lambda}) &= \delta\boldsymbol{d}^{\mathrm{T}}\boldsymbol{K}\boldsymbol{d} - \delta\boldsymbol{d}^{\mathrm{T}}\boldsymbol{f} + \delta\boldsymbol{\lambda}^{\mathrm{T}}(\boldsymbol{B}\boldsymbol{d} - \boldsymbol{g}) + \delta\boldsymbol{d}^{\mathrm{T}}\boldsymbol{B}^{\mathrm{T}}\boldsymbol{\lambda} \\
&= \delta\boldsymbol{d}^{\mathrm{T}}(\boldsymbol{K}\boldsymbol{d} - \boldsymbol{f} + \boldsymbol{B}^{\mathrm{T}}\boldsymbol{\lambda}) + \delta\boldsymbol{\lambda}^{\mathrm{T}}(\boldsymbol{B}\boldsymbol{d} - \boldsymbol{g}) \\
&= 0
\end{aligned} \tag{5.9}$$

考虑到 $\delta\boldsymbol{d}$ 和 $\delta\boldsymbol{\lambda}$ 的任意性，由上式可得

$$\begin{bmatrix} \boldsymbol{K} & \boldsymbol{B}^{\mathrm{T}} \\ \boldsymbol{B} & \boldsymbol{0} \end{bmatrix} \begin{bmatrix} \boldsymbol{d} \\ \boldsymbol{\lambda} \end{bmatrix} = \begin{bmatrix} \boldsymbol{f} \\ \boldsymbol{g} \end{bmatrix} \tag{5.10}$$

上式可进一步展开为

$$\boldsymbol{Kd} + \boldsymbol{B}^{\mathrm{T}}\boldsymbol{\lambda} = \boldsymbol{f} \tag{5.11}$$

$$\boldsymbol{Bd} = \boldsymbol{g} \tag{5.12}$$

式 (5.11) 为系统的平衡方程，式 (5.12) 为原约束条件。可见，解除约束后，约束用约束力代替，系统在内力 $\boldsymbol{Kd}$、外力 $\boldsymbol{f}$ 及约束力 $(-\boldsymbol{B}^{\mathrm{T}}\boldsymbol{\lambda})$ 的作用下平衡。

对于大多数物理问题都可以识别出拉格朗日乘子的物理意义。例如，若约束条件是本质边界条件 $(\boldsymbol{u} - \overline{\boldsymbol{u}})_{\varGamma_u} = \boldsymbol{0}$，则拉格朗日乘子的物理意义为边界 $\varGamma_u$ 上面力的负值，即

$$\boldsymbol{\lambda} = -\boldsymbol{t} = -\boldsymbol{\sigma}\cdot\boldsymbol{n} \tag{5.13}$$

式中 $\boldsymbol{n}$ 为边界 $\varGamma_t$ 外法向单位矢量。

拉格朗日乘子法有以下特点：

1. 系统的总自由度数增加了，未知数包括位移列阵 $\boldsymbol{d}$ 和拉格朗日乘子 $\boldsymbol{\lambda}$，需要求解更大规模的方程组；利用适当的迭代求解格式可以交替求解 $\boldsymbol{d}$ 和 $\boldsymbol{\lambda}$，避免求解更大规模的方程组，详见 5.1.3 节；

2. 系数矩阵对称但存在零对角元，不能直接用消去法或三角分解法求解；

3. 系数矩阵是不定的，因此修正泛函不再保持原泛函在驻值点处的极值性质。

例题 5–1：如图 5.1 所示的弹簧系统，其左端固定，在 u_1 方向上施加外力 F_1，在 u_2 方向上施加位移约束 $u_2 = 1/k$。用拉格朗日乘子法求解位移 u_1 和约束力 F_2。

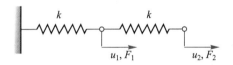

图 5.1 弹簧系统

解答：系统的势能泛函为

$$\varPi(u_1, u_2) = \frac{1}{2}ku_1^2 + \frac{1}{2}k(u_2 - u_1)^2 - u_1F_1 \tag{a}$$

其中位移 u_2 需满足约束条件 $u_2 - 1/k = 0$。

本问题有两种解法，其中第一种方法直接求解具有约束条件的最小势能问题，第二种方法利用拉格朗日乘子法解除位移约束条件，将原势能泛函的有约束条件的驻值问题转化为修正泛函的无约束条件的驻值问题求解。

先采用第一种方法求解。将约束条件 $u_2 = 1/k$ 代入势能泛函 (a)，得

$$\Pi(u_1) = ku_1^2 - u_1 - u_1 F_1 + \frac{1}{2k}$$

此时泛函 Π 不再具有约束条件。由泛函驻值条件 $\delta\Pi = 0$ 可解得

$$u_1 = \frac{1+F_1}{2k}$$

势能泛函的二阶导数 $\mathrm{d}^2\Pi/\mathrm{d}u_1^2 = 2k > 0$，因此势能在驻值点（平衡位置）处取极小值 $-(F_1^2 + 2F_1 - 1)/4k$。约束力为

$$F_2 = k(u_2 - u_1) = \frac{1 - F_1}{2}$$

下面采用第二种方法求解。利用拉格朗日乘子法解除位移约束条件 $u_2 - 1/k = 0$，得到修正泛函

$$\overline{\Pi}(u_1, u_2, \lambda) = \frac{1}{2}ku_1^2 + \frac{1}{2}k(u_2 - u_1)^2 - u_1 F_1 + \lambda\left(u_2 - \frac{1}{k}\right) \tag{b}$$

此时变量 u_1，u_2 和 λ 之间是相互独立的。由修正泛函的驻值条件 $\delta\overline{\Pi} = 0$ 可得

$$\begin{bmatrix} 2k & -k & 0 \\ -k & k & 1 \\ 0 & 1 & 0 \end{bmatrix} \begin{bmatrix} u_1 \\ u_2 \\ \lambda \end{bmatrix} = \begin{bmatrix} F_1 \\ 0 \\ 1/k \end{bmatrix} \tag{c}$$

由上式第三式先解得 u_2，然后由第一式解得 u_1，再由第二式解得 λ，最终得

$$u_1 = \frac{1+F_1}{2k}, \ u_2 = \frac{1}{k}, \ \lambda = -\frac{1-F_1}{2}$$

$$\overline{\Pi} = -\frac{F_1^2 + 2F_1 - 1}{4k}$$

式 (c) 中的系数矩阵（Hessian 矩阵）是不定矩阵（indefinite matrix），它既不正定，也不负定。虽然修正泛函 $\overline{\Pi}$ 在驻值点处仍保持和原泛函 Π 相同的值，但不再保持为极值。

可见，拉格朗日乘子法给出了原问题的精确解，其中乘子 λ 为约束力 $-F_2$。

5.1.1　可解性条件

下面讨论拉格朗日乘子法方程 (5.10) 存在唯一解的条件，即可解性条件。令 n_u 表示位移列阵 $\boldsymbol{d}$ 的维数（即原问题的自由度数），n_λ 表示拉格朗日乘子列阵 $\boldsymbol{\lambda}$ 的维数（即约束条件数），

则 K 是 $n_u \times n_u$ 阶矩阵，B 是 $n_\lambda \times n_u$ 阶矩阵。在式 (5.12) 中取 $g = 0$，对应于最严格的情况。

方程 (5.10) 存在唯一解的条件为：

(1) 矩阵 K 在矩阵 B 的零空间上是正定的，即对于所有满足条件 $Bv = 0$ 的非零向量 v，有

$$v^{\mathrm{T}} K v > 0, \quad \forall v \in \ker B \tag{5.14}$$

式中 $\ker B = \{v : Bv = 0\}$ 为矩阵 B 的零空间 (null space)，也称为核 (kernel)。上式中的 $v^{\mathrm{T}} K v$ 为满足约束条件 $Bv = 0$ 时的应变能的 2 倍，它必须为正。

(2) $B^{\mathrm{T}} q = 0$ 只能有零解（$B^{\mathrm{T}} q \neq 0$，$\forall q \neq 0$），即对于任意非零向量 v 和 q，存在与网格尺寸 h 无关的常数 $\beta > 0$，使得

$$\inf_q \sup_v \frac{q^{\mathrm{T}} B v}{\|q\| \|v\|} \geqslant \beta > 0 \tag{5.15}$$

如果 $B^{\mathrm{T}} q = 0$ 存在非零解 $\tilde{q}$，则 λ 和 $\lambda + \tilde{q}$ 均满足式 (5.11)，即方程 (5.10) 的解不唯一。这个条件相当于要求约束方程 $Bv = 0$ 存在非零解，即矩阵 B 存在零空间。

矩阵 B^{T} 是 $n_u \times n_\lambda$ 阶矩阵，其秩 $r_{B^{\mathrm{T}}} \leqslant \min(n_u, n_\lambda)$。因此 $B^{\mathrm{T}} q = 0$ 只能有零解的充要条件是矩阵 B^{T} 的秩 $r_{B^{\mathrm{T}}} = n_\lambda$，也就是要求

$$n_\lambda \leqslant n_u \tag{5.16}$$

即约束条件数不能大于原问题的自由度数，否则为过约束问题，解不存在。式 (5.16) 仅为方程 (5.10) 存在唯一解的必要条件，而非充分条件。只有同时满足矩阵 K 在矩阵 B 的零空间上正定的条件后，该方程才存在唯一解。

由式 (5.11) 解得

$$d = K^{-1}(f - B^{\mathrm{T}} \lambda) \tag{5.17}$$

后代入式 (5.12) 可得

$$B K^{-1} B^{\mathrm{T}} \lambda = B K^{-1} f - g \tag{5.18}$$

由 $r_{B^{\mathrm{T}}} = r_B = n_\lambda$ 和 $r_K = n_u$ 可知，$r_{(BK^{-1}B^{\mathrm{T}})} = n_\lambda$，上式存在唯一解。由式 (5.18) 解得 λ 后，代入式 (5.17) 可进一步解得 d。

例题 5-2：讨论格式

$$\begin{bmatrix} 1 & 2 & 2 \\ 2 & 4 & -1 \\ 2 & -1 & 0 \end{bmatrix} \begin{bmatrix} u_1 \\ u_2 \\ \lambda \end{bmatrix} = \begin{bmatrix} 11 \\ 7 \\ 0 \end{bmatrix}$$

解的存在性。

解答：本问题的相关子矩阵为

$$\boldsymbol{K} = \begin{bmatrix} 1 & 2 \\ 2 & 4 \end{bmatrix}, \quad \boldsymbol{B} = \begin{bmatrix} 2 & -1 \end{bmatrix}$$

可见矩阵 $\boldsymbol{K}$ 是奇异的，但它在矩阵 $\boldsymbol{B}$ 的零空间 $\boldsymbol{v} = \begin{bmatrix} \frac{1}{2}s & s \end{bmatrix}^{\mathrm{T}}$ 上是正定的（$\boldsymbol{v}^{\mathrm{T}}\boldsymbol{K}\boldsymbol{v} = \frac{25}{4}s^2 >$ 0），因此满足条件 (1)。另外矩阵 $\boldsymbol{B}$ 也满足条件 (2)，即 $\boldsymbol{B}^{\mathrm{T}}\boldsymbol{q} = \boldsymbol{0}$ 只有零解。

这里矩阵 $\boldsymbol{K}$ 和 $\boldsymbol{B}^{\mathrm{T}}\boldsymbol{B}$ 都是奇异的，但矩阵 $\boldsymbol{K}$ 和 $\boldsymbol{B}$ 满足存在唯一解的两个条件，因此

$$\overline{\boldsymbol{K}} = \begin{bmatrix} 1 & 2 \\ 2 & 4 \end{bmatrix} + \begin{bmatrix} 4 & -2 \\ -2 & 1 \end{bmatrix} = \begin{bmatrix} 5 & 0 \\ 0 & 5 \end{bmatrix}$$

是非奇异的。

5.1.2 闭锁问题

在基于最小势能原理求解体积不可压缩或薄板薄壳等问题时，需要构造事先满足体积不可压缩条件或剪应变为 0 条件的试探函数，这是极其困难的。对于此类问题，一般多采用拉格朗日乘子法解除体积不可压缩条件或剪应变为 0 条件，在构造近似函数时不再要求满足这些条件，因此易于构造。此时拉格朗日乘子分别对应于压力或剪应力，格式中的未知变量包括位移和压力/剪应力，因此称为混合格式，其求解方程与式 (5.10) 类似。

将式 (5.10) 改写为

$$\begin{bmatrix} \boldsymbol{K} & \boldsymbol{B}^{\mathrm{T}} \\ \boldsymbol{B} & -\dfrac{1}{\alpha}\boldsymbol{I} \end{bmatrix} \begin{bmatrix} \boldsymbol{d} \\ \boldsymbol{\lambda} \end{bmatrix} = \begin{bmatrix} \boldsymbol{f} \\ \boldsymbol{g} \end{bmatrix} \tag{5.19}$$

式中 $\alpha \to \infty$，$\boldsymbol{I}$ 为单位矩阵。利用静力凝聚技术可以将拉格朗日乘子列阵 $\boldsymbol{\lambda}$ 从上式中凝聚掉。由式 (5.19) 第二式解得

$$\boldsymbol{\lambda} = \alpha\boldsymbol{B}\boldsymbol{d} - \alpha\boldsymbol{g} \tag{5.20}$$

后代入式 (5.19) 第一式可得凝聚后的方程

$$(\boldsymbol{K} + \alpha \boldsymbol{B}^{\mathrm{T}} \boldsymbol{B}) \boldsymbol{d} = \boldsymbol{f} + \alpha \boldsymbol{B}^{\mathrm{T}} \boldsymbol{g} \tag{5.21}$$

当 $\alpha \to \infty$ 时，上式变为

$$\boldsymbol{B}^{\mathrm{T}} \boldsymbol{B} \boldsymbol{d} = \boldsymbol{B}^{\mathrm{T}} \boldsymbol{g} \tag{5.22}$$

可见，若约束条件为齐次的（即 $\boldsymbol{g} = \boldsymbol{0}$），只有当矩阵 $\boldsymbol{B}^{\mathrm{T}} \boldsymbol{B}$ 奇异时上式才有非零解，否则只能得到零解，即发生了**体积闭锁**（volumetric locking）或**剪切闭锁**（shear locking）。为了避免闭锁现象，必须要求 $n_\lambda < n_u$，即约束条件数必须小于位移自由度数（欠约束问题）。

5.1.3 迭代解法

拉格朗日乘子法不仅增加了未知数，且系数矩阵存在零对角元，需要特殊的求解方法。例如，可以先从式 (5.18) 解出 $\boldsymbol{\lambda}$，再由式 (5.17) 解出 $\boldsymbol{d}$；或者取 α 为一大数，先由式 (5.21) 求解 $\boldsymbol{d}$，再由式 (5.20) 解出 $\boldsymbol{\lambda}$。

方程 (5.10) 也可以用迭代法求解。若矩阵 $\boldsymbol{K}$ 是非奇异的，可将式 (5.10) 改写为

$$\begin{bmatrix} \boldsymbol{K} & \boldsymbol{B}^{\mathrm{T}} \\ \boldsymbol{B} & -\rho^{-1} \end{bmatrix} \begin{bmatrix} \boldsymbol{d} \\ \boldsymbol{\lambda} \end{bmatrix} = \begin{bmatrix} \boldsymbol{f} \\ \boldsymbol{g} - \rho^{-1} \boldsymbol{\lambda} \end{bmatrix} \tag{5.23}$$

式中矩阵 ρ 为**加速收敛矩阵**，一般可取

$$\rho = \alpha G \boldsymbol{I} \tag{5.24}$$

其中 G 为剪切模量，α 为常数，它将影响迭代的收敛速度。式 (5.23) 的迭代格式为

$$\begin{bmatrix} \boldsymbol{K} & \boldsymbol{B}^{\mathrm{T}} \\ \boldsymbol{B} & -\rho^{-1} \end{bmatrix} \begin{bmatrix} \boldsymbol{d} \\ \boldsymbol{\lambda} \end{bmatrix}^{(k+1)} = \begin{bmatrix} \boldsymbol{f} \\ \boldsymbol{g} - \rho^{-1} \boldsymbol{\lambda} \end{bmatrix}^{(k)} \tag{5.25}$$

将上式展开为

$$\boldsymbol{K} \boldsymbol{d}^{(k+1)} = \boldsymbol{f} - \boldsymbol{B}^{\mathrm{T}} \boldsymbol{\lambda}^{(k+1)} \tag{5.26}$$

$$\boldsymbol{\lambda}^{(k+1)} = \boldsymbol{\lambda}^{(k)} + \rho(\boldsymbol{B} \boldsymbol{d}^{(k+1)} - \boldsymbol{g}) \tag{5.27}$$

上式第二式右端 $\boldsymbol{d}^{(k+1)}$ 也是未知的，为了便于迭代求解，可以将其替换为 $\boldsymbol{d}^{(k)}$，从而得到方程 (5.10) 的迭代求解格式

$$\boldsymbol{\lambda}^{(k+1)} = \boldsymbol{\lambda}^{(k)} + \rho \boldsymbol{r}^{(k)} \tag{5.28}$$

$$\boldsymbol{K}\boldsymbol{d}^{(k+1)} = \boldsymbol{f} - \boldsymbol{B}^{\mathrm{T}}\boldsymbol{\lambda}^{(k+1)} \tag{5.29}$$

式中

$$\boldsymbol{r}^{(k)} = \boldsymbol{B}\boldsymbol{d}^{(k)} - \boldsymbol{g} \tag{5.30}$$

为约束条件的残差。此方法也称为 **Uzawa 方法** [64]。

如果矩阵 $\boldsymbol{K}$ 奇异，可以将式 (5.27) 代回式 (5.26) 中，得到求解 $\boldsymbol{d}^{(k+1)}$ 的格式

$$(\boldsymbol{K} + \rho \boldsymbol{B}^{\mathrm{T}}\boldsymbol{B})\boldsymbol{d}^{(k+1)} = \boldsymbol{f} - \boldsymbol{B}^{\mathrm{T}}\boldsymbol{\lambda}^{(k)} + \rho \boldsymbol{B}^{\mathrm{T}}\boldsymbol{g} \tag{5.31}$$

矩阵 $(\boldsymbol{K} + \rho \boldsymbol{B}^{\mathrm{T}}\boldsymbol{B})$ 一般是非奇异的，因此可以由式 (5.31) 求解 $\boldsymbol{d}^{(k+1)}$，然后利用式 (5.27) 求解 $\boldsymbol{\lambda}^{(k+1)}$。

例题 5–3：利用高斯消去法和迭代法求解方程组

$$\begin{bmatrix} 1 & 2 & 2 \\ 2 & 4 & -1 \\ 2 & -1 & 0 \end{bmatrix} \begin{bmatrix} u_1 \\ u_2 \\ \lambda \end{bmatrix} = \begin{bmatrix} 11 \\ 7 \\ 0 \end{bmatrix} \tag{a}$$

解答：由例题 5-2 中的讨论可知，此方程组存在唯一解。先用高斯消去法求解。经过第一次消元后得

$$\begin{bmatrix} 1 & 2 & 2 \\ 0 & 0 & -5 \\ 0 & -5 & -4 \end{bmatrix} \begin{bmatrix} u_1 \\ u_2 \\ \lambda \end{bmatrix} = \begin{bmatrix} 11 \\ -15 \\ -22 \end{bmatrix}$$

上式第二行主元为零，无法继续进行消元。为了继续进行消元，需要采用全主元消去法，将上式第二行和第三行、第二列和第三列交换，得

$$\begin{bmatrix} 1 & 2 & 2 \\ 0 & -4 & -5 \\ 0 & -5 & 0 \end{bmatrix} \begin{bmatrix} u_1 \\ \lambda \\ u_2 \end{bmatrix} = \begin{bmatrix} 11 \\ -22 \\ -15 \end{bmatrix}$$

然后进行第二次消元，得

$$\begin{bmatrix} 1 & 2 & 2 \\ 0 & -4 & -5 \\ 0 & 0 & \dfrac{25}{4} \end{bmatrix} \begin{bmatrix} u_1 \\ \lambda \\ u_2 \end{bmatrix} = \begin{bmatrix} 11 \\ -22 \\ \dfrac{50}{4} \end{bmatrix}$$

最后回代求解得到 $u_1 = 1$, $u_2 = 2$, $\lambda = 3$。

可见，这个问题无法用 2.4 节中介绍的直接法（如 LDLT 分解）求解。全主元消去法的程序实现较为复杂，需要对矩阵的行列进行交换，不利于求解大规模问题。

为采用迭代法求解，在式 (a) 的第三式两端同时加上 $(-\lambda/\rho)$，得

$$\begin{bmatrix} 1 & 2 & 2 \\ 2 & 4 & -1 \\ 2 & -1 & -1/\rho \end{bmatrix} \begin{bmatrix} u_1 \\ u_2 \\ \lambda \end{bmatrix} = \begin{bmatrix} 11 \\ 7 \\ -\lambda/\rho \end{bmatrix} \tag{b}$$

由于子矩阵 $\boldsymbol{K}$ 是奇异的，需要用式 (5.31) 求解 $\boldsymbol{d}^{(k+1)}$。取 $\rho = 1$，上式的迭代求解格式为 [见式 (5.31) 和式 (5.27)]

$$\left(\begin{bmatrix} 1 & 2 \\ 2 & 4 \end{bmatrix} + \begin{bmatrix} 2 \\ -1 \end{bmatrix} \begin{bmatrix} 2 & -1 \end{bmatrix} \right) \begin{bmatrix} u_1 \\ u_2 \end{bmatrix}^{(k+1)} = \begin{bmatrix} 11 \\ 7 \end{bmatrix} - \begin{bmatrix} 2 \\ -1 \end{bmatrix} \lambda^{(k)}$$

$$\lambda^{(k+1)} = \lambda^{(k)} + \begin{bmatrix} 2 & -1 \end{bmatrix} \begin{bmatrix} u_1 \\ u_2 \end{bmatrix}^{(k+1)}$$

可以进一步展开为

$$u_1^{(k+1)} = \frac{1}{5}(11 - 2\lambda^{(k)})$$

$$u_2^{(k+1)} = \frac{1}{5}(7 + \lambda^{(k)})$$

$$\lambda^{(k+1)} = \lambda^{(k)} + 2u_1^{(k+1)} - u_2^{(k+1)}$$

取 $\lambda^{(0)} = 0$，依次迭代可得

$$k = 0: \quad u_1^{(1)} = \frac{11}{5}, \quad u_2^{(1)} = \frac{7}{5}, \quad \lambda^{(1)} = 3$$

$$k = 1: \quad u_1^{(2)} = 1, \quad u_2^{(2)} = 2, \quad \lambda^{(2)} = 3$$

本问题经过两次迭代就得到了精确解，其中第一次迭代得到了拉格朗日乘子的精确解，第二次迭代得到了位移的精确解。

5.1.4 修正变分原理

拉格朗日乘子法增加了系统的自由度数，且系数矩阵存在零对角元。为了不增加系统的自由度数，可以先识别出拉格朗日乘子的物理意义，然后在泛函 (5.2) 中将拉格朗日乘子用它所

代表的物理量来替换。例如，若约束条件是本质边界条件 $(\boldsymbol{u} - \overline{\boldsymbol{u}})_{\Gamma_u} = \boldsymbol{0}$，则拉格朗日乘子为 $\boldsymbol{\lambda} = -\boldsymbol{t}$，代入泛函 (5.2) 得

$$\overline{\Pi}(\boldsymbol{u}) = \Pi(\boldsymbol{u}) - \int_{\Gamma_u} \boldsymbol{t}^{\mathrm{T}}(\boldsymbol{u} - \overline{\boldsymbol{u}})\mathrm{d}\Gamma \tag{5.32}$$

式中 $\boldsymbol{t} = \boldsymbol{n} \cdot \boldsymbol{\sigma}$。修正变分原理不增加系统自由度数，基本变量仍然是位移。

　　例题 5–4：利用修正变分原理重新求解例题 5–1。

　　解答：对于本问题，拉格朗日乘子为 $\lambda = -F_2 = -k(u_2 - u_1)$。将此关系式代入例题 5–1 中的泛函式 (b) 中，得

$$\overline{\Pi}(u_1, u_2) = k u_1^2 - \frac{1}{2}k u_2^2 - u_1 + u_2 - u_1 F_1 \tag{c}$$

此泛函的基本变量仅为位移 u_1 和 u_2。由泛函的驻值条件 $\delta\overline{\Pi}(u_1, u_2) = 0$ 得

$$\begin{bmatrix} 2k & 0 \\ 0 & k \end{bmatrix} \begin{bmatrix} u_1 \\ u_2 \end{bmatrix} = \begin{bmatrix} 1 + F_1 \\ 1 \end{bmatrix}$$

由此可解出

$$u_1 = \frac{1 + F_1}{2k}, \quad u_2 = \frac{1}{k}$$

5.2　罚函数法

　　在罚函数法中，约束条件 (5.1) 是以 $\boldsymbol{C}^{\mathrm{T}}(\boldsymbol{u})\boldsymbol{C}(\boldsymbol{u})$ 的形式引入泛函的，即修正泛函为

$$\widetilde{\Pi}(\boldsymbol{u}) = \Pi(\boldsymbol{u}) + \frac{1}{2}\alpha \int_{\Omega} \boldsymbol{C}^{\mathrm{T}}(\boldsymbol{u})\boldsymbol{C}(\boldsymbol{u})\mathrm{d}\Omega \tag{5.33}$$

式中 α 为一大数，称为罚函数 (penalty)。当所有约束条件均严格满足时有 $\boldsymbol{C}^{\mathrm{T}}\boldsymbol{C} = 0$，且在精确解附近变分 $\delta(\boldsymbol{C}^{\mathrm{T}}\boldsymbol{C}) = 0$，此时 $\boldsymbol{C}^{\mathrm{T}}\boldsymbol{C}$ 取最小值。因此，若原问题是泛函 Π 的极小值问题，则 α 应取正值，使修正泛函仍取极小值；若原问题是泛函 Π 的极大值问题，则 α 应取负值，使修正泛函仍取极大值。

　　原泛函有约束条件的驻值问题转化为修正泛函无约束条件的驻值问题，即

$$\delta\widetilde{\Pi}(\boldsymbol{u}) = \delta\Pi(\boldsymbol{u}) + \alpha \int_{\Omega} \delta\boldsymbol{C}^{\mathrm{T}}(\boldsymbol{u})\boldsymbol{C}(\boldsymbol{u})\mathrm{d}\Omega = 0 \tag{5.34}$$

　　对于线性离散系统，罚函数法的修正泛函为

$$\widetilde{\Pi}(\boldsymbol{d}) = \frac{1}{2}\boldsymbol{d}^{\mathrm{T}}\boldsymbol{K}\boldsymbol{d} - \boldsymbol{d}^{\mathrm{T}}\boldsymbol{f} + \frac{1}{2}\alpha(\boldsymbol{B}\boldsymbol{d} - \boldsymbol{g})^{\mathrm{T}}(\boldsymbol{B}\boldsymbol{d} - \boldsymbol{g}) \tag{5.35}$$

由泛函 $\widetilde{\Pi}(\boldsymbol{d})$ 的驻值条件得

$$\delta\widetilde{\Pi}(\boldsymbol{d}) = \delta\boldsymbol{d}^{\mathrm{T}}\boldsymbol{K}\boldsymbol{d} - \delta\boldsymbol{d}^{\mathrm{T}}\boldsymbol{f} + \alpha\delta\boldsymbol{d}^{\mathrm{T}}\boldsymbol{B}^{\mathrm{T}}(\boldsymbol{B}\boldsymbol{d} - \boldsymbol{g}) = 0 \tag{5.36}$$

根据 $\delta\boldsymbol{d}$ 的任意性，由上式可得

$$(\boldsymbol{K} + \alpha\boldsymbol{B}^{\mathrm{T}}\boldsymbol{B})\boldsymbol{d} = \boldsymbol{f} + \alpha\boldsymbol{B}^{\mathrm{T}}\boldsymbol{g} \tag{5.37}$$

可见，罚函数法的求解格式 (5.37) 和在拉格朗日乘子法中引入大数 α 后得到的求解格式 (5.21) 完全相同。当 $\alpha \to \infty$ 时，罚函数法的结果趋近于拉格朗日乘子法的结果。利用罚函数法求解具有约束条件的驻值问题不增加未知数的个数，并且不改变驻值的性质。若原来的泛函取极值，用罚函数法构造的修正泛函仍取极值。

在罚函数法中，约束条件是近似满足的。在有些情况下，由不满足约束条件而引入的误差有可能和离散误差同阶，从而影响解的精度。罚函数 α 越大，约束条件的满足精度越高。在实际应用时，罚函数 α 不宜取得过大，否则会使系数矩阵的条件数过大。一般可取 $\alpha = C(1/h)^n$，其中 h 为单元尺寸，n 为空间维数。

类似地，当 $\alpha \to \infty$ 时，式 (5.37) 退化为式 (5.22)，因此只有当 $\boldsymbol{B}^{\mathrm{T}}\boldsymbol{B}$ 奇异时才能避免闭锁现象，即要求 $n_\lambda < n_u$（欠约束问题）。

罚函数法可以看成是拉格朗日乘子法的近似，即将拉格朗日乘子近似为

$$\boldsymbol{\lambda} \cong \frac{1}{2}\alpha\boldsymbol{C}(\boldsymbol{u}) \tag{5.38}$$

这一解释有助于理解不可压缩问题的不同求解格式之间的关系，即可将不可压缩问题近似为弱可压缩问题，详见 5.4 节。

例题 5-5：利用罚函数法重新求解例题 5-1。

解答：在例题 5-1 的势能泛函式 (a) 中利用罚函数法引入约束条件 $u_2 - 1/k = 0$，得到修正泛函

$$\widetilde{\Pi} = \frac{1}{2}ku_1^2 + \frac{1}{2}k(u_2 - u_1)^2 - u_1F_1 + \frac{1}{2}\alpha\left(u_2 - \frac{1}{k}\right)^2$$

由修正泛函的驻值条件 $\delta\widetilde{\Pi} = 0$ 可得

$$\begin{bmatrix} 2k & -k \\ -k & k+\alpha \end{bmatrix}\begin{bmatrix} u_1 \\ u_2 \end{bmatrix} = \begin{bmatrix} F_1 \\ \alpha/k \end{bmatrix} \tag{a}$$

由上式可解得

$$u_1 = \frac{(\alpha + k)F_1 + \alpha}{(2\alpha + k)k}, \quad u_2 = \frac{kF_1 + 2\alpha}{(2\alpha + k)k}$$

可见，结果精度依赖于罚函数 α 的值。取 $k = 1$，$F_1 = 3$，则位移的精确解为 $u_1 = 2$，$u_2 = 1$。表 5.1 给出了罚函数取不同值时得到的位移近似解、相对误差和系数矩阵条件数。当 α 增大时，结果的精度不断提高，但系数矩阵的条件数也快速增加。由式 (a) 可知，当 α 过大时，系数矩阵将变为奇异的。一般可取 $10^7 \leqslant \alpha/k \leqslant 10^9$。

表 5.1　罚函数取不同值时的位移和系数矩阵条件数

	α				
	$10k$	$10^2 k$	$10^4 k$	$10^6 k$	$10^8 k$
u_1	2.047 619 05	2.004 975 12	2.000 05	2.000 000 5	2.0
相对误差	2.38×10^{-2}	2.49×10^{-3}	2.50×10^{-5}	2.50×10^{-7}	2.50×10^{-9}
u_2	1.095 238 1	1.009 950 25	1.000 1	1.000 001	1.000 000 01
相对误差	9.52×10^2	9.95×10^{-3}	1.00×10^{-4}	1.00×10^{-6}	1.00×10^{-8}
条件数	5.877	50.761	5 000.75	500 000.75	50 000 000.75

5.3　广义变分原理

最小势能原理和最小余能原理都是一类变量变分原理。在最小势能原理中，位移是自变函数，它必须是运动容许的，即在域内满足几何条件，在边界上满足位移边界条件；在最小余能原理中，应力是自变函数，它必须是静力容许的，即在域内满足平衡条件，在边界上满足力边界条件。在许多问题中，要构造事先满足所有约束条件的试探函数是很困难的。Hellinger（1914 年）和 Reissner（1950 年）首先放松了静力容许约束，建立了含位移和应力两类独立变量的广义变分原理，称为赫林格 – 赖斯纳变分原理（Hellinger-Reissner variational principle）。胡海昌（1954 年）和鹫津久一郎（1955 年）进一步放松了运动容许约束，分别独立建立了含位移、应变和应力三类独立变量的广义变分原理，称为胡 – 鹫津变分原理（Hu-Washizu variational principle）[65]。后来钱伟长 (1964 年) 发现该原理可以由拉格朗日乘子法导出。

广义变分原理放松了运动/静力容许约束，便于构造近似函数，在有限元法中得到了广泛应用，是混合有限元、杂交有限元、拟协调有限元等的理论基础。例如，对于板壳问题，利用广义变分原理可以不再要求挠度函数事先满足单元界面上法向导数连续的条件，便于构造近似函数；对于体积不可压缩问题，利用广义变分原理不再要求位移函数事先满足体积应变为零的条件 $u_{i,i}=0$。

5.3.1 胡－鹫津变分原理

利用拉格朗日乘子法将几何方程 (4.2) 和本质边界条件 (4.5) 引入到最小势能泛函 (4.12) 中，得

$$\Pi_{\mathrm{H-W}} = \int_{\Omega} \frac{1}{2}\varepsilon_{ij}D_{ijkl}\varepsilon_{kl}\mathrm{d}\Omega - \int_{\Omega} u_i b_i \mathrm{d}\Omega - \int_{\Gamma_t} u_i \bar{t}_i \mathrm{d}\Gamma -$$
$$\int_{\Omega} \lambda_{ij}\left[\varepsilon_{ij} - \frac{1}{2}(u_{i,j}+u_{j,i})\right]\mathrm{d}\Omega - \int_{\Gamma_u} p_i(u_i - \overline{u}_i)\mathrm{d}\Gamma \tag{5.39}$$

式中 λ_{ij} 和 p_i 分别是定义在域 Ω 内和边界 Γ_u 上的拉格朗日乘子。泛函 $\Pi_{\mathrm{H-W}}$ 包含 18 个相互独立的自变函数（u_i、ε_{ij}、λ_{ij} 和 p_i）。对泛函 $\Pi_{\mathrm{H-W}}$ 变分并进行分部积分，得

$$\delta\Pi_{\mathrm{H-W}} = \int_{\Omega}\delta\varepsilon_{ij}D_{ijkl}\varepsilon_{kl}\mathrm{d}\Omega - \int_{\Omega}\delta u_i b_i\mathrm{d}\Omega - \int_{\Gamma_t}\delta u_i\bar{t}_i\mathrm{d}\Gamma -$$
$$\int_{\Omega}\left\{\delta\lambda_{ij}\left[\varepsilon_{ij}-\frac{1}{2}(u_{i,j}+u_{j,i})\right] - \lambda_{ij}\left[\delta\varepsilon_{ij}-\frac{1}{2}(\delta u_{i,j}+\delta u_{j,i})\right]\right\}\mathrm{d}\Omega -$$
$$\int_{\Gamma_u}[\delta p_i(u_i-\overline{u}_i)+\delta u_i p_i]\mathrm{d}\Gamma$$
$$= \int_{\Omega}\left\{\delta\varepsilon_{ij}(D_{ijkl}\varepsilon_{kl}-\lambda_{ij}) - \delta u_i(\lambda_{ij,j}+b_i) - \delta\lambda_{ij}\left[\varepsilon_{ij}-\frac{1}{2}(u_{i,j}+u_{j,i})\right]\right\}\mathrm{d}\Omega +$$
$$\int_{\Gamma_t}\delta u_i(\lambda_{ij}n_j-\bar{t}_i)\mathrm{d}\Gamma - \int_{\Gamma_u}[\delta u_i(p_i-\lambda_{ij}n_j)+\delta p_i(u_i-\overline{u}_i)]\mathrm{d}\Gamma$$
$$= 0 \tag{5.40}$$

变分 δu_i、$\delta\varepsilon_{ij}$、$\delta\lambda_{ij}$ 和 δp_i 是相互独立的，因此上式中这些变分的系数均应为 0，得到欧拉方程和边界条件

$$\lambda_{ij} = D_{ijkl}\varepsilon_{kl} \qquad (在域 \ \Omega \ 内) \tag{5.41}$$
$$\lambda_{ij,j} + b_i = 0 \qquad (在域 \ \Omega \ 内) \tag{5.42}$$
$$\varepsilon_{ij} = \frac{1}{2}(u_{i,j}+u_{j,i}) \qquad (在域 \ \Omega \ 内) \tag{5.43}$$
$$\lambda_{ij}n_j = \bar{t}_i \qquad (在边界 \ \Gamma_t \ 上) \tag{5.44}$$

$$p_i = \lambda_{ij}n_j \qquad \text{（在边界 } \varGamma_u \text{ 上）} \tag{5.45}$$

$$u_i = \bar{u}_i \qquad \text{（在边界 } \varGamma_u \text{ 上）} \tag{5.46}$$

由式 (5.42) 和式 (5.45) 可知，拉格朗日乘子 λ_{ij} 和 p_i 的物理意义就是应力 σ_{ij} 和边界面力 $t_i = \sigma_{ij}n_j$。在式 (5.39) 中将拉格朗日乘子用其所代表的物理量来替换，可得含有三类独立自变函数（u_i、ε_{ij} 和 σ_{ij}）的泛函

$$\begin{aligned}
\varPi_{\text{H-W}} = {}& \int_{\Omega} \frac{1}{2}\varepsilon_{ij}D_{ijkl}\varepsilon_{kl}\mathrm{d}\Omega - \int_{\Omega} u_i b_i \mathrm{d}\Omega - \int_{\varGamma_t} u_i \bar{t}_i \mathrm{d}\varGamma - \\
& \int_{\Omega} \sigma_{ij}[\varepsilon_{ij} - \frac{1}{2}(u_{i,j} + u_{j,i})]\mathrm{d}\Omega - \int_{\varGamma_u} \sigma_{ij}n_j(u_i - \bar{u}_i)\mathrm{d}\varGamma
\end{aligned} \tag{5.47}$$

泛函 $\varPi_{\text{H-W}}$ 的驻值条件

$$\delta\varPi_{\text{H-W}} = 0 \tag{5.48}$$

称为胡-鹫津变分原理，即在由三类独立变量 u_i、ε_{ij} 和 σ_{ij} 确定的所有可能状态中，真实状态使泛函 $\varPi_{\text{H-W}}$ 取驻值。自变函数 u_i、ε_{ij} 和 σ_{ij} 可以独立地任意选择，不受任何约束条件限制。如果强制要求场函数满足几何方程 (4.2) 和本质边界条件 (4.5)，则胡-鹫津泛函 $\varPi_{\text{H-W}}$ 退化为原势能泛函。

广义变分原理可用于构造位移/应力/应变分别独立插值的混合/杂交有限元格式，其中混合格式（mixed formulation）一般特指所有变量在整个求解域中都采用相同方式定义和离散的格式，其他格式（如在不同子域采用不同的求解格式，或部分变量仅在子域界面上定义和离散）称为杂交格式（hybrid formulation）。例如，利用胡-鹫津变分原理可以建立 u-σ-ε 混合格式，利用赫林格-赖斯纳变分原理可以建立 u-σ 混合格式或 u-ε 混合格式（详见下节）。

例题 5-6：考虑如图 5.2 所示的 3 节点混合杆单元，其弹性模量和横截面面积分别为 E 和 A。假设位移用二次插值，应力和应变用线性插值，并令应力和应变为单元内部自由度，单元间位移场连续。利用胡-鹫津变分原理推导 u-σ-ε 混合格式的单元刚度矩阵。

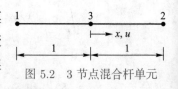

图 5.2　3 节点混合杆单元

解答：对于一维问题，胡-鹫津泛函为

$$\varPi_{\text{H-W}} = \frac{1}{2}\int_{\Omega} AE\varepsilon^2 \mathrm{d}x - \int_{\Omega} ub\,\mathrm{d}x - (uA\bar{t})|_{\varGamma_t} - \int_{\Omega} \sigma[\varepsilon - u_{,x}]A\,\mathrm{d}x - [A\sigma n(u - \bar{u})]_{\varGamma_u}$$

胡-鹫津泛函的变分为

$$\delta\varPi_{\text{H-W}} = \int_{\Omega} \delta\varepsilon(E\varepsilon - \sigma)A\,\mathrm{d}x - \int_{\Omega} \delta\sigma[\varepsilon - u_{,x}]A\,\mathrm{d}x + \int_{\Omega} \sigma\delta u_{,x}A\,\mathrm{d}x + \cdots \tag{a}$$

由于体力项和边界项对刚度矩阵没有贡献, 因此在上式中没有显式给出。

在单元中位移采用二次插值, 应力和应变采用线性插值, 有

$$u^e(x) = \boldsymbol{N}^e(x)\widehat{\boldsymbol{u}}^e$$
$$\varepsilon^e(x) = \widehat{\boldsymbol{N}}^e(x)\widehat{\boldsymbol{\varepsilon}}^e$$
$$\sigma^e(x) = \widehat{\boldsymbol{N}}^e(x)\widehat{\boldsymbol{\sigma}}^e$$

式中

$$\widehat{\boldsymbol{u}}^e = [u_1^e \quad u_2^e \quad u_3^e]^{\mathrm{T}}, \quad \widehat{\boldsymbol{\varepsilon}}^e = [\varepsilon_1^e \quad \varepsilon_2^e]^{\mathrm{T}}, \quad \widehat{\boldsymbol{\sigma}}^e = [\sigma_1^e \quad \sigma_1^e]^{\mathrm{T}}$$

$$\boldsymbol{N}^e(x) = \left[\frac{x(x-1)}{2} \quad \frac{x(x+1)}{2} \quad 1-x^2\right]$$

$$\widehat{\boldsymbol{N}}^e(x) = \left[\frac{1-x}{2} \quad \frac{1+x}{2}\right]$$

将以上插值函数代入式 (a) 中, 可得单元的胡-鹫津泛函变分为

$$\delta\Pi_{\mathrm{H-W}}^e = \delta\widehat{\boldsymbol{\varepsilon}}^{e\mathrm{T}}(\boldsymbol{K}_{\varepsilon\varepsilon}^e\widehat{\boldsymbol{\varepsilon}}^e + \boldsymbol{K}_{\varepsilon\sigma}^e\widehat{\boldsymbol{\sigma}}^e) + \delta\widehat{\boldsymbol{\sigma}}^{e\mathrm{T}}(\boldsymbol{K}_{\varepsilon\sigma}^{e\mathrm{T}}\widehat{\boldsymbol{\varepsilon}}^e + \boldsymbol{K}_{u\sigma}^{e\mathrm{T}}\widehat{\boldsymbol{u}}^e) + \delta\widehat{\boldsymbol{u}}^{e\mathrm{T}}\boldsymbol{K}_{u\sigma}^e\widehat{\boldsymbol{\sigma}}^e) + \cdots$$
$$= \delta\boldsymbol{d}^{e\mathrm{T}}\boldsymbol{K}^e\boldsymbol{d}^e + \cdots$$

式中

$$\boldsymbol{d}^e = [\widehat{\boldsymbol{u}}^{e\mathrm{T}} \quad \widehat{\boldsymbol{\varepsilon}}^{e\mathrm{T}} \quad \widehat{\boldsymbol{\sigma}}^{e\mathrm{T}}]^{\mathrm{T}}$$

$$\boldsymbol{K}^e = \begin{bmatrix} \boldsymbol{0} & \boldsymbol{0} & \boldsymbol{K}_{u\sigma}^e \\ \boldsymbol{0} & \boldsymbol{K}_{\varepsilon\varepsilon}^e & \boldsymbol{K}_{\varepsilon\sigma}^e \\ \boldsymbol{K}_{u\sigma}^{e\mathrm{T}} & \boldsymbol{K}_{\varepsilon\sigma}^{e\mathrm{T}} & \boldsymbol{0} \end{bmatrix}$$

$$\boldsymbol{K}_{u\sigma}^e = \int_{-1}^{1}\left(\frac{\mathrm{d}\boldsymbol{N}^e}{\mathrm{d}x}\right)^{\mathrm{T}}\widehat{\boldsymbol{N}}^e A\mathrm{d}x = \frac{A}{6}\begin{bmatrix} -5 & -1 \\ 1 & 5 \\ 4 & -4 \end{bmatrix}$$

$$\boldsymbol{K}_{\varepsilon\varepsilon}^e = \int_{-1}^{1}\widehat{\boldsymbol{N}}^{e\mathrm{T}}\widehat{\boldsymbol{N}}^e EA\mathrm{d}x = \frac{AE}{3}\begin{bmatrix} 2 & 1 \\ 1 & 2 \end{bmatrix}$$

$$\boldsymbol{K}_{\varepsilon\sigma}^e = -\int_{-1}^{1}\widehat{\boldsymbol{N}}^{e\mathrm{T}}\widehat{\boldsymbol{N}}^e A\mathrm{d}x = \frac{A}{3}\begin{bmatrix} 2 & 1 \\ 1 & 2 \end{bmatrix}$$

单元节点应力 $\widehat{\boldsymbol{\sigma}}^e$ 和节点应变 $\widehat{\boldsymbol{\varepsilon}}^e$ 为单元内部自由度, 因此可以利用静力凝聚法将它们凝聚掉, 只保留单元节点位移自由度 $\widehat{\boldsymbol{u}}^e$。凝聚后的单元刚度矩阵为

$$\overline{\boldsymbol{K}}^e = -\begin{bmatrix} \boldsymbol{0} & \boldsymbol{K}_{u\sigma}^e \end{bmatrix} \begin{bmatrix} \boldsymbol{K}_{\varepsilon\varepsilon}^e & \boldsymbol{K}_{\varepsilon\sigma}^e \\ \boldsymbol{K}_{\varepsilon\sigma}^{e\mathrm{T}} & \boldsymbol{0} \end{bmatrix}^{-1} \begin{bmatrix} \boldsymbol{0} \\ \boldsymbol{K}_{u\sigma}^{e\mathrm{T}} \end{bmatrix}$$

$$= \frac{AE}{6} \begin{bmatrix} 7 & 1 & -8 \\ 1 & 7 & -8 \\ -8 & -8 & 16 \end{bmatrix}$$

可以证明，矩阵 $\overline{\boldsymbol{K}}^e$ 和 3 节点位移单元的单元刚度矩阵相同。

思考题   为什么混合单元凝聚后的单元刚度矩阵 $\overline{\boldsymbol{K}}^e$ 和 3 节点位移单元的单元刚度矩阵相同？

5.3.2   赫林格 – 赖斯纳变分原理

最小余能原理要求自变函数 σ_{ij} 在域内满足平衡方程、在边界上满足力边界条件。利用拉格朗日乘子法将平衡方程和力边界条件引入到余能泛函中，由修正泛函驻值条件识别拉格朗日乘子的物理意义，然后在修正泛函中将拉格朗日乘子用其所代表的物理量替换，即可得到 H–R 变分原理的泛函 $\Pi_{\mathrm{H-R}}$。

泛函 $\Pi_{\mathrm{H-W}}$ 的独立变量为 u_i、ε_{ij} 和 σ_{ij}，而泛函 $\Pi_{\mathrm{H-R}}$ 独立变量为 u_i 和 σ_{ij}，即 ε_{ij} 和 σ_{ij} 之间不独立，应满足物理方程 (4.3)。利用物理方程 (4.3) 将应变用应力表示（$\varepsilon_{ij} = C_{ijkl}\sigma_{kl}$），代入三类变量泛函 $\Pi_{\mathrm{H-W}}$ 中，也可得到两类变量泛函 $\Pi_{\mathrm{H-R}}$：

$$\Pi_{\mathrm{H-R}} = \int_{\Omega} \left[\frac{1}{2}\sigma_{ij}(u_{i,j} + u_{j,i}) - \frac{1}{2}\sigma_{ij}C_{ijkl}\sigma_{kl} \right] \mathrm{d}\Omega -$$

$$\int_{\Omega} u_i b_i \mathrm{d}\Omega - \int_{\Gamma_t} u_i \overline{t}_i \mathrm{d}\Gamma - \int_{\Gamma_u} \sigma_{ij} n_j (u_i - \overline{u}_i) \mathrm{d}\Gamma \tag{5.49}$$

泛函 $\Pi_{\mathrm{H-R}}$ 的驻值条件

$$\delta \Pi_{\mathrm{H-R}} = 0 \tag{5.50}$$

称为赫林格 – 赖斯纳变分原理，即在由两类独立变量 u_i 和 σ_{ij} 确定的所有可能状态中，真实状态使泛函 $\Pi_{\mathrm{H-R}}$ 取驻值。自变函数 u_i 和 σ_{ij} 可以独立地任意选择，不受任何约束条件限制。由驻值条件 (5.50) 可以导出欧拉方程和边界条件

$$C_{ijkl}\sigma_{kl} = \frac{1}{2}(u_{i,j} + u_{j,i}) \quad （在域 \ \Omega \ 内） \tag{5.51}$$

$$\sigma_{ij,j} + b_i = 0 \quad （在域 \ \Omega \ 内） \tag{5.52}$$

$$\sigma_{ij} n_j = \overline{t}_i \qquad \text{(在边界 } \Gamma_t \text{ 上)} \qquad (5.53)$$

$$u_i = \overline{u}_i \qquad \text{(在边界 } \Gamma_u \text{ 上)} \qquad (5.54)$$

可见, 欧拉方程 (5.51) 等价于几何方程和物理方程的结合。泛函 (5.49) 的独立变量为位移 u_i 和应力 σ_{ij}, 也可以将其改写为以位移 u_i 和应变 ε_{ij} 为独立变量的形式

$$\Pi_{\text{H-R}} = \int_{\Omega} \left[-\frac{1}{2} \varepsilon_{ij} D_{ijkl} \varepsilon_{kl} + D_{ijkl} \varepsilon_{kl} u_{i,j} \right] \mathrm{d}\Omega -$$
$$\int_{\Omega} u_i b_i \mathrm{d}\Omega - \int_{\Gamma_t} u_i \overline{t}_i \mathrm{d}\Gamma - \int_{\Gamma_u} \sigma_{ij} n_j (u_i - \overline{u}_i) \mathrm{d}\Gamma \qquad (5.55)$$

可以验证, 如果在赫林格-赖斯纳变分原理中要求应力是静力容许的, 则退化为最小余能原理。几个变分原理之间的关系如图 5.3 所示。

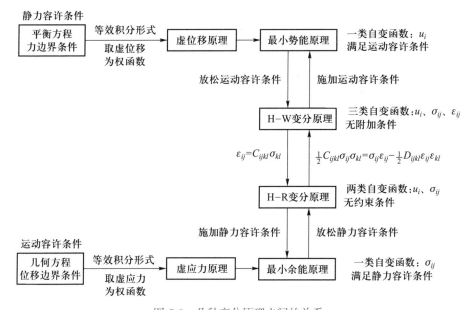

图 5.3 几种变分原理之间的关系

例题 5-7: 考虑如图 5.4 所示的 2 节点矩形截面混合梁单元, 其弹性模量和剪切模量分别为 E 和 G, 高度为 h。假设单元横向位移 w 和截面转角 θ 用线性插值, 剪应变 γ_{xz} 在单元内为常数。试用赫林格-赖斯纳变分原理推导其单元刚度矩阵。

解答: 对于本问题, $\sigma_{xx} = E\varepsilon_{xx}$, $\sigma_{xz} = G\gamma_{xz}$, 因此 H-R 泛函 (5.55) 可以展开为

$$\Pi_{\text{H-R}} = \int_{\Omega} \left[-\frac{1}{2} \varepsilon_{xx} E \varepsilon_{xx} - \frac{1}{2} \gamma_{xz} G \gamma_{xz} + \varepsilon_{xx} E \frac{\partial u}{\partial x} + \gamma_{xz} G \left(\frac{\partial w}{\partial x} + \frac{\partial u}{\partial z} \right) \right] \mathrm{d}\Omega + \cdots \qquad (a)$$

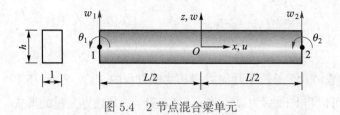

图 5.4　2 节点混合梁单元

由于体力项和边界项对刚度矩阵没有贡献，因此在上式中没有显式给出。

取 (w, θ) 和剪应变 γ_{xz} 为独立变量，弯曲应变 ε_{xx} 为非独立变量，它由位移场确定。引入记号

$$\widehat{\gamma}_{xz} = \frac{\partial w}{\partial x} + \frac{\partial u}{\partial z}$$

并将关系式 $\varepsilon_{xx} = \partial u / \partial x$ 代入式 (a) 中，得

$$\Pi_{\mathrm{H-R}} = \int_{\Omega} \left(\frac{1}{2} \varepsilon_{xx} E \varepsilon_{xx} - \frac{1}{2} \gamma_{xz} G \gamma_{xz} + \gamma_{xz} G \widehat{\gamma}_{xz} \right) \mathrm{d}\Omega + \cdots$$

对上式取变分，得

$$\delta \Pi_{\mathrm{H-R}} = \int_{\Omega} \left(\delta \varepsilon_{xx} E \varepsilon_{xx} + \delta \widehat{\gamma}_{xz} G \gamma_{xz} + \delta \gamma_{xz} G (\widehat{\gamma}_{xz} - \gamma_{xz}) \, \mathrm{d}\Omega + \cdots \right) \tag{b}$$

单元内横向位移 w 和截面转角 θ 采用线性插值，剪应变 γ_{xz} 在单元内为常数，$u = -z\theta$，因此有

$$w^e = \frac{1}{L} \left(\frac{L}{2} - x \right) w_1^e + \frac{1}{L} \left(\frac{L}{2} + x \right) w_2^e$$

$$\theta^e = \frac{1}{L} \left(\frac{L}{2} - x \right) \theta_1^e + \frac{1}{L} \left(\frac{L}{2} + x \right) \theta_2^e$$

$$u^e = -\frac{z}{L} \left(\frac{L}{2} - x \right) \theta_1^e - \frac{z}{L} \left(\frac{L}{2} + x \right) \theta_2^e$$

$$\gamma_{xz}^e = \gamma^{\mathrm{AS}}$$

式中 w_I^e 和 θ_I^e 分别为单元节点 I 的挠度和截面转角，γ^{AS} 为单元常剪应变。利用上式，可以将 ε_{xx}^e、γ_{xz}^e 和 $\widehat{\gamma}_{xz}^e$ 近似为

$$\varepsilon_{xx}^e = \boldsymbol{B}_{\mathrm{b}}^e \widehat{\boldsymbol{u}}^e$$

$$\widehat{\gamma}_{xz}^e = \boldsymbol{B}_{\mathrm{s}}^e \widehat{\boldsymbol{u}}^e \tag{c}$$

$$\gamma_{xz}^e = \widehat{\boldsymbol{B}}_{\mathrm{s}}^e \widehat{\boldsymbol{\varepsilon}}^e$$

式中

$$\widehat{\boldsymbol{u}}^e = [w_1^e \quad \theta_1^e \quad w_2^e \quad \theta_2^e]^{\mathrm{T}}, \quad \widehat{\boldsymbol{\varepsilon}} = [\gamma^{\mathrm{AS}}]$$

$$\boldsymbol{B}_{\mathrm{b}}^e = \begin{bmatrix} 0 & \dfrac{z}{L} & 0 & -\dfrac{z}{L} \end{bmatrix}$$

$$\boldsymbol{B}_{\mathrm{s}}^e = \begin{bmatrix} -\dfrac{1}{L} & -\dfrac{1}{L}\left(\dfrac{L}{2} - x\right) & \dfrac{1}{L} & -\dfrac{1}{L}\left(\dfrac{L}{2} + x\right) \end{bmatrix}$$

$$\widehat{\boldsymbol{B}}_{\mathrm{s}}^e = [1]$$

将插值式 (c) 代入式 (b) 中, 可得单元的 H–R 泛函

$$\begin{aligned}
\delta \varPi_{\mathrm{H-R}}^e &= \delta \widehat{\boldsymbol{u}}^{e\mathrm{T}}(\boldsymbol{K}_{uu}^e \widehat{\boldsymbol{u}}^e + \boldsymbol{K}_{u\varepsilon}^e \widehat{\boldsymbol{\varepsilon}}^e) + \delta \widehat{\boldsymbol{\varepsilon}}^{e\mathrm{T}}(\boldsymbol{K}_{u\varepsilon}^{e\mathrm{T}} \widehat{\boldsymbol{u}}^e + \boldsymbol{K}_{\varepsilon\varepsilon}^e \widehat{\boldsymbol{\varepsilon}}^e) + \cdots \\
&= \delta \boldsymbol{d}^{e\mathrm{T}} \boldsymbol{K}^e \boldsymbol{d}^e + \cdots
\end{aligned}$$

式中

$$\boldsymbol{d}^e = [\widehat{\boldsymbol{u}}^{e\mathrm{T}} \quad \widehat{\boldsymbol{\varepsilon}}^{e\mathrm{T}}]^{\mathrm{T}}$$

$$\boldsymbol{K}^e = \begin{bmatrix} \boldsymbol{K}_{uu}^e & \boldsymbol{K}_{u\varepsilon}^e \\ \boldsymbol{K}_{u\varepsilon}^{e\mathrm{T}} & \boldsymbol{K}_{\varepsilon\varepsilon}^e \end{bmatrix}$$

$$\boldsymbol{K}_{uu}^e = \int_{-L/2}^{L/2} \int_{-h/2}^{h/2} \boldsymbol{B}_{\mathrm{b}}^{e\mathrm{T}} E \boldsymbol{B}_{\mathrm{b}}^e \mathrm{d}z\mathrm{d}x = EI \begin{bmatrix} 0 & 0 & 0 & 0 \\ 0 & 1/L & 0 & -1/L \\ 0 & 0 & 0 & 0 \\ 0 & -1/L & 0 & 1/L \end{bmatrix}$$

$$\boldsymbol{K}_{u\varepsilon}^e = \int_{-L/2}^{L/2} \int_{-h/2}^{h/2} \boldsymbol{B}_{\mathrm{s}}^{e\mathrm{T}} G \widehat{\boldsymbol{B}}_{\mathrm{s}}^e \mathrm{d}z\mathrm{d}x = Gh \begin{bmatrix} -1 \\ -L/2 \\ 1 \\ -L/2 \end{bmatrix}$$

$$\boldsymbol{K}_{\varepsilon\varepsilon}^e = -\int_{-L/2}^{L/2} \int_{-h/2}^{h/2} \widehat{\boldsymbol{B}}_{\mathrm{s}}^{e\mathrm{T}} G \widehat{\boldsymbol{B}}_{\mathrm{s}}^e \mathrm{d}z\mathrm{d}x = -GLh$$

其中 $I = \dfrac{h^3}{12}$ 为截面惯性矩。

单元剪应变 $\widehat{\boldsymbol{\varepsilon}}^e$ 为单元内部自由度, 可以利用静力凝聚法将它凝聚掉, 得到最终的刚度矩阵

$$\overline{\boldsymbol{K}}^e = \boldsymbol{K}_{uu}^e - \boldsymbol{K}_{u\varepsilon}^e (\boldsymbol{K}_{\varepsilon\varepsilon}^e)^{-1} \boldsymbol{K}_{u\varepsilon}^{e\mathrm{T}}$$

$$
= \begin{bmatrix}
\dfrac{Gh}{L} & \dfrac{Gh}{2} & -\dfrac{Gh}{L} & \dfrac{Gh}{2} \\[2mm]
\dfrac{Gh}{2} & \dfrac{GhL}{4} + \dfrac{EI}{L} & -\dfrac{Gh}{2} & \dfrac{GhL}{4} - \dfrac{EI}{L} \\[2mm]
-\dfrac{Gh}{L} & -\dfrac{Gh}{2} & \dfrac{Gh}{L} & -\dfrac{Gh}{2} \\[2mm]
\dfrac{Gh}{2} & \dfrac{GhL}{4} - \dfrac{EI}{L} & -\dfrac{Gh}{2} & \dfrac{GhL}{4} + \dfrac{EI}{L}
\end{bmatrix}
$$

利用胡–鹫津变分原理/赫林格–赖斯纳变分原理可以设计出许多不同的混合单元，但这些单元不一定是稳定的。对于不可压缩/几乎不可压缩问题和板壳问题，混合单元比位移单元更有效。

5.4　不可压缩问题

许多实际问题都可以简化为几乎不可压缩或完全不可压缩问题，如橡胶材料和不可压缩流动等。在基于位移的有限元法中，应变由位移导数确定，其误差显著高于位移误差。对于几乎不可压缩问题，体积压缩模量很大，较小的体积应变误差都可能会导致很大的应力误差，应力误差反过来也会导致位移误差。从数学上讲，对于几乎不可压缩问题，式 (3.235) 中的常数 c 变得很大，使得有限元解的范数误差 $\|u - u^h\|_{H^1}$ 远大于空间 U^h 中的最优解的范数误差 $\min\limits_{v^h \in U^h} \|u - v^h\|_{H^1}$，因此位移单元的收敛速度很慢，需要很精细的网格才能获得具有所需精度的结果。另外，对于完全不可压缩问题，体积模量为无穷大，体积应变为零，压力需要通过微分方程求解，位移单元也不再适用。对于这类问题，基于胡–鹫津变分原理的混合单元更为有效。

5.4.1　本构方程

为了统一处理可压缩与不可压缩问题，可以将线弹性本构方程写为 [见式 (B.32)]

$$
\sigma_{ij} = 2G\varepsilon'_{ij} + K\varepsilon_{kk}\delta_{ij} \tag{5.56}
$$

式中

$$
K = \frac{E}{3(1-2\nu)}, \quad G = \frac{E}{2(1+\nu)} \tag{5.57}
$$

分别为体积模量和剪切模量，

$$\varepsilon_{kk} = \frac{\Delta V}{V} \tag{5.58}$$

$$\varepsilon'_{ij} = \varepsilon_{ij} - \frac{\varepsilon_{kk}}{3}\delta_{ij} \tag{5.59}$$

分别为体积应变和偏应变。对于完全不可压缩问题，$\nu = 0.5$，$K = \infty$，体积应变 $\varepsilon_{kk} = 0$。

平均应力（压力的负值）和体积应变之间的关系 [见式 (B.26)] 为

$$p = \frac{1}{3}\sigma_{kk} = K\varepsilon_{kk} \tag{5.60}$$

式 (5.56) 和式 (5.60) 可以写为矩阵形式

$$\boldsymbol{\sigma} = \boldsymbol{D}_d\boldsymbol{\varepsilon} + \boldsymbol{m}p \tag{5.61}$$

$$0 = \boldsymbol{m}^{\mathrm{T}}\boldsymbol{\varepsilon} - \frac{p}{K} \tag{5.62}$$

式中应力列阵 $\boldsymbol{\sigma}$ 和应变列阵 $\boldsymbol{\varepsilon}$ 的定义见 4.1 节，

$$\boldsymbol{m} = [1 \quad 1 \quad 1 \quad 0 \quad 0 \quad 0]^{\mathrm{T}}$$

$$\boldsymbol{D}_d = 2G\left(\boldsymbol{I}_0 - \frac{1}{3}\boldsymbol{m}\boldsymbol{m}^{\mathrm{T}}\right)$$

$$\boldsymbol{I}_0 = \begin{bmatrix} 1 & & & & & \\ & 1 & & & & \\ & & 1 & & & \\ & & & 1/2 & & \\ & & & & 1/2 & \\ & & & & & 1/2 \end{bmatrix}$$

$$\boldsymbol{m}\boldsymbol{m}^{\mathrm{T}} = \begin{bmatrix} 1 & 1 & 1 & 0 & 0 & 0 \\ 1 & 1 & 1 & 0 & 0 & 0 \\ 1 & 1 & 1 & 0 & 0 & 0 \\ 0 & 0 & 0 & 0 & 0 & 0 \\ 0 & 0 & 0 & 0 & 0 & 0 \\ 0 & 0 & 0 & 0 & 0 & 0 \end{bmatrix}$$

式 (5.61) 和式 (5.62) 对可压缩和不可压缩问题均适用。对于完全不可压缩问题，$K = \infty$，式 (5.62) 右端第二项为零。对于几乎不可压缩问题，$\nu \to 1/2$，$K \to \infty$。

5.4.2　弱形式

利用式 (5.61) 和式 (5.62)，可以将系统的应变能改写为

$$W_{\text{int}} = \frac{1}{2} \int_\Omega \boldsymbol{\varepsilon}^{\mathrm{T}} \boldsymbol{\sigma} \mathrm{d}\Omega = \frac{1}{2} \int_\Omega \boldsymbol{\varepsilon}^{\mathrm{T}} \boldsymbol{D}_d \boldsymbol{\varepsilon} \mathrm{d}\Omega + \frac{1}{2} \int_\Omega \frac{1}{K} p^2 \mathrm{d}\Omega \tag{5.63}$$

即系统的应变能可以分解为剪切应变能和体积应变能两部分。系统的势能泛函为

$$\Pi = \frac{1}{2} \int_\Omega \boldsymbol{\varepsilon}^{\mathrm{T}} \boldsymbol{D}_d \boldsymbol{\varepsilon} \mathrm{d}\Omega + \frac{1}{2} \int_\Omega \frac{1}{K} p^2 \mathrm{d}\Omega - \int_\Omega \boldsymbol{u}^{\mathrm{T}} \boldsymbol{b} \mathrm{d}\Omega - \int_{\Gamma_t} \boldsymbol{u}^{\mathrm{T}} \bar{\boldsymbol{t}} \mathrm{d}\Gamma \tag{5.64}$$

最小势能原理要求自变函数 $\boldsymbol{u}$ 事先满足约束条件 (5.62)，不易构造近似解。可以利用拉格朗日乘子法或罚函数法解除约束条件 (5.62)，构造无须事先满足该约束条件的变分原理。

5.4.2.1　拉格朗日乘子法

拉格朗日乘子法的修正泛函为

$$\Pi^* = \Pi + \int_\Omega \lambda \left(\boldsymbol{m}^{\mathrm{T}} \boldsymbol{\varepsilon} - \frac{p}{K} \right) \mathrm{d}\Omega \tag{5.65}$$

由 $\delta \Pi^* = 0$ 可以识别出 $\lambda = p$，并得

$$\int_\Omega \delta \boldsymbol{\varepsilon}^{\mathrm{T}} \boldsymbol{D}_d \boldsymbol{\varepsilon} \mathrm{d}\Omega + \int_\Omega \delta \boldsymbol{\varepsilon}^{\mathrm{T}} \boldsymbol{m} p \mathrm{d}\Omega - \int_\Omega \delta \boldsymbol{u}^{\mathrm{T}} \boldsymbol{b} \mathrm{d}\Omega - \int_{\Gamma_t} \delta \boldsymbol{u}^{\mathrm{T}} \bar{\boldsymbol{t}} \mathrm{d}\Gamma = 0 \tag{5.66}$$

$$\int_\Omega \delta p \left[\boldsymbol{m}^{\mathrm{T}} \boldsymbol{\varepsilon} - \frac{p}{K} \right] \mathrm{d}\Omega = 0 \tag{5.67}$$

式 (5.66) 和式 (5.67) 是以位移 $\boldsymbol{u}$ 和压力 p 为独立变量的弱形式。将位移 $\boldsymbol{u}$ 和压力 p 分别离散近似后代入式 (5.66) 和式 (5.67) 中即可得到求解不可压缩/几乎不可压缩问题的混合单元求解格式，详见 5.4.3 节。

5.4.2.2　罚函数法

对于完全不可压缩问题，$K = \infty$，势能泛函 (5.64) 右端的第二项为零。罚函数法的修正泛函为

$$\Pi^{**} = \frac{1}{2} \int_\Omega \boldsymbol{\varepsilon}^{\mathrm{T}} \boldsymbol{D}_d \boldsymbol{\varepsilon} \mathrm{d}\Omega - \int_\Omega \boldsymbol{u}^{\mathrm{T}} \boldsymbol{b} \mathrm{d}\Omega - \int_{\Gamma_t} \boldsymbol{u}^{\mathrm{T}} \bar{\boldsymbol{t}} \mathrm{d}\Gamma + \frac{1}{2} \int_\Omega \boldsymbol{\varepsilon}^{\mathrm{T}} \boldsymbol{m} K \boldsymbol{m}^{\mathrm{T}} \boldsymbol{\varepsilon} \mathrm{d}\Omega \tag{5.68}$$

式中 K 为罚函数。

将式 (5.62) 代入势能泛函 (5.64) 中，可以看出势能泛函和罚函数法的修正泛函 (5.68) 在

形式上完全相同，即势能泛函中的体积模量 K 起到了罚函数的作用，罚函数法和最小势能原理等价。因此，可以将完全不可压缩问题近似为弱可压缩问题，用最小势能原理求解。当 $\nu \to 1/2$ 时，体积模量 $K \to \infty$，体积应变 $\boldsymbol{m}^{\mathrm{T}}\boldsymbol{\varepsilon} \to 0$。

由 $\delta\Pi^{**} = 0$ 可得弱形式（虚功原理）

$$\int_\Omega \delta\boldsymbol{\varepsilon}^{\mathrm{T}}\boldsymbol{D}_d\boldsymbol{\varepsilon}\mathrm{d}\Omega + \int_\Omega \delta\boldsymbol{\varepsilon}^{\mathrm{T}}\boldsymbol{m}K\boldsymbol{m}^{\mathrm{T}}\boldsymbol{\varepsilon}\mathrm{d}\Omega - \int_\Omega \delta\boldsymbol{u}^{\mathrm{T}}\boldsymbol{b}\mathrm{d}\Omega - \int_{\Gamma_t} \delta\boldsymbol{u}^{\mathrm{T}}\overline{\boldsymbol{t}}\mathrm{d}\Gamma = 0 \qquad (5.69)$$

将位移 $\boldsymbol{u}$ 离散近似后代入上式即可得到求解可压缩/几乎不可压缩问题的位移单元求解格式，详见 5.5 节。对于几乎不可压缩问题，$\nu \to 1/2$，$K \to \infty$，体积应变 $\boldsymbol{m}^{\mathrm{T}}\boldsymbol{\varepsilon} \to 0$。

使用弱形式 (5.69) 求解几乎不可压缩问题时，式 (3.235) 中的常数 c 变得很大，导致有限元解的误差远大于 U^h 空间中最优解的误差，因此收敛很慢。

5.4.3 混合格式

在弱形式 (5.66)、(5.67) 中，p 也是未知变量，求解格式中同时包含压力 p 和位移 $\boldsymbol{u}$ 两类未知变量，因此称为混合格式，也称为 u–p 格式。

在混合格式中，需要对 p 和 $\boldsymbol{u}$ 同时进行离散近似，即

$$\boldsymbol{u} = \boldsymbol{N}_u\boldsymbol{d} \qquad (5.70)$$

$$p = \boldsymbol{N}_p\boldsymbol{p} \qquad (5.71)$$

式中 $\boldsymbol{N}_u$ 和 $\boldsymbol{N}_p$ 分别为位移插值和压力插值的形函数矩阵，$\boldsymbol{d}$ 和 $\boldsymbol{p}$ 分别为节点位移和节点压力列阵。压力插值和位移插值是相互独立的，既可以采用相同的插值，也可以采用完全不同的插值。由于压力和体积应变有关，因此压力可以采用比位移插值低一阶的插值，即 C^{-1} 函数。图 5.5 给出了几种可能的单元插值形式，但不是所有单元都是稳定的，详见 5.4.4 节和 5.4.5 节。单元 T3/1（"/"前后的数字分别表示位移插值和压力插值所使用的节点数）、T6/1、T6/3、Q4/1、Q8/3 和 Q8/4 仅使用内部节点进行压力插值，其压力场在单元间是不连续的，为 C^{-1} 函数；单元 T3/3 和 Q4/4 使用单元节点进行压力插值，其压力场在单元间是连续的，为 C^0 函数。

将式 (5.70)、(5.71) 代入弱形式 (5.66)、(5.67)，得到混合单元的单元刚度方程

$$\begin{bmatrix} \boldsymbol{K}_{uu} & \boldsymbol{K}_{up} \\ \boldsymbol{K}_{pu} & -\boldsymbol{K}_{pp} \end{bmatrix}\begin{bmatrix} \boldsymbol{d} \\ \boldsymbol{p} \end{bmatrix} = \begin{bmatrix} \boldsymbol{f} \\ \boldsymbol{0} \end{bmatrix} \qquad (5.72)$$

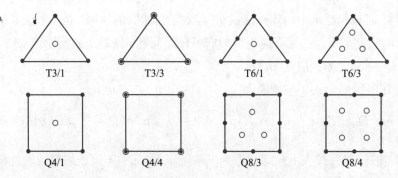

图 5.5   几种可能的混合插值方案 (其中实心圆表示位移插值节点，空心圆表示压力插值节点)

式中

$$K_{uu} = \int_{\Omega} B^{\mathrm{T}} D_d B \mathrm{d}\Omega \tag{5.73}$$

$$K_{up} = (K_{pu})^{\mathrm{T}} = \int_{\Omega} B^{\mathrm{T}} m N_p \mathrm{d}\Omega \tag{5.74}$$

$$K_{pp} = \int_{\Omega} N_p^{\mathrm{T}} \frac{1}{K} N_p \mathrm{d}\Omega \tag{5.75}$$

$$f = \int_{\Omega} N_u^{\mathrm{T}} b \mathrm{d}\Omega + \int_{\Gamma_t} N_u^{\mathrm{T}} \bar{t} \mathrm{d}\Gamma \tag{5.76}$$

其中应变矩阵 $B = \nabla_S N_u$，详见式 (4.103)。对于完全不可压缩问题，有 $K_{pp} = 0$。

如果压力仅使用内部节点进行插值（如 T3/1、T6/1、T6/3、Q4/1、Q8/3 和 Q8/4 等），即压力变量只属于该单元，则在单元组装之前可以通过静力凝聚技术（详见 4.5.4 节）将单元的压力自由度凝聚掉，凝聚后的系数矩阵阶数和位移单元的系数矩阵阶数相同。由式 (5.72) 的第二行解得

$$p = -K_{pp}^{-1} K_{pu} d \tag{5.77}$$

后代入式 (5.72) 的第一行，可得到静力凝聚后的单元刚度方程

$$\widehat{K} d = \widehat{f} \tag{5.78}$$

式中

$$\widehat{K} = K_{uu} - K_{up} K_{pp}^{-1} K_{pu} \tag{5.79}$$

$$\widehat{f} = f - K_{up} p \tag{5.80}$$

如果压力使用单元节点进行插值（如 T3/3、Q4/4），它属于与节点相连接的所有单元，因

此压力自由度不能在单元组装之前被静力凝聚掉。

例题 5–8：对于图 5.6 所示的平面应变 Q4/1 混合单元，其位移使用 4 节点插值，压力为常数值。弹性模量和泊松比分别为 E 和 ν。推导该单元的单元刚度矩阵。

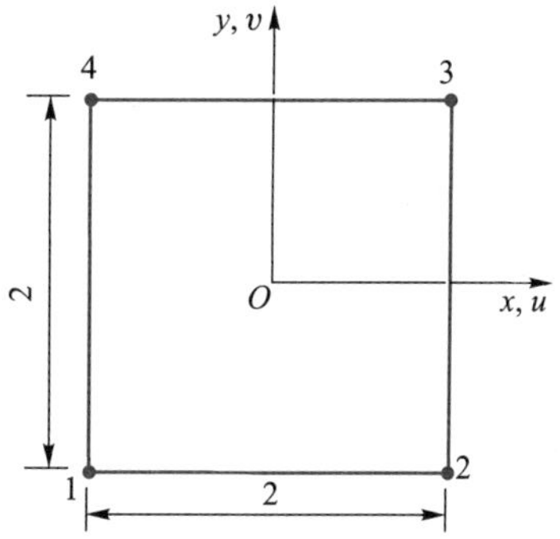

解答：对于平面应变问题，有

$$\varepsilon_{zz} = \varepsilon_{zx} = \varepsilon_{zy} = 0, \quad \tau_{zx} = \tau_{zy} = 0$$

$$\boldsymbol{m} = \begin{bmatrix} 1 & 1 & 0 \end{bmatrix}^{\mathrm{T}}$$

$$\boldsymbol{I}_0 = \begin{bmatrix} 1 & & \\ & 1 & \\ & & 1/2 \end{bmatrix}$$

图 5.6

单元位移采用线性插值，单元压力取为常数，因此有

$$\boldsymbol{u}^e = \boldsymbol{N}_u^e \widehat{\boldsymbol{u}}^e$$

$$p^e = \boldsymbol{N}_p^e \widehat{\boldsymbol{p}}^e$$

式中 $\widehat{\boldsymbol{u}}^e = \begin{bmatrix} u_{x1}^e & u_{y1}^e & u_{x2}^e & u_{y2}^e & u_{x3}^e & u_{y3}^e & u_{x4}^e & u_{y4}^e \end{bmatrix}^{\mathrm{T}}$ 为单元节点位移列阵，$\widehat{\boldsymbol{p}}^e = \begin{bmatrix} p_0^e \end{bmatrix}$ 为单元压力列阵，

$$\boldsymbol{N}_u^e = \begin{bmatrix} N_1^e & 0 & N_2^e & 0 & N_3^e & 0 & N_4^e & 0 \\ 0 & N_1^e & 0 & N_2^e & 0 & N_3^e & 0 & N_4^e \end{bmatrix}$$

$$\boldsymbol{N}_p^e = \begin{bmatrix} 1 \end{bmatrix}$$

$$N_1^e = \frac{1}{4}(1-x)(1-y), \quad N_2^e = \frac{1}{4}(1+x)(1-y)$$

$$N_3^e = \frac{1}{4}(1+x)(1+y), \quad N_4^e = \frac{1}{4}(1-x)(1+y)$$

由式 (4.131) 可得单元应变矩阵

$$\boldsymbol{B}^e = \frac{1}{4} \begin{bmatrix} y-1 & 0 & 1-y & 0 & 1+y & 0 & -1-y & 0 \\ 0 & x-1 & 0 & -1-x & 0 & 1+x & 0 & 1-x \\ x-1 & y-1 & -1-x & 1-y & 1+x & 1+y & 1-x & -1-y \end{bmatrix}$$

将以上各式代入式 (5.72) ~ (5.76)，可得到 Q4/1 混合单元的单元刚度方程。由于压力自由度仅属于本单元，与相邻单元无关，因此可以进一步将其凝聚掉，得到仅关于单元节点位移自由度的单元刚度方程 (5.78)。详细推导过程可以借助于 Maple、MATLAB 或 python 的符号运算完成。

5.4.4 LBB 条件

混合格式 (5.66)、(5.67) 是鞍点问题而非极值问题, 式 (5.72) 的系数矩阵可能是不定的, 既有正特征根, 也有负特征根, 其解可能不稳定, 导致虚假的振荡。**LBB 条件**（Ladyzhenskaya-Babuška-Brezzi condition）给出了混合离散格式的收敛准则 [4,66]。

为了讨论方便, 将完全不可压缩问题的离散弱形式 (5.66)、(5.67) 写成如下抽象形式: 求试探函数 $\boldsymbol{u}^h \in V^h$, $p^h \in Q^h$, 使得对任意检验函数 $\boldsymbol{w}^h \in V^h$ 和 $q^h \in Q^h$, 均有

$$a(\boldsymbol{u}^h, \boldsymbol{w}^h) + b(\boldsymbol{w}^h, p^h) = F(\boldsymbol{w}^h), \quad \forall \boldsymbol{w}^h \in V^h$$
$$b(\boldsymbol{u}^h, q^h) = 0, \quad \forall q^h \in Q^h$$

式中

$$a(\boldsymbol{u}^h, \boldsymbol{w}^h) = \int_{\Omega} (\nabla_{\mathrm{S}} \boldsymbol{w}^h)^{\mathrm{T}} \boldsymbol{D}_d (\nabla_{\mathrm{S}} \boldsymbol{u}^h) \mathrm{d}\Omega$$

$$b(\boldsymbol{w}^h, p^h) = \int_{\Omega} (\nabla_{\mathrm{S}} \boldsymbol{w}^h)^{\mathrm{T}} \boldsymbol{m} p^h \mathrm{d}\Omega = \int_{\Omega} (\mathrm{div}\,\boldsymbol{w}^h) p^h \mathrm{d}\Omega$$

$$F(\boldsymbol{w}^h) = \int_{\Omega} (\boldsymbol{w}^h)^{\mathrm{T}} \boldsymbol{b} \mathrm{d}\Omega + \int_{\Gamma_t} (\boldsymbol{w}^h)^{\mathrm{T}} \overline{\boldsymbol{t}} \mathrm{d}\Gamma$$

将子空间

$$K^h = \{\boldsymbol{w}^h \in V^h : b(\boldsymbol{w}^h, q^h) = 0, \quad \forall q^h \in Q^h\} \tag{5.81}$$

称为算子 $b(\cdot, \cdot)$ 的零空间, 也称为算子 $b(\cdot, \cdot)$ 的核, 它是由空间 V^h 中所有满足不可压缩条件 $b(\boldsymbol{w}^h, q^h) = 0$ 的元素组成的子空间。

如果满足以下两个条件, 则离散格式是收敛的 [4,66]:

(1) $a(\cdot, \cdot)$ 在 $b(\cdot, \cdot)$ 的零空间 K^h 上的椭圆性条件, 即存在常数 $\alpha > 0$ 使得

$$a(\boldsymbol{w}^h, \boldsymbol{w}^h) \geqslant \alpha \|\boldsymbol{w}^h\|_{H^1}^2, \quad \forall \boldsymbol{w}^h \in K^h \tag{5.82}$$

(2) 在 $b(\cdot, \cdot)$ 上的 LBB 条件或 inf-sup 条件, 即存在不依赖于物理参数和网格尺寸 h 的常数 $\gamma > 0$, 使得

$$\inf_{q^h \in Q^h} \sup_{\boldsymbol{w}^h \in V^h} \frac{b(\boldsymbol{w}^h, q^h)}{\|\boldsymbol{w}^h\|_{H^1} \|q^h\|_{H^0}} \geqslant \gamma > 0 \tag{5.83}$$

当满足以上两个条件时, 离散格式是收敛的, 且有

$$\|\boldsymbol{u}-\boldsymbol{u}^h\|_{H^1}+\|p-p^h\|_{H^0}\leqslant C(\inf_{\boldsymbol{w}^h\in V^h}\|\boldsymbol{u}-\boldsymbol{w}^h\|_{H^1}+\inf_{q^h\in Q^h}\|p-q^h\|_{H^0})$$

$$=O(h^{\min(k,l+1)}) \tag{5.84}$$

式中 C 为常数，k 和 l 分别为位移插值和压力插值的完备阶数。当 $k=l+1$ 时，离散格式具有最优收敛率。

以上两个条件也可以基于代数方程组 (5.72) 来理解。由 5.1.1 节的讨论可知，式 (5.72) 存在唯一解的充要条件为：

(1) 矩阵 $\boldsymbol{K}_{uu}$ 是正定的，即

$$\boldsymbol{v}^{\mathrm{T}}\boldsymbol{K}_{uu}\boldsymbol{v}>0,\quad\forall\boldsymbol{v}\in\ker\boldsymbol{K}_{pu} \tag{5.85}$$

式中 $\ker\boldsymbol{K}_{pu}=\{\boldsymbol{v}:\boldsymbol{K}_{pu}\boldsymbol{v}=0\}$ 为矩阵 $\boldsymbol{K}_{pu}$ 的零空间（也称为核）；这个条件也可以表示为：存在与网格尺寸 h 无关的常数 $\alpha>0$，使得

$$\boldsymbol{v}^{\mathrm{T}}\boldsymbol{K}_{uu}\boldsymbol{v}>\alpha\|\boldsymbol{v}\|^2,\quad\forall\boldsymbol{v}\in\ker\boldsymbol{K}_{pu} \tag{5.86}$$

(2) $\boldsymbol{K}_{up}\boldsymbol{q}=0$ 只能有零解，即对于非零向量 $\boldsymbol{v}$ 和 $\boldsymbol{q}$，存在与网格尺寸 h 无关的常数 $\beta>0$，使得 [4]

$$\inf_{\boldsymbol{q}}\sup_{\boldsymbol{v}}\frac{\boldsymbol{q}^{\mathrm{T}}\boldsymbol{K}_{pu}\boldsymbol{v}}{\|\boldsymbol{q}\|\,\|\boldsymbol{v}\|}\geqslant\beta>0$$

5.4.5　体积闭锁

除了利用 LBB 条件外，可以采用更简洁直观的方法来判断离散格式是否可能出现闭锁。如果存在闭锁，该格式是不收敛的。由 5.1.2 节可知，为避免闭锁，约束条件数 n_{c} 必须小于施加本质边界条件后的位移自由度数 n_{eq}，即要求 $n_{\mathrm{c}}<n_{\mathrm{eq}}$。如果所有压力方程之间是线性独立的，则约束条件数 n_{c} 等于压力条件数 n_{p}。在不可压缩问题控制方程中，关于位移的微分方程数等于空间维数 n_{sd}，而不可压缩约束方程只有 1 个，因此原控制方程的自由度数和约束数之比为 n_{sd}。离散系统是对原问题的近似，当单元尺寸 $h\to0$ 时，离散系统的约束比

$$r=\frac{n_{\mathrm{eq}}}{n_{\mathrm{c}}}$$

应趋近于 n_{sd}。对于二维问题 $n_{\mathrm{sd}}=2$，$r>2$ 表明约束条件数不足，体积不可压缩条件没有很好满足；$r<2$ 表明约束条件数过多，尤其是当 $r\leqslant1$ 时，约束条件数等于或多于位移自由度数，为完全约束或过约束问题，出现严重的闭锁现象。约束比 r 的最佳值为 n_{sd}。

下面讨论如图 5.7 所示的 3 种典型混合单元，其压力场在各单元内独立插值，在单元间不连续，为非连续压力场混合单元。图 5.7a 所示为线性位移–常压力三角形单元（简称 T3/1 单元），其左边和下部节点固定，右上角节点 A 自由，因此位移自由度数 $n_{\mathrm{eq}} = 2$。单元内部压力为常数，因此不可压缩条件的弱形式 (5.67) 离散为

$$\int_{\Omega^e} \delta p^h \boldsymbol{m}^{\mathrm{T}} \boldsymbol{\varepsilon}^h \mathrm{d}\Omega = \delta p^h \int_{\Omega^e} \boldsymbol{m}^{\mathrm{T}} \boldsymbol{\varepsilon}^h \mathrm{d}\Omega = 0 \quad (1 \leqslant e \leqslant n_{\mathrm{el}}) \tag{5.87}$$

即要求各单元的面积保持不变，每个单元有 1 个约束方程，约束方程总数 $n_{\mathrm{c}} = 2$，约束比 $r = n_{\mathrm{eq}}/n_{\mathrm{c}} = 1$。在网格的右边或上边每增加 2 个单元均增加 2 个位移自由度和 2 个压力自由度，因此约束比 r 仍然为 1。

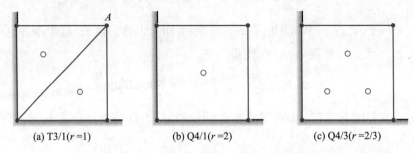

(a) T3/1(r =1)   (b) Q4/1(r =2)   (c) Q4/3(r =2/3)

图 5.7   典型非连续压力场混合单元

为了保持左边单元面积不变，节点 A 不能沿水平方向运动，但为了保持右边单元面积不变，节点 A 也不能沿垂直方向运动，因此节点 A 不能移动，即单元发生了体积闭锁（volumetric locking）。事实上，由于位移场为线性场，应变 $\boldsymbol{\varepsilon}^h$ 在单元内为常数，则式 (5.87) 相当于要求单元内各点都满足 $\boldsymbol{m}^{\mathrm{T}} \boldsymbol{\varepsilon}^h = 0$，即单元内各点位移均为 0。

对于图 5.7b 所示的双线性位移–常压力四边形单元（简称 Q4/1 单元），其不可压缩约束方程仍然为式 (5.87)，即约束方程数 $n_{\mathrm{c}} = n_{\mathrm{p}} = 1$，位移自由度数 $n_{\mathrm{eq}} = 2$，因此约束比 $r = 2$。每增加 1 个单元将增加 2 个位移自由度和 1 个压力自由度，约束比仍然为 2，因此不会发生体积闭锁。

对于图 5.7c 所示的双线性位移–线性压力四边形单元（简称 Q4/3 单元），其不可压缩约束方程为

$$\int_{\Omega^e} \delta p^h \boldsymbol{m}^{\mathrm{T}} \boldsymbol{\varepsilon}^h \mathrm{d}\Omega = 0 \tag{5.88}$$

其中 δp^h 为线性场，有 3 个待定系数，因此式 (5.88) 提供了 3 个约束方程，即 $n_{\mathrm{c}} = n_{\mathrm{p}} = 3$，而位移自由度数 $n_{\mathrm{eq}} = 2$，因此约束比 $r = 2/3$。每增加 1 个单元将增加 2 个位移自由度和 3

个压力自由度，约束比仍然为 2/3，存在严重的体积闭锁。

关于不可压缩问题混合格式的进一步讨论可以参见相关文献 [3,4,39]。

5.5 几乎不可压缩问题

对于几乎不可压缩问题，既可以采用 5.4.3 节的混合格式（拉格朗日乘子法），并取 $10^7 \leqslant K/G \leqslant 10^9$，也可以直接采用 4.4 节的位移格式（罚函数法），其中体积模量 K 相当于罚函数。但当 $\nu \to 1/2$ 时，低阶位移单元趋于闭锁，发生体积闭锁，详见 4.4.3.3 节。常用的克服体积闭锁的方法有选择性减缩积分（selectively reduced integration）和 **B-bar 方法**（B-bar method）。

5.5.1 选择性减缩积分

由弱形式 (5.69) 可以看出，位移单元的单元刚度矩阵可以分解为

$$\boldsymbol{K}^e = \boldsymbol{K}_d^e + \boldsymbol{K}_V^e \tag{5.89}$$

式中

$$\boldsymbol{K}_d^e = \int_{\Omega^e} \boldsymbol{B}^{e\mathrm{T}} \boldsymbol{D}_d^e \boldsymbol{B}^e \mathrm{d}\Omega \tag{5.90}$$

$$\boldsymbol{K}_V^e = \int_{\Omega^e} \boldsymbol{B}^{e\mathrm{T}} \boldsymbol{m} K \boldsymbol{m}^{\mathrm{T}} \boldsymbol{B}^e \mathrm{d}\Omega \tag{5.91}$$

分别为偏刚度矩阵（deviatoric stiffness matrix）和体积刚度矩阵（volumetric stiffness matrix）。对于几乎不可压缩问题，$K \to \infty$，体积刚度矩阵 $\boldsymbol{K}_V^e$ 的元素远大于偏刚度矩阵 $\boldsymbol{K}_d^e$ 的元素。由 5.1.2 节的讨论可知，除非矩阵 $\boldsymbol{K}_V^e$ 奇异，否则会导致闭锁。选择性减缩积分在计算偏刚度矩阵 $\boldsymbol{K}_d^e$ 时采用完全积分，但在计算体积刚度矩阵 $\boldsymbol{K}_V^e$ 时采用减缩积分从而使其奇异，以避免发生闭锁。

例如，对于 Q4 位移单元，采用完全积分得到的平面应变刚度矩阵和 Q4/3 混合单元（图 5.7c）将单元压力自由度凝聚后得到的单元刚度矩阵完全相同 [3,67]。由 5.4.5 节可知，此单元的约束比 $r = 2/3 < 2$，会发生严重的闭锁现象。但如果将单元压力改为常数场，约束条件与式 (5.87) 相同，每个单元只有 1 个约束方程，其约束比 $r = 2$ 为最优值。若在计算 $\boldsymbol{K}_V^e$ 时采用减缩积分（即 1×1 点高斯积分），当 $K \to \infty$ 时，约束条件仅在单元平均意义下满足，因

此选择性减缩积分相当于减少了不可压缩约束条件的数目。

减缩积分计算量小，但可能会引起单元刚度矩阵的秩亏，导致总体刚度矩阵奇异，需要采用相应的沙漏控制措施。选择性减缩积分在计算矩阵 $\boldsymbol{K}_d^e$ 时仍采用完全积分，不会影响单元刚度矩阵的秩。

Malkus 和 Hughes 等人 [3,67] 指出，在某些混合单元中，采用静力凝聚技术将单元压力自由度凝聚后得到的单元刚度矩阵 (5.79) 与相应位移单元的单元刚度矩阵 (5.89) 完全相同，因此得到的位移场也相同（高斯点处的压力可由关系式 $p = \dfrac{1}{3}\sigma_{kk}$ 求得）。例如，Q4/3 混合单元与采用完全积分的 Q4 位移单元等价，而 Q4/1 混合单元与采用选择性减缩积分的 Q4 位移单元等价，T3/1 混合单元与采用选择性减缩积分的 T3 位移单元等价，Q8/4 混合单元与采用选择性减缩积分的 Q8 位移单元等价，Q9/4 混合单元与采用选择性减缩积分的 Q9 位移单元等价，H8/1 混合单元与采用选择性减缩积分的 H8 位移单元等价 [3]。与混合单元相比，选择性减缩积分位移单元更简单。

思考题　为什么采用静力凝聚技术将混合单元的单元压力自由度凝聚后得到的单元格式与相应的位移单元格式完全相同？提示：可以参考式 (5.21) 和式 (5.37)。

例题 5-9：考虑如图 5.8 所示的二维各向同性线弹性平面应变问题（取单位厚度），给定位移边界条件 [3] $u_x(0,0) = u_y(0,0) = 0$、$u_x(0,\pm c) = 0$ 和面力边界条件

$$\bar{t}_x(x,\pm c) = \bar{t}_y(x,\pm c) = 0 \quad (0 < x < L)$$

$$\bar{t}_x(0,y) = \frac{PLy}{I} \quad (-c < y < c,\ y \neq 0)$$

$$\bar{t}_y(0,y) = -\frac{P}{2I}(c^2 - y^2) \quad (-c < y < c,\ y \neq 0)$$

$$\bar{t}_x(L,y) = 0 \quad (-c < y < c)$$

$$\bar{t}_y(L,y) = \frac{P}{2I}(c^2 - y^2) \quad (-c < y < c)$$

式中 P 为给定常数，$I = 2c^3/3$ 为截面惯性矩。

图 5.8　二维各向同性线弹性问题

解答：此问题的位移解析解为

$$u_x = \frac{P(1+\nu)}{2EI}y\left[(1-\nu)(x^2-2Lx)+\frac{(2-\nu)}{3}(c^2-y^2)\right]$$

$$u_y = \frac{P(1+\nu)}{2EI}\left[\nu(L-x)y^2-\frac{(1-\nu)}{3}(x^3-3Lx^2)+\frac{(4+\nu)}{3}c^2x\right]$$

右上角点 A 的竖向位移为

$$u_{yA} = \frac{P(1+\nu)}{2EI}\left[\frac{2(1-\nu)}{3}L^3+\frac{(4+\nu)}{3}c^2L\right]$$

取 $L=16$，$c=2$，利用反对称性取 $y \geqslant 0$ 的部分进行分析，将其离散为 8×4 个 4 节点四边形平面应变单元（图 5.9），在 $y=0$ 轴线上施加反对称边界条件 $u_x(x,0)=0$。表 5.2 中给出了取不同泊松比时用不同方案计算得到的点 A 关于解析解归一化的竖向位移 u_{yA}^h/u_{yA}。ABAQUS 等商用软件在其低阶单元的完全积分法方案中使用了选择性减缩积分，因此表 5.2 中的完全积分（偏刚度矩阵和体积刚度矩阵均采用 2×2 点高斯积分）结果是用 FEAPpv 程序[39] 计算的，选择性减缩积分（偏刚度矩阵采用 2×2 点高斯积分，体积刚度矩阵采用 1×1 点高斯积分）、混合单元、减缩积分（偏刚度矩阵和体积刚度矩阵均采用 1×1 点高斯积分）和非协调单元的结果是分别用 ABAQUS 的 CPE4、CPE4H、CPE4R 和 CPE4I 单元计算得到的。结果也表明，采用完全积分的 Q4 位移单元随着体积模量 K 的增加，发生了严重的体积闭锁。采用选择性减缩积分的 Q4 位移单元与 Q4/1 混合单元等价，都避免了体积闭锁问题。采用沙漏控制的减缩积分因在偏刚度矩阵计算时也采用了减缩积分，给出的位移解比用选择性积分得到的位移解更高。非协调单元引入了二次项，同样也给出了很好的结果。

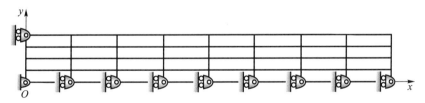

图 5.9　有限元网格

表 5.2　点 A 归一化竖向位移 u_{yA}^h/u_{yA}

ν	完全积分	选择性减缩积分	混合单元	减缩积分	非协调单元
0.3	0.912 6	0.924 5	0.924 5	1.041 7	1.005
0.499	0.338 3	0.949 5	0.949 5	1.042 6	1.002
0.499 999	0.059 3	0.949 9	0.949 9	1.042 8	1.002

本例的输入数据文件见 GitHub 的 xzhang66/FEM-Book 仓库中 Examples 目录下的 Example-5-7。

5.5.2　B-bar 方法

减缩积分将应变能分解为体应变能和偏变形能，难以扩展到轴对称、各向异性和大变形等问题。与减缩积分不同，Hughes 提出的 **B-bar 方法** [3,68] 将单元应变矩阵 $\boldsymbol{B}$ 分解为体应变部分 $\boldsymbol{B}^{\text{dil}}$ 和偏应变部分 $\boldsymbol{B}^{\text{dev}}$，然后对体应变部分 $\boldsymbol{B}^{\text{dil}}$ 进行某种改进（记为 $\overline{\boldsymbol{B}}^{\text{dil}}$），从而将单元应变矩阵 $\boldsymbol{B}$ 替换为

$$\overline{\boldsymbol{B}} = \overline{\boldsymbol{B}}^{\text{dil}} + \boldsymbol{B}^{\text{dev}}$$

例如，可以将 $\overline{\boldsymbol{B}}^{\text{dil}}$ 取为 $\boldsymbol{B}^{\text{dil}}$ 在单元形心处的值

$$\overline{\boldsymbol{B}}^{\text{dil}} = \boldsymbol{B}^{\text{dil}}(\boldsymbol{0})$$

或者取为 $\boldsymbol{B}^{\text{dil}}$ 在单元内的平均值

$$\overline{\boldsymbol{B}}^{\text{dil}} = \frac{1}{V^e} \int_{\Omega^e} \boldsymbol{B}^{\text{dil}} \mathrm{d}\Omega$$

B-bar 方法可以扩展到轴对称、各向异性和大变形等问题中。

习　题

5.1　两节点杆的轴向刚度为 $k = AE/L$，左右节点的轴向自由度分别为 u_1 和 u_2，并在节点 2（右节点）受轴向力 $F = 3$ 作用。

(1) 用拉格朗日乘子法施加位移约束条件 $u_1 = 2$，求解 u_2。

(2) 用罚函数法求解 u_1 和 u_2，罚函数分别取为 $\alpha = k$，$\alpha = 10k$ 和 $\alpha = 100k$。

5.2　考虑方程组

$$8u_1 - 4u_2 = -20$$
$$-4u_1 + 8u_2 = 4$$

(1) 利用拉格朗日乘子法施加约束 $u_1 = -1$，求解 u_2 和拉格朗日乘子 λ，并解释 λ 的意义。

(2) 利用罚函数法求解 u_1 和 u_2，请自行选取罚函数 α 的值。

5.3　某热传导问题的有限元方程为

$$
\begin{bmatrix}
5k & -2k & 0 \\
-2k & 5k & -3k \\
0 & -3k & 5k
\end{bmatrix}
\begin{bmatrix}
\theta_1 \\
\theta_2 \\
\theta_3
\end{bmatrix}
=
\begin{bmatrix}
3k\theta_0 \\
0 \\
2k\theta_4
\end{bmatrix}
$$

式中导热系数 $k = 1$，环境温度 $\theta_0 = 10$，$\theta_4 = 20$。利用拉格朗日乘子法和罚函数法施加约束条件 $\theta_3 = 4\theta_2$ 并求解。

5.4　考虑控制方程

$$\frac{\mathrm{d}^2 u}{\mathrm{d}x^2} + u + x = 0 \quad (0 \leqslant x \leqslant 1)$$
$$u|_{x=0} = 0$$
$$u|_{x=1} = 0$$

其精确解为 $u^{\mathrm{ex}}(x) = \sin x / \sin 1 - x$。

(1) 利用拉格朗日乘子法建立无附加约束条件的约束变分原理，并采用近似函数 $u^h(x) = a_0 + a_1 x + a_2 x^2$ 进行求解，给出待定系数 a_0，a_1，a_2 和拉格朗日乘子 λ_1 和 λ_2。

(2) 识别拉格朗日乘子的意义，将其代回修正泛函，消去拉格朗日乘子，建立相应的修正变分原理，并求解待定系数 a_0，a_1 和 a_2，与拉格朗日乘子法结果进行比较。

(3) 利用罚函数法建立无附加约束条件的约束变分原理，并采用近似函数 $u^h(x) = a_0 + a_1x + a_2x^2$ 进行求解。

(4) 利用 MATLAB、python 或其他软件绘制由不同方法得到的近似解和精确解的函数曲线图。

5.5   推导平面应变 T3/1 混合单元的单元刚度矩阵（无须进行矩阵乘法运算），用静力凝聚技术将压力自由度凝聚掉，将凝聚后的单元刚度矩阵和三角形位移单元的刚度矩阵 (4.124) 进行比较。T3/1 混合单元具有 3 个节点和 1 个不连续的常压力。

第六章 梁板壳问题

实际工程结构大量使用细长或薄壁构件，例如高层建筑中的梁和柱、汽车/轮船/飞机的框架和蒙皮等。如果用实体单元求解此类结构，为了保证细/薄方向的精度并维持单元的合理形状，需要将结构离散为大量的实体单元，计算量大，效率低，还可能导致严重的病态问题。因此，应引入一定的变形假设将此类结构简化为一维/二维问题，建立它们的控制方程和弱形式，再进行有限元离散。

在构造实体单元时，位移场 (u, v, w) 以同一类型的节点位移进行插值，而在构造梁、板和壳等结构单元时，位移场 (u, v, w) 以节点中性面位移和转角进行插值。这种方法在本质上对应于带有位移约束（如剪应变等于 0）的实体等参单元构造。

6.1 伯努利–欧拉梁

梁在两个方向上的尺寸远小于其另外一个方向上的尺寸（图 6.1），因此可以将其简化为一维问题，其基本变量仅为轴向坐标 x 的函数。描述梁变形行为的基本理论主要有伯努利–欧拉梁（Bernoulli-Euler beam）理论和铁摩辛柯梁（Timoshenko beam）理论，其中伯努利–欧拉梁假设变形前垂直于梁中性轴的平截面在变形后仍然为平面（刚性横截面假定）且仍与变形后的轴线相垂直，而铁摩辛柯梁仅假设变形前垂直于梁中性轴的平截面在变形后仍然为平面，但不再与变形后的轴线相垂直。伯努利–欧拉梁理论忽略了剪切变形，仅适用于细长梁，而铁摩辛柯梁理论考虑了剪切变形，适用于短粗梁和层合梁。本节仅讨论伯努利–欧拉梁，下节讨论铁摩辛柯梁。

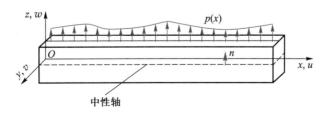

图 6.1

6.1.1 控制方程

根据伯努利–欧拉梁的基本假设，梁横截面的上任一点 $B(x,z)$（图 6.2）的位移为

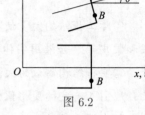

图 6.2

$$u(x,z) = -z\sin\theta(x) \tag{6.1}$$

$$w(x,z) = w(x) \tag{6.2}$$

式中 $\theta(x)$ 为 x 处横截面的转角（逆时针为正）。对于小变形问题

$$\sin\theta = \theta = \frac{\partial w(x)}{\partial x} \tag{6.3}$$

将式 (6.3) 代入式 (6.1) 得

$$u(x,z) = -z\frac{\partial w(x)}{\partial x} \tag{6.4}$$

如果考虑轴向载荷作用下梁中性轴各点的位移 $u^M(x)$，则点 $B(x,z)$ 的位移为

$$u(x,z) = u^M(x) - z\frac{\partial w(x)}{\partial x} \tag{6.5}$$

应变为

$$\varepsilon_{xx} = \frac{\partial u}{\partial x} = \frac{\partial u^M}{\partial x} - z\frac{\partial^2 w}{\partial x^2}$$

$$\varepsilon_{zz} = \frac{\partial w}{\partial z} = 0$$

$$\gamma_{xz} = \frac{\partial u}{\partial z} + \frac{\partial w}{\partial x} = 0$$

即各点的轴向应变为由中性轴变形产生的应变 $\partial u^M/\partial x$ 和弯曲产生的应变 $(-z\partial^2 w/\partial x^2)$ 之和。横截面的弯矩为

$$\begin{aligned}
m &= -\int_A z\sigma_{xx}\mathrm{d}A \\
&= -\int_A zE\left(\frac{\partial u^M}{\partial x} - z\frac{\partial^2 w}{\partial x^2}\right)\mathrm{d}A \\
&= EI\kappa
\end{aligned} \tag{6.6}$$

式中

$$I = \int_A z^2\mathrm{d}A$$

为截面惯性矩，

$$\kappa = \frac{\partial^2 w}{\partial x^2}$$

为曲率。对图 6.3 所示的微元列写剪力平衡方程和弯矩平衡方程，得

$$\frac{\mathrm{d}s}{\mathrm{d}x} + p = 0 \tag{6.7}$$

$$\frac{\mathrm{d}m}{\mathrm{d}x} + s = 0 \tag{6.8}$$

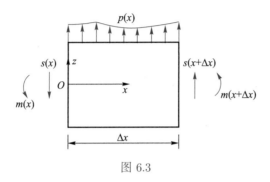

图 6.3

可见，欧拉梁的剪力是通过平衡条件求得的，而不是由应力–应变关系求得。将式 (6.8) 代入式 (6.7) 可得伯努利–欧拉梁的平衡方程

$$\frac{\mathrm{d}^2 m}{\mathrm{d}x^2} - p = 0 \tag{6.9}$$

如果 EI 为常数，则有

$$EI \frac{\mathrm{d}^4 w}{\mathrm{d}x^4} - p = 0 \tag{6.10}$$

伯努利–欧拉梁的平衡方程为 4 阶微分方程，其边界条件为

$$w|_{\varGamma_u} = \overline{w} \tag{6.11}$$

$$\left. \frac{\mathrm{d}w}{\mathrm{d}x} \right|_{\varGamma_\theta} = \overline{\theta} \tag{6.12}$$

$$mn = EI \frac{\mathrm{d}^2 w}{\mathrm{d}x^2} n \bigg|_{\varGamma_m} = \overline{m} \tag{6.13}$$

$$sn = -EI \frac{\mathrm{d}^3 w}{\mathrm{d}x^3} n \bigg|_{\varGamma_s} = \overline{s} \tag{6.14}$$

其中 $\varGamma_s \cup \varGamma_u = \varGamma$，$\varGamma_s \cap \varGamma_u = \varnothing$，$\varGamma_m \cup \varGamma_\theta = \varGamma$，$\varGamma_m \cap \varGamma_\theta = \varnothing$。下面给出了 3 种常见的边界

条件：

  (1) 受载荷作用的自由端：$sn|_{\Gamma_s} = \overline{s}$，$mn|_{\Gamma_m} = \overline{m}$；

  (2) 简支端：$\overline{w}|_{\Gamma_u} = 0$，$\overline{m}|_{\Gamma_m} = 0$；

  (3) 固支端：$\overline{w}|_{\Gamma_u} = 0$，$\overline{\theta}|_{\Gamma_\theta} = 0$。

6.1.2　弱形式

在微分方程 (6.9) 两边乘以虚位移 $\delta w(x)$ 并在域内积分，得

$$\int_\Omega \delta w \left(\frac{\mathrm{d}^2 m}{\mathrm{d}x^2} - p \right) \mathrm{d}x = 0 \tag{6.15}$$

在给定剪力边界条件式 (6.14) 两边乘以虚位移 $\delta w(x)$，在给定弯矩边界条件式 (6.13) 两边乘以虚转角 $\delta \mathrm{d}w/\mathrm{d}x$，得

$$\delta w(sn - \overline{s})|_{\Gamma_s} = 0 \tag{6.16}$$

$$\delta \frac{\mathrm{d}w}{\mathrm{d}x}(mn - \overline{m})|_{\Gamma_m} = 0 \tag{6.17}$$

对式 (6.15) 左端第一项分部积分两次，并利用式 (6.16)、(6.17)，得

$$\begin{aligned}
\int_\Omega \delta w \frac{\mathrm{d}^2 m}{\mathrm{d}x^2} \mathrm{d}x &= \int_\Omega \frac{\mathrm{d}}{\mathrm{d}x}\left(\delta w \frac{\mathrm{d}m}{\mathrm{d}x} \right) \mathrm{d}x - \int_\Omega \delta \frac{\mathrm{d}w}{\mathrm{d}x} \frac{\mathrm{d}m}{\mathrm{d}x} \mathrm{d}x \\
&= (-\delta w \overline{s})|_{\Gamma_s} - \int_\Omega \delta \frac{\mathrm{d}w}{\mathrm{d}x} \frac{\mathrm{d}m}{\mathrm{d}x} \mathrm{d}x \\
&= (-\delta w \overline{s})|_{\Gamma_s} - \left(\delta \frac{\mathrm{d}w}{\mathrm{d}x} \overline{m} \right)\Big|_{\Gamma_m} + \int_\Omega EI \delta \frac{\mathrm{d}^2 w}{\mathrm{d}x^2} \frac{\mathrm{d}^2 w}{\mathrm{d}x^2} \mathrm{d}x
\end{aligned} \tag{6.18}$$

将式 (6.18) 代入式 (6.15)，得到伯努利–欧拉梁的弱形式

$$\int_\Omega EI \delta \frac{\mathrm{d}^2 w}{\mathrm{d}x^2} \frac{\mathrm{d}^2 w}{\mathrm{d}x^2} \mathrm{d}x = \int_\Omega \delta w p \mathrm{d}x + \delta w \overline{s}|_{\Gamma_s} + \left(\delta \frac{\mathrm{d}w}{\mathrm{d}x} \overline{m} \right)\Big|_{\Gamma_m}, \quad \forall \delta w \in U_0(\Omega) \tag{6.19}$$

式中试探函数 $w(x)$ 和权函数 $\delta w(x)$ 应在域内二阶导数平方可积，且 $w(x)$ 满足本质边界条件，$\delta w(x)$ 和 $\delta \mathrm{d}w/\mathrm{d}x$ 分别在本质边界 Γ_u 和 Γ_θ 处为 0，即 $w \in U(\Omega)$，$\delta w \in U_0(\Omega)$，

$$U(\Omega) = \left\{ w | w \in H^2,\ w|_{\Gamma_u} = \overline{w},\ \frac{\mathrm{d}w}{\mathrm{d}x}\Big|_{\Gamma_\theta} = \overline{\theta} \right\} \tag{6.20}$$

$$U_0(\Omega) = \left\{ \delta w | \delta w \in H^2,\ \delta w|_{\Gamma_u} = 0,\ \delta \frac{\mathrm{d}w}{\mathrm{d}x}\Big|_{\Gamma_\theta} = 0 \right\} \tag{6.21}$$

伯努利-欧拉梁的控制方程为 4 阶微分方程，其弱形式中导数的最高阶次 m 为 2，因此近似函数和权函数必须是 H^2 函数，在单元间必须满足 C^1 连续性。

为了证明弱形式和强形式等价，对式 (6.19) 左端进行两次分部积分，并利用式 (6.21)，得

$$\int_\Omega EI\delta\frac{\mathrm{d}^2w}{\mathrm{d}x^2}\frac{\mathrm{d}^2w}{\mathrm{d}x^2}\mathrm{d}x = \left(\delta\frac{\mathrm{d}w}{\mathrm{d}x}mn\right)\Big|_{\varGamma_m} + (\delta wsn)|_{\varGamma_s} + \int_\Omega EI\delta w\frac{\mathrm{d}^4w}{\mathrm{d}x^4}\mathrm{d}x \tag{6.22}$$

将式 (6.22) 代回式 (6.19)，得

$$\int_\Omega EI\delta w\left(\frac{\mathrm{d}^4w}{\mathrm{d}x^4}-p\right)\mathrm{d}x + \delta\frac{\mathrm{d}w}{\mathrm{d}x}(mn-\overline{m})\Big|_{\varGamma_m} + \delta w(sn-\overline{s})|_{\varGamma_s} = 0, \quad \forall\delta w\in U_0(\Omega) \tag{6.23}$$

由权函数 $\delta w\in U_0(\Omega)$ 的任意性可得

$$EI\frac{\mathrm{d}^4w}{\mathrm{d}x^4}-p=0, \ 0\leqslant x\leqslant l$$

$$mn|_{\varGamma_m}=\overline{m}$$

$$sn|_{\varGamma_s}=\overline{s}$$

即对于无限维函数空间 $U(\Omega)$ 和 $U_0(\Omega)$，弱形式 (6.19) 和强形式完全等价。

由弱形式 (6.19) 可进一步得到伯努利-欧拉梁的变分原理

$$\delta\varPi = 0 \tag{6.24}$$

式中

$$\varPi = \frac{1}{2}\int_0^L EI\left(\frac{\mathrm{d}^2w}{\mathrm{d}x^2}\right)^2\mathrm{d}x - \int_0^L wp\mathrm{d}x - w\overline{s}|_{\varGamma_s} - \left(\frac{\mathrm{d}w}{\mathrm{d}x}\right)\overline{m}\Big|_{\varGamma_m} \tag{6.25}$$

为系统的势能。

6.1.3 有限元离散

欧拉梁弱形式 (6.19) 的积分中含有二阶导数，为保证有限元解收敛，试探函数必须为 C^1 函数，即试探函数及其一阶导数在单元之间连续。对于一维问题，利用 Hermite 插值多项式和 B 样条函数可以建立 C^1 函数。

6.1.3.1 Hermite 插值函数

考虑图 6.4 所示局部坐标系中的 2 节点纯弯曲梁单元。**Hermite** 插值需要将节点横向位移 w_I 及其导数均取为自由度。在欧拉梁理论中，横向位移导数 $\mathrm{d}w/\mathrm{d}x$ 和梁横截面的转角 θ 相

等，因此梁单元的节点位移列阵为

$$\boldsymbol{d}^e = [w_1 \quad \theta_1 \quad w_2 \quad \theta_2]^{\mathrm{T}} \tag{6.26}$$

与其功共轭的单元节点力列阵为

$$\boldsymbol{f}^e = [f_{z1} \quad m_1 \quad f_{z2} \quad m_2]^{\mathrm{T}} \tag{6.27}$$

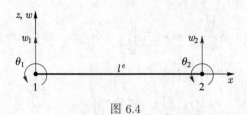

图 6.4

梁单元具有 4 个自由度，可以唯一确定三次多项式。引入坐标变换

$$\xi = \frac{2x}{l^e} - 1, \quad -1 \leqslant \xi \leqslant 1 \tag{6.28}$$

它将长度为 l^e 的物理单元映射到长度为 2 的母单元。在母坐标系中的三次 Hermite 插值形函数为

$$
\begin{aligned}
N_{w1}(\xi) &= \frac{1}{4}(1-\xi)^2(2+\xi) = \frac{1}{4}(\xi^3 - 3\xi + 2) \\
N_{\theta1}(\xi) &= \frac{l^e}{8}(1-\xi)^2(1+\xi) = \frac{l^e}{8}(\xi^3 - \xi^2 - \xi + 1) \\
N_{w2}(\xi) &= \frac{1}{4}(1+\xi)^2(2-\xi) = \frac{1}{4}(-\xi^3 + 3\xi + 2) \\
N_{\theta2}(\xi) &= \frac{l^e}{8}(1+\xi)^2(\xi-1) = \frac{l^e}{8}(\xi^3 + \xi^2 - \xi - 1)
\end{aligned}
\tag{6.29}
$$

试探函数和权函数可以表示为

$$w^e = \boldsymbol{N}^e \boldsymbol{d}^e, \quad \delta w^e = \boldsymbol{N}^e w^e \tag{6.30}$$

式中

$$\boldsymbol{N}^e = [N_{w1} \quad N_{\theta1} \quad N_{w2} \quad N_{\theta2}] \tag{6.31}$$

梁单元形函数（图 6.5）满足性质

$$N_{wI}(\xi_J) = \delta_{IJ}, \quad \frac{\mathrm{d}N_{\theta I}}{\mathrm{d}x}(\xi_J) = \delta_{IJ} \tag{6.32}$$

$$N_{\theta I}(\xi_J) = 0, \qquad \frac{\mathrm{d}N_{wI}}{\mathrm{d}x}(\xi_J) = 0 \tag{6.33}$$

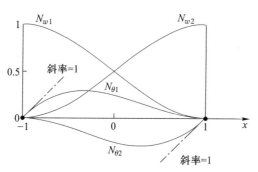

图 6.5 梁单元形函数

梁的曲率为

$$\frac{\mathrm{d}^2 w^e}{\mathrm{d}x^2} = \boldsymbol{B}^e \boldsymbol{d}^e \tag{6.34}$$

式中

$$\boldsymbol{B}^e = \frac{\mathrm{d}^2 \boldsymbol{N}^e}{\mathrm{d}x^2} = \frac{4}{(l^e)^2}\frac{\mathrm{d}^2 \boldsymbol{N}^e}{\mathrm{d}\xi^2}$$

$$= \frac{1}{l^e}\left[\begin{matrix} \dfrac{6\xi}{l^e} & 3\xi - 1 & -\dfrac{6\xi}{l^e} & 3\xi + 1 \end{matrix}\right] \tag{6.35}$$

6.1.3.2 离散方程

引入有限元离散后，弱形式 (6.19) 近似为

$$\sum_{e=1}^{n_{\mathrm{el}}}\left[\int_{\Omega^e} E^e I^e \delta\frac{\mathrm{d}^2 w^e}{\mathrm{d}x^2}\frac{\mathrm{d}^2 w^e}{\mathrm{d}x^2}\mathrm{d}x - \int_{\Omega^e}\delta w^e p\,\mathrm{d}x - \delta w^e \overline{s}\big|_{\Gamma_s^e} - \left(\delta\frac{\mathrm{d}w^e}{\mathrm{d}x}\overline{m}\right)\Big|_{\Gamma_m^e}\right] = 0, \quad \forall \delta w^e \in U_0^h \tag{6.36}$$

将试探函数和权函数 (6.30) 代入上式，并利用关系式 $\boldsymbol{d}^e = \boldsymbol{L}^e \boldsymbol{d}$，得

$$\boldsymbol{K}\boldsymbol{d} = \boldsymbol{f} + \boldsymbol{r} \tag{6.37}$$

式中总体刚度矩阵 $\boldsymbol{K}$ 和总体节点力列阵 $\boldsymbol{f}$ 由单元刚度矩阵

$$\boldsymbol{K}^e = \int_{\Omega^e} E^e I^e \boldsymbol{B}^{e\mathrm{T}}\boldsymbol{B}^e\,\mathrm{d}x = \frac{E^e I^e}{l^{e3}}\left[\begin{matrix} 12 & 6l^e & -12 & 6l^e \\ 6l^e & 4l^{e2} & -6l^e & 2l^{e2} \\ -12 & -6l^e & 12 & -6l^e \\ 6l^e & 2l^{e2} & -6l^e & 4l^{e2} \end{matrix}\right] \tag{6.38}$$

和单元节点力列阵

$$\boldsymbol{f}^e = \int_{\Omega^e} \boldsymbol{N}^{e\mathrm{T}} p\,\mathrm{d}x + \boldsymbol{N}^{e\mathrm{T}}\overline{s}|_{\Gamma_s^e} + \left(\frac{\mathrm{d}\boldsymbol{N}^{e\mathrm{T}}}{\mathrm{d}x}\overline{m}\right)\Big|_{\Gamma_m^e} \tag{6.39}$$

组装而成。对于均匀分布的横向力 p，其等效单元节点力列阵为

$$\boldsymbol{f}_{\Omega}^e = \int_0^{l^e} \boldsymbol{N}^{e\mathrm{T}} p\,\mathrm{d}x = \frac{pl^e}{12}[6 \quad l^e \quad 6 \quad -l^e]^{\mathrm{T}} \tag{6.40}$$

若同时考虑梁的轴向变形，单元节点位移列阵和与其功共轭的单元节点力列阵分别为

$$\boldsymbol{d}^e = [u_1 \quad w_1 \quad \theta_1 \quad u_2 \quad w_2 \quad \theta_2]^{\mathrm{T}} \tag{6.41}$$

$$\boldsymbol{f}^e = [f_{x1} \quad f_{z1} \quad m_1 \quad f_{x2} \quad f_{z2} \quad m_2]^{\mathrm{T}} \tag{6.42}$$

相应的单元刚度矩阵可以由杆单元刚度矩阵 (3.155) 和梁单元刚度矩阵 (6.38) 组装得到，即

$$\boldsymbol{K}^e = \begin{bmatrix} \frac{E^e A^e}{l^e} & 0 & 0 & -\frac{E^e A^e}{l^e} & 0 & 0 \\ 0 & \frac{12E^e I^e}{l^{e3}} & \frac{6E^e I^e}{l^{e2}} & 0 & -\frac{12E^e I^e}{l^{e3}} & \frac{6E^e I^e}{l^{e2}} \\ 0 & \frac{6E^e I^e}{l^{e2}} & \frac{4E^e I^e}{l^e} & 0 & -\frac{6E^e I^e}{l^{e2}} & \frac{2E^e I^e}{l^e} \\ -\frac{E^e A^e}{l^e} & 0 & 0 & \frac{E^e A^e}{l^e} & 0 & 0 \\ 0 & -\frac{12E^e I^e}{l^{e3}} & -\frac{6E^e I^e}{l^{e2}} & 0 & \frac{12E^e I^e}{l^{e3}} & -\frac{6E^e I^e}{l^{e2}} \\ 0 & \frac{6E^e I^e}{l^{e2}} & \frac{2E^e I^e}{l^e} & 0 & -\frac{6E^e I^e}{l^{e2}} & \frac{4E^e I^e}{l^e} \end{bmatrix} \tag{6.43}$$

欧拉梁的有限元格式也可以从最小势能原理得到。将近似函数 (6.30) 代入势能 (6.25) 中，得

$$\Pi = \frac{1}{2}\sum_{e=1}^{n_{\mathrm{el}}} \boldsymbol{d}^{e\mathrm{T}}\boldsymbol{K}^e \boldsymbol{d}^e - \sum_{e=1}^{n_{\mathrm{el}}} \boldsymbol{d}^{e\mathrm{T}}\boldsymbol{f}^e \tag{6.44}$$

由 $\delta\Pi = 0$ 和关系式 $\boldsymbol{d}^e = \boldsymbol{L}^e \boldsymbol{d}$ 可得

$$\delta\boldsymbol{d}^{\mathrm{T}}(\boldsymbol{K}\boldsymbol{d} - \boldsymbol{f}) = 0, \quad \forall\delta\boldsymbol{d}_{\mathrm{F}} \tag{6.45}$$

由 $\delta\boldsymbol{d}_{\mathrm{F}}$ 的任意性即可得式 (6.37)。

例题 **6-1**：图 6.6a 所示悬臂梁左端固定，右端自由。梁上作用均布力 $p(x) = 1\,\mathrm{Nm}^{-1}$，在 $x = 4\,\mathrm{m}$ 处受集中力 $F = 10\,\mathrm{N}$ 作用，并在右端给定剪力 $\bar{s} = 10\,\mathrm{N}$ 和弯矩 $\bar{m} = 20\,\mathrm{Nm}$。梁的弯曲刚度取为 $EI = 10^4\,\mathrm{Nm}^2$。本问题的解析解为

$$w(x) = \frac{1}{EI}\begin{cases} -\dfrac{1}{24}x^4 + \dfrac{14}{3}x^3 - 71x^2 & (0 \leqslant x < 4) \\[2mm] -\dfrac{1}{24}x^4 + 3x^3 - 51x^2 - 80x + \dfrac{320}{3} & (4 < x \leqslant 8) \end{cases}$$

$$m(x) = \begin{cases} -\dfrac{1}{2}x^2 + 28x - 142 & (0 \leqslant x < 4) \\[2mm] -\dfrac{1}{2}x^2 + 18x - 102 & (4 < x \leqslant 8) \end{cases}$$

$$s(x) = \begin{cases} 28 - x & (0 \leqslant x < 4) \\[2mm] 18 - x & (4 < x \leqslant 8) \end{cases}$$

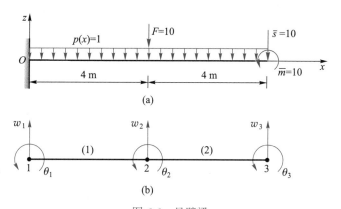

图 6.6 悬臂梁

解答：将此问题离散为 2 个单元（图 6.6b），$l^{(1)} = l^{(2)} = 4$，$E^{(1)}I^{(1)} = E^{(2)}I^{(2)} = 10^4$，总体位移列阵为

$$\boldsymbol{d}^{\mathrm{T}} = [\,w_1 \quad \theta_1 \quad w_2 \quad \theta_2 \quad w_3 \quad \theta_3\,]$$

单元刚度矩阵为

$$\boldsymbol{K}^{(1)} = \boldsymbol{K}^{(2)} = 10^3 \begin{bmatrix} 1.875 & 3.750 & -1.875 & 3.750 \\ 3.750 & 10.00 & -3.750 & 5.000 \\ -1.875 & -3.750 & 1.875 & -3.750 \\ 3.750 & 5.000 & -3.750 & 10.00 \end{bmatrix}$$

因此总体刚度矩阵为

$$
\boldsymbol{K} = 10^3 \begin{bmatrix}
1.875 & 3.750 & -1.875 & 3.750 & 0 & 0 \\
3.750 & 10.00 & -3.750 & 5.000 & 0 & 0 \\
-1.875 & -3.750 & 3.750 & 0 & -1.875 & 3.750 \\
3.750 & 5.000 & 0 & 20.00 & -3.750 & 5.000 \\
0 & 0 & -1.875 & -3.750 & 1.875 & -3.750 \\
0 & 0 & 3.750 & 5.000 & 3.750 & 10.00
\end{bmatrix}
$$

单元节点力列阵为

$$
\boldsymbol{f}^{(1)} = \int_0^4 \boldsymbol{N}^{(1)\mathrm{T}} p \mathrm{d}x + \boldsymbol{N}^{(1)\mathrm{T}}\big|_{\xi=1} F
$$

$$
= [-2 \quad -1.333 \quad -12 \quad 1.333]^\mathrm{T}
$$

$$
\boldsymbol{f}^{(2)} = \int_4^8 \boldsymbol{N}^{(2)} p \mathrm{d}x + \boldsymbol{N}^{(2)}\overline{s}\big|_{\xi=1} + \left(\frac{\mathrm{d}\boldsymbol{N}^{(2)\mathrm{T}}}{\mathrm{d}x}\overline{m}\right)\Big|_{\xi=1}
$$

$$
= [-2 \quad -1.333 \quad -12 \quad 11.333]^\mathrm{T}
$$

组装 $\boldsymbol{f}^{(1)}$ 和 $\boldsymbol{f}^{(2)}$ 可得总体节点力列阵为

$$
\boldsymbol{f} = [-2 \quad -1.333 \quad -14 \quad 0 \quad -12 \quad 11.333]^\mathrm{T}
$$

总体刚度方程为

$$
10^3 \begin{bmatrix}
1.88 & 3.75 & -1.88 & 3.75 & 0 & 0 \\
3.75 & 10.0 & -3.75 & 5.00 & 0 & 0 \\
-1.88 & -3.75 & 3.75 & 0 & -1.88 & 3.75 \\
3.75 & 5.00 & 0 & 20.0 & -3.75 & 5.00 \\
0 & 0 & -1.88 & -3.75 & 1.88 & -3.75 \\
0 & 0 & 3.75 & 5.00 & 3.75 & 10.0
\end{bmatrix}
\begin{bmatrix} w_1 \\ \theta_1 \\ w_2 \\ \theta_2 \\ w_3 \\ \theta_3 \end{bmatrix}
=
\begin{bmatrix} -2+r_{w1} \\ -1.33+r_{\theta1} \\ -14 \\ 0 \\ -12 \\ 11.33 \end{bmatrix}
$$

利用缩减法施加本质边界条件 $w_1 = 0$，$\theta_1 = 0$，由上式可解得

$$
\begin{bmatrix} w_2 \\ \theta_2 \\ w_3 \\ \theta_3 \end{bmatrix} = \begin{bmatrix} -0.0848 \\ -0.0355 \\ -0.2432 \\ -0.0405 \end{bmatrix}, \quad \begin{bmatrix} r_{w1} \\ r_{\theta1} \end{bmatrix} = \begin{bmatrix} 28 \\ 142 \end{bmatrix}
$$

单元内的弯矩和剪力分别为

$$m^{(1)} = EI\boldsymbol{B}^{(1)}\boldsymbol{d}^{(1)} = 26x - \frac{422}{3}$$

$$s^{(1)} = -EI\frac{\mathrm{d}\boldsymbol{B}^{(1)}}{\mathrm{d}x}\boldsymbol{d}^{(1)} = -26$$

$$m^{(2)} = EI\boldsymbol{B}^{(2)}\boldsymbol{d}^{(2)} = 12x - \frac{254}{3}$$

$$s^{(2)} = -EI\frac{\mathrm{d}\boldsymbol{B}^{(2)}}{\mathrm{d}x}\boldsymbol{d}^{(2)} = -12$$

　　图 6.7 给出了用有限元法得到的横向位移 $w(x)$、弯矩 $m(x)$ 和剪力 $s(x)$ 曲线，并与精确解进行了比较。梁单元的近似函数为 3 次完全多项式，因此其横向位移收敛率为 4，弯矩的收敛率为 2，剪力收敛率为 1。本问题横向位移精确解为 4 次多项式，仅使用 2 个梁单元即得到了很准确的横向位移和很好的弯矩。

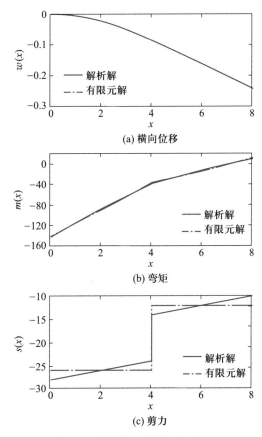

(a) 横向位移

(b) 弯矩

(c) 剪力

图 6.7　悬臂梁有限元结果比较

图 6.8 给出了横向位移、弯矩和剪力误差的 L_2 范数、L_∞ 范数和 L_1 范数随单元长度 h 的变化规律。L_2 范数、L_∞ 范数和 L_1 范数是相互等价的，因此由它们得到的收敛率是完全相同的。图 6.8a、b、c 中的直线斜率分别为 4、2 和 1，与理论收敛率相同。

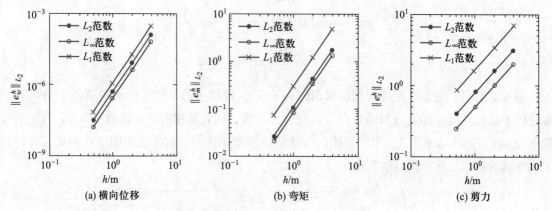

图 6.8　横向位移、弯矩和剪力收敛曲线

Barlow 证明了 2 点高斯求积点为伯努利–欧拉梁单元的最佳应力点[42]，即在 $\xi = \pm\sqrt{3}/3$ 点处，弯矩精度比预期精度高 1 阶，具有 3 阶精度。在本例中，弯矩在各单元内的精确解为二次多项式，因此伯努利–欧拉梁单元的弯矩在 2 点高斯求积点处应该等于其精确值。事实上，在各单元内令弯矩的有限元解等于其精确解，如在单元 1 中令

$$-\frac{1}{2}x^2 + 28x - 142 = 26x - \frac{422}{3}$$

可解得

$$x = 2\left(1 \pm \frac{\sqrt{3}}{3}\right)$$

即在单元 1 中，有限元弯矩解在 2 点高斯求积点处等于其精确解。类似地可以证明单元 2 的有限元弯矩解在 2 点高斯求积点处也等于其精确解。

思考题　如何建立二维梁单元和三维梁单元的有限元格式？

6.1.3.3　铰结点处理

在一些问题中，梁单元通过铰结点与其他梁单元相连接。例如，在图 6.9 所示的结构中，单元 1、3 和单元 5 汇交于节点 3，其中单元 1 和单元 5 与节点 3 刚接，而单元 3 与节点 3 铰接。此时三个单元在节点 3 处的平移位移相等，刚接单元 1 和单元 5 在节点 3 处的转动位移也相等，但铰接单元 3 在节点 3 处的转动位移和其余两个单元的转动位移不同。铰接单元端部

力矩为零，只有刚接单元端部力矩参与节点的力矩平衡。例如，在图示结构中，单元 3 的铰接端力矩为零，只有单元 1 和单元 5 在节点 3 处的力矩与外力矩保持平衡。

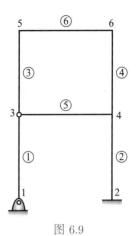

图 6.9

在梁单元中实现铰接端的方式有两种：**多点约束**（multi-point constraints）和**单元端部释放**（element end release）。多点约束法在单元铰接端单独布置一个节点，并要求它和刚结点的平移位移相等，即施加多点约束方程，实现方法详见 2.3.3.4 节。

单元铰接端只提供平移刚度，不提供转动刚度，即单元铰接端转动自由度为单元内部自由度，可以用静力凝聚技术在单元层面上将其凝聚掉（也称为自由度释放）。对于 2 节点平面欧拉梁单元，假设其右端节点为铰结点，单元节点位移列阵可以分块为 $\boldsymbol{d}^{e\mathrm{T}} = [\boldsymbol{d}_{\mathrm{r}}^{e\mathrm{T}} \ \boldsymbol{d}_{\mathrm{i}}^{e\mathrm{T}}]$，其中 $\boldsymbol{d}_{\mathrm{r}}^{e\mathrm{T}} = [u_1 \ w_1 \ \theta_1 \ u_2 \ w_2]$，$\boldsymbol{d}_{\mathrm{i}}^{e\mathrm{T}} = [\theta_2]$，则单元平衡方程可以写为

$$\begin{bmatrix} \boldsymbol{K}_{\mathrm{rr}}^e & \boldsymbol{K}_{\mathrm{ri}}^e \\ \boldsymbol{K}_{\mathrm{ir}}^e & \boldsymbol{K}_{\mathrm{ii}}^e \end{bmatrix} \begin{bmatrix} \boldsymbol{d}_{\mathrm{r}}^e \\ \boldsymbol{d}_{\mathrm{i}}^e \end{bmatrix} = \begin{bmatrix} \boldsymbol{f}_{\mathrm{r}}^e \\ \boldsymbol{f}_{\mathrm{i}}^e \end{bmatrix} \tag{6.46}$$

由上式第二式可解得 $\boldsymbol{d}_{\mathrm{i}}^e = (\boldsymbol{K}_{\mathrm{ii}}^e)^{-1}(\boldsymbol{f}_{\mathrm{i}}^e - \boldsymbol{K}_{\mathrm{ir}}^e \boldsymbol{d}_{\mathrm{r}}^e)$，代入上式第一式得

$$\overline{\boldsymbol{K}}^e \boldsymbol{d}_{\mathrm{r}}^e = \overline{\boldsymbol{f}}_{\mathrm{r}}^e \tag{6.47}$$

式中

$$\overline{\boldsymbol{K}}^e = \boldsymbol{K}_{\mathrm{rr}}^e - \boldsymbol{K}_{\mathrm{ri}}^e (\boldsymbol{K}_{\mathrm{ii}}^e)^{-1} \boldsymbol{K}_{\mathrm{ir}}^e \tag{6.48}$$

$$\overline{\boldsymbol{f}}_{\mathrm{r}}^e = \boldsymbol{f}_{\mathrm{r}}^e - \boldsymbol{K}_{\mathrm{ri}}^e (\boldsymbol{K}_{\mathrm{ii}}^e)^{-1} \boldsymbol{f}_{\mathrm{i}}^e \tag{6.49}$$

将式 (6.43) 代入上式，可得到右端铰接时 2 节点平面欧拉梁单元刚度矩阵

$$\overline{\boldsymbol{K}}^e = \begin{bmatrix} \dfrac{E^e A^e}{l^e} & 0 & 0 & -\dfrac{E^e A^e}{l^e} & 0 \\[2.2ex] 0 & \dfrac{3E^e I^e}{l^{e3}} & \dfrac{3E^e I^e}{l^{e2}} & 0 & -\dfrac{3E^e I^e}{l^{e3}} \\[2.2ex] 0 & \dfrac{3E^e I^e}{l^{e2}} & \dfrac{3E^e I^e}{l^e} & 0 & -\dfrac{3E^e I^e}{l^{e2}} \\[2.2ex] -\dfrac{E^e A^e}{l^e} & 0 & 0 & \dfrac{E^e A^e}{l^e} & 0 \\[2.2ex] 0 & -\dfrac{3E^e I^e}{l^{e3}} & -\dfrac{3E^e I^e}{l^{e2}} & 0 & \dfrac{3E^e I^e}{l^{e3}} \end{bmatrix} \tag{6.50}$$

释放右端转动自由度后，单元刚度矩阵 $\overline{\boldsymbol{K}}^e$ 为 5×5 矩阵。为了程序实现方便，也可以将

矩阵 $\overline{\boldsymbol{K}}^e$ 扩展为 6×6 矩阵，其第 6 行和第 6 列所有元素均置零。

如果单元两端均为铰接，将单元转动自由度 θ_1 和 θ_2 凝聚掉，并将矩阵 $\overline{\boldsymbol{K}}^e$ 扩展为 6×6 矩阵，其第 3 行和第 3 列、第 6 行和第 6 列所有元素均置零，可得到两端铰接时 2 节点平面欧拉梁单元刚度矩阵

$$\overline{\boldsymbol{K}}^e = \begin{bmatrix} \dfrac{E^e A^e}{l^e} & 0 & 0 & -\dfrac{E^e A^e}{l^e} & 0 & 0 \\ 0 & 0 & 0 & 0 & 0 & 0 \\ 0 & 0 & 0 & 0 & 0 & 0 \\ -\dfrac{E^e A^e}{l^e} & 0 & 0 & \dfrac{E^e A^e}{l^e} & 0 & 0 \\ 0 & 0 & 0 & 0 & 0 & 0 \\ 0 & 0 & 0 & 0 & 0 & 0 \end{bmatrix} \tag{6.51}$$

可见，两端铰接时 2 节点平面欧拉梁单元退化为 2 节点杆单元。

6.2　铁摩辛柯梁

伯努利–欧拉梁假设变形前垂直于梁中性轴的平截面在变形后仍然为平面且仍与变形后的轴线相垂直，忽略了剪切变形，仅适用于细长梁。铁摩辛柯梁仅假设变形前垂直于梁中性轴的平截面在变形后仍然为平面，但不再与变形后的轴线相垂直（图 6.10）。

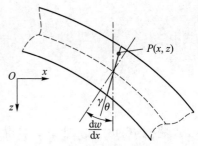

图 6.10　铁摩辛柯梁

6.2.1　弱形式

梁内任意点 $P(x, z)$ 的位移为

$$u(x, z) = -z\theta \tag{6.52}$$

$$w(x, z) = w(x) \tag{6.53}$$

式中 θ 为横截面的转角。点 $P(x, z)$ 的应变为

$$\varepsilon_{xx} = -z\frac{\mathrm{d}\theta}{\mathrm{d}x} \tag{6.54}$$

$$\varepsilon_{zz} = 0 \tag{6.55}$$

$$\gamma = \frac{\mathrm{d}w}{\mathrm{d}x} - \theta \tag{6.56}$$

铁摩辛柯梁横截面在变形后不再与中性轴垂直，因此剪应变 $\gamma = \frac{\mathrm{d}w}{\mathrm{d}x} - \theta \neq 0$。式 (6.56) 中的剪应变 γ 在截面上是常数，但实际剪应变/剪应力在截面上是变化的，因此 γ 可以看成是在面积 A_s 上的等价常应变，即

$$\tau_{xz} = \frac{Q}{A_s}, \quad \gamma = \frac{\tau_{xz}}{G}, \quad k = \frac{A_s}{A} \tag{6.57}$$

式中 Q 是截面上的剪力，τ_{xz} 为截面上的等价常剪应力，k 为**剪切校正系数**。确定剪切校正系数的方法有两种：第一种方法把剪应变取为实际剪应变的平均值，第二种方法令按等价常剪应变计算得到的剪切应变能和按实际剪应变计算得到的剪切应变能相等。对于矩形横截面，两种方法给出的校正系数分别为 2/3 和 5/6；对于圆形横截面，两种方法给出的校正系数分别为 3/4 和 9/10。有限元格式是基于弱形式或最小势能原理建立的，因此一般用剪切应变能等效的方法来计算剪切校正系数 k，以保证虚功/势能等效。

点 $P(x, z)$ 的应力为

$$\sigma_{xx} = -Ez\frac{\mathrm{d}\theta}{\mathrm{d}x} \tag{6.58}$$

$$\tau_{xz} = G\left(\frac{\mathrm{d}w}{\mathrm{d}x} - \theta\right) \tag{6.59}$$

梁的总势能为

$$\Pi = U_{\mathrm{b}} + U_{\mathbf{s}} - \int_0^l wp\mathrm{d}x - w\overline{s}|_{\varGamma_s} - \left(\frac{\mathrm{d}w}{\mathrm{d}x}\right)\overline{m}\bigg|_{\varGamma_m} \tag{6.60}$$

式中

$$U_{\mathrm{b}} = \int_0^l \frac{1}{2}EI\left(\frac{\mathrm{d}\theta}{\mathrm{d}x}\right)^2 \mathrm{d}x \tag{6.61}$$

为弯曲应变能，

$$U_{\mathrm{s}} = \int_0^l \frac{1}{2}kGA\gamma^2\mathrm{d}x \tag{6.62}$$

为剪切应变能。

例题 6-2：基于应变能等效方法计算矩形横截面梁的剪切校正系数 k。梁横截面高为 h，宽为 b。

解答：令梁单位长度上的实际剪切应变能和由等价常剪应变计算得到的剪切应变能相等，得

$$\int_A \frac{1}{2G} \tau^2 \mathrm{d}A = \int_A \frac{1}{2G} \left(\frac{Q}{A_s} \right)^2 \mathrm{d}A_s \tag{a}$$

式中 τ 为梁横截面的实际剪应力。将 $k = A_s/A$ 代入上式, 得

$$k = \frac{Q^2}{A \int_A \tau^2 \mathrm{d}A} \tag{b}$$

对于矩形截面梁, 由梁理论可得横截面的实际剪应力为

$$\tau = \frac{3}{2} \frac{Q}{A} \frac{(h/2)^2 - y^2}{(h/2)^2} \tag{c}$$

将式 (c) 代入式 (b) 可得 $k = 5/6$。

6.2.2　有限元离散

铁摩辛柯梁的势能泛函中仅含有一阶导数, 因此插值函数仅需具有 C^0 连续性即可。挠度 w 和横截面转角 θ 是独立的, 可以采用不同的插值函数, 即

$$w^e = \sum_{J=1}^m N_J^e w_J^e, \quad \theta^e = \sum_{J=1}^n N_J'^e \theta_J^e \tag{6.63}$$

式中 m 和 n 分别为用于挠度插值和转角插值的节点数, 它们可以不同, 但一般常取 $m = n$, $N_J^e = N_J'^e$。剪应变 γ^e 和 $\mathrm{d}\theta^e/\mathrm{d}x$ 为

$$\gamma^e = \frac{\mathrm{d}w^e}{\mathrm{d}x} - \theta^e = \boldsymbol{B}_{\mathrm{s}}^e \boldsymbol{d}^e \tag{6.64}$$

$$\frac{\mathrm{d}\theta^e}{\mathrm{d}x} = \boldsymbol{B}_{\mathrm{b}}^e \boldsymbol{d}^e \tag{6.65}$$

式中

$$\boldsymbol{d}^e = [w_1^e \quad \theta_1^e \quad \cdots \quad w_n^e \quad \theta_n^e]^{\mathrm{T}} \tag{6.66}$$

$$\boldsymbol{B}_{\mathrm{s}}^e = \left[\frac{\mathrm{d}N_1^e}{\mathrm{d}x} \quad -N_1^e \quad \cdots \quad \frac{\mathrm{d}N_n^e}{\mathrm{d}x} \quad -N_n^e \right] \tag{6.67}$$

$$\boldsymbol{B}_{\mathrm{b}}^e = \left[0 \quad \frac{\mathrm{d}N_1^e}{\mathrm{d}x} \quad \cdots \quad 0 \quad \frac{\mathrm{d}N_n^e}{\mathrm{d}x} \right] \tag{6.68}$$

将以上各式代入势能泛函 (6.60) 中, 得

$$\Pi = \frac{1}{2} \sum_{e=1}^{n_{\mathrm{el}}} \boldsymbol{d}^{e\mathrm{T}} (\boldsymbol{K}_{\mathrm{b}}^e + \boldsymbol{K}_{\mathrm{s}}^e) \boldsymbol{d}^e - \sum_{e=1}^{n_{\mathrm{el}}} \boldsymbol{d}^{e\mathrm{T}} \boldsymbol{f}^e \tag{6.69}$$

式中

$$\boldsymbol{K}_{\mathrm{b}}^e = \int_{\Omega^e} EI\boldsymbol{B}_{\mathrm{b}}^{e\mathrm{T}}\boldsymbol{B}_{\mathrm{b}}^e \mathrm{d}x \tag{6.70}$$

$$\boldsymbol{K}_{\mathrm{s}}^e = \int_{\Omega^e} kGA\boldsymbol{B}_{\mathrm{s}}^{e\mathrm{T}}\boldsymbol{B}_{\mathrm{s}}^e \mathrm{d}x \tag{6.71}$$

$$\boldsymbol{f}^e = \int_{\Omega^e} \boldsymbol{N}^{e\mathrm{T}} \begin{bmatrix} p \\ 0 \end{bmatrix} \mathrm{d}x \tag{6.72}$$

分别为单元的弯曲刚度矩阵、剪切刚度矩阵和节点力列阵。由势能的驻值条件 $\delta \Pi = 0$ 和关系式 $\boldsymbol{d}^e = \boldsymbol{L}^e \boldsymbol{d}$ 得

$$\delta \boldsymbol{d}^{\mathrm{T}}(\boldsymbol{K}\boldsymbol{d} - \boldsymbol{f}) = 0, \quad \forall \delta \boldsymbol{d}_{\mathrm{F}} \tag{6.73}$$

式中

$$\boldsymbol{K} = \sum_{e=1}^{n_{\mathrm{el}}} \boldsymbol{L}^{e\mathrm{T}}(\boldsymbol{K}_{\mathrm{b}}^e + \boldsymbol{K}_{\mathrm{s}}^e)\boldsymbol{L}^e$$

为系统的总体刚度矩阵，

$$\boldsymbol{f} = \sum_{e=1}^{n_{\mathrm{el}}} \boldsymbol{L}^{e\mathrm{T}}\boldsymbol{f}^e$$

为系统的总体节点载荷列阵。

对于 2 节点铁摩辛柯梁，挠度 w 和转角 θ 均采用 2 节点单元插值 ($m = n = 2$)，将式 (6.67) 和式 (6.68) 分别代入式 (6.70) 和式 (6.71) 得

$$\boldsymbol{K}_{\mathrm{b}}^e = EI \begin{bmatrix} 0 & 0 & 0 & 0 \\ 0 & 1/L & 0 & -1/L \\ 0 & 0 & & \\ 0 & -1/L & 0 & 1/L \end{bmatrix} \tag{6.74}$$

$$\boldsymbol{K}_{\mathrm{s}}^e = kGA \begin{bmatrix} 1/L & 1/2 & -1/L & 1/2 \\ 1/2 & L/3 & -1/2 & L/6 \\ -1/L & -1/2 & 1/L & -1/2 \\ 1/2 & L/6 & -1/2 & L/3 \end{bmatrix} \tag{6.75}$$

6.2.3 剪切闭锁

在 2 节点铁摩辛柯梁中，挠度和转角均采用线性插值，因此单元内挠度的导数为常数，即

$$\frac{\mathrm{d}w^e}{\mathrm{d}x} = \frac{w_2^e - w_1^e}{l^e} \tag{6.76}$$

对于细长梁，剪应变 $\gamma^e = \mathrm{d}w^e/\mathrm{d}x - \theta^e$ 应该为 0，即

$$\frac{w_2^e - w_1^e}{l^e} = \theta_1^e \frac{x_2 - x}{l^e} + \theta_2^e \frac{x - x_1}{l^e} \tag{6.77}$$

上式左端为常数，右端也必须为常数，因此有

$$\theta_2^e = \theta_1^e = \theta^e(x) = \frac{w_2^e - w_1^e}{l^e} \tag{6.78}$$

即单元曲率 $\kappa(x) = \mathrm{d}\theta^e(x)/\mathrm{d}x = 0$，单元无法弯曲，发生了**剪切闭锁**，其弯曲应变能为

$$U_{\mathrm{b}}^e = \int_{x_1}^{x_2} \frac{1}{2} EI \left(\frac{\mathrm{d}\theta^e}{\mathrm{d}x} \right)^2 \mathrm{d}x = 0 \tag{6.79}$$

发生闭锁的原因是挠度 w^e 和转角 θ^e 采用了同阶插值（$m = n$），$\mathrm{d}w^e/\mathrm{d}x$ 比 θ^e 低一阶，使得只有当 θ^e 为常数时才能在单元内满足条件 $\gamma^e = \mathrm{d}w^e/\mathrm{d}x - \theta^e = 0$。只要 $\mathrm{d}w^e/\mathrm{d}x$ 和 θ^e 同阶（即采用一致插值方案，$m = n + 1$），在求解细长梁时就不会出现剪切闭锁。采用同阶插值（$m = n$）更方便简洁，也更实用，但需要克服剪切闭锁问题。

由式 (6.60) 可知，铁摩辛柯梁的应变能由弯曲应变能和剪切应变能组成，剪切刚度和弯曲刚度之比为

$$\alpha = \frac{kGA}{EI/l^2} \propto \left(\frac{l}{h} \right)^2 \tag{6.80}$$

对于细长梁有 $h/l \to 0$，$\alpha \to \infty$，因此泛函 (6.60) 也可以理解为在欧拉梁泛函 (6.25) 的基础上，用罚函数法解除欧拉梁的剪应变 $\gamma = \mathrm{d}w/\mathrm{d}x - \theta = 0$ 的约束条件而得到的，其中剪切刚度 kGA 为罚函数。由 5.2 节可知，当约束条件数大于等于位移自由度时，单元发生闭锁。这里约束条件为剪应变为 0，因此发生剪切闭锁。与弱不可压缩问题类似，解决剪切闭锁的方法也有两类：选择性减缩积分和假设剪应变法。

6.2.3.1　选择性减缩积分

与几乎不可压缩问题类似，只有当含有罚函数的矩阵 $\boldsymbol{K}_{\mathrm{s}}^e$ 奇异时才能避免闭锁，详见 5.2 节。选择性减缩积分仅在计算 $\boldsymbol{K}_{\mathrm{s}}^e$ 时采用减缩积分（在这里为单点高斯积分），而在计算 $\boldsymbol{K}_{\mathrm{b}}^e$ 时仍采用完全积分。在式 (6.71) 中采用单点高斯积分，得

$$\boldsymbol{K}_{\mathrm{s}}^{e} = kGA \begin{bmatrix} 1/L & 1/2 & -1/L & 1/2 \\ 1/2 & L/4 & -1/2 & L/4 \\ -1/L & -1/2 & 1/L & -1/2 \\ 1/2 & L/4 & -1/2 & L/4 \end{bmatrix} \tag{6.81}$$

可以验证，此时矩阵 $\boldsymbol{K}_{\mathrm{s}}^{e}$ 是奇异的，从而消除了剪切闭锁。

采用减缩积分计算单元的剪切应变能，有

$$
\begin{aligned}
U_{\mathrm{s}}^{e} &= \int_{x_{1}^{e}}^{x_{2}^{e}} \frac{1}{2} kGA (\gamma^{e})^{2} \mathrm{d}x \\
&= \frac{1}{2} l^{e} kGA \left(\frac{w_{2}^{e} - w_{1}^{e}}{l^{e}} - \theta_{1}^{e} \frac{x_{2} - x}{l^{e}} - \theta_{2}^{e} \frac{x - x_{1}}{l^{e}} \right)^{2}_{x = x_{1}^{e} + l^{e}/2} \\
&= \frac{1}{2} l^{e} kGA \left(\frac{w_{2}^{e} - w_{1}^{e}}{l^{e}} - \frac{\theta_{1}^{e} + \theta_{2}^{e}}{2} \right)^{2}
\end{aligned}
\tag{6.82}
$$

此时 $U_{\mathrm{s}}^{e} = 0$ 不再要求 $\theta_{1}^{e} = \theta_{2}^{e}$，即不存在剪切闭锁。可见，选择性减缩积分不要求约束条件 $\gamma^{e} = 0$ 在单元内任意点处满足（过约束问题），而只要求在减缩积分点处满足。例如，对于 2 节点铁摩辛柯梁 $m = n = 2$，在单元内 $\mathrm{d}w^{e}/\mathrm{d}x$ 为常数，θ^{e} 是线性函数，只要求在单元形心处满足约束条件 $\mathrm{d}w^{e}/\mathrm{d}x - \theta^{e} = 0$ 不会引起剪切闭锁。

讨论 与不可压缩问题类似，也可以取 u、w 和 γ_{xz} 为独立变量，基于 Hellinger-Reissner 变分原理建立混合格式的梁单元。取横向位移 w 和截面转角 θ 在单元内线性变化，剪应变 γ_{xz} 在单元内为常数，可以建立 2 节点混合梁单元。该单元共有 5 个自由度：w_{1}、θ_{1}、w_{2}、θ_{2} 和 γ。利用静力凝聚法可以将自由度 γ 凝聚掉，得到的单元刚度矩阵和采用选择性减缩积分得到的单元刚度矩阵完全相同。详见例题 5-7。

6.2.3.2 假设剪应变法

发生闭锁的原因是挠度 w^{e} 和转角 θ^{e} 采用了同阶插值，使得只有当 θ^{e} 为常数时在单元内才能满足 $\gamma^{e} = \mathrm{d}w^{e}/\mathrm{d}x - \theta^{e} = 0$ 的约束条件。与解决体积闭锁问题的 B-bar 方法类似，也可以基于单元减缩积分高斯点处的剪应变重构与 $\mathrm{d}w^{e}/\mathrm{d}x$ 同阶的假设剪应变场

$$\overline{\gamma}(\xi) = \sum_{J=1}^{m-1} \overline{N}_{J}(\xi) \overline{\gamma}_{J} \tag{6.83}$$

式中

$$\overline{\gamma}_{J} = \boldsymbol{B}_{\mathrm{s}}^{e} \boldsymbol{d}^{e} |_{\xi_{J}} \tag{6.84}$$

为 $m-1$ 阶高斯点 ξ_J 处的剪应变，$\overline{N}_J$ 为用于重构剪应变的形函数，它由插值点数 $m-1$ 和相应的插值点坐标 ξ_J 确定。对于 2 节点铁摩辛柯梁，$m=n=2$，$\xi_1=0$，$\overline{N}_1=1$，即假设剪应变为

$$\overline{\gamma}(\xi) = \boldsymbol{B}_{\mathrm{s}}^e \boldsymbol{d}^e|_{\xi=0} = \frac{w_2^e - w_1^e}{l^e} - \frac{1}{2}(\theta_1^e + \theta_2^e) \tag{6.85}$$

对于 3 节点铁摩辛柯梁，$m=n=3$，

$$\xi_1 = -\sqrt{3}/3, \quad \xi_2 = \sqrt{3}/3 \tag{6.86}$$

$$\overline{N}_1(\xi) = \frac{1}{2}(1-\sqrt{3}\xi), \quad \overline{N}_2(\xi) = \frac{1}{2}(1+\sqrt{3}\xi) \tag{6.87}$$

即假设剪应变为

$$\overline{\gamma}(\xi) = \overline{N}_1(\xi)\boldsymbol{B}_{\mathrm{s}}^e \boldsymbol{d}^e\big|_{\xi=-\frac{\sqrt{3}}{3}} + \overline{N}_2(\xi)\boldsymbol{B}_{\mathrm{s}}^e \boldsymbol{d}^e\big|_{\xi=\frac{\sqrt{3}}{3}} \tag{6.88}$$

假设剪应变法和选择性减缩积分是等价的。对单元剪切应变能进行减缩积分得

$$U_{\mathrm{s}}^e = \sum_{J=1}^{m-1} \frac{1}{2} l^e kGA(\gamma^e(\xi_J))^2$$

$$= \sum_{J=1}^{m-1} \frac{1}{2} l^e kGA\overline{\gamma}_J^2 \tag{6.89}$$

即在势能泛函 (6.60) 中用假设剪应变 $\overline{\gamma}(\xi)$ 替代剪应变 $\gamma(\xi)$ 和对势能泛函 (6.60) 中的剪切应变能项采用减缩积分的结果是完全相同的。

例题 6-3：考虑图 6.11 所示的悬臂梁，其左端固定，右端受集中力 F 作用，采用一个 2 节点铁摩辛柯梁单元求解端部挠度 w_2 和转角 θ_2。设梁的横截面为矩形，宽度为 b，高度为 h。欧拉梁理论解为

$$w_2 = \frac{FL^3}{3EI}, \quad \theta_2 = \frac{FL^2}{2EI}$$

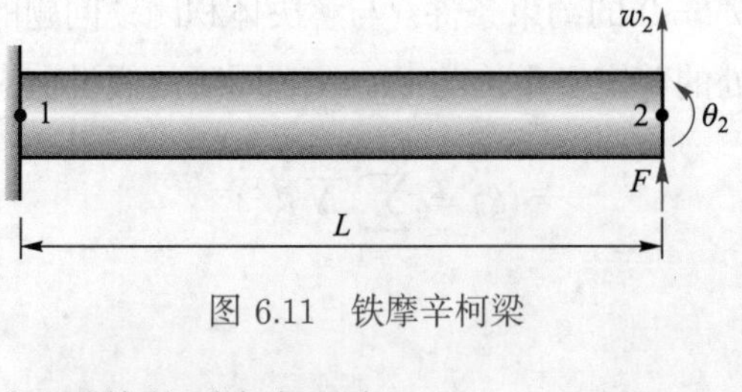

图 6.11   铁摩辛柯梁

解答：采用完全积分时，系统的刚度方程为

$$\begin{bmatrix} \dfrac{kGA}{L} & -\dfrac{kGA}{2} \\ -\dfrac{kGA}{2} & \dfrac{kGAL}{3} + \dfrac{EI}{L} \end{bmatrix} \begin{bmatrix} w_2 \\ \theta_2 \end{bmatrix} = \begin{bmatrix} P \\ 0 \end{bmatrix} \tag{a}$$

其解为

$$w_2 = \frac{12EI + 4kGAL^2}{12EI + kGAL^2} \frac{FL}{kGA} \tag{b}$$

$$\theta_2 = \frac{6FL^2}{12EI + kGAL^2} \tag{c}$$

为了简单起见，取 $\nu = 0$，$E = 2G$。将 $k = 5/6$ 和 $I = bh^3/12$ 代入上式得

$$w_2 = \frac{FL^3}{3EI} \frac{1 + \dfrac{3}{5}\left(\dfrac{h}{L}\right)^2}{1 + \dfrac{5}{12}\left(\dfrac{L}{h}\right)^2} \tag{d}$$

$$\theta_2 = \frac{FL^2}{2EI} \frac{1}{1 + \dfrac{5}{12}\left(\dfrac{L}{h}\right)^2} \tag{e}$$

与欧拉梁理论解相比，以上两式中的因子 $\dfrac{3}{5}\left(\dfrac{h}{L}\right)^2$ 和 $\dfrac{5}{12}\left(\dfrac{L}{h}\right)^2$ 是由剪应变引起的附加项。对于细长梁，$h/L \to 0$，$w_2 \to 0$，$\theta_2 \to 0$，即发生了剪切闭锁。

若采用减缩积分（单点高斯积分），系统的刚度方程为

$$\begin{bmatrix} \dfrac{kGA}{L} & -\dfrac{kGA}{2} \\ -\dfrac{kGA}{2} & \dfrac{kGAL}{4} + \dfrac{EI}{L} \end{bmatrix} \begin{bmatrix} w_2 \\ \theta_2 \end{bmatrix} = \begin{bmatrix} F \\ 0 \end{bmatrix} \tag{f}$$

其解为

$$w_2 = \frac{FL^3}{4EI} \left[1 + \frac{4}{5}\left(\frac{h}{L}\right)^2 \right] \tag{g}$$

$$\theta_2 = \frac{FL^2}{2EI} \tag{h}$$

可见，减缩积分消除了剪切闭锁，且端部转角 θ_2 与欧拉梁理论解完全相同，但挠度 w_2 的误差达 25%。欧拉梁挠度理论解是三次多项式，而 2 节点铁摩辛柯梁的挠度近似函数是线性多项式，因此需要加密网格或者采用 3 节点铁摩辛柯梁单元以获取更高精度的解。欧拉梁单元的

近似函数是三次多项式，采用一个单元即可得到细长梁仅受端部载荷作用时的精确解。对于细长梁，剪应变的影响可以忽略不计，应该尽可能使用欧拉梁单元分析。但是，欧拉梁单元是 C^1 类单元，对于板壳问题要构造在单元间具有 C^1 连续性的近似函数是非常困难的。而铁摩辛柯梁单元是 C^0 类单元，很容易推广到板壳问题中。

6.3　薄板问题

板壳在几何上一个方向的尺寸远小于另外两个方向上的尺寸，其中板的中面为平面，壳的中面为曲面。如果直接用三维实体单元分析板壳问题，不仅计算量大，还常会导致严重的病态问题。引入一定的变形假设后可将板壳简化为二维问题，使得计算量大幅减小，且可避免病态问题。

只受面内载荷作用的板为典型的弹性力学平面应力问题。在横向载荷作用下，板将弯曲。与直梁的拉压、弯曲和扭转变形互不耦合一样，平板小挠度情况下的弯曲变形和面内变形也是独立的，互不耦合。

板理论有 Kirchoff-Love 理论和 Mindlin-Reissner 理论，它们均假设平行于中面的各层互不挤压，即忽略板中面法线方向的正应力 σ_z 和正应变 ε_z。**Kirchoff-Love 理论**假设变形前垂直于板中面的直线段在变形后仍保持为直线，且仍垂直于变形后的中面，而 **Mindlin-Reissner** 理论假设变形前垂直于板中面的直线段在变形后仍保持为直线但不一定垂直于变形后的中面。Kirchoff-Love 理论忽略了板的横向剪切变形，适用于薄板问题（板厚度与板中面特征长度之比远小于 1）。Mindlin-Reissner 理论考虑了横向剪切变形的影响，适用于中厚板和层合板问题。

6.3.1　控制方程

假设平板处于 xy 平面，如图 6.12 所示。令 u、v 和 w 分别表示沿 x、y 和 z 方向的位移，θ_x、θ_y 和 θ_z 分别表示绕 x、y 和 z 轴的转角。挠度沿板厚度方向的变化可以忽略，即板横截面上各点的挠度都等于中面的挠度。板弯曲时，中面会发生变形，产生附加的薄膜应力。对于小变形问题，板的最大挠度远小于板的厚度，板中面内的薄膜应力远小于板的弯曲应力，中面变形可以忽略不计 [65,69]，因此板内任意点 $P(x,y,z)$ 的位移可以写为

$$u(x,y,z) = z\theta_y$$

$$v(x, y, z) = -z\theta_x \qquad (6.90)$$

$$w(x, y, z) = w(x, y)$$

由上式可得板内各点的应变为

$$\varepsilon_x = z\frac{\partial\theta_y}{\partial x}$$

$$\varepsilon_y = -z\frac{\partial\theta_x}{\partial y}$$

$$\varepsilon_z = 0$$

$$\gamma_{xy} = -z\frac{\partial\theta_x}{\partial x} + z\frac{\partial\theta_y}{\partial y} \qquad (6.91)$$

$$\gamma_{xz} = \theta_y + \frac{\partial w}{\partial x}$$

$$\gamma_{yz} = -\theta_x + \frac{\partial w}{\partial y}$$

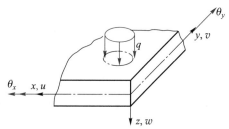

图 6.12 平板弯曲问题

为了表达方便，引入与 $\partial w/\partial x$ 和 $\partial w/\partial y$ 方向一致的转动参数 $\hat{\theta}_x$ 和 $\hat{\theta}_y$，它们和绕坐标轴的物理转角之间的关系为 $\hat{\theta}_x = -\theta_y$，$\hat{\theta}_y = \theta_x$。因此，板的面内应变和横向剪应变分别可以写为

$$\boldsymbol{\varepsilon} = \begin{bmatrix} \varepsilon_x \\ \varepsilon_y \\ \gamma_{xy} \end{bmatrix} = -z \begin{bmatrix} \partial\hat{\theta}_x/\partial x \\ \partial\hat{\theta}_y/\partial y \\ \partial\hat{\theta}_y/\partial x + \partial\hat{\theta}_x/\partial y \end{bmatrix} = -z\boldsymbol{\kappa} \qquad (6.92)$$

$$\boldsymbol{\gamma}_z = \begin{bmatrix} \gamma_{xz} \\ \gamma_{yz} \end{bmatrix} = \begin{bmatrix} -\hat{\theta}_x \\ -\hat{\theta}_y \end{bmatrix} + \begin{bmatrix} \partial w/\partial x \\ \partial w/\partial y \end{bmatrix} = \nabla w - \hat{\boldsymbol{\theta}} \qquad (6.93)$$

式中梯度算子 $\boldsymbol{\nabla} = [\partial/\partial x \quad \partial/\partial y]^{\mathrm{T}}$，$\hat{\boldsymbol{\theta}} = [\hat{\theta}_x \quad \hat{\theta}_y]^{\mathrm{T}}$，

$$\boldsymbol{\kappa} = \boldsymbol{\nabla}_{\mathrm{S}}\hat{\boldsymbol{\theta}} \qquad (6.94)$$

为曲率/扭率（广义应变）向量，算子 $\boldsymbol{\nabla}_{\mathrm{S}}$ 由式 (4.15) 给出。

对于薄板，根据 Kirchoff-Love 假设，板中面的法线在变形后仍保持为法线，即

$$\hat{\boldsymbol{\theta}} = \boldsymbol{\nabla} w \tag{6.95}$$

因此有

$$\gamma_{xz} = \gamma_{yz} = 0 \tag{6.96}$$

即薄板理论忽略了板的横向剪应变。将式 (6.95) 代入式 (6.94)，可得薄板弯曲问题的广义应变为

$$\boldsymbol{\kappa} = \boldsymbol{\nabla}_{\mathrm{S}} \boldsymbol{\nabla} w = \begin{bmatrix} \dfrac{\partial^2 w}{\partial x^2} & \dfrac{\partial^2 w}{\partial y^2} & 2\dfrac{\partial^2 w}{\partial x \partial y} \end{bmatrix}^{\mathrm{T}} \tag{6.97}$$

根据假设，平板的应力 $\sigma_z = 0$，

$$\begin{bmatrix} \sigma_x \\ \sigma_y \\ \tau_{xy} \end{bmatrix} = \frac{E}{1-\nu^2} \begin{bmatrix} 1 & \nu & 0 \\ \nu & 1 & 0 \\ 0 & 0 & \dfrac{1-\nu}{2} \end{bmatrix} \begin{bmatrix} \varepsilon_x \\ \varepsilon_y \\ \gamma_{xy} \end{bmatrix} \tag{6.98}$$

$$\boldsymbol{\tau}_z = \begin{bmatrix} \tau_{xz} \\ \tau_{yz} \end{bmatrix} = G \begin{bmatrix} \gamma_{xz} \\ \gamma_{yz} \end{bmatrix} = G\boldsymbol{\gamma}_z \tag{6.99}$$

即应力 σ_x、σ_y 和 τ_{xy} 均沿厚度呈线性分布，平行于中面的各层均处于平面应力状态，如图 6.13 所示。

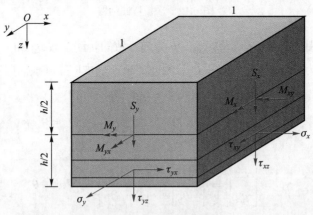

图 6.13　板的应力分布

将此分布力系向板中面简化，得到作用在微元体中面上广义内力（单位长度的弯矩和扭矩，图 6.13）为

$$M_x = \int_{-h/2}^{h/2} z\sigma_x \mathrm{d}z$$

$$M_y = \int_{-h/2}^{h/2} z\sigma_y \mathrm{d}z \tag{6.100}$$

$$M_{xy} = \int_{-t/2}^{t/2} z\tau_{xy} \mathrm{d}z$$

将式 (6.98) 和式 (6.92) 代入式 (6.100) 得

$$\boldsymbol{M} = -\boldsymbol{D}\boldsymbol{\nabla}_{\mathrm{S}}\hat{\boldsymbol{\theta}} \tag{6.101}$$

式中

$$\boldsymbol{M} = \begin{bmatrix} M_x & M_y & M_{xy} \end{bmatrix}^{\mathrm{T}}$$

$$\boldsymbol{D} = D_0 \begin{bmatrix} 1 & \nu & 0 \\ \nu & 1 & 0 \\ 0 & 0 & \dfrac{1-\nu}{2} \end{bmatrix}$$

其中

$$D_0 = \frac{Eh^3}{12(1-\nu^2)}$$

为板的弯曲刚度。另外, 微元侧面还有横向剪应力 τ_{xz} 和 τ_{yz}, 它们的单位长度合力 (方向如图 6.13 所示) 为

$$S_x = \int_{-h/2}^{h/2} \tau_{xz} \mathrm{d}z, \quad S_y = \int_{-h/2}^{h/2} \tau_{yz} \mathrm{d}z$$

将式 (6.99) 代入上式得

$$\boldsymbol{S} = \alpha(\boldsymbol{\nabla} w - \hat{\boldsymbol{\theta}}) \tag{6.102}$$

式中 $\boldsymbol{S} = \begin{bmatrix} S_x & S_y \end{bmatrix}^{\mathrm{T}}$ 为横向剪力列阵, α 为剪切刚度, 对于各向同性弹性有

$$\alpha = kGh \tag{6.103}$$

对于薄板, $G = \infty$, 剪力通过平衡条件求得。

考虑图 6.14 所示的微元[65], 其力平衡和力矩平衡条件分别为

$$\boldsymbol{\nabla}^{\mathrm{T}}\boldsymbol{S} + q = 0 \tag{6.104}$$

$$\boldsymbol{\nabla}_{\mathrm{S}}^{\mathrm{T}}\boldsymbol{M} - \boldsymbol{S} = \boldsymbol{0} \tag{6.105}$$

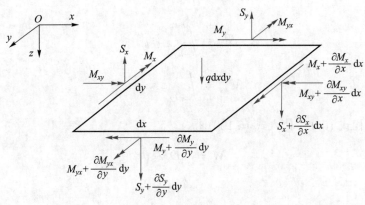

图 6.14　微元平衡

对于薄板，将式 (6.105)、(6.101) 和式 (6.95) 代入式 (6.104) 可得其平衡方程为

$$D_0 \left(\frac{\partial^4 w}{\partial x^4} + 2\frac{\partial^4 w}{\partial x^2 \partial y^2} + \frac{\partial^4 w}{\partial y^4} \right) - q = 0 \tag{6.106}$$

方程 (6.106) 为四阶重调和方程，在边界上只能给定 2 个边界条件，但在自然边界上有 3 个边界条件，即给定剪力 S_n、弯矩 M_n 和扭矩 M_{ns}。为了解决这一矛盾，可以将边界上的扭矩转换为与它静力等效的横向剪力。例如，在单元边界 1–2 上，分布扭矩 M_{ns} 可以等效为 $\partial M_{ns}/\partial s$ 的分布剪力和 2 个角点处的集中力 $(M_{ns})_1$ 和 $(M_{ns})_2$，如图 6.15 所示 [65]。因此，薄板弯曲问题的本质边界条件和自然边界条件分别为

$$w|_{\Gamma_w} = \overline{w}, \quad \frac{\partial w}{\partial n}\bigg|_{\Gamma_\theta} = \overline{\theta} \tag{6.107}$$

$$\left(S_n + \frac{\partial M_{ns}}{\partial s} \right)_{\Gamma_s} = \overline{V}_n, \quad M_n|_{\Gamma_m} = \overline{M}_n \tag{6.108}$$

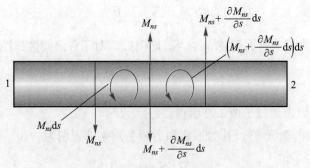

图 6.15

式中

$$M_n = D_0 \left(\frac{\partial^2 w}{\partial n^2} + \nu \frac{\partial^2 w}{\partial s^2} \right)$$

$$M_{ns} = D_0 (1 - \nu) \frac{\partial^2 w}{\partial n \partial s}$$

利用加权余量法并进行两次分部积分，可以得到薄板问题的伽辽金弱形式，它与虚功原理等价。薄板问题的虚功原理为

$$\int_\Omega \delta \boldsymbol{\kappa}^{\mathrm{T}} \boldsymbol{D} \boldsymbol{\kappa} \mathrm{d}\Omega - \int_\Omega \delta w q \mathrm{d}\Omega - \int_{\Gamma_s} \delta w \overline{V}_n \mathrm{d}\Gamma + \int_{\Gamma_n} \delta \frac{\partial w}{\partial n} \overline{M}_n \mathrm{d}\Gamma + \sum_i \delta w_i F_i = 0 \qquad (6.109)$$

式中 F_i 为角点 i 处的集中力。相应的最小势能原理为

$$\delta \Pi_p = 0, \quad \forall w \in H^2 \qquad (6.110)$$

式中

$$\Pi_p = \frac{1}{2} \int_\Omega \boldsymbol{\kappa}^{\mathrm{T}} \boldsymbol{D} \boldsymbol{\kappa} \mathrm{d}\Omega - \int_\Omega q w \mathrm{d}\Omega - \int_{\Gamma_s} \overline{V}_n w \mathrm{d}\Gamma - \int_{\Gamma_m} \overline{M}_n \frac{\partial w}{\partial n} \mathrm{d}\Gamma - \sum_i F_i w_i \qquad (6.111)$$

为薄板的势能。

6.3.2 有限元离散

薄板问题弱形式 (6.109) 所包含的试探函数导数最高阶次为 2，因此试探函数应该为 H^2 函数，在单元之间应满足 C^1 连续性，即试探函数 w^e 及其一阶导数在单元之间应连续。在单元界面上，只要试探函数 w^e 连续，其切向导数 $\partial w^e / \partial s$ 自然连续，因此 C^1 连续性要求函数 w^e 及其法向导数 $\partial w^e / \partial n$ 在单元界面上连续。

对于一维问题，构造具有 C^1 连续性的试探函数比较容易，如采用 Hermite 插值函数（详见 6.1.3.1 节）。但对于二维问题，尤其是三角形单元，构造具有 C^1 连续性的试探函数则很复杂，因此对板弯曲有限元的研究工作非常多，Hrabok 和 Hrudey 于 1984 年发表的综述文章[70]中就列出了 88 种板单元。板单元可以分为两大类：C^1 型单元和 C^0 型单元，其中 C^1 型单元基于薄板理论弱形式 (6.109)，并以挠度 w^e 为自变函数，而 C^0 型单元以某种方式解除约束条件 (6.95)，挠度 w^e 和转角 θ_x^e 及 θ_y^e 均为独立自变函数，易于构造试探函数，见 6.4 节。

单元挠度试探函数均可以近似为

$$\boldsymbol{w}^e = \boldsymbol{N}^e \boldsymbol{d}^e$$

代入式 (6.97) 可得单元内任一点的广义应变（曲率）向量为

$$\boldsymbol{\kappa}^e = \boldsymbol{B}^e \boldsymbol{d}^e \tag{6.112}$$

式中

$$\boldsymbol{B}^e = \boldsymbol{\nabla}_{\mathrm{S}} \boldsymbol{\nabla} \boldsymbol{N}^e = \begin{bmatrix} \partial^2 \boldsymbol{N}^e / \partial x^2 \\ \partial^2 \boldsymbol{N}^e / \partial y^2 \\ 2\partial^2 \boldsymbol{N}^e / \partial x \partial y \end{bmatrix} \tag{6.113}$$

为应变矩阵。将式 (6.112) 代入式 (6.110)，可得

$$\boldsymbol{K}\boldsymbol{d} = \boldsymbol{f} + \boldsymbol{r} \tag{6.114}$$

式中 $\boldsymbol{r}$ 为约束力列阵，总体刚度矩阵 $\boldsymbol{K}$ 由单元刚度矩阵

$$\boldsymbol{K}^e = \int_{\Omega^e} \boldsymbol{B}^{e\mathrm{T}} \boldsymbol{D} \boldsymbol{B}^e \mathrm{d}\Omega \tag{6.115}$$

组装得到，总体载荷列阵 $\boldsymbol{f}$ 由单元节点外力列阵

$$\boldsymbol{f}^e = \int_{\Omega^e} \boldsymbol{N}^{e\mathrm{T}} q \mathrm{d}\Omega + \int_{\Gamma_s^e} \boldsymbol{N}^{e\mathrm{T}} \overline{V}_n \mathrm{d}\Gamma + \int_{\Gamma_m^e} \boldsymbol{N}_n^{e\mathrm{T}} \overline{M}_n + \sum \boldsymbol{N}_I^{e\mathrm{T}} F_I \tag{6.116}$$

组装得到，其中 $\boldsymbol{N}_n^e = \partial \boldsymbol{N}_n^e / \partial n$，$\Gamma_s^e = \Gamma^e \bigcap \Gamma_s$ 和 $\Gamma_m^e = \Gamma^e \bigcap \Gamma_m$ 分别为单元 e 的给定剪力和给定弯矩边界部分，$\boldsymbol{N}_I^e$ 为单元形函数矩阵 $\boldsymbol{N}^e$ 在角点 I 处的值，$\overline{M}_n$ 和 $\overline{V}_n$ 分别为给定的弯矩和剪力值。

6.3.3 矩形板单元

考虑图 6.16 所示的 4 节点矩形板单元，每个节点有 3 个自由度（挠度 w_I、绕 x 轴和 y 轴的转角 θ_{xI} 和 θ_{yI}），单元节点位移列阵为

$$\boldsymbol{d}^e = [\boldsymbol{d}_1 \quad \boldsymbol{d}_2 \quad \boldsymbol{d}_3 \quad \boldsymbol{d}_4]^{\mathrm{T}}, \quad \boldsymbol{d}_I = [w_I \quad \theta_{xI} \quad \theta_{yI} \;]^{\mathrm{T}} \tag{6.117}$$

单元共有 12 个节点自由度，近似函数应具有 12 项，可取三次完全多项式的各项（共 10 项）与四次多项式中的 $x^3 y$ 和 xy^3 两项，即单元试探函数取为

$$w^e = a_1 + a_2 x + a_3 y + a_4 x^2 + a_5 xy + a_6 y^2 +$$

$$\qquad a_7 x^3 + a_8 x^2 y + a_9 xy^2 + a_{10} y^3 + a_{11} x^3 y + a_{12} xy^3$$

$$= \boldsymbol{p}\boldsymbol{\alpha}^e \tag{6.118}$$

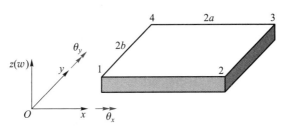

图 6.16 矩形板单元

式中

$$\boldsymbol{p} = \begin{bmatrix} 1 & x & y & x^2 & xy & y^2 & x^3 & x^2y & xy^2 & y^3 & x^3y & xy^3 \end{bmatrix}$$

$$\boldsymbol{\alpha}^e = \begin{bmatrix} a_1 & a_2 & a_3 & a_4 & a_5 & a_6 & a_7 & a_8 & a_9 & a_{10} & a_{11} & a_{12} \end{bmatrix}^{\mathrm{T}}$$

这里在四次多项式中选取 x^3y 和 xy^3 两项是为了保证空间不变性，即近似函数不受坐标互换的影响，且使曲率和扭率具有相同的阶次。在单元各节点处令

$$\left.\begin{aligned} w_I^e &= a_1 + a_2 x_I + a_3 y_I + \cdots \\ \left(\frac{\partial w^e}{\partial y}\right)_I &= \theta_{xI}^e = a_3 + a_5 x_I + \cdots \\ -\left(\frac{\partial w^e}{\partial x}\right)_I &= \theta_{yI}^e = -a_2 - 2a_4 x_I + \cdots \end{aligned}\right\} \quad (I = 1, 2, 3, 4) \tag{6.119}$$

上式可写成矩阵的形式

$$\boldsymbol{d}^e = \boldsymbol{M}^e \boldsymbol{a}^e \tag{6.120}$$

式中

$$\boldsymbol{M}^e = \begin{bmatrix} 1 & x_1 & y_1 & x_1^2 & x_1 y_1 & y_1^2 & x_1^3 & x_1^2 y_1 & x_1 y_1^2 & y_1^3 & x_1^3 y_1 & x_1 y_1^3 \\ 0 & 0 & 1 & 0 & x_1 & 2y_1 & 0 & x_1^2 & 2x_1 y_1 & 3y_1^2 & x_1^3 & 3x_1 y_1^2 \\ 0 & -1 & 0 & -2x_1 & -y_1 & 0 & -3x_1^2 & -2x_1 y_1 & -y_1^2 & 0 & -3x_1^2 y_1 & -y_1^3 \\ 1 & x_2 & y_2 & x_2^2 & x_2 y_2 & y_2^2 & x_2^3 & x_2^2 y_2 & x_2 y_2^2 & y_2^3 & x_2^3 y_2 & x_2 y_2^3 \\ 0 & 0 & 1 & 0 & x_2 & 2y_2 & 0 & x_2^2 & 2x_2 y_2 & 3y_2^2 & x_2^3 & 3x_2 y_2^2 \\ 0 & -1 & 0 & -2x_2 & -y_2 & 0 & -3x_2^2 & -2x_2 y_2 & -y_2^2 & 0 & -3x_2^2 y_2 & -y_2^3 \\ 1 & x_3 & y_3 & x_3^2 & x_3 y_3 & y_3^2 & x_3^3 & x_3^2 y_3 & x_3 y_3^2 & y_3^3 & x_3^3 y_3 & x_3 y_3^3 \\ 0 & 0 & 1 & 0 & x_3 & 2y_3 & 0 & x_3^2 & 2x_3 y_3 & 3y_3^2 & x_3^3 & 3x_3 y_3^2 \\ 0 & -1 & 0 & -2x_3 & -y_3 & 0 & -3x_3^2 & -2x_3 y_3 & -y_3^2 & 0 & -3x_3^2 y_3 & -y_3^3 \\ 1 & x_4 & y_4 & x_4^2 & x_4 y_4 & y_4^2 & x_4^3 & x_4^2 y_4 & x_4 y_4^2 & y_4^3 & x_4^3 y_4 & x_4 y_4^3 \\ 0 & 0 & 1 & 0 & x_4 & 2y_4 & 0 & x_4^2 & 2x_1 y_4 & 3y_4^2 & x_4^3 & 3x_4 y_4^2 \\ 0 & -1 & 0 & -2x_4 & -y_4 & 0 & -3x_4^2 & -2x_4 y_4 & -y_4^2 & 0 & -3x_4^2 y_4 & -y_4^3 \end{bmatrix}$$

由上式解得 $\boldsymbol{a}^e$ 后代入式 (6.118)，得

$$w^e = \boldsymbol{N}^e \boldsymbol{d}^e \tag{6.121}$$

式中

$$\boldsymbol{N}^e = \boldsymbol{p}(\boldsymbol{M}^e)^{-1} \tag{6.122}$$

为单元形函数矩阵。Melosh 给出了形函数的显式表达式 [71,72]

$$\boldsymbol{N}_I^{\mathrm{T}} = \begin{bmatrix} N_I \\ N_{\theta_x I} \\ N_{\theta_y I} \end{bmatrix} = \frac{1}{8}(1+\xi_I\xi)(1+\eta_I\eta) \begin{bmatrix} 2+\xi_I\xi+\eta_I\eta-\xi^2-\eta^2 \\ -b\eta_I(1-\eta^2) \\ a\xi_I(1-\xi^2) \end{bmatrix} \tag{6.123}$$

式中

$$\xi = \frac{x-x_c}{a}, \quad \eta = \frac{y-y_c}{b} \tag{6.124}$$

其中 (x_c, y_c) 为单元形心坐标。形函数满足关系式

$$\begin{aligned} N_I(\xi_J,\eta_J) &= \delta_{IJ}, & N_{\theta_x I}(\xi_J,\eta_J) &= 0, & N_{\theta_y I}(\xi_J,\eta_J) &= 0 \\ \frac{\mathrm{d}N_I}{\mathrm{d}y}(\xi_J,\eta_J) &= 0, & \frac{\mathrm{d}N_{\theta_x I}}{\mathrm{d}y}(\xi_J,\eta_J) &= \delta_{IJ}, & \frac{\mathrm{d}N_{\theta_y I}}{\mathrm{d}y}(\xi_J,\eta_J) &= 0 \\ \frac{\mathrm{d}N_I}{\mathrm{d}x}(\xi_J,\eta_J) &= 0, & \frac{\mathrm{d}N_{\theta_x I}}{\mathrm{d}x}(\xi_J,\eta_J) &= 0, & \frac{\mathrm{d}N_{\theta_y I}}{\mathrm{d}x}(\xi_J,\eta_J) &= \delta_{IJ} \end{aligned} \tag{6.125}$$

思考题 在上面的推导过程中，需要求解 12 阶矩阵 $\boldsymbol{M}^e$ 的逆，运算过程较为复杂。能否基于形函数满足的关系式 (6.125)，通过试凑的方式直接构造形函数？

试探函数 (6.121) 的完全多项式最高阶次为 3，包含了刚体位移（完全线性多项式）和常应变（曲率）项，满足有限元解收敛的完备性条件。连续性条件要求试探函数 w^e 及其导数 $\partial w^e/\partial x$ 和 $\partial w^e/\partial y$ 在单元之间连续。考虑矩形板单元的 $1-2$ 边（图 6.16），沿该边 y 为常数，w^e 为 x 的三次函数，可由 w_1^e、$(\partial w^e/\partial x)_1$、$w_2^e$ 和 $(\partial w^e/\partial x)_2$ 四个参数唯一确定，因此试探函数 w^e 在单元交界面上是连续的，其导数 $\partial w^e/\mathrm{d}x$ 也在单元界面上连续。但是，导数 $\partial w^e/\partial y$ 沿该边也是 x 的三次函数，不能通过 2 个节点参数 $(\partial w^e/\partial y)_1$ 和 $(\partial w^e/\partial y)_2$ 唯一确定，因此它在单元界面上是不连续的，即此单元是非协调的，不满足有限元解收敛条件。可以验证，此单元能够通过分片试验 [73]，是收敛的。

将式 (6.123) 和式 (6.124) 代入式 (6.113) 中，可得到应变矩阵为

$$\boldsymbol{B}_I^e = \frac{1}{4ab} \begin{bmatrix} -3\dfrac{b}{a}\xi_I\xi(1+\eta_I\eta) & 0 & -b\xi_I(1+3\xi_I\xi)(1+\eta_I\eta) \\[2mm] -3\dfrac{b}{a}\eta_I\eta(1+\xi_I\xi) & a\eta_I(1+3\eta_I\eta)(1+\xi_I\xi) & 0 \\[2mm] \xi_I\eta_I(4-3\xi^2-3\eta^2) & b\xi_I(3\eta^2+2\eta_I\eta-1) & a\eta_I(1-2\xi_I\xi-3\xi^2) \end{bmatrix} \quad (6.126)$$

单元刚度矩阵为

$$\boldsymbol{K}^e = \int_{\Omega^e} \boldsymbol{B}^{e\mathrm{T}} \boldsymbol{D} \boldsymbol{B}^e \mathrm{d}\Omega = \int_{-1}^{1} \int_{-1}^{1} t^e \boldsymbol{B}^{e\mathrm{T}} \boldsymbol{D} \boldsymbol{B}^e |\boldsymbol{J}^e| \mathrm{d}\xi \mathrm{d}\eta \quad (6.127)$$

式中 $|\boldsymbol{J}^e| = ab$ 为雅可比行列式, t^e 为单元厚度。当单元厚度 t^e 为常数时, 上式可以解析积分, 得到单元刚度矩阵的解析表达式[74]。为了程序实现简洁, 也可以直接基于式 (6.127) 采用高斯积分编程计算。

由分布载荷 q 贡献的单元节点外力列阵为

$$\boldsymbol{f}_I^e = \begin{bmatrix} f_{w_I}^e \\ f_{\theta_{xI}}^e \\ f_{\theta_{yI}}^e \end{bmatrix} = \int_{-a}^{a} \int_{-b}^{b} \boldsymbol{N}^{e\mathrm{T}} q \mathrm{d}x \mathrm{d}y \quad (I=1,2,3,4) \quad (6.128)$$

如果单元受均布载荷 q 作用, 则各节点的外力列阵为

$$\boldsymbol{f}_1^e = \frac{1}{3}qab \begin{bmatrix} 3 \\ b \\ -a \end{bmatrix}, \quad \boldsymbol{f}_2^e = \frac{1}{3}qab \begin{bmatrix} 3 \\ -b \\ -a \end{bmatrix}$$

$$\boldsymbol{f}_3^e = \frac{1}{3}qab \begin{bmatrix} 3 \\ b \\ a \end{bmatrix}, \quad \boldsymbol{f}_4^e = \frac{1}{3}qab \begin{bmatrix} 3 \\ -b \\ a \end{bmatrix}$$

可见, 横向均布载荷被转化为作用在单元节点处的集中力和集中力矩, 其中每个节点处的集中力等于总载荷 $4qab$ 的 $1/4$, 各节点处的集中弯矩之和为 0, 因此作用在单元节点处的力系和原力系（横向均布力系）是等效的。

例题 6-4: 考虑受横向均布载荷 $q = -1\,\mathrm{N/m}^2$ 作用的四边固支正方形薄板。薄板的边长 $L = 8\,\mathrm{m}$, 厚度 $h = 0.01\,\mathrm{m}$, 弹性模量 $E = 200\,\mathrm{GPa}$, 泊松比 $\nu = 0.3$。四边固支正方形薄板的挠度解析解由 3 部分组成, 即 $w = w_1 + w_2 + w_3$, 其中[75]

$$w_1 = \sum_{m=1,3,5,\dots}^{\infty} A_{1m} \cos D_m x \left(1 - B_{1m} \cosh D_m y + C_m D_m y \sinh D_m y\right)$$

$$w_2 = -\sum_{m=1,3,5,\ldots}^{\infty} A_{2m} E_m \cos D_m x \left(D_m y \sinh D_m y - B_{2m} \cosh D_m y \right)$$

$$w_3 = -\sum_{m=1,3,5,\ldots}^{\infty} A_{2m} E_m \cos D_m y \left(D_m x \sinh D_m x - B_{2m} \cosh D_m x \right)$$

式中

$$A_{1m} = \frac{4qL^4}{\pi^5 D_0} \frac{(-1)^{(m-1)/2}}{m^5}, \quad B_{1m} = \frac{\alpha_m \tanh \alpha_m + 2}{2 \cosh \alpha_m}$$

$$A_{2m} = \frac{L^2}{2\pi^2 D_0} \frac{(-1)^{(m-1)/2}}{m^2 \cosh \alpha_m}, \quad B_{2m} = \alpha_m \tanh \alpha_m$$

$$C_m = \frac{1}{2 \cosh \alpha_m}, \quad D_m = \frac{m\pi}{L}, \quad \alpha_m = \frac{m\pi}{2}, \quad D_0 = \frac{Eh^3}{12(1-\nu^2)}$$

在级数解中仅取前 4 项时已具有很高的精度, 此时有 $E_1 = 0.372\,2K$, $E_3 = -0.038\,0K$, $E_5 = -0.017\,8K$, $E_7 = -0.008\,5K$, 其中 $K = -4qL^2/\pi^3$。

解答: 利用本书附带的 plate-python 程序 (详见 C.6 节), 分别采用 2×2、4×4 和 8×8 个均匀矩形板单元对本例进行求解。图 6.17 比较了计算得到的板沿中心线 ($y = 0$) 的挠度 w 和弯矩 M_x 的分布, 表 6.1 列出了板的中心挠度值。

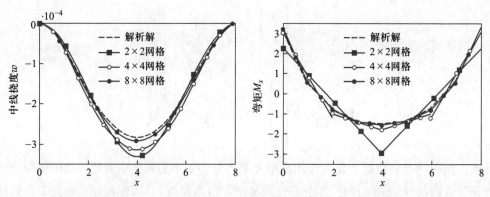

图 6.17　中心线 $y = 0$ 上的挠度 w 和弯矩 M_x 分布

表 6.1　中心点挠度

网格	2×2	4×4	8×8	解析解
$w_{\max}/10^{-4}$ m	-3.309	-3.138	-2.916	-2.818

6.3.4 其他单元

通过坐标变换 (4.63) 可以基于矩形板单元建立任意四边形板单元，但得到的单元不满足常应变准则，不能通过分片试验，收敛性差。平行四边形板单元的雅可比行列式为常数，可以满足常应变状态，能通过分片试验。引入坐标变换

$$\xi = \frac{x - y \cot \alpha}{a}$$
$$\eta = \frac{y \csc \alpha}{b}$$

并在母坐标系 (ξ, η) 中构造矩形板单元，可以得到平行四边形板单元的刚度矩阵，详见相关文献[76]。

在建立三角形板单元时，单元共有 9 个自由度，但三次完全多项式共有 10 项。从三次方项 x^3, x^2y, xy^2, y^3 中丢弃任何一项都将丧失几何各向同性。将 x^2y 和 xy^2 组合为 1 项 $x^2y + xy^2$（即令 $a_8 = a_9$）可以保持几何各向同性，但会导致系数矩阵 $\boldsymbol{M}^e$ 奇异，无法唯一确定待定系数 $\boldsymbol{a}^e$。如果在单元形心增加 1 个节点并使其具有挠度自由度，可以使单元具有 10 个自由度，试探函数可以取为三次完全多项式，但得到的单元不收敛。采用面积坐标构建三角形板单元可以避免这些困难，详见相关文献[7,72]。

矩形板单元是非协调单元。Irons 指出，仅利用 3 个节点自由度（$w_I, \theta_{xI}, \theta_{yI}$）和简单多项式是无法构造出协调板单元的[72,77]。为了构造协调薄板单元，需要引入额外形函数对试探函数进行修正，或者在节点引入挠度高阶导数自由度，详见相关文献[7,72]。

克服试探函数 C^1 连续性困难的另一有效途径是采用赫林格–赖斯纳变分原理或拉格朗日乘子法解除约束条件 (6.95)，使得 w、θ_x 和 θ_y 之间可以独立插值，在单元界面上只需具有 C^0 连续性。这类单元称为**混合单元**（mixed elements）或**杂交单元**（hybrid elements），其自由度既有挠度，也有内力。杂交单元是一种特殊的混合单元，它在单元内部和单元界面上分别采用两组完全不同的参数来构建试探函数，且单元界面参数取为普通位移单元的参数，便于在通用程序中和其他标准位移单元联合使用。采用静力凝聚技术可以将内部自由度消除，只保留单元界面（位移）自由度，从而使杂交单元和位移单元的差异限制在单元子程序内部，详见相关文献[72]。

约束条件 (6.95) 也可以用罚函数法解除，此格式等价于 Mindlin-Reissner 板格式，其中剪切刚度 $\alpha = kGh$ 起到罚函数的作用，详见 6.4 节。

6.4 Mindlin-Reissner 板

Mindlin-Reissner 理论假设变形前垂直于板中面的直线在变形后仍保持为直线但不垂直于变形后的中面,式 (6.95) 不再成立,因此式 (6.91) 中的剪应变 γ_{xz} 和 γ_{yz} 也不再为 0。Mindlin-Reissner 假设忽略了板横截面的翘曲,横截面上的剪应变和剪应力为常数,而剪应力实际上在横截面上沿高度按抛物线规律分布,因此需引入剪切校正系数 k,见式 (6.103)。

6.4.1 控制方程

将式 (6.101) 和式 (6.102) 代入式 (6.105) 和式 (6.104),得

$$\boldsymbol{\nabla}_S^{\mathrm{T}} \boldsymbol{D} \boldsymbol{\nabla}_S \hat{\boldsymbol{\theta}} + \alpha (\boldsymbol{\nabla} w - \hat{\boldsymbol{\theta}}) = \boldsymbol{0} \tag{6.129}$$

$$\boldsymbol{\nabla}^{\mathrm{T}} [\alpha (\boldsymbol{\nabla} w - \hat{\boldsymbol{\theta}})] + q = 0 \tag{6.130}$$

可以证明,式 (6.129) 和式 (6.130) 与势能

$$\Pi_p = \frac{1}{2} \int_{\Omega} (\boldsymbol{\nabla}_S \hat{\boldsymbol{\theta}})^{\mathrm{T}} \boldsymbol{D} \boldsymbol{\nabla}_S \hat{\boldsymbol{\theta}} \mathrm{d}\Omega + \frac{1}{2} \int_{\Omega} (\boldsymbol{\nabla} w - \hat{\boldsymbol{\theta}})^{\mathrm{T}} \alpha (\boldsymbol{\nabla} w - \hat{\boldsymbol{\theta}}) \mathrm{d}\Omega - \int_{\Omega} wq \mathrm{d}\Omega -$$

$$\int_{\Gamma_s} \overline{S}_n w \mathrm{d}\Gamma + \int_{\Gamma_m} (\overline{M}_n \hat{\theta}_n + \overline{M}_{ns} \hat{\theta}_s) \mathrm{d}\Gamma \tag{6.131}$$

的最小值问题是等价的,式中右端第一项为弯曲应变能,第二项为剪切应变能。上式也可以解释为在薄板问题中用罚函数法解除约束条件 (6.95) 而得到的修正泛函,其中 α 为罚函数。

在 Mindlin 板理论中,3 个变量 w、$\hat{\theta}_x$ 和 $\hat{\theta}_y$ 是独立的,因此在板边界上各点应有 3 个边界条件,即给定 w 或 S_n、$\hat{\theta}_n$ 或 M_n、$\hat{\theta}_s$ 或 M_{ns}。例如对于固支边界有 $w = \hat{\theta}_n = \hat{\theta}_s = 0$,对于自由边界有 $S_n = M_n = M_{ns} = 0$,对于简支边界有 $w = 0$,$M_n = M_{ns} = 0$。

6.4.2 有限元离散

与铁摩辛柯梁类似,挠度 w 可以采用与转角 $\hat{\theta}_x$ 及 $\hat{\theta}_y$ 同阶的插值,也可以采用比转角高 1 阶的插值,但常采用同阶插值。对于 n 节点单元,同阶插值可以写为

$$\begin{bmatrix} \hat{\boldsymbol{\theta}} \\ w \end{bmatrix} = \boldsymbol{N}^e \boldsymbol{d}^e \tag{6.132}$$

式中

$$N^e = \begin{bmatrix} N^e_{\hat{\theta}} \\ N^e_w \end{bmatrix}, \quad d^e = \begin{bmatrix} d_1 \\ d_2 \\ \vdots \\ d_n \end{bmatrix}, \quad d_I = \begin{bmatrix} \hat{\theta}_{xI} \\ \hat{\theta}_{yI} \\ w_I \end{bmatrix}$$

$$N^e_{\hat{\theta}} = [N^e_{\hat{\theta}1} \quad N^e_{\hat{\theta}2} \quad \cdots \quad N^e_{\hat{\theta}n}], \quad N^e_{\hat{\theta}I} = \begin{bmatrix} N_I & 0 & 0 \\ 0 & N_I & 0 \end{bmatrix}$$

$$N^e_w = [N^e_{w1} \quad N^e_{w2} \quad \cdots \quad N^e_{wn}], \quad N^e_{wI} = [0 \quad 0 \quad N_I]$$

其中 $N_I(I = 1, 2, \cdots, n)$ 为 n 节点二维单元形函数（详见 4.2 节）。利用近似式 (6.132) 可将曲率和剪应变近似为

$$\nabla_{\mathrm{S}}\hat{\theta} = B^e_{\mathrm{b}}d^e \tag{6.133}$$

$$\nabla w - \hat{\theta} = B^e_{\mathrm{s}}d^e \tag{6.134}$$

式中

$$B^e_{\mathrm{b}I} = \nabla_{\mathrm{S}}N^e_{\hat{\theta}I} = \begin{bmatrix} \partial N_I/\partial x & 0 & 0 \\ 0 & \partial N_I/\partial y & 0 \\ \partial N_I/\partial y & \partial N_I/\partial x & 0 \end{bmatrix} \tag{6.135}$$

$$B^e_{\mathrm{s}I} = \nabla N^e_{wI} - N^e_{\hat{\theta}I} = \begin{bmatrix} -N_I & 0 & \partial N_I/\partial x \\ 0 & -N_I & \partial N_I/\partial y \end{bmatrix} \tag{6.136}$$

将式 (6.133) 和式 (6.134) 代入式 (6.131)，得

$$\Pi_p = \frac{1}{2}\sum_{e=1}^{n_{\mathrm{el}}} d^{e\mathrm{T}}(K^e_{\mathrm{b}} + \alpha K^e_{\mathrm{s}})d^e - \sum_{e=1}^{n_{\mathrm{el}}} d^{e\mathrm{T}}f^e \tag{6.137}$$

式中

$$K^e_{\mathrm{b}} = \int_{\Omega^e} B^{e\mathrm{T}}_{\mathrm{b}}D_{\mathrm{b}}B^e_{\mathrm{b}}\mathrm{d}\Omega$$

$$K^e_{\mathrm{s}} = \int_{\Omega^e} B^{e\mathrm{T}}_{\mathrm{s}}D_{\mathrm{s}}B^e_{\mathrm{s}}\mathrm{d}\Omega$$

$$f^e = \int_{\Omega^e} N^{\mathrm{T}}\begin{bmatrix} 0 \\ 0 \\ q \end{bmatrix}\mathrm{d}\Omega + \int_{\Gamma^e_s} N^{\mathrm{T}}\begin{bmatrix} 0 \\ 0 \\ \overline{S}_n \end{bmatrix}\mathrm{d}\Gamma + \int_{\Gamma^e_m} N^{\mathrm{T}}\begin{bmatrix} \overline{M}_x \\ \overline{M}_y \\ 0 \end{bmatrix}\mathrm{d}\Gamma$$

4.2 节中的任何一个二维 C^0 单元形函数（如 Q4 单元、Q8 单元和 Q9 单元）均可以用来插值 w 和 $\hat{\boldsymbol{\theta}}$ 以构造 Mindlin 板单元，这里不再赘述。与铁摩辛柯梁类似，Mindlin 板的泛函和在薄板弯曲泛函基础上用罚函数法解除约束条件 (6.95) 而得到的修正泛函等价，其中剪切刚度和弯曲刚度的比值为

$$\frac{kGh}{Eh^3/[12(1-\nu^2)L^2]} \propto \left(\frac{L}{h}\right)^2$$

对于薄板，$L/h \to \infty$，因此在用 Mindlin 板单元求解薄板问题时，若矩阵 $\boldsymbol{K}_s^e$ 非奇异将会出现剪切闭锁。与铁摩辛柯梁类似，可以采用选择性减缩积分和假设剪应变法克服剪切闭锁，详见相关文献 [7,72]。

例题 6–5： 利用 Mindlin 板单元求解例题 6–4 中给出的正方形薄板，并考察板的厚度变化时有限元解的变化规律。

解答： 利用附带的 MindlinPlate-python 代码（详见 C.7 节）采用 8×8 均匀矩形 Mindlin 板单元对本问题进行求解，图 6.18 绘出了板沿中心线（$y = 0$）的挠度 w 和弯矩 M_x 的分布并与解析解进行了对比。可见，在各单元内，挠度和弯矩均为线性分布，且弯矩在单元间不连续。在各节点处，挠度具有超收敛特性，其精度高于近似函数预期的精度。

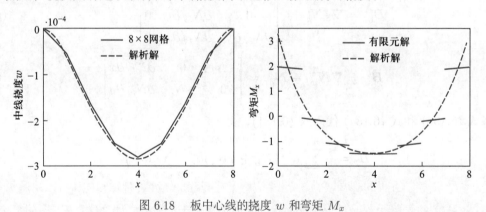

图 6.18   板中心线的挠度 w 和弯矩 M_x

当板长厚比 L/h 增大时，Mindlin 板单元将会出现剪切闭锁，采用选择性减缩积分或假设剪应变法可以消除剪切闭锁。图 6.19 给出了板的量纲为一的中心挠度 $w_c D_0/qL^4$（其中 w_c 为板中心挠度）随板长厚比 L/h 的变化规律。可见，当板长厚比 L/h 增大时完全积分很快就发生了剪切闭锁，而选择性减缩积分有效地消除了 Mindlin 板单元的剪切闭锁。当板长厚比 L/h 增大时，Mindlin 板单元的中心挠度逐渐趋近于薄板解。

Mindlin 板的格式简单，适用于中厚板，但由于 w 和 $\hat{\boldsymbol{\theta}}$ 之间的约束条件是通过罚函数法引入

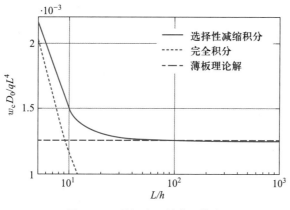

图 6.19　量纲为一的中心挠度

的，因此在求解薄板问题时，需同时保证矩阵 $\boldsymbol{K}_b^e$ 的非奇异性和 $\boldsymbol{K}_s^e$ 的奇异性。离散 Kirchhoff 理论 (discrete Kirchhoff theory) 对 w 和 $\hat{\boldsymbol{\theta}}$ 仍然采用独立插值，并通过直接消去法、拉格朗日乘子法或罚函数法令约束条件 (6.95) 在某些离散点处满足，避免了 Mindlin 板单元的剪切闭锁问题，详见相关文献 [7,72]。离散 Kirchhoff 理论没有通过罚函数法将 w 和 $\hat{\boldsymbol{\theta}}$ 之间的约束条件引入到泛函中，因此其泛函和经典薄板理论的泛函相同，即在式 (6.131) 中丢弃剪切应变能项（右端第二项）。

6.5　平板壳单元

壳体中面是曲面，面内位移和横向位移通常是同时产生的，即弯曲变形和面内变形是相互耦合的。作用在壳中面上的应力承担了大部分的横向载荷，因此壳体是非常经济的承载结构。由于壳体中面是曲面，其控制方程的推导较为复杂 [69]。对于柱壳和旋转壳等特殊壳体，可以采用经典薄壳理论建立 C^1 型曲壳单元，但对于任意形状的壳体很难基于经典薄壳理论建立相应的曲壳单元。

作为一种近似，壳体也可以用一系列平板壳单元来模拟，如图 6.20 所示。在每个平板壳单元中，弯曲变形和面内变形是相互独立的，其单元刚度矩阵可以通过平面应力单元刚度矩阵和平板弯曲单元刚度矩阵组合得到。单曲面壳可以采用矩形或四边形平板壳单元分析，但双曲面壳则只能采用三角形平板壳单元进行分析。

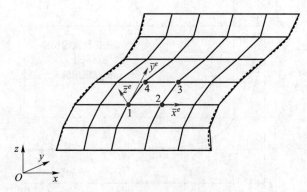

图 6.20　用平板壳近似壳体

6.5.1　单元刚度方程

平板壳单元的弯曲变形和面内变形是互不耦合的，因此平板壳单元可以看成是平面应力单元和平板弯曲单元的叠加。以图 6.20 的单元为例，建立单元局部坐标系 $1\bar{x}^e\bar{y}^e\bar{z}^e$，其原点位于节点 1，坐标轴 $\bar{x}^e$ 沿单元 1-2 边，坐标轴 $\bar{z}^e$ 垂直于单元中面，坐标面 $\bar{x}^e\bar{y}^e$ 与单元中面重合。单元节点 I 在局部坐标系中的位移列阵和力列阵分别为

$$\bar{d}_I^e = [\,\bar{u}_I^e \quad \bar{v}_I^e \quad \bar{w}_I^e \quad \theta_{\bar{x}I}^e \quad \theta_{\bar{y}I}^e \quad \theta_{\bar{z}I}^e\,]^{\mathrm{T}} \tag{6.138}$$

$$\bar{f}_I^e = [\,F_{\bar{x}I}^e \quad F_{\bar{y}I}^e \quad F_{\bar{z}I}^e \quad M_{\bar{x}I}^e \quad M_{\bar{y}I}^e \quad M_{\bar{z}I}^e\,]^{\mathrm{T}} \tag{6.139}$$

该单元的节点位移列阵和节点力列阵分别为

$$\bar{d}^e = [(\bar{d}_1^e)^{\mathrm{T}} \quad (\bar{d}_2^e)^{\mathrm{T}} \quad \cdots \quad (\bar{d}_n^e)^{\mathrm{T}}]^{\mathrm{T}} \tag{6.140}$$

$$\bar{f}^e = [(\bar{f}_1^e)^{\mathrm{T}} \quad (\bar{f}_2^e)^{\mathrm{T}} \quad \cdots \quad (\bar{f}_n^e)^{\mathrm{T}}]^{\mathrm{T}} \tag{6.141}$$

平面应力单元的刚度方程（详见第四章）为

$$(\bar{f}^e)^{\mathrm{m}} = (\bar{K}^e)^{\mathrm{m}}(\bar{d}^e)^{\mathrm{m}} \tag{6.142}$$

式中 $(\bar{K}^e)^{\mathrm{m}}$ 为平面应力单元的刚度矩阵，

$$(\bar{d}^e)^{\mathrm{m}} = \begin{bmatrix} (\bar{d}_1^e)^{\mathrm{m}} \\ (\bar{d}_2^e)^{\mathrm{m}} \\ \vdots \\ (\bar{d}_n^e)^{\mathrm{m}} \end{bmatrix}, \quad (\bar{f}^e)^{\mathrm{m}} = \begin{bmatrix} (\bar{f}_1^e)^{\mathrm{m}} \\ (\bar{f}_2^e)^{\mathrm{m}} \\ \vdots \\ (\bar{f}_n^e)^{\mathrm{m}} \end{bmatrix}$$

$$(\overline{\boldsymbol{d}}_I^e)^{\mathrm{m}} = [\overline{u}_I^e \quad \overline{v}_I^e]^{\mathrm{T}}, \quad (\overline{\boldsymbol{f}}_I^e)^{\mathrm{m}} = [F_{\overline{x}I}^e \quad F_{\overline{y}I}^e]^{\mathrm{T}}$$

平板弯曲单元的刚度方程（详见 6.3 节和 6.4 节）为

$$(\overline{\boldsymbol{f}}^e)^{\mathrm{b}} = (\overline{\boldsymbol{K}}^e)^{\mathrm{b}}(\overline{\boldsymbol{d}}^e)^{\mathrm{b}} \tag{6.143}$$

式中

$$(\overline{\boldsymbol{d}}^e)^{\mathrm{b}} = \begin{bmatrix} (\overline{\boldsymbol{d}}_1^e)^{\mathrm{b}} \\ (\overline{\boldsymbol{d}}_2^e)^{\mathrm{b}} \\ \vdots \\ (\overline{\boldsymbol{d}}_n^e)^{\mathrm{b}} \end{bmatrix}, \quad (\overline{\boldsymbol{f}}^e)^{\mathrm{b}} = \begin{bmatrix} (\overline{\boldsymbol{f}}_1^e)^{\mathrm{b}} \\ (\overline{\boldsymbol{f}}_2^e)^{\mathrm{b}} \\ \vdots \\ (\overline{\boldsymbol{f}}_n^e)^{\mathrm{b}} \end{bmatrix}$$

$$(\overline{\boldsymbol{d}}_I^e)^{\mathrm{b}} = [\overline{w}_I^e \quad \theta_{\overline{x}I}^e \quad \theta_{\overline{y}I}^e]^{\mathrm{T}}, \quad (\overline{\boldsymbol{f}}_I^e)^{\mathrm{b}} = [F_{\overline{z}I}^e \quad M_{\overline{x}I}^e \quad M_{\overline{y}I}^e]^{\mathrm{T}}$$

可见，平板壳单元的节点位移列阵和节点力列阵可以分块写为

$$\overline{\boldsymbol{d}}_I^e = \begin{bmatrix} (\overline{\boldsymbol{d}}_I^e)^{\mathrm{m}} \\ (\overline{\boldsymbol{d}}_I^e)^{\mathrm{b}} \\ \theta_{\overline{z}I}^e \end{bmatrix}, \quad \overline{\boldsymbol{f}}_I^e = \begin{bmatrix} (\overline{\boldsymbol{f}}_I^e)^{\mathrm{m}} \\ (\overline{\boldsymbol{f}}_I^e)^{\mathrm{b}} \\ M_{\overline{z}I}^e \end{bmatrix}$$

将平面应力单元和平板弯曲单元的刚度方程组合，可以得到平板壳单元在单元局部坐标系下的刚度方程为

$$\overline{\boldsymbol{f}}^e = \overline{\boldsymbol{K}}^e \overline{\boldsymbol{d}}^e \tag{6.144}$$

式中单元刚度矩阵 $\overline{\boldsymbol{K}}^e$ 的子矩阵 $\overline{\boldsymbol{K}}_{IJ}^e$ 可以分块写为

$$\overline{\boldsymbol{K}}_{IJ}^e = \begin{bmatrix} (\overline{\boldsymbol{K}}_{IJ}^e)^{\mathrm{m}} & \boldsymbol{0} & \boldsymbol{0} \\ \boldsymbol{0} & (\overline{\boldsymbol{K}}_{IJ}^e)^{\mathrm{b}} & \boldsymbol{0} \\ \boldsymbol{0} & \boldsymbol{0} & 0 \end{bmatrix} \tag{6.145}$$

6.5.2 坐标变换

式 (6.144) 是在单元局部坐标系下的单元刚度方程，在形成系统总体刚度方程时，需要将所有单元的刚度矩阵和节点力向量转换到系统总体坐标系 $Oxyz$ 中。节点位移列阵和节点力列阵在两个坐标系之间的变换关系为

$$\overline{\boldsymbol{d}}_I^e = \boldsymbol{T} \boldsymbol{d}_I^e \tag{6.146}$$

$$\overline{\boldsymbol{f}}_I^e = \boldsymbol{T} \boldsymbol{f}_I^e \tag{6.147}$$

式中坐标变换矩阵 $\boldsymbol{T}$ 为

$$\boldsymbol{T} = \begin{bmatrix} \boldsymbol{\Lambda} & \boldsymbol{0} \\ \boldsymbol{0} & \boldsymbol{\Lambda} \end{bmatrix} \tag{6.148}$$

其中 $\boldsymbol{\Lambda}$ 为方向余弦矩阵，即

$$\boldsymbol{\Lambda} = \begin{bmatrix} \cos(\overline{x}^e, x) & \cos(\overline{x}^e, y) & \cos(\overline{x}^e, z) \\ \cos(\overline{y}^e, x) & \cos(\overline{y}^e, y) & \cos(\overline{y}^e, z) \\ \cos(\overline{z}^e, x) & \cos(\overline{z}^e, y) & \cos(\overline{z}^e, z) \end{bmatrix} \tag{6.149}$$

因此在系统总体坐标系下，单元节点力列阵和刚度矩阵的子矩阵 $\boldsymbol{K}_{IJ}^e$ 分别为

$$\boldsymbol{f}_I^e = \boldsymbol{T}^{\mathrm{T}} \overline{\boldsymbol{f}}_I^e \tag{6.150}$$

$$\boldsymbol{K}_{IJ}^e = \boldsymbol{T}^{\mathrm{T}} \overline{\boldsymbol{K}}_{IJ}^e \boldsymbol{T} \tag{6.151}$$

将各单元的刚度矩阵和节点力列阵转换到系统总体坐标系下，组装可得到系统的总体刚度方程，求解该方程可得到系统总体坐标系下的节点位移列阵 $\boldsymbol{d}$。在计算单元应力时，需要先利用式 (6.146) 将单元节点位移列阵转换到单元局部坐标系中。矩形单元和三角形单元的局部坐标系方向余弦矩阵的具体确定方法可以参考相关文献 [7, 72]。

平面应力单元和平板弯曲单元均不涉及绕中面法线 $\overline{z}^e$ 的转角 $\theta_{\overline{z}i}^e$，因此平板壳单元不提供与该自由度相关的刚度，即子矩阵 $\overline{\boldsymbol{K}}_{IJ}^e$ 的第 6 行和第 6 列所有元素均为 0。如果所有单元都共面的话，可取系统总体坐标系的 z 方向和局部坐标系的 $\overline{z}$ 方向一致，并删除各节点的第 6 个自由度，每个节点只有 5 个自由度。当与某节点相连接的所有单元均共面时，在局部坐标系中该节点的第 6 个平衡方程为 $0\theta_{\overline{z}} = 0$。如果系统总体坐标系的 z 方向和单元局部坐标系的 $\overline{z}$ 方向不同，变换后此节点在总体坐标系中的 6 个平衡方程是线性相关的，导致系统总体刚度矩阵奇异。为了避免此困难，可以采用以下两种途径：

(1) 在局部坐标系中建立该节点的平衡方程，并删除其第 6 个方程 $0\theta_{\overline{z}} = 0$。

(2) 将此节点的刚度系数 $\overline{K}_{66}^e$ 取为任意非零值。转角 $\theta_{\overline{z}i}^e$ 与节点其他自由度互不耦合，将刚度系数 $\overline{K}_{66}^e$ 取为任意值不但可消除系统总体刚度矩阵的奇异性，且不影响节点其他自由度的结果。

以上两种方法的程序实现均较为复杂，需要判断在各节点处相邻单元是否共面。另外一种解决方案是在面内位移插值中引入绕单元中面法线的旋转自由度（drilling degree of freedom）$\theta_{\overline{z}i}^e$，构建具有 6 个节点自由度的平板壳单元，详见相关文献 [72]。

平板壳格式简单，但它在单元内忽略了弯曲变形和面内变形之间的耦合，且弯矩在单元界

面处不连续，与壳体结构的实际行为不符合。

6.6 退化壳单元

壳体是一种特殊的三维实体，其在厚度方向的尺寸远小于面内尺寸。如果直接利用三维实体单元分析壳体结构，每个节点均具有 3 个自由度，与壳厚度方向应变对应的刚度系数（与厚度成反比）远大于其他刚度系数，使得薄壳结构系统刚度矩阵的条件数很大，系统平衡方程组病态。另外，壳体中面法线在变形后仍然保持为直线，即在厚度方向只需要 2 个节点即可描述壳体的这一个变形特性，若在厚度方向上采用多个节点则增加了单元不必要的自由度，显著增加了计算量。

Ahmad 等人基于三维实体单元提出的退化壳单元 [7,72,78,79] 很好地克服了这些缺陷。退化壳单元采用了 Reissner-Mindlin 假设：

(1) 壳体中面法线在变形后仍然保持为直线，但不再为法线；

(2) 壳体中面法向上的线段在变形后长度不变，即法向正应变为 0;

(3) 忽略法向正应力。

假设 (1) 减少了单元的自由度数，提高了计算效率，而假设 (2) 和假设 (3) 改善了系统刚度矩阵的条件数。

6.6.1 单元几何定义

基于 Reissner-Mindlin 假设，在壳体厚度方向只需布置 2 个节点。考虑图 6.21a 所示的单元，其上下表面为曲面，其横截面为由沿厚度方向的直线为母线而生成的曲面。单元的几何形状由节点对 (I_t, I_b) 的总体坐标确定，其中下标 t 和 b 分别表示上表面和下表面。令 $-1 \leqslant \xi, \eta \leqslant 1$ 为壳体中面两个曲线坐标（图 6.21b），$-1 \leqslant \zeta \leqslant 1$ 为厚度方向的直线坐标，则壳单元内任一点的总体坐标和曲线坐标之间的关系为

$$\boldsymbol{x} = \sum_{I=1}^{n} N_I(\xi, \eta) \left(\frac{1+\zeta}{2} \boldsymbol{x}_{I_\text{t}} + \frac{1-\zeta}{2} \boldsymbol{x}_{I_\text{b}} \right) \tag{6.152}$$

式中 $\boldsymbol{x} = [x \quad y \quad z]^\text{T}$ 为单元内任一点的总体坐标列阵，$\boldsymbol{x}_{I_\text{t}} = [x_{I_\text{t}} \quad y_{I_\text{t}} \quad z_{I_\text{t}}]^\text{T}$ 和 $\boldsymbol{x}_{I_\text{b}} = [x_{I_\text{b}} \quad y_{I_\text{b}} \quad z_{I_\text{b}}]^\text{T}$ 分别为单元上下表面节点的总体坐标列阵，$N_I(\xi, \eta)$ 为二维形函数（见第四

章），n 为壳单元的节点数，对于图 6.21b 所示的单元有 $n = 8$。一般情况下，坐标 ζ 方向只是中面法向的近似方向。

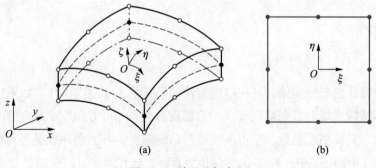

图 6.21 单元几何定义

为了方便起见，式 (6.152) 可以改写为

$$\boldsymbol{x} = \sum_{I=1}^{n} N_I(\xi, \eta) \left(\boldsymbol{x}_I + \frac{1}{2} \zeta \boldsymbol{V}_{3I} \right) \tag{6.153}$$

其中

$$\boldsymbol{x}_I = \frac{1}{2}(\boldsymbol{x}_{I_\mathrm{t}} + \boldsymbol{x}_{I_\mathrm{b}})$$

为单元中面节点的总体坐标列阵，

$$\boldsymbol{V}_{3I} = \boldsymbol{x}_{I_\mathrm{t}} - \boldsymbol{x}_{I_\mathrm{b}}$$

为由下表面节点 I_t 指向上表面节点 I_b 的向量。对于比较薄的壳体，向量 $\boldsymbol{V}_{3I}$ 可以取为

$$\boldsymbol{V}_{3I} = t_I \boldsymbol{v}_{3I}$$

式中 t_I 为壳体在节点 I 处的厚度，$\boldsymbol{v}_{3I}$ 为壳体在节点 I 处的中面法向单位向量。

6.6.2 单元位移场

根据 Reissner-Mindlin 变形假设，壳体中面法线在变形后仍然保持为直线，且长度不变，因此单元内任一点在总体坐标系中的位移列阵 $\boldsymbol{u} = [u \quad v \quad w]^\mathrm{T}$ 可以用中面节点位移 $\boldsymbol{u}_I = [u_I \quad v_I \quad w_I]^\mathrm{T}$ 和绕与节点向量 $\boldsymbol{V}_{3I}$ 相垂直的两个正交向量的转动唯一确定。在小转动情况下，节点 I_t 因转动而引起的位移为

$$\Delta \boldsymbol{u}_I = (\beta_I \boldsymbol{v}_{1I} + \alpha_I \boldsymbol{v}_{2I}) \times \frac{t_I}{2} \boldsymbol{v}_{3I} = \frac{t_I}{2}(\alpha_I \boldsymbol{v}_{1I} - \beta_I \boldsymbol{v}_{2I}) \tag{6.154}$$

其中 $\boldsymbol{v}_{1I}$ 和 $\boldsymbol{v}_{2I}$ 分别为与 $\boldsymbol{V}_{3I}$ 垂直的两个单位向量, β_I 和 α_I 分别为绕 $\boldsymbol{v}_{1I}$ 和 $\boldsymbol{v}_{2I}$ 的转动, 如图 6.22 所示。因此可得单元内任一点的位移为

$$\boldsymbol{u} = \sum_{I=1}^{n} N_I(\xi, \eta) \left[\boldsymbol{u}_I + \frac{1}{2}\zeta t_I(\alpha_I \boldsymbol{v}_{1I} - \beta_I \boldsymbol{v}_{2I}) \right] \tag{6.155}$$

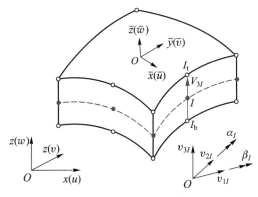

图 6.22　单元位移场及坐标系

式 (6.155) 可以改写为标准插值形式

$$\boldsymbol{u} = \boldsymbol{N}^e \boldsymbol{d}^e \tag{6.156}$$

式中

$$\boldsymbol{d}^e = [\boldsymbol{d}_1^{eT} \quad \boldsymbol{d}_2^{eT} \quad \cdots \quad \boldsymbol{d}_n^{eT}]^T$$

$$\boldsymbol{d}_I^e = [u_I \quad v_I \quad w_I \quad \alpha_I \quad \beta_I]^T$$

$$\boldsymbol{N}^e = [\boldsymbol{N}_1 \quad \boldsymbol{N}_2 \quad \cdots \quad \boldsymbol{N}_n]$$

$$\boldsymbol{N}_I = \begin{bmatrix} N_I & 0 & 0 & \frac{1}{2}\zeta t_I N_I v_{1Ix} & -\frac{1}{2}\zeta t_I N_I v_{2Ix} \\ 0 & N_I & 0 & \frac{1}{2}\zeta t_I N_I v_{1Iy} & -\frac{1}{2}\zeta t_I N_I v_{2Iy} \\ 0 & 0 & N_I & \frac{1}{2}\zeta t_I N_I v_{1Iz} & -\frac{1}{2}\zeta t_I N_I v_{2Iz} \end{bmatrix}$$

与 $\boldsymbol{V}_{3I}$ 垂直的正交向量 $(\boldsymbol{v}_{1I}, \boldsymbol{v}_{2I})$ 有无穷多个, 因此需要采取某种方式唯一确定正交向量 $(\boldsymbol{v}_{1I}, \boldsymbol{v}_{2I})$ [72]。例如, 可以将与 $\boldsymbol{V}_{3I}$ 最小分量所对应的坐标轴基向量 $\boldsymbol{e}_j$ 与单位向量 $\boldsymbol{v}_{3I} = \boldsymbol{V}_{3I}/|\boldsymbol{V}_{3I}|$ 的矢积取为 $\boldsymbol{v}_{1I}$, 即

$$\boldsymbol{v}_{1I} = \boldsymbol{e}_j \times \boldsymbol{v}_{3I}, \quad \boldsymbol{v}_{2I} = \boldsymbol{v}_{3I} \times \boldsymbol{v}_{1I} \tag{6.157}$$

与 $\boldsymbol{V}_{3I}$ 最小分量所对应的坐标轴和 $\boldsymbol{v}_{3I}$ 之间的夹角最大，因此避免了由上式得到的 $\boldsymbol{v}_{1I}$ 过小，以提高算法的稳定性。

由于引入了 Reissner-Mindlin 变形假设，单元位移场插值 (6.156) 有 $n \times 5$ 个节点位移参数，而单元几何形状定义 (6.153) 有 $n \times (3+3)$ 个节点几何参数，即此类单元为超参单元。

6.6.3　单元应变和应力

Reissner-Mindlin 变形假设忽略了法向正应力，因此应在以法向为 $\bar{z}$ 轴的局部坐标系 $\bar{x}\bar{y}\bar{z}$ （图 6.22）中计算应变和应力。在单元内任意点 $\boldsymbol{x}$ 处，局部坐标系 $\bar{x}\bar{y}\bar{z}$ 法向单位向量 $\bar{\boldsymbol{v}}_3$ 可以由在 ζ 为常数的曲面上定义的两个切向向量 $\boldsymbol{x}_{,\xi}$ 和 $\boldsymbol{x}_{,\eta}$ 确定，即

$$\bar{\boldsymbol{v}}_3 = \frac{\boldsymbol{x}_{,\xi} \times \boldsymbol{x}_{,\eta}}{|\boldsymbol{x}_{,\xi} \times \boldsymbol{x}_{,\eta}|}, \quad \bar{\boldsymbol{v}}_1 = \boldsymbol{e}_j \times \bar{\boldsymbol{v}}_3, \quad \bar{\boldsymbol{v}}_2 = \bar{\boldsymbol{v}}_3 \times \bar{\boldsymbol{v}}_1$$

式中 $\boldsymbol{e}_j$ 为与 $\bar{\boldsymbol{v}}_3$ 最小分量所对应的坐标轴单位向量。

在局部坐标系 $\bar{x}\bar{y}\bar{z}$ 中，$\varepsilon_{\bar{z}} = 0$，其余应变分量为

$$\bar{\boldsymbol{\varepsilon}} = \begin{bmatrix} \varepsilon_{\bar{x}} \\ \varepsilon_{\bar{y}} \\ \gamma_{\bar{x}\bar{y}} \\ \gamma_{\bar{y}\bar{z}} \\ \gamma_{\bar{z}\bar{x}} \end{bmatrix} = \begin{bmatrix} \bar{u}_{,\bar{x}} \\ \bar{v}_{,\bar{y}} \\ \bar{u}_{,\bar{y}} + \bar{v}_{,\bar{x}} \\ \bar{v}_{,\bar{z}} + \bar{w}_{,\bar{y}} \\ \bar{w}_{,\bar{x}} + \bar{u}_{,\bar{z}} \end{bmatrix} = \bar{\boldsymbol{B}} \boldsymbol{d}^e \tag{6.158}$$

式中 $\bar{\boldsymbol{B}}$ 为局部坐标系下的单元应变矩阵。

考虑到 $\sigma_{\bar{z}} = 0$，在局部坐标系中的应力列阵 $\bar{\boldsymbol{\sigma}} = [\sigma_{\bar{x}} \quad \sigma_{\bar{y}} \quad \tau_{\bar{x}\bar{y}} \quad \tau_{\bar{y}\bar{z}} \quad \tau_{\bar{z}\bar{x}}]^{\mathrm{T}}$ 为

$$\bar{\boldsymbol{\sigma}} = \bar{\boldsymbol{D}} \bar{\boldsymbol{\varepsilon}} \tag{6.159}$$

式中 $\bar{\boldsymbol{D}}$ 为局部坐标系中的弹性矩阵，对于各向同性弹性材料有

$$\bar{\boldsymbol{D}} = \frac{E}{1-\nu^2} \begin{bmatrix} 1 & \nu & 0 & 0 & 0 \\ \nu & 1 & 0 & 0 & 0 \\ 0 & 0 & (1-\nu)/2 & 0 & 0 \\ 0 & 0 & 0 & k(1-\nu)/2 & 0 \\ 0 & 0 & 0 & 0 & k(1-\nu)/2 \end{bmatrix} \tag{6.160}$$

式中 E 和 ν 分别为弹性模量和泊松比，k 为剪切校正系数。由位移场 (6.155) 可知，壳单元沿厚度方向的横向剪应变为常数，但真实剪应变沿厚度方向是按抛物线分布的，且在中性面处剪

应变最大。令按修正后的剪应变计算得到的剪切应变能和按实际剪应变计算得到的剪切应变能相等，可得 $k = 5/6$。

6.6.4 单元矩阵和坐标变换

退化壳单元的单元刚度矩阵和载荷列阵的计算格式与第四章等参单元的格式相同。例如，单元刚度矩阵为

$$\overline{\boldsymbol{K}}^e = \int_{\Omega^e} \overline{\boldsymbol{B}}^{e\mathrm{T}} \overline{\boldsymbol{D}}^e \overline{\boldsymbol{B}}^e \mathrm{d}x\mathrm{d}y\mathrm{d}z$$
$$= \int_{-1}^{1} \int_{-1}^{1} \int_{-1}^{1} \overline{\boldsymbol{B}}^{e\mathrm{T}} \overline{\boldsymbol{D}}^e \overline{\boldsymbol{B}}^e |\boldsymbol{J}^e| \mathrm{d}\xi\mathrm{d}\eta\mathrm{d}\zeta \qquad (6.161)$$

式中 $\overline{\boldsymbol{B}}^e$ 为局部坐标系 $\overline{x}\,\overline{y}\,\overline{z}$ 下的应变矩阵，

$$\boldsymbol{J}^e = \begin{bmatrix} x_{,\xi} & y_{,\xi} & z_{,\xi} \\ x_{,\eta} & y_{,\eta} & z_{,\eta} \\ x_{,\zeta} & y_{,\zeta} & z_{,\zeta} \end{bmatrix}$$

为雅可比矩阵，可以基于式 (6.153) 定义的坐标计算。单元等效节点载荷列阵为

$$\overline{\boldsymbol{f}}^e = \int_{\Omega^e} \boldsymbol{N}^{e\mathrm{T}} \boldsymbol{b}\mathrm{d}\Omega + \int_{\Gamma_t^e} \boldsymbol{N}^{e\mathrm{T}} \overline{\boldsymbol{t}}\mathrm{d}\Gamma \qquad (6.162)$$

式中 $\boldsymbol{b}$ 为作用在单元内的体力，$\overline{\boldsymbol{t}}$ 为作用单元表面上的面力。

在计算局部坐标系 $\overline{x}\,\overline{y}\,\overline{z}$ 下的单元刚度矩阵 (6.161) 时涉及 3 套坐标系：总体坐标系 xyz、局部坐标系 $\overline{x}\,\overline{y}\,\overline{z}$ 和曲线坐标系 $\xi\eta\zeta$。位移场 $\boldsymbol{u}$ 是在曲线坐标系 $\xi\eta\zeta$ 中插值的 [见式 (6.156)]，其对曲线坐标的偏导数 $\boldsymbol{u}_{,\xi}$ 容易计算，但应变是在局部坐标系 $\overline{x}\,\overline{y}\,\overline{z}$ 中定义的，需要计算局部坐标系内位移的偏导数 $\overline{\boldsymbol{u}}_{,\overline{x}}$。因此需要建立偏导数 $\boldsymbol{u}_{,x}$（总体坐标系内位移的偏导数）和 $\overline{\boldsymbol{u}}_{,\overline{x}}$ 之间、$\boldsymbol{u}_{,x}$ 和 $\boldsymbol{u}_{,\xi}$ 之间的变换关系，以便最终建立 $\overline{\boldsymbol{u}}_{,\overline{x}}$ 和 $\boldsymbol{u}_{,\xi}$ 之间的转换关系。

总体坐标系和局部坐标系之间的转换关系为

$$\boldsymbol{x} = \boldsymbol{T}\overline{\boldsymbol{x}} \qquad (6.163)$$

式中 $\overline{\boldsymbol{x}}$ 为单元内任意点的局部坐标列阵，

$$\boldsymbol{T} = \begin{bmatrix} \overline{\boldsymbol{v}}_1 & \overline{\boldsymbol{v}}_2 & \overline{\boldsymbol{v}}_3 \end{bmatrix} \qquad (6.164)$$

为总体坐标系 xyz 和局部坐标系 $\overline{x}\,\overline{y}\,\overline{z}$ 之间的坐标变换矩阵（方向余弦矩阵），其第 i 列为局部

坐标系 $\overline{x}\,\overline{y}\,\overline{z}$ 的第 i 个坐标轴的基向量 $\boldsymbol{v}_i$ 在总体坐标系 xyz 中的坐标（方向余弦）列阵。因此偏导数 $\boldsymbol{u}_{,x}$ 和 $\overline{\boldsymbol{u}}_{,\overline{x}}$ 之间转换关系为

$$\overline{\boldsymbol{u}}_{,\overline{x}} = \boldsymbol{T}\boldsymbol{u}_{,x}\boldsymbol{T}^{\mathrm{T}} \tag{6.165}$$

偏导数 $\boldsymbol{u}_{,x}$ 和 $\boldsymbol{u}_{,\xi}$ 之间的变换关系（见第四章）为

$$\boldsymbol{u}_{,x} = \boldsymbol{J}^{-1}\boldsymbol{u}_{,\xi} \tag{6.166}$$

利用式 (6.156)、(6.165) 和式 (6.166)，可以建立局部坐标系中的应变 $\overline{\boldsymbol{\varepsilon}}$ 和节点位移列阵 $\boldsymbol{d}^e$ 之间的关系，得到局部坐标系下应变矩阵 $\overline{\boldsymbol{B}}$ 的表达式。

利用以上变换，可以将式 (6.161) 中的各项都变换到曲线坐标系中，然后采用高斯积分进行计算。对于 8 节点和 9 节点退化壳单元，应变在 ξ 和 η 方向都是二次的，应在这两个方向上采用 3 点高斯积分（完全积分）。应变沿厚度方向（ζ 方向）是线性变化的，因此在 ζ 方向上只需采用 2 点高斯积分。事实上，在 ζ 方向上也可以进行解析积分，以提高计算效率。

对于平板问题，退化壳单元和位移与转动独立插值的 Mindlin 板单元是等价的，见习题 6.4。对于一般曲壳问题，引入一定的几何假设后退化壳单元和位移与转动独立插值的壳单元等价，因此退化壳单元在求解薄壳问题时，也存在剪切闭锁问题。另外，退化壳单元的应变分量 $\varepsilon_{\overline{x}}$、$\varepsilon_{\overline{y}}$ 和 $\gamma_{\overline{x}\,\overline{y}}$ 包含薄膜应变（沿厚度方向均匀分布）和弯曲应变（沿厚度方向线性分布）两部分，薄膜应变能和剪切应变能都与厚度 t 成正比，而弯曲应变能与 t^3 成正比。当壳的厚度 t 很小时，薄膜应变能和剪切应变能成为总应变的主要部分。对于薄壳弯曲问题，应变能主要为弯曲应变能，但退化壳单元的总应变能主要为薄膜应变能和剪切应变能，即产生了虚假的剪切变形和薄膜变形，发生**剪切闭锁**和**薄膜闭锁** (membrane locking)。薄膜应变能和剪切应变能在泛函中均具有罚函数的性质，因此必须使与剪切应变能相关的刚度矩阵和与薄膜应变能相关的刚度矩阵均奇异，才能避免剪切闭锁和薄膜闭锁。在 Mindlin 板单元中采用的克服剪切闭锁的方案均可用于退化壳单元中，如采用选择性减缩积分和假设剪应变法。

例题 6-6： 考虑受横向均布载荷 $q = -1\ \mathrm{N/m^2}$ 作用的四边简支正方形薄板，其边长 $L = 8\ \mathrm{m}$，厚度 $h = 0.08\ \mathrm{m}$，弹性模量 $E = 200\ \mathrm{GPa}$，泊松比 $\nu = 0.3$。挠度解析解为[75]

$$w = \sum_{m=1,3,5,\ldots}^{\infty} A_{1m}\cos D_m x\,(1 - B_{1m}\cosh D_m y + C_m D_m y \sinh D_m y)$$

式中 q 为均布载荷，L 为边长，$D_0 = \dfrac{Eh^3}{12(1-\nu^2)}$，$\alpha_m = m\pi/2$，符号 A_{1m}、B_{1m}、C_m 和 D_m 的定义见例题 6-4。在级数解中仅取前 4 项时已具有很高的精度。

解答：利用本书附带的 shell-python 程序（详见 C.8 节），分别采用 2×2 和 4×4 个均匀 8 节点退化壳单元对本例进行求解。图 6.23 比较了不同网格下采用减缩积分计算得到的板沿中心线 $(y = 0)$ 的挠度分布，表 6.2 比较了板的中心挠度值。对于本问题 $(L/h = 100)$，采用 4×4 网格时减缩积分给出了与薄板理论解很吻合的结果。

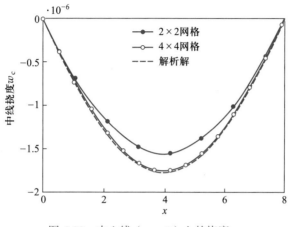

图 6.23 中心线（$y = 0$）上的挠度 w

表 **6.2** 四边简支正方形板中心挠度 w_c

网格	2×2	4×4	解析解
$w_{\max}/(10^{-6}\ \mathrm{m})$	-1.560	-1.754	-1.774

图 6.24 给出了板的量纲为一的中心挠度 $w_c D_0/qL^4$（其中 w_c 为板中心挠度）随板长厚比

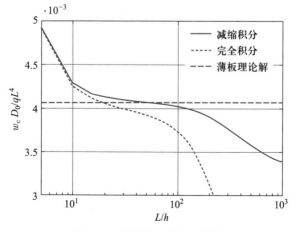

图 6.24 量纲为一的中心挠度

L/h 的变化规律。结果表明，当板较厚 $(L/h \leqslant 10)$ 时，采用完全积分和减缩积分得到的结果相差不大，但受横向剪切效应影响而和薄板理论解有较大的差异。当板厚继续减小时，完全积分存在剪切闭锁，而减缩积分很好地消除了剪切闭锁，其结果和薄板理论解吻合很好。

习　题

6.1　习题 6.1 图所示简支梁在右半部分受均布外载，试用有限元法求单元（2）中点的挠度。$E = 200\,\text{GPa}$，$I = 4\times10^{-6}\,\text{m}^4$。

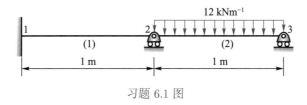

习题 6.1 图

6.2　利用习题 6.2 图所示的分片对矩形板单元进行分片实验，各节点的坐标如表 6.3 所示。设弹性模量 $E = 7.2\times10^9$，泊松比 $\nu = 0.25$，厚度 $t = 0.01$。位移场取为常应变（曲率）场，即

$$w(x,y) = 3 + 3x + 3y + x^2 + xy + y^2$$

$$\theta_x(x,y) = \frac{\partial w}{\partial y} = 3 + x + 2y$$

$$\theta_y(x,y) = -\frac{\partial w}{\partial x} = -3 - 2x - y$$

节点 1 给定本质边界条件 $w(-1,-1) = \theta_x(-1,-1) = \theta_y(-1,-1) = 0$，其余节点施加由给定位移场确定的人工构造节点外力。

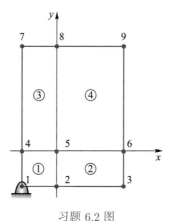

习题 6.2 图

表 6.3 各节点坐标

节点号	1	2	3	4	5	6	7	8	9
x	−1	0	2	−1	0	2	−1	0	2
y	−1	−1	−1	0	0	0	3	3	3

6.3 在退化壳单元中,设法向向量 V_{3i} 的分量 V_{3ix} 最小,试确定式 (6.154) 中与法向向量 V_{3i} 垂直的两个单位向量 v_{1i} 和 v_{2i}(用节点坐标 x_{it} 和 x_{ib} 表示)。

6.4 在退化壳单元中取 $\zeta = 2z/t$,并令局部坐标系 $\overline{x}\,\overline{y}\,\overline{z}$ 和总体坐标系 xyz 重合,将 α_i 和 β_i 分别替换为 6.4 节中的 θ_y 和 θ_x。试证明此时线性矩形退化壳单元的刚度矩阵和 6.4 节中的 Mindlin 矩形板单元的刚度矩阵相同。

附录 A 索伯列夫空间简介

C^1 函数要求其一阶导数在域内连续，但有限元近似函数一般不满足这一要求，因此它不是一个研究偏微分方程解的合适空间。索伯列夫空间是 C^1 空间的替代，它以苏联数学家索伯列夫命名。在索伯列夫空间中，偏微分方程解的光滑性要求得到了"弱化"，从而可以在更大的空间中求偏微分方程的解。

本附录简要介绍与索伯列夫空间相关的一些内容，以便于学习有限元法的数学理论。

A.1 赋范线性空间

设 V 是一个数域 $\mathbb{K}$（实数域或复数域）上的线性空间（linear space，也称为向量空间）。定义 V 到实数域 $\mathbb{R}$ 的一个映射 $\|\cdot\| : V \to \mathbb{R}$，即对于任意的 $v \in V$，都有一个实数 $\|v\|$ 与之对应，且满足以下三个性质：

(1) 正定性：$\|v\| \geqslant 0$，$\forall v \in V$，且当且仅当 $v = 0$ 时 $\|v\| = 0$;

(2) 齐次性：$\|\alpha v\| = |\alpha| \|v\|$，$\forall v \in V$，$\alpha \in \mathbb{R}$;

(3) 三角不等式：$\|v + w\| \leqslant \|v\| + \|w\|$，$\forall v, w \in V$。

称 $\|\cdot\|$ 为 V 的范数（norm）。定义了范数的线性空间称为赋范线性空间（normed linear space），记为 $(V, \|\cdot\|)$，简记为 V。如果 V 是一个内积空间（inner product space），其范数也可以由内积 (v, v) 定义，即

$$\|v\| = (v, v)^{\frac{1}{2}}, \quad \forall v \in V \tag{A.1}$$

如果存在常数 $C_1 > 0$ 和 $C_2 > 0$，使得在线性空间 V 上定义的两种范数 $\|\cdot\|_\alpha$ 和 $\|\cdot\|_\beta$ 满足条件

$$C_1 \|v\|_\alpha \leqslant \|v\|_\beta \leqslant C_2 \|v\|_\alpha, \quad \forall v \in V \tag{A.2}$$

则称 $\|\cdot\|_\alpha$ 和 $\|\cdot\|_\beta$ 是 V 上的等价范数。可以证明，n 维实向量空间 $\mathbb{R}^n$ 上所有范数是相互等价的 [35]。

空间 $\mathbb{R}^n$ 上的几个常用的范数为：（$\forall \boldsymbol{x} \in \mathbb{R}^n$，$\boldsymbol{x} = [x_1 \quad x_2 \quad \cdots \quad x_n]^{\mathrm{T}}$）

(1) 1-范数：$\|\boldsymbol{x}\|_1 = \displaystyle\sum_{i=1}^{n} |x_i|$；

(2) 2-范数：$\|\boldsymbol{x}\|_2 = \left(\displaystyle\sum_{i=1}^{n} |x_i|^2\right)^{\frac{1}{2}}$；

(3) p-范数：$\|\boldsymbol{x}\|_p = \left(\displaystyle\sum_{i=1}^{n} |x_i|^p\right)^{\frac{1}{p}}$；

(4) ∞-范数：$\|\boldsymbol{x}\|_\infty = \displaystyle\max_{1 \leqslant i \leqslant n} |x_i|$。

与范数 $\|v\|$ 相比，半范数（seminorm）$|v|$ 仅具有半正定性，即 $|v| \geqslant 0, \forall v \in V$。由范数 $\|v\| = 0$ 可以导出 $v = 0$，但由 $|v| = 0$ 不能导出 $v = 0$。

设 $\{v_n\}$ 是赋范空间 $V(\|v\| \geqslant 0, \forall v \in V)$ 中的点列，$v \in V$，如果 $\|v_n - v\| \to 0 \, (n \to \infty)$，称 $\{v_n\}$ 强收敛（或按范数收敛）于 v，记为 $v_n \to v \, (n \to \infty)$，或 $\displaystyle\lim_{n \to \infty} v_n = v$。完备的赋范空间称为巴拿赫空间（Banach space），即该空间内任意向量的柯西序列（Cauchy sequence, 也称为基本列，指一个元素随着序数的增加而愈发靠近的数列）总是强收敛于一个位于空间内部的极限。完备的内积空间称为希尔伯特空间（Hilbert space），它是巴拿赫空间的一种。

A.2　勒贝格积分

黎曼积分（Riemann integral）将闭区间 $[a, b]$ 分割成许多子区间，在每个子区间上任取一点 x_i^*，以该点的函数值 $f(x_i^*)$ 为高做一个长方形（图 A.1a），其面积为 $f(x_i^*)\Delta x_i$。将所有小

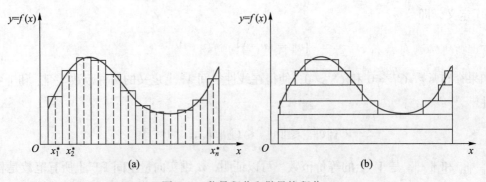

图 A.1　黎曼积分和勒贝格积分

长方形的面积相加，其极限即为函数 $f(x)$ 在闭区间 $[a, b]$ 上的黎曼积分

$$\int_a^b f(x)\mathrm{d}x = \lim_{n \to \infty} \sum_{i=1}^n f(x_i^*) \Delta x_i \tag{A.3}$$

式中右端的求和也称为**黎曼和**（Riemann sum）。

黎曼积分要求被积函数 $f(x)$ 在积分区间上是有界和几乎处处连续的，但许多函数并不满足这一要求，因此是黎曼不可积的。例如，狄利克雷函数（Dirichlet function）

$$f(x) = \begin{cases} 1 & (x为有理数) \\ 0 & (x为无理数) \end{cases}, \quad x \in [0, 1] \tag{A.4}$$

是处处不连续的函数，它在 $y = 1$ 处分布着无穷多个点，这些点不能连成一条连续的直线。如果在每个小区间取无理数点的值（即 0）为高，每个小长方形的面积为 0，黎曼和为 0；如果在每个小区间取有理数点的值（即 1）为高，每个小长方形的面积等于其宽度 Δx_i，黎曼和为 1。可见，对于狄利克雷函数，无论 Δx_i 取多小，总可以在小区间内找到两个点的 y 值差为 1，使得黎曼和的极限不存在，因此狄利克雷函数是黎曼不可积的。

勒贝格积分（Lebesgue integral）是黎曼积分的拓展，它将积分运算拓展到任何测度空间中。勒贝格积分将函数 $f(x)$ 在闭区间 $[a, b]$ 上的值域分成很多小段，每个小段对应一个横向长方形（图 A.1b）。各长方形的宽度等于其勒贝格测度（Lebesgue measure），它乘以其高度后即为该长方形的面积。对所有小长方形的面积求和，如果其极限存在则该函数是勒贝格可积（Lebesgue integrable）的，该极限值就是勒贝格积分值。

勒贝格积分可以形象地用数硬币来比喻。假设有 3 摞硬币，要计算共有多少枚硬币。黎曼积分按摞分别数，第一摞有 15 枚，第二摞有 5 枚，第三摞有 12 枚，求和后可知共有 32 枚硬币。勒贝格积分是横着按层数：第 $1 \sim 5$ 层，每层有 3 枚，共有 15 枚硬币；第 $6 \sim 12$ 层，每层有 2 枚，共有 14 枚硬币；第 $13 \sim 15$ 层，每层只有 1 枚，共有 3 枚硬币。求和后可知共有 32 枚硬币，与黎曼积分计算结果相同。

有理数集是可列集，对应于无穷多个点（其勒贝格测度为 0），因此有理数集的勒贝格测度为 0，闭区间 $[0, 1]$ 上的无理数集的勒贝格测度为 1。对于狄利克雷函数，将其值域 $y \in [0, 1]$ 分为 n 个长方形，其中第一个长方形对应于 $y = 0$，第 n 个长方形对应于 $y = 1$，其余 $n - 2$ 个长方形对应于 $0 < y < 1$。$y = 0$ 处的长方形对应于所有无理数，其宽度（无理数集的勒贝格测度）为 1，高度为 0，面积为 0；$y = 1$ 处的长方形对应于有理数集，其宽度（有理数集的勒贝格测度）为 0，高度为 1，面积也为 0；$0 < y < 1$ 区间的 $n - 2$ 个长方形均对应于有理数集，其宽度为 0，无论每个小长方形的高度为多少，其面积总为 0。因此，狄利克雷函数在区间 $[0, 1]$ 上

是勒贝格可积的，其积分值为 0。

黎曼可积的函数一定是勒贝格可积的，其黎曼积分值就等于勒贝格积分值。因此，黎曼积分是勒贝格积分的一个特例。

A.3　勒贝格空间

勒贝格空间（Lebesgue spaces）$L^p(\Omega)$ 是由 $p\,(1 \leqslant p \leqslant \infty)$ 次可积函数组成的空间，即

$$L^p(\Omega) := \{u : \|u\|_{L^p(\Omega)} < \infty\} \tag{A.5}$$

式中 Ω 为函数 u 的定义域，

$$\|u\|_{L^p(\Omega)} := \begin{cases} \left(\displaystyle\int_\Omega |u(\boldsymbol{x})|^p \mathrm{d}\Omega\right)^{1/p} & (1 \leqslant p < \infty) \\ \mathrm{ess\,sup}\{|u(x)|\} & (p = \infty) \end{cases} \tag{A.6}$$

称为 L^p 范数，其中 ess sup 为**本质上确界**（essential supremum），它和上确界之间的关系为 $\mathrm{ess\,sup}\{u\} \leqslant \sup\{u\}$。例如，函数

$$f(x) = \begin{cases} 4 & （当 x = 1） \\ -4 & （当 x = -1） \\ 1 & （当 x 为其他值时） \end{cases}$$

的上确界（最大值）和下确界（最小值）分别是 4 和 -4，但它们分别仅在测度为 0 的集合 $\{1\}$ 和 $\{-1\}$ 上取得。在其他点处，函数值为 1，因此该函数的本质上确界和本质下确界均为 1。

如果两个函数 $f(x)$ 和 $g(x)$ 满足条件 $\|f - g\|_{L^p(\Omega)} = 0$，我们认为它们是同一个函数。例如在域 $\Omega = [-1, 1]$ 内的两个函数

$$f(x) := \begin{cases} 1 & (x \geqslant 0) \\ 0 & (x < 0) \end{cases} \quad 和 \quad g(x) := \begin{cases} 1 & (x > 0) \\ 0 & (x \leqslant 0) \end{cases}$$

仅在测度为 0 的集合（在本例中为 $x = 0$ 这 1 个点）上不同，它们代表同一个函数。

勒贝格空间中的函数满足以下 3 个不等式：

(1) **闵可夫斯基不等式**（Minkowski's inequality）对于 $1 \leqslant p \leqslant \infty$ 和 $f, g \in L^p(\Omega)$，有

$$\|f + g\|_{L^p(\Omega)} \leqslant \|f\|_{L^p(\Omega)} + \|g\|_{L^p(\Omega)} \tag{A.7}$$

(2) **赫尔德不等式**（Hölder's inequality）对于 $1 \leqslant p, q \leqslant \infty$ 且 $1 = 1/p + 1/q$，若 $f \in L^p(\Omega)$，$g \in L^q(\Omega)$，有 $fg \in L^1(\Omega)$ 且

$$\|fg\|_{L^1(\Omega)} \leqslant \|f\|_{L^p(\Omega)} \|g\|_{L^q(\Omega)} \tag{A.8}$$

(3) **施瓦茨不等式**（Schwarz's inequality）若 $f, g \in L^2(\Omega)$，则有 $fg \in L^1(\Omega)$ 且

$$\|fg\|_{L^1(\Omega)} \leqslant \|f\|_{L^2(\Omega)} \|g\|_{L^2(\Omega)} \tag{A.9}$$

其中施瓦茨不等式为赫尔德不等式当 $p = q = 2$ 时的特例。

A.4 弱导数

弱导数（weak derivatives）是对函数微分概念的推广，它可以作用于那些勒贝格可积的函数，而不要求函数可微。

设 $u(x)$ 是局部勒贝格可积函数 [即 $u(x) \in L^1_{\text{loc}}([q, p])$]，如果存在函数 $g(x) \in L^1_{\text{loc}}([q, p])$，使得对于任意具有紧支集的无穷次连续可微函数 $\varphi(x) \in C_0^\infty(\Omega)$ [其中下标 "0" 表示函数满足条件 $\varphi(p) = \varphi(q) = 0$] 均有

$$\int_q^p g(x) \varphi(x) \mathrm{d}x = - \int_q^p u(x) \varphi'(x) \mathrm{d}x \tag{A.10}$$

成立，则称 $g(x)$ 为函数 $u(x)$ 关于变量 x 的**弱导数**，记为 $\mathrm{D}u(x) = g(x)$。弱导数 $\mathrm{D}u(x)$ 通常也记为 $u'(x)$。

对于多维情形，记 $x = (x_1, x_2, \cdots, x_m)$，并引入多重指标 $\alpha = (\alpha_1, \alpha_2, \cdots, \alpha_m)$，$|\alpha| = \alpha_1 + \alpha_2 + \cdots + \alpha_m$，其中 $\alpha_i(i = 1, 2, \cdots, m)$ 为非负整数。设 $u(x)$ 是一个局部可积函数 [即 $u(x) \in L^1_{\text{loc}}(\Omega)$]，若存在函数 $g(x) \in L^1_{\text{loc}}(\Omega)$，使得对于任意具有紧支集的无穷次连续可微函数 $\varphi(x) \in C_0^\infty(\Omega)$ 均有

$$\int_\Omega g(x) \varphi(x) \mathrm{d}\Omega = (-1)^{|\alpha|} \int_\Omega u(x) \mathrm{D}^\alpha \varphi(x) \mathrm{d}\Omega \tag{A.11}$$

成立，则 $g(x)$ 称为函数 $u(x)$ 的 α 次弱导数，记为 $\mathrm{D}^\alpha u(x) = g(x)$，其中

$$\mathrm{D}^{\alpha} := \mathrm{D}_1^{\alpha_1} \mathrm{D}_2^{\alpha_2} \cdots \mathrm{D}_m^{\alpha_m} = \frac{\partial^{\alpha_1 + \alpha_2 + \cdots + \alpha_m}}{\partial x_1^{\alpha_1} \partial x_2^{\alpha_2} \cdots \partial x_m^{\alpha_m}}$$

例题 A–1： 求函数

$$u(x) = \begin{cases} x & (0 < x \leqslant 1) \\ 1 & (1 < x < 2) \end{cases}$$

的弱导数。

解答： 取 $\varphi \in C_0^{\infty}(0,2)$ [即 φ 为无穷次可微函数且满足条件 $\varphi(0) = \varphi(2) = 0$], 利用分部积分可得

$$\int_0^2 u\varphi' \mathrm{d}x = \int_0^1 x\varphi' \mathrm{d}x + \int_1^2 \varphi' \mathrm{d}x$$

$$= [x\varphi]_0^1 - \int_0^1 \varphi \mathrm{d}x + [\varphi]_1^2$$

$$= -\int_0^1 \varphi \mathrm{d}x$$

可见，满足条件 (A.10) 的弱导数为

$$\mathrm{D}u(x) = \begin{cases} 1 & (0 < x \leqslant 1) \\ 0 & (1 < x < 2) \end{cases}$$

思考题 函数 $u(x) = |x|$ $(x \in [-1,1])$ 在 $x = 0$ 处不可微。试证明其弱导数为 $\mathrm{D}u(x) = \mathrm{sign}(x)$。

弱导数也称为广义导数 (generalized derivatives)，它拓展了经典导数。经典连续导数一定是弱导数，但反之不一定。

A.5 索伯列夫空间

设 k 为非负整数，实数 $p \geqslant 1$，Ω 是 $\mathbb{R}^n$ 中的开集，称集合

$$W^{k,p}(\Omega) = \{u | \mathrm{D}^{\alpha}u \in L^p(\Omega), \ \forall |\alpha| \leqslant k\} \tag{A.12}$$

赋以范数

$$\|u\|_{W^{k,p}(\Omega)} := \begin{cases} \left(\sum_{|\alpha|=0}^{k} \int_{\Omega} |\mathrm{D}^{\alpha}u|^p \mathrm{d}\Omega \right)^{1/p} & (1 \leqslant p < \infty) \\ \max_{0 \leqslant |\alpha| \leqslant k} \|\mathrm{D}^{\alpha}u\|_{L^{\infty}(\Omega)} & (p = \infty) \end{cases} \quad (\mathrm{A}.13)$$

后得到的线性赋范空间为 (k, p) 阶索伯列夫空间（Sobolev space）。索伯列夫空间 $W^{k,p}(\Omega)$ 是由弱可微函数所组成的赋范向量空间，参数 k 表示弱导数的阶数，p 表示所属的 L^p 空间。

将 $p = 2$ 时的索伯列夫空间记为 $H^k(\Omega)$ [即 $H^k(\Omega) = W^{k,2}(\Omega)$]，它是一个希尔伯特空间（Hilbert space），其内积为

$$(u, v)_{H^k} = \sum_{|\alpha|=0}^{k} \int_{\Omega} \mathrm{D}^{\alpha}u \mathrm{D}^{\alpha}v \mathrm{d}\Omega \quad (\mathrm{A}.14)$$

基于内积可以将函数 $u \in H^k(\Omega)$ 的 k 阶索伯列夫范数（H^k 范数）定义为

$$\|u\|_{H^k} = \sqrt{(u, u)_{H^k}} = \left(\sum_{|\alpha|=0}^{k} \int_{\Omega} |\mathrm{D}^{\alpha}u|^2 \mathrm{d}\Omega \right)^{1/2} \quad (\mathrm{A}.15)$$

其半范数（semi-norms）定义为

$$|u|_{H^k} = \left(\sum_{|\alpha|=k} \int_{\Omega} |\mathrm{D}^{\alpha}u|^2 \mathrm{d}\Omega \right)^{1/2} \quad (\mathrm{A}.16)$$

有限元法中常用的索伯列夫 0 范数 $\|\boldsymbol{w}\|_{H^0}$ 和索伯列夫 1 范数 $\|\boldsymbol{w}\|_{H^1}$ 分别为

$$\|\boldsymbol{w}\|_{H^0}^2 = \int_{\Omega} |\boldsymbol{w}|^2 \mathrm{d}\Omega = \int_{\Omega} \sum_{i=1}^{3} w_i^2 \mathrm{d}\Omega = \|\boldsymbol{w}\|_{L^2}^2 \quad (\mathrm{A}.17)$$

$$\|\boldsymbol{w}\|_{H^1}^2 = \int_{\Omega} |\boldsymbol{w}|^2 \mathrm{d}\Omega + \int_{\Omega} |\mathrm{D}^1\boldsymbol{w}|^2 \mathrm{d}\Omega$$

$$= \int_{\Omega} \sum_{i=1}^{3} w_i^2 \mathrm{d}\Omega + \int_{\Omega} \sum_{i=1}^{3} \sum_{j=1}^{3} \left(\frac{\partial w_i}{\partial x_j} \right)^2 \mathrm{d}\Omega \quad (\mathrm{A}.18)$$

索伯列夫嵌入定理（Sobolev imbedding theorem）给出了索伯列夫空间之间或索伯列夫空间与其他函数空间之间的关系。嵌入定理表明：

(1) 若 $k > l$，则空间 $H^k(\Omega)$ 紧嵌入于空间 $H^l(\Omega)$，即① $H^k(\Omega) \subset H^l(\Omega)$，②存在常数 M 使得 $\|u\|_{H^l} \leqslant M\|u\|_{H^k}$，③ $H^k(\Omega)$ 中的任一有界集不仅是 $H^l(\Omega)$ 中的有界集，且必有在 H^l 中收敛的子序列。

(2) 若有非负整数 l 满足 $k-l>n/2$（其中 n 为域 Ω 所在空间的维数），则 $H^k(\Omega)$ 紧嵌于 $C^l(\overline{\Omega})$。

此外，虽然 $H^k(\Omega)$ 空间中的函数没有 k 阶连续导数，但有 $l<k-n/2$ 阶的连续导数。在一维情况下，$H^{k+1}(\Omega)\subset C_b^k(\overline{\Omega})$。

索伯列夫空间中的函数满足以下两个不等式：

(1) 庞加莱–弗里德里希斯不等式（Poincaré-Friedrichs inequality）[80]

$$\|u\|_{L^2}\leqslant C(\Omega)|u|_{H^1},\quad \forall u\in H_0^1(\Omega) \tag{A.19}$$

式中 $|\cdot|_{H^1}$ 为半范数 [见式 (A.16)]，$H_0^1(\Omega)=\{u:u\in H^1(\Omega),u|_\Gamma=0\}$，$\Omega$ 为有界集合，$C(\Omega)$ 为与集合 Ω 有关的常数。在这种情况下，半范数 $|\cdot|_{H^m}$ 是空间 $H_0^m(\Omega)$ 的范数，且等价于 $\|\cdot\|_{H^m}$。

(2) 庞加莱不等式（Poincaré inequality）[37]

$$\|u\|_{W^{1,p}}\leqslant C(\Omega)|u|_{W^{1,p}},\quad \forall u\in W_0^{1,p}(\Omega) \tag{A.20}$$

式中 $W_0^{1,p}(\Omega)=\{u:u\in W^{1,p}(\Omega),u|_\Gamma=0\}$。对于 $p=2$，上式可进一步写为

$$\|u\|_{H^1}\leqslant C(\Omega)|u|_{H^1},\quad \forall u\in H_0^1(\Omega) \tag{A.21}$$

附录 B 弹性力学基本方程

弹性力学研究载荷作用下弹性体中的内力状态和变形规律，其中载荷是指机械力、温度和电磁力等能使物体产生变形和内力的物理因素，而弹性体是指载荷卸除后能完全恢复其初始形状和尺寸的物体。大多数工程结构在正常载荷范围内都可以简化为弹性体。

弹性力学采用以下 5 个基本假设：

(1) 连续性假设   假设物体由连续介质组成，并在整个变形过程中保持连续，即不会出现开裂或重叠现象；

(2) 弹性假设   假设在整个加载/卸载过程中，弹性体的变形与载荷存在一一对应关系。当载荷卸除后，弹形体完全恢复其初始形状和尺寸；

(3) 均匀性假设   假设材料的物理性质处处相同，与取样位置无关；

(4) 各向同性假设   假设材料的物理性质与测定方向无关；

(5) 无初应力假设   假设物体在加载前处于无初始应力的自然状态。

本附录简要介绍弹性力学的基本概念和基本方程，详细内容可以参考弹性力学教材[65,81]。

B.1 应力与平衡方程

本节基于静力学研究外力作用下物体的平衡状态，讨论物体内各点处局部受力状态的描述方法，导出应力应满足的平衡方程，而不涉及物体的材料性质和变形情况。

B.1.1 应力张量

考察以 P 点为形心的截面面元 ΔSn，其上所受的内力合力为 $\Delta \boldsymbol{F}$（图 B.1a），其方向不一定与截面面元的法向单位矢量 $\boldsymbol{n}$ 同向。极限

$$\boldsymbol{\sigma}^{(n)} = \lim_{\Delta S \to 0} \frac{\Delta \boldsymbol{F}}{\Delta S} \tag{B.1}$$

称为应力矢量，其大小和方向不仅与 P 点的位置有关，还和截面面元的方向 $\boldsymbol{n}$ 有关。可见，物体内各点的受力状态是一个具有双重方向性的物理量，其中第一个方向为面元的方向（可以用其法向单位矢量 $\boldsymbol{n}$ 表示），第二个方向为作用在该面元上的应力矢量的方向（可以用其 3 个分量表示）。具有多重方向性的物理量称为张量，它是矢量概念的推广。因此，物体内各点的应力状态需要用一个二阶应力张量才能完整地进行描述。

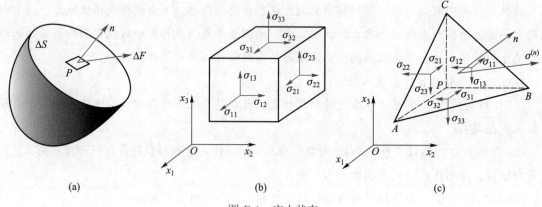

图 B.1　应力状态

矢量只有一个方向性，因此有 3 个分量。为了表示方便，将坐标轴 x、y 和 z 分别记为 x_1、x_2 和 x_3，简写为 $x_i\ (i=1,2,3)$。矢量 $\boldsymbol{t}$ 可以用坐标轴 $x_i\ (i=1,2,3)$ 的单位基矢量 $\boldsymbol{e}_i$ 表示为

$$\boldsymbol{t} = t_1\boldsymbol{e}_1 + t_2\boldsymbol{e}_2 + t_3\boldsymbol{e}_3 = t_i\boldsymbol{e}_i$$

这里采用了爱因斯坦求和约定，即重复指标（称为哑指标）i 表示把该项在该指标取值范围内遍历求和。

二阶张量具有双重方向性，共有 $3^2 = 9$ 个分量。在 P 点的邻域内用 6 个平行于坐标面的截面做一个正六面体微元，如图 B.1b 所示。把作用在外法线与坐标轴 x_i 同向的 3 个面元（称为正面）上的应力矢量 $\boldsymbol{\sigma}^{(i)}\ (i=1,2,3)$ 分别沿三个坐标轴正向分解，得

$$\boldsymbol{\sigma}^{(1)} = \sigma_{11}\boldsymbol{e}_1 + \sigma_{12}\boldsymbol{e}_2 + \sigma_{13}\boldsymbol{e}_3 = \sigma_{1j}\boldsymbol{e}_j$$

$$\boldsymbol{\sigma}^{(2)} = \sigma_{21}\boldsymbol{e}_1 + \sigma_{22}\boldsymbol{e}_2 + \sigma_{23}\boldsymbol{e}_3 = \sigma_{2j}\boldsymbol{e}_j \tag{B.2}$$

$$\boldsymbol{\sigma}^{(3)} = \sigma_{31}\boldsymbol{e}_1 + \sigma_{32}\boldsymbol{e}_2 + \sigma_{33}\boldsymbol{e}_3 = \sigma_{3j}\boldsymbol{e}_j$$

上式也可以简写为

$$\boldsymbol{\sigma}^{(i)} = \sigma_{ij}\boldsymbol{e}_j \tag{B.3}$$

式中 i 称为**自由指标**，它表示 i 轮流取其范围内的任何值即（1、2 和 3）时，上式均成立。

应力分量 σ_{ij} $(i,j=1,2,3)$ 的第一个指标 i 表示面元的法线方向（称为**面元指标**），第二个指标 j 表示应力矢量的分解方向（称为**分量指标**）。当 $i=j$，应力分量垂直于面元，称为**正应力**；当 $i\neq j$，应力分量作用在面元平面内，称为**剪应力**。应力分量的正向规定为：正面上的应力分量和坐标轴同向为正、反向为负（图 B.1b）所示，负面上的应力分量和坐标轴反向为正、同向为负。

9 个应力分量 σ_{ij} $(i,j=1,2,3)$ 组成一个二阶张量 $\boldsymbol{\sigma}$，称为**应力张量**，记为

$$\boldsymbol{\sigma}=\sigma_{11}\boldsymbol{e}_1\boldsymbol{e}_1+\sigma_{12}\boldsymbol{e}_1\boldsymbol{e}_2+\sigma_{13}\boldsymbol{e}_1\boldsymbol{e}_3+\sigma_{21}\boldsymbol{e}_2\boldsymbol{e}_1+\cdots+\sigma_{32}\boldsymbol{e}_3\boldsymbol{e}_2+\sigma_{33}\boldsymbol{e}_3\boldsymbol{e}_3 \tag{B.4}$$

$$=\sigma_{ij}\boldsymbol{e}_i\boldsymbol{e}_j \tag{B.5}$$

式中 σ_{ij} 为张量分量，$\boldsymbol{e}_i\boldsymbol{e}_j$ 称为**基张量**。基张量 $\boldsymbol{e}_i\boldsymbol{e}_j$ 把两个基矢量并写在一起，不做任何运算。

B.1.2 斜面应力公式

下面讨论任意方向斜截面上的应力矢量 $\boldsymbol{\sigma}^{(n)}$ 和应力张量 $\boldsymbol{\sigma}$ 之间的关系。过物体内 P 点用 3 个外法线与坐标轴反向的面元（称为**负面**）和斜截面面元 ABC（其面积为 ΔS）做一个四面体 $PABC$（图 B.1c），x_j 向负面元的面积为 $\Delta S_j=\Delta S n_j$，其中 n_j 为斜截面法向单位矢量 $\boldsymbol{n}=n_j\boldsymbol{e}_j$ 的分量（即 $\boldsymbol{n}$ 和坐标轴 x_j 间夹角的余弦）。作用在四面体斜面上的力元在 x_i 方向的分量为 $\sigma_i^{(n)}\Delta S$，作用在四面体 x_j 向负面上的力元在 x_i 方向的分量为 $\sigma_{ji}\Delta S_j$。由四面体 $PABC$ 三个方向的平衡条件可以得到斜面应力公式

$$\begin{aligned}
\sigma_1^{(n)}&=n_1\sigma_{11}+n_2\sigma_{21}+n_3\sigma_{31}\\
\sigma_2^{(n)}&=n_1\sigma_{12}+n_2\sigma_{22}+n_3\sigma_{32}\\
\sigma_3^{(n)}&=n_1\sigma_{13}+n_2\sigma_{23}+n_3\sigma_{33}
\end{aligned} \tag{B.6}$$

利用指标记号可以将上式写为

$$\sigma_i^{(n)}=n_j\sigma_{ji}\quad(i,j=1,2,3) \tag{B.7}$$

式 (B.6) 也可以写成张量的形式为

$$\boldsymbol{\sigma}^{(n)}=\boldsymbol{n}\cdot\boldsymbol{\sigma} \tag{B.8}$$

上式称为斜面应力公式，或柯西公式。

B.1.3 平衡微分方程

下面考虑物体内边长分别为 $\mathrm{d}x_1$，$\mathrm{d}x_2$ 和 $\mathrm{d}x_3$ 的正六面体微元（图 B.2），它受体力 $\boldsymbol{b} = b_i \boldsymbol{e}_i$ 作用。x_j 向正面元和负面元之间的距离为 $\mathrm{d}x_j$，因此若作用在 x_j 向负面元上的 x_i 方向应力分量为 σ_{ji}，则作用在 x_j 向正面元上的 x_i 方向应力分量为 $\sigma_{ji} + \dfrac{\partial \sigma_{ji}}{\partial x_j} \mathrm{d}x_j$（忽略高阶小量）。利用微元体 3 个方向上的力平衡条件，可以建立微元体的平衡微分方程。例如，图 B.2给出了作用在各面元上的 x_1 方向应力分量，由微元体在 x_1 方向的力平衡条件可得

$$\left(\sigma_{11} + \frac{\partial \sigma_{11}}{\partial x_1} \mathrm{d}x_1\right) \mathrm{d}x_2 \mathrm{d}x_3 - \sigma_{11} \mathrm{d}x_2 \mathrm{d}x_3 + \left(\sigma_{21} + \frac{\partial \sigma_{21}}{\partial x_2} \mathrm{d}x_2\right) \mathrm{d}x_1 \mathrm{d}x_3 - \sigma_{21} \mathrm{d}x_1 \mathrm{d}x_3 +$$

$$\left(\sigma_{31} + \frac{\partial \sigma_{31}}{\partial x_3} \mathrm{d}x_3\right) \mathrm{d}x_1 \mathrm{d}x_2 - \sigma_{31} \mathrm{d}x_1 \mathrm{d}x_2 + b_1 \mathrm{d}x_1 \mathrm{d}x_2 \mathrm{d}x_3 = 0$$

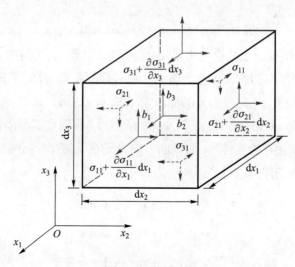

图 B.2   微元平衡

整理上式并除以微元体积 $\mathrm{d}x_1 \mathrm{d}x_2 \mathrm{d}x_3$，可得微元体在 x_1 方向的平衡方程，见式 (B.9) 的第一个方程。类似地，分析微元体在 x_2 和 x_3 方向的力平衡条件可得微元体在 x_2 和 x_3 方向的平衡方程，最终得

$$\frac{\partial \sigma_{11}}{\partial x_1} + \frac{\partial \sigma_{21}}{\partial x_2} + \frac{\partial \sigma_{31}}{\partial x_3} + b_1 = 0$$

$$\frac{\partial \sigma_{12}}{\partial x_1} + \frac{\partial \sigma_{22}}{\partial x_2} + \frac{\partial \sigma_{32}}{\partial x_3} + b_2 = 0 \tag{B.9}$$

$$\frac{\partial \sigma_{13}}{\partial x_1} + \frac{\partial \sigma_{23}}{\partial x_2} + \frac{\partial \sigma_{33}}{\partial x_3} + b_3 = 0$$

式 (B.9) 称为微元体的**平衡微分方程**，它给出了应力分量的一阶偏导数和体力分量之间的关系。由微元体的力矩平衡方程可以得到剪应力互等定理，即 $\sigma_{ij} = \sigma_{ji}$ $(i, j = 1, 2, 3; i \neq j)$。利用指标记号可以将上式写为

$$\sigma_{ji,j} + b_i = 0 \quad (i, j = 1, 2, 3) \tag{B.10}$$

式中下标"$,j$"表示对坐标 x_j 的偏导数。利用哈密顿算子 ∇，有

$$()\nabla = \frac{\partial ()}{\partial x_i} \boldsymbol{e}_i, \quad \nabla () = \boldsymbol{e}_i \frac{\partial ()}{\partial x_i} \tag{B.11}$$

可以将式 (B.10) 写成张量的形式

$$\nabla \cdot \boldsymbol{\sigma} + \boldsymbol{b} = \boldsymbol{0} \tag{B.12}$$

式中

$$\nabla \cdot \boldsymbol{\sigma} = \boldsymbol{e}_i \cdot \frac{\partial \boldsymbol{\sigma}}{\partial x_i} = \frac{\partial \sigma_{mn}}{\partial x_i} \boldsymbol{e}_i \cdot \boldsymbol{e}_m \boldsymbol{e}_n = \frac{\partial \sigma_{in}}{\partial x_i} \boldsymbol{e}_n$$

$()\nabla$ 和 $\nabla ()$ 分别称为物理量的右梯度和左梯度。

B.2 应变与几何方程

在载荷作用下，物体将会产生刚体运动（平移和转动），并发生形状变化（包括体积改变和形状畸变，简称变形）。本节基于运动学研究物体的变形，不涉及物体的材料性质和平衡条件。

将物体内各质点（其矢径 $\boldsymbol{x} = x_i \boldsymbol{e}_i$）的位移矢量记为 $\boldsymbol{u} = u_i \boldsymbol{e}_i$，它是空间坐标的函数。各点的位移矢量集合确定了物体的位移场 $\boldsymbol{u}(\boldsymbol{x})$，它完整地描述了物体的运动，包含了平移、转动和变形的全部信息。

下面考察物体内某线元 $\mathrm{d}\boldsymbol{x}$ 的变形。线元端点 P 和 Q 在变形前的矢径分别为 $\boldsymbol{x}$ 和 $\boldsymbol{x} + \mathrm{d}\boldsymbol{x}$，变形后 P 和 Q 分别运动到 P' 和 Q' 的位置，位移分别为 $\boldsymbol{u}(\boldsymbol{x})$ 和 $\boldsymbol{u}(\boldsymbol{x} + \mathrm{d}\boldsymbol{x})$。$Q$ 点位移相对 P 点位移的增量为

$$\mathrm{d}\boldsymbol{u} = \boldsymbol{u}(\boldsymbol{x} + \mathrm{d}\boldsymbol{x}) - \boldsymbol{u}(\boldsymbol{x}) \tag{B.13}$$

式中 $\mathrm{d}\boldsymbol{u} = \mathrm{d}u_i \boldsymbol{e}_i$，$\mathrm{d}\boldsymbol{x} = \mathrm{d}x_i \boldsymbol{e}_i$。位移增量 $\mathrm{d}\boldsymbol{u}$ 的分量（忽略高阶小量）为

$$\mathrm{d}u_1 = \frac{\partial u_1}{\partial x_1}\mathrm{d}x_1 + \frac{\partial u_1}{\partial x_2}\mathrm{d}x_2 + \frac{\partial u_1}{\partial x_3}\mathrm{d}x_3$$

$$\mathrm{d}u_2 = \frac{\partial u_2}{\partial x_1}\mathrm{d}x_1 + \frac{\partial u_2}{\partial x_2}\mathrm{d}x_2 + \frac{\partial u_2}{\partial x_3}\mathrm{d}x_3 \tag{B.14}$$

$$\mathrm{d}u_3 = \frac{\partial u_3}{\partial x_1}\mathrm{d}x_1 + \frac{\partial u_3}{\partial x_2}\mathrm{d}x_2 + \frac{\partial u_3}{\partial x_3}\mathrm{d}x_3$$

上式也可以写成指标形式

$$\mathrm{d}u_i = \frac{\partial u_i}{\partial x_j}\mathrm{d}x_j \tag{B.15}$$

由式 (B.11) 可知，位移 $\boldsymbol{u}$ 的右梯度张量和左梯度张量分别为

$$\boldsymbol{u}\nabla = \frac{\partial(u_i\boldsymbol{e}_i)}{\partial x_j}\boldsymbol{e}_j = \frac{\partial u_i}{\partial x_j}\boldsymbol{e}_i\boldsymbol{e}_j$$

$$\nabla\boldsymbol{u} = \boldsymbol{e}_i\frac{\partial(u_j\boldsymbol{e}_j)}{\partial x_i} = \frac{\partial u_j}{\partial x_i}\boldsymbol{e}_i\boldsymbol{e}_j \tag{B.16}$$

因此可将式 (B.15) 写成张量的形式

$$\mathrm{d}\boldsymbol{u} = \boldsymbol{u}\nabla \cdot \mathrm{d}\boldsymbol{x} \tag{B.17}$$

位移梯度张量是一个非对称的二阶张量，但可以分解为一个对称张量 $\boldsymbol{\varepsilon}$ 和一个反对称张量 $\boldsymbol{\Omega}$ 之和，即

$$\boldsymbol{u}\nabla = \boldsymbol{\varepsilon} + \boldsymbol{\Omega} \tag{B.18}$$

式中

$$\boldsymbol{\varepsilon} = \frac{1}{2}(\boldsymbol{u}\nabla + \nabla\boldsymbol{u}) \tag{B.19}$$

与物体中的局部变形有关，称为柯西应变张量或小应变张量，

$$\boldsymbol{\Omega} = \frac{1}{2}(\boldsymbol{u}\nabla - \nabla\boldsymbol{u}) \tag{B.20}$$

与物体中微元的刚体转动有关，称为**转动张量**。在以上两式中，$\nabla\boldsymbol{u}$ 为左梯度。转动张量是反对称张量，只有 3 个独立分量，它们与转动矢量（其时间导数为角速度）有关。对于小变形问题，刚体转动不会产生应力，因此不再对其进行讨论。

将式 (B.17) 和式 (B.18) 代入式 (B.13) 得

$$\boldsymbol{u}(\boldsymbol{x} + \mathrm{d}\boldsymbol{x}) = \boldsymbol{u}(\boldsymbol{x}) + \boldsymbol{\Omega} \cdot \mathrm{d}\boldsymbol{x} + \boldsymbol{\varepsilon} \cdot \mathrm{d}\boldsymbol{x} \tag{B.21}$$

即小变形情况下位移场可以分解为刚体平移、刚体转动和变形三部分之和。

应变张量 (B.19) 可以写成分量的形式

$$\varepsilon_{ij} = \frac{1}{2}(u_{i,j} + u_{j,i}) \tag{B.22}$$

上式给出小变形情况下应变分量和位移分量之间的关系，称为几何方程。应变张量的 3 个对角分量 ε_{11} (ε_x)、ε_{22} (ε_y) 和 ε_{33} (ε_z) 称为正应变，它们分别等于沿 3 个坐标轴方向的线元的单位伸长率。应变张量的 3 个非对角分量 ε_{ij} ($i \neq j$) 称为剪应变，等于变形前沿坐标轴 x_i 和 x_j 的两个相互正交的线元在变形后的夹角减小量之半。

应变张量 ε 是二阶对称张量，有 6 个独立的分量。若已知位移 u_i ($i = 1, 2, 3$)，可以通过式 (B.22) 的微分运算确定这 6 个应变分量 ε_{ij} ($i, j = 1, 2, 3$); 但如果已知 6 个应变分量 ε_{ij}，并不能通过积分式 (B.22) 来确定位移分量 u_i，还需要补充关于 6 个应变分量的 3 个约束条件，即应变协调方程。有限元法主要使用位移场来描述物体的变形，此时只要位移场连续且存在三阶以上的连续偏导数，应变协调方程就能自动满足，因此这里不再讨论。

B.3 物理方程

胡克定理表明，弹性体在小变形情况下其变形和所受的力成正比。对于各向同性弹性材料，由单向拉伸和纯剪切下的胡克定理可得三维复杂应力状态下的应变–应力关系:

$$\begin{aligned}
\varepsilon_{11} &= \frac{1}{E}[\sigma_{11} - \nu(\sigma_{22} + \sigma_{33})] = \frac{1+\nu}{E}\sigma_{11} - \frac{3\nu}{E}p \\
\varepsilon_{22} &= \frac{1}{E}[\sigma_{22} - \nu(\sigma_{33} + \sigma_{11})] = \frac{1+\nu}{E}\sigma_{22} - \frac{3\nu}{E}p \\
\varepsilon_{33} &= \frac{1}{E}[\sigma_{33} - \nu(\sigma_{11} + \sigma_{22})] = \frac{1+\nu}{E}\sigma_{33} - \frac{3\nu}{E}p \\
\varepsilon_{12} &= \frac{1}{2G}\sigma_{12} \\
\varepsilon_{23} &= \frac{1}{2G}\sigma_{23} \\
\varepsilon_{31} &= \frac{1}{2G}\sigma_{31}
\end{aligned} \tag{B.23}$$

式中 E 为弹性模量，ν 为泊松比，

$$G = \frac{E}{2(1+\nu)} \tag{B.24}$$

为剪切模量,

$$p = \frac{1}{3}\sigma_{kk} = \frac{1}{3}(\sigma_{11} + \sigma_{22} + \sigma_{33}) \tag{B.25}$$

为平均正应力 (静水压力)。将式 (B.23) 的前 3 行相加, 得

$$p = K\varepsilon_{kk} \tag{B.26}$$

式中 $\varepsilon_{kk} = \varepsilon_{11} + \varepsilon_{22} + \varepsilon_{33} = \Delta V/V$ 为体积应变,

$$K = \frac{E}{3(1 - 2\nu)} \tag{B.27}$$

为体积模量。式 (B.23) 可以写成张量分量的形式

$$\varepsilon_{ij} = \frac{1 + \nu}{E}\sigma_{ij} - \frac{\nu}{E}\sigma_{kk}\delta_{ij} \tag{B.28}$$

将式 (B.26) 代入式 (B.28), 可得三维复杂应力状态下的应力–应变关系 (物理方程) 为

$$\sigma_{ij} = 2G\varepsilon_{ij} + \lambda\varepsilon_{kk}\delta_{ij} \tag{B.29}$$

其中

$$\lambda = \frac{\nu E}{(1 + \nu)(1 - 2\nu)} \tag{B.30}$$

应变张量 ε_{ij} 可以分解为偏应变张量 ε'_{ij} 和体积应变张量 $\varepsilon_{kk}\delta_{ij}$, 即

$$\varepsilon_{ij} = \varepsilon'_{ij} + \frac{1}{3}\varepsilon_{kk}\delta_{ij} \tag{B.31}$$

因此本构关系式 (B.29) 也可以改用偏应变和体积应变表示为

$$\sigma_{ij} = 2G\varepsilon'_{ij} + K\varepsilon_{kk}\delta_{ij} \tag{B.32}$$

式 (B.28) 和式 (B.29) 总称为各向同性材料的广义胡克定理。常数 λ 和 G 一起称为拉梅常数, 5 个弹性常数 E、ν、λ、G 和 K 中只有 2 个是独立的。对于具体工程材料, 可以用单向拉伸实验测定 E 和 ν, 用薄壁管扭转实验测定 G, 用静水压力实验测定 K。

物理方程 (B.29) 可以写成张量形式

$$\boldsymbol{\sigma} = \boldsymbol{D} : \boldsymbol{\varepsilon} \tag{B.33}$$

其分量形式为

$$\sigma_{ij} = D_{ijkl}\varepsilon_{kl} \tag{B.34}$$

其中

$$D_{ijkl} = (2G\delta_{ik}\delta_{jl} + \lambda\delta_{ij}\delta_{kl}) \tag{B.35}$$

为弹性张量。

B.4 边界条件

为了确定物体内的变形和应力状态, 还必须通过边界条件给定加载和约束方式。物体的表面称为边界 (记为 Γ), 通常有三类边界:

(1) 力边界 Γ_t, 其上给定单位面积上作用的表面力 $\bar{t}$。由斜面应力公式 (B.8) 可得力边界条件

$$n_j\sigma_{ji} = \bar{t}_i \tag{B.36}$$

式中 n_j 为边界 Γ_t 的外法向单位矢量。当 $\bar{t}_i = 0$ 时, 力边界 Γ_t 称为自由边界。

(2) 位移边界 Γ_u, 其上给定位移约束

$$u_i = \bar{u}_i \tag{B.37}$$

(3) 混合边界 Γ_C, 其上部分给定力边界条件, 部分给定位移边界条件。如在物体表面某点上有的方向给定位移分量, 而在其余方向给定面力分量; 或者在表面一部分给定位移, 而另外一部分给定面力。

在物体边界上, 必须处处给定力或位移边界条件, 否则解是不确定的。但是, 在已经给定力 (或位移) 边界条件处不能再指定相应的位移 (或力) 边界条件, 否则两者要么相互矛盾, 要么有一个条件是冗余的。因此有 $\Gamma_t \cup \Gamma_u = \Gamma$, $\Gamma_t \cap \Gamma_u = \emptyset$。

B.5 平面问题

许多工程实际问题都可以简化为二维平面问题, 如大坝、厚壁圆筒和隧道等。这些问题都是柱形体, 且只承受面内载荷。平面问题可以分为平面应力问题和平面应变问题两大类。在平面应力问题中, 应力只有 $\sigma_x(x,y)$、$\sigma_y(x,y)$ 和 $\tau_{xy}(x,y)$ 三个面内分量不为零, 而应变有 ε_x、ε_y、γ_{xy} 和 ε_z 四个非零分量; 在平面应变问题中, 应变只有 $\varepsilon_x(x,y)$、$\varepsilon_y(x,y)$ 和 $\gamma_{xy}(x,y)$ 三个面

内分量不为零，而应力有 σ_x、σ_y、τ_{xy} 和 σ_z 四个非零分量。

对于平面问题，应力 – 应变关系式 (B.29) 可以改写为

$$\sigma_{\alpha\beta} = 2G\varepsilon_{\alpha\beta} + \lambda\varepsilon_{kk}\delta_{\alpha\beta} \tag{B.38}$$

式中希腊字母 $\alpha, \beta = 1, 2$，英文字母 $k = 1, 2, 3$。利用条件 $\sigma_z = 0$（平面应力问题）和 $\varepsilon_z = 0$（平面应变问题）可得

$$\varepsilon_z = -\frac{\nu}{1-\nu}(\varepsilon_x + \varepsilon_y) \quad （平面应力）$$
$$\sigma_z = \lambda(\varepsilon_x + \varepsilon_y) \qquad （平面应变） \tag{B.39}$$

将上式第一式代入式 (B.38) 中，可得平面应力问题的应力 – 应变关系

$$\sigma_x = \frac{E}{1-\nu^2}(\varepsilon_x + \nu\varepsilon_y)$$
$$\sigma_y = \frac{E}{1-\nu^2}(\varepsilon_y + \nu\varepsilon_x)$$
$$\tau_{xy} = 2G\varepsilon_{xy} \tag{B.40}$$
$$\sigma_z = \tau_{zx} = \tau_{zy} = 0$$

类似地，可以得到平面应变问题的应力 – 应变关系

$$\sigma_x = \frac{E(1-\nu)}{(1+\nu)(1-2\nu)}\left(\varepsilon_x + \frac{\nu}{1-\nu}\varepsilon_y\right)$$
$$\sigma_y = \frac{E(1-\nu)}{(1+\nu)(1-2\nu)}\left(\varepsilon_y + \frac{\nu}{1-\nu}\varepsilon_x\right)$$
$$\tau_{xy} = 2G\varepsilon_{xy} \tag{B.41}$$
$$\sigma_z = \lambda(\varepsilon_x + \varepsilon_y), \quad \tau_{zx} = \tau_{zy} = 0$$

可见，在平面应力问题的应力 – 应变关系式 (B.40) 中将 E 替换为 $\dfrac{E}{1-\nu^2}$，将 ν 替换为 $\dfrac{\nu}{1-\nu}$，即可得平面应变问题的应力 – 应变关系式 (B.41)。

对于平面问题，$\tau_{zx} = \tau_{zy} = 0$，$\sigma_z$ 与 z 无关，因此平衡方程 (B.10) 可以简化为

$$\sigma_{\beta\alpha,\beta} + b_\beta = 0 \quad (\alpha, \beta = 1, 2)$$
$$b_z = 0 \tag{B.42}$$

可见，只有当物体仅受与 z 无关的面内体力 $\boldsymbol{b}$（即 b_x 和 b_y 与 z 无关且 $b_z = 0$）作用时才能简

化为平面问题。

对于平面问题，$\varepsilon_{zx} = \varepsilon_{zy} = 0$，$\varepsilon_z$ 要么为 0（平面应变问题），要么不独立（平面应力问题），因此可以只考虑面内的几何方程，即

$$\varepsilon_{\alpha\beta} = \frac{1}{2}(u_{\alpha,\beta} + u_{\beta,\alpha}) \quad (\alpha, \beta = 1, 2) \tag{B.43}$$

平面问题的侧面 $(n_z = 0)$ 面力边界条件为

$$\begin{aligned} n_\beta \sigma_{\beta\alpha} &= \bar{t}_\alpha \quad (\alpha, \beta = 1, 2) \\ 0 &= \bar{t}_z \end{aligned} \tag{B.44}$$

可见，只有当物体仅受与 z 无关的面内面力 $\bar{\boldsymbol{t}}$ 时才能简化为平面问题。对于端面 $(n_x = n_y = 0$, $n_z = \pm 1)$，平面应变问题的面力边界条件为 $\bar{t}_\alpha = \tau_{3\alpha} = 0$ $(\alpha = 1, 2)$，$\bar{t}_z = \sigma_z = \nu(\sigma_x + \sigma_y)$，平面应力问题的面力边界条件为 $\bar{t}_i = 0$ $(i = 1, 2, 3)$。

附录 C 单元示例代码

阅读代码是学习有限元法的有效途径之一。为了帮助读者理解有限元法的典型单元格式，本附录提供了若干典型单元的 python 示例代码，包括一维线弹性问题 2 节点线性单元和 3 节点二次单元代码 bar1d-python、二维线弹性问题的 4 节点双线性四边形单元代码 elasticity2d-python、细长梁问题的欧拉梁单元代码 beam1d-python、矩形薄板问题的 4 节点矩形薄板单元代码 plate-python、矩形板问题的 4 节点 Mindlin 板单元代码 MindlinPlate-python 和一般曲壳问题的 8 节点退化壳单元代码 Shell-python。这些代码均可在 GitHub 上的 xzhang66/FEM-Python 仓库中下载，相应的 MATLAB 程序可在 GitHub 的 xzhang66/Fish-JSON 仓库中下载。

本附录中的单元示例代码的有限元模型数据是用 JSON 数据格式存储的。JSON（JavaScript Object Notation）是一种轻量级的数据交换格式，层次结构简洁清晰，易于人工阅读和编写，同时也易于计算机解析和生成。truss-python 将有限元模型数据定义为 JSON 对象，即以"{"开始以"}"结束的一个无序的"键/值"对的集合，每个"键"后跟一个":"，"键/值"对之间用","分隔。"值"可以是双引号括起来的字符串、数值、对象或者数组等，其中数组是值的有序集合，以"["开始，以"]"结束，而值之间用","分隔。在 python 程序中，用 `import json` 导入 json 库后，利用 `FEData = json.load(open('test.json'))` 语句可将存储在文件 `'test.json'` 中的 JSON 对象载入到类型为 dict 的对象 FEData 中，然后利用 `FEData['键名']` 可获得该键的值。

C.1 示例代码 truss-python

truss-python 是我们参考 Fish 和 Belytschko 教材[1] 附带的 MATLAB 程序用 python 语言编写的求解桁架系统的有限元程序，其有限元模型数据是用 JSON 数据格式存储的。与 truss-python 对应的 MATLAB 程序为 truss-json。

truss-python 程序包含以下几个模块：

1. FEMData.py：用于定义有限元模型数据，包括如下变量：

(1) Title：标题字符串，用于描述待求解的问题；

(2) nsd：待求解问题的空间维数（$= 1 \sim 3$）；

(3) ndof：每个节点的自由度数（$= 1 \sim 3$）；

(4) nnp：节点总数；

(5) nel：单元总数；

(6) nen：每个单元的节点数（$= 2$）；

(7) neq：方程（自由度）总数（$=$ ndof $\times$ nnp）；

(8) nd：本质边界条件数；

(9) CArea[nel]：各单元横截面面积；

(10) E[nel]：各单元弹性模量；

(11) leng[nel]：各单元的长度；

(12) stress[nel]：各单元的应力；

(13) x[nnp]：各节点的 x 坐标；

(14) y[nnp]：各节点的 y 坐标；

(15) IEN[nen, nel]：单元表示数组，其第 e 列为单元 e 各节点的总体编号；

(16) LM[nen, nel]：对号数组，LM[i, e] 为单元 e 的第 i 个自由度对应的全局自由度号；

(17) K[neq, neq]：总体刚度矩阵；

(18) f[neq]：总体节点力向量；

(19) d[neq]：节点位移解向量；

(20) plot_truss：是否绘制桁架；

(21) plot_node：是否显示节点号；

(22) plot_tex：是否将图形转换为 PGFPlots 格式并保存在 `fe_plot.tex`文件中，供 LaTex 使用。利用 \input{fe_plot}可将该图形插入到其他 LaTex 文档中，且自动使用该 LaTex 文档定义的字体。

2. PrePost.py：前后处理模块，提供了从 JSON 格式读取有限元模型数据的函数 create_model_json(DataFile)（其中 DataFile 为输入数据文件名）、生成对号矩阵 LM 的函数 set_LM()、绘制桁架的函数 plottruss() 和计算并输出各单元应力的函数 print_stress() 等。有限元模型数据文件允许的键名有：Title、nsd、ndof、nnp、nel、nen、CArea、E、d、nd、fdof、force、x、y、IEN、plot_truss、plot_node、plot_tex 等，其中 fdof 和 force 分别用于定义受外力作用的自由度和相应的外力值，其余键名与 FEMData 模块定义的变量名相同，用于输入相应变量的值。例如，利用 truss-python 求解例题 2–1 所示问题的有限元模型输入数据文件的内容为

（见 truss-python 程序所附带的文件 `truss_2_1.json`）：

```json
{
    "Title": " 2D truss in Example 2.1",
    "nsd":  2,
    "ndof":  2,
    "nnp":  3,
    "nel":  2,
    "nen":  2,
    "CArea":  [1, 1],
    "E": [1, 1],
    "d": [0, 0, 0, 0],
    "nd": 4,
    "fdof": [5, 6],
    "force": [10.0, 0.0],
    "x": [1.0, 0.0, 1.0],
    "y": [0.0, 0.0, 1.0],
    "IEN": [
        [1, 3],
        [2, 3]
    ],

    "plot_truss":  "yes",
    "plot_node" : "yes",
    "plot_tex"  : "yes"
}
```

3. TrussElem.py：提供计算一维和二维杆单元刚度矩阵的函数 TrussElem(e)，其中 e 为单元号。

4. utitls.py：提供单元刚度矩阵组装函数 assembly（e, ke）（其中 e 为单元号，ke 为单元刚度矩阵）和用缩减法施加本质边界条件并求解总体刚度方程的函数 solvedr()。

5. Truss.py：提供主程序 main 和有限元分析函数 FERun(DataFile)，其中 DataFile 为有限元模型数据文件。主程序读取命令行参数（有限元模型数据文件名），并调用 FERun 函数执行有限元分析。

▮ C.2　示例代码 bar1d-python

bar1d-python 是我们在 Fish 和 Belytschko 教材 [1] 附带的 MATLAB 程序基础上用 python 语言编写的求解一维线弹性问题的有限元程序。bar1d-python 程序具有 2 节点线性单元和 3 节点二次单元，单元横截面面积、弹性模量、体力可以沿杆变化（由节点变量插值求得），杆内可以受集中力作用。bar1d-python 程序的有限元模型数据是用 JSON 数据格式存储的。

bar1d-python 程序包含以下几个模块：

1. FEMData.py：用于定义有限元模型数据，包括如下变量：

(1) Title：标题字符串，用于描述待求解的问题；

(2) nsd：待求解问题的空间维数（ = 1 ）；

(3) ndof：每个节点的自由度数（ = 1 ）；

(4) nnp：节点总数；

(5) nel：单元总数；

(6) nen：每个单元的节点数（ 2 或者 3 ）；

(7) neq：方程（自由度）总数（ = ndof × nnp ）；

(8) E[nnp]：节点弹性模量，单元内各点的弹性模量由单元节点弹性模量插值得到；

(9) body[nnp]：节点体力，单元内各点的体力由单元节点体力插值得到；

(10) CArea[nnp]：节点横截面面积，单元内各点的横截面面积由单元节点横截面面积插值得到；

(11) ngp：计算刚度矩阵时所采用的高斯求积的积分点数；

(12) flags[neq]：各节点自由度的边界条件代码，1 表示该节点自由度位于自然边界上，其面力由 n_bc 的相应元素给定；2 表示该节点自由度位于本质边界上，其位移由 e_bc 的相应元素给定；

(13) nd：位于本质边界上的节点总数；

(14) e_bc[neq]：各节点自由度的给定位移值；

(15) n_bc[neq]：各节点自由度的给定面力值；

(16) np：集中力的总数；

(17) xp[np]：各集中力作用点的坐标；

(18) P[np]：各集中力的值；

(19) plot_bar：是否绘制杆件；

(20) plot_nod：是否显示节点号；

(21) plot_tex：是否将图形转换为 PGFPlots 格式，供 LaTex 使用；

(22) nplot：用于绘制各单元位移/应力曲线的点数，取为 10*nen；

(23) x[nnp]：各节点的 x 坐标；

(24) y[nnp]：各节点的 y 坐标；

(25) IEN[nen, nel]：单元表示数组，其第 e 列为单元 e 各节点的总体编号；

(26) ID[neq]：各节点自由度对应的总体自由度 (方程) 号，其中前 nd 个方程对应于给定位移自由度，以便于用缩减法施加本质边界条件；

(27) LM[nen, nel]：对号数组，LM[i, e] 为单元 e 的第 i 个自由度对应的全局自由度号；

(28) K[neq, neq]：总体刚度矩阵；

(29) f[neq]：总体节点载荷向量；

(30) d[neq]：节点位移解向量；

(31) Exact：待求解问题的精确解，TaperedBar 对应于例题 3–8 中的楔形杆问题，CompressionBar 对应于 3.9.2 节的等截面杆问题，ConcentratedForce 对应于例题 3–11 中的存在杆内集中力的等截面杆问题。

2. PrePost.py：前后处理模块，提供了以下 6 个函数：

(1) create_model_json(DataFile)：从输入数据文件 DataFile（JSON 格式）中读取有限元模型数据。允许的键名有：Title、nsd、ndof、nnp、nel、nen、E、body、CArea、ngp、flags、e_bc、n_bc、nd、np、xp、P、x、y、IEN、plot_bar、plot_nod、plot_tex 和 Exact，用于输入 FEMData 模块定义的相应变量的值。

(2) setup_ID_LM()：生成数组 ID 和对号数组 LM[nen, nel]。为便于用缩减法施加本质边界条件，前 nd 个方程对应于给定位移自由度；

(3) naturalBC()：计算边界节点载荷向量并将其组装到总体节点载荷向量中；

(4) plotbar()：绘制杆件图；

(5) disp_and_stress(e, d, ax1, ax2)：输出单元 e 的高斯点应力，并分别在子图 ax1 和 ax2 中绘制单元位移和应力有限元解，其中 d 为节点位移解向量；

(6) postprocessor()：后处理函数，输出高斯点应力，并绘制单元位移/应力的有限元解和精确解。

3. Bar1DElem.py：一维杆单元模块，提供了以下 3 个函数：

(1) Nmatrix1D(xt, xe)：计算单元内某点（其坐标为 xt）的形函数矩阵，其中 xe[nen] 为单元节点坐标数组；

(2) Bmatrix1D(xt, xe)：计算单元内某点（其坐标为 xt）的形函数导数矩阵，其中 xe[nen] 为单元节点坐标数组；

(3) BarElem(e)：计算一维杆单元的刚度矩阵和节点体力向量，其中 e 为单元号。

4. utitls.py：提供了以下 3 个函数：

(1) gauss(ngp)：高斯求积函数，其中 ngp 为高斯点数，返回各高斯点的权系数和坐标；

(2) assembly(e, ke, fe)：单元刚度矩阵和节点体力向量组装函数，其中 e 为单元号，ke 为单元刚度矩阵，fe 为单元体力向量；

(3) solvedr()：用缩减法施加本质边界条件并求解总体刚度方程；

5. Exact.py：精确解模块，提供了以下 5 个函数：

(1) ExactSolution_TaperedBar(ax1, ax2)：在子图 ax1 和 ax2 中绘制例题 3–8 中的楔形杆的位移和应力精确解；

(2) ExactSolution_CompressionBar(ax1, ax2)：在子图 ax1 和 ax2 中绘制第 3.9.2 节的等截面杆的位移和应力精确解；

(3) ExactSolution_ConcentratedForce(ax1, ax2)：在子图 ax1 和 ax2 中绘制例题 3–11 中的存在杆内集中力的等截面杆的位移和应力精确解；

(4) ErrorNorm_CompressionBar()：计算等截面杆问题的有限元位移解误差的 L2 范数和能量范数；

(5) ErrorNorm_ConcentratedForce(flag)：计算存在杆内集中力的等截面杆问题的有限元位移解误差的 L2 范数和能量范数。

6. Bar1D.py：包含主程序 main 和有限元分析函数 FERun(DataFile)，其中 DataFile 为有限元模型数据文件。主程序读取命令行参数（有限元模型数据文件名），并调用 FERun 函数执行有限元分析。

7. ConvergeCompressionBar.py：利用等截面杆问题，对线性单元和二次单元进行收敛性分析，绘制其误差 L2 范数/能量范数–h 对数曲线图，并拟合得到误差范数的 Ch^α 表达式，详见第 3.9.2 节。其中线性单元分析分别采用 2、4、8、16 和 32 个单元，二次单元分析分别采用 2、4、8 和 16 个单元，相关输入数据文件存储在 Convergence/CompressionBar 文件夹中；

8. ConvergeConcentratedForce.py：利用存在杆内集中力的等截面杆问题，对线性单元和二次单元进行收敛性分析，绘制其误差 L2 范数/能量范数–h 对数曲线图，并拟合得到误差范数的 Ch^α 表达式，详见例题 3–11 。相关数据文件存储在 Convergence/ConcentratedForce 文件夹中。

利用 Bar1D-python 求解例题 3–8 中的楔形杆问题的有限元模型输入数据文件的内容为（见 Bar1D-python 程序所附带的文件 `bar_5_2_2.json`）：

```
{
    "Title": " Example 3-5 (2 elements)",
    "nsd": 1,
    "ndof": 1,
    "nnp": 5,
    "nel": 2,
```

```
    "nen": 3,
    "E": [8, 8, 8, 8, 8],
    "body": [8, 8, 8, 8, 8],
    "CArea": [4, 7, 10, 11, 12],

    "ngp": 2,

    "flags": [2, 0, 0, 0, 1],
    "e_bc": [0, 0, 0, 0, 0],
    "n_bc": [0, 0, 0, 0, 0],
    "nd": 1,

    "np": 1,
    "xp": [5],
    "P": [24],

    "x": [2.0, 3.5, 5.0, 5.5, 6.0],
    "y": [4.0, 7.0, 10, 11, 12],

    "IEN": [
        [1, 3],
        [2, 4],
        [3, 5]
    ],

    "plot_bar": "yes",
    "plot_nod": "yes",
    "plot_tex": "no",

    "Exact": "TaperedBar"
}
```

▮ C.3 示例代码 Advection-Diffusion-python

Advection-Diffusion-python 是我们在一维线弹性问题的 bar1d-python 程序基础上用 python 语言编写的求解一维对流扩散方程的有限元程序。Advection-Diffusion-python 程序具有 2 节点线性单元，单元横截面积、扩散系数、源可以沿杆变化（由节点量插值求得），杆内可以受点源作用。Advection-Diffusion-python 程序的有限元模型数据是用 JSON 数据格式存储的。

Advection-Diffusion-python 程序包含以下几个模块：

1. FEMData.py：用于定义有限元模型数据，包括如下变量：

(1) Title：标题字符串，用于描述待求解的问题；

(2) nsd：待求解问题的空间维数（= 1）；

(3) ndof：每个节点的自由度数（= 1）；

(4) nnp：节点总数；

(5) nel：单元总数；

(6) nen：每个单元的节点数（= 2）；

(7) neq：方程（自由度）总数（= ndof × nnp）；

(8) k[nnp]：节点扩散系数，单元内各点的扩散系数由单元节点扩散系数插值得到；

(9) body[nnp]：节点源，单元内各点的源由单元节点源插值得到；

(10) CArea[nnp]：节点横截面面积，单元内各点的横截面面积由单元节点横截面面积插值得到；

(11) PN：Peclet 数；

(12) alpha：可调系数，0 表示伽辽金有限元格式，1 表示迎风差分格式，$\alpha_{\text{opt}} = \coth|P_e| - 1/P_e$ 表示采用最优 α 值的彼得罗夫伽辽金有限元格式；

(13) ngp：计算刚度矩阵时所采用的高斯求积的积分点数；

(14) flags[neq]：各节点自由度的边界条件代码，1 表示该节点自由度位于自然边界上，其扩散通量由 n_bc 的相应元素给定；2 表示该节点自由度位于本质边界上，其待求流体物理量 θ 由 e_bc 的相应元素给定；

(15) nd：位于本质边界上的节点总数；

(16) e_bc[neq]：各节点自由度的给定流体物理量 θ 值；

(17) n_bc[neq]：各节点自由度的给定扩散通量值；

(18) np：点源的总数；

(19) xp[np]：各点源作用点的坐标；

(20) P[np]：各点源的值；

(21) plot_tex：是否将图形转换为 PGFPlots 格式，供 LaTex 使用；

(22) nplot：用于绘制各单元流体物理量 θ 曲线的点数，取为 10*nen；

(23) x[nnp]：各节点的 x 坐标；

(24) IEN[nen, nel]：单元表示数组，其第 e 列为单元 e 各节点的总体编号；

(25) ID[neq]：各节点自由度对应的总体自由度 (方程) 号，其中前 nd 个方程对应于给定流体物理量 θ 的自由度，以便于用缩减法施加本质边界条件；

(26) LM[nen, nel]：对号数组，LM[i, e] 为单元 e 的第 i 个自由度对应的全局自由度号；

(27) K[neq, neq]：总体刚度矩阵；

(28) f[neq]：总体节点源向量；

(29) d[neq]：节点流体物理量 θ 解向量；

(30) Exact：待求解一维对流扩散方程的精确解。

2. PrePost.py：前后处理模块，提供了以下 4 个函数：

(1) create_model_json(DataFile)：从输入数据文件 DataFile（JSON 格式）中读取有限元模型数据。允许的键名有：Title、nsd、ndof、nnp、nel、nen、k、body、CArea、PN、alpha、ngp、flags、e_bc、n_bc、nd、np、xp、P、x、IEN、plot_tex 和 Exact，用于输入 FEMData 模块定义的相应变量的值。

(2) setup_ID_LM()：生成数组 ID 和对号数组 LM[nen, nel]。为便于用缩减法施加本质边界条件，前 nd 个方程对应于给定流体物理量 θ 的自由度；

(3) naturalBC()：计算边界节点源向量并将其组装到总体节点源向量中；

(4) postprocessor()：后处理函数，绘制单元流体物理量 θ 的有限元解和精确解。

3. Advection_DiffusionElem.py：一维对流扩散单元模块，提供了以下 3 个函数：

(1) Nmatrix1D(xt, xe)：计算单元内某点（其坐标为 xt）的形函数矩阵，其中 xe[nen] 为单元节点坐标数组；

(2) Bmatrix1D(xt, xe)：计算单元内某点（其坐标为 xt）的形函数导数矩阵，其中 xe[nen] 为单元节点坐标数组；

(3) Advection_DiffusionElem(e, a)：计算一维对流扩散单元的刚度矩阵和节点源向量，其中 e 为单元号，a 为可调系数 alpha。

4. utitls.py：提供了以下 3 个函数：

(1) gauss(ngp)：高斯求积函数，其中 ngp 为高斯点数，返回各高斯点的权系数和坐标；

(2) assembly(e, ke, fe)：单元刚度矩阵和节点源向量组装函数，其中 e 为单元号，ke 为单元刚度矩阵，fe 为单元节点源向量；

(3) solvedr()：用缩减法施加本质边界条件并求解总体刚度方程；

5. Exact.py：精确解模块，提供了以下 1 个函数：

ExactSolution()：绘制一维对流扩散问题的流体物理量 θ 精确解；

6. Advection-Diffusion.py：包含主程序 main 和有限元分析函数 FERun(DataFile)，其中 DataFile 为有限元模型数据文件。主程序读取命令行参数（有限元模型数据文件名），并调用 FERun 函数执行有限元分析。

利用 Advection-Diffusion-python 求解例题 3–8 中的一维对流扩散问题的有限元模型输入数据文件的内容为（见 Advection-Diffusion-python 程序所附带的文件 PN_0_1.json）：

```json
{
    "Title": "numerical elements (PN=0.1)",
    "nsd":  1,
    "ndof": 1,
    "nnp":  21,
    "nel":  20,
    "nen":  2,

    "k": [ 1, 1, 1, 1, 1, 1, 1, 1, 1, 1,
           1, 1, 1, 1, 1, 1, 1, 1, 1, 1 ],
    "body": [ 0, 0, 0, 0, 0, 0, 0, 0, 0, 0,
              0, 0, 0, 0, 0, 0, 0, 0, 0, 0 ],
    "CArea": [ 1, 1, 1, 1, 1, 1, 1, 1, 1, 1,
               1, 1, 1, 1, 1, 1, 1, 1, 1, 1 ],

    "PN": 0.1,
    "alpha": [0, 1],
    "ngp": 2,

    "flags": [ 2, 2, 0, 0, 0, 0, 0, 0, 0, 0,
               0, 0, 0, 0, 0, 0, 0, 0, 0, 0, 0 ],
    "e_bc": [ 0, 1, 0, 0, 0, 0, 0, 0, 0, 0,
              0, 0, 0, 0, 0, 0, 0, 0, 0, 0, 0 ],
    "n_bc": [ 0, 0, 0, 0, 0, 0, 0, 0, 0, 0,
              0, 0, 0, 0, 0, 0, 0, 0, 0, 0, 0 ],
    "nd": 2,

    "np": 0,

    "x": [ 0.0, 10.0, 0.5, 1.0, 1.5, 2.0, 2.5, 3.0, 3.5, 4.0,
           4.5,  5.0, 5.5, 6.0, 6.5, 7.0, 7.5, 8.0, 8.5, 9.0, 9.5 ],

    "IEN": [ [ 1,  3,  4,  5,  6,  7,  8,  9, 10, 11, 12,
              13, 14, 15, 16, 17, 18, 19, 20, 21 ],
             [ 3,  4,  5,  6,  7,  8,  9, 10, 11, 12, 13,
              14, 15, 16, 17, 18, 19, 20, 21,  2 ] ],

    "plot_tex": "no",
    "Exact": "yes"
}
```

C.4   示例代码 elasticity2d-python

elasticity2d-python 是我们在 Fish 和 Belytschko 教材[1] 附带的 MATLAB 程序基础上用 python 语言编写的求解二维（平面应力/平面应变）线弹性问题的有限元程序，具有 4 节点双线性四边形单元，可以选择采用完全积分或带沙漏控制的减缩积分。elasticity2d-python 的有限元模型数据是用 JSON 数据格式存储的。

elasticity2d-python 程序包含以下几个模块：

1. FEMData.py：用于定义有限元模型数据，包括如下变量：

(1) Title：标题字符串，用于描述待求解的问题；

(2) nsd：待求解问题的空间维数（= 2）；

(3) ndof：每个节点的自由度数（= 2）；

(4) nnp：节点总数；

(5) nel：单元总数；

(6) nen：每个单元的节点数（= 4）；

(7) neq：方程（自由度）总数（= ndof × nnp）；

(8) ngp：计算刚度矩阵时所采用的高斯求积的积分点数，ngp = 2 表示采用完全积分，ngp = 1 表示采用带沙漏控制的减缩积分，ngp = −1 表示采用减缩积分（无沙漏控制）；

(9) nd：位于本质边界上的自由度总数；

(10) flags[neq]：各节点自由度边界条件代码。若 flags[i] = 2，表示该自由度位于本质边界上，其位移给定值为 e_bc[i]；

(11) e_bc[neq]：各节点自由度的给定位移值；

(12) nbe：给定面力的单元边数；

(13) n_bc[6, nbe]：定义给定面力，各列的前两行为各给定面力的单元边的左右节点号，后四行分别为左右节点的 x 和 y 向给定面力；

(14) P[neq]：施加的节点外力向量；

(15) b[nen*ndof, nel]：各单元的节点体力，单元内各点的体力由单元节点体力插值得到；

(16) D[3,3]：弹性矩阵，利用输入的弹性模量（键名为 E）和泊松比（键名为 nu）自动生成；

(17) G：剪切模量，程序根据弹性模量和泊松比自动计算；

(18) plane_strain：平面问题的类型。等于 1 表示本问题为平面应变问题，等于 0 表示平面应力问题；

(19) IEN[nen, nel]：单元表示数组，其第 e 列为单元 e 各节点的总体编号；

(20) ID[neq]：各节点自由度对应的总体自由度 (方程) 号，其中前 nd 个方程对应于给定位移自由度，以便于用缩减法施加本质边界条件；

(21) LM[nen, nel]：对号数组，LM[i, e] 为单元 e 的第 i 个自由度对应的全局自由度号；

(22) x[nnp]：各节点的 x 坐标；

(23) y[nnp]：各节点的 y 坐标；

(24) K[neq, neq]：总体刚度矩阵；

(25) f[neq]：总体结点力向量；

(26) d[neq]：结点位移解向量；

(27) counter[nnp]：各节点的相邻单元总数，用于计算节点平均应力；

(28) nodestress[nnp, 3]：各节点的应力 (σ_{xx}，σ_{yy}，τ_{xy})；

(29) compute_stress：是否计算高斯点应力，并绘制应力云图；

(30) plot_mesh：是否绘制网格；

(31) plot_disp：是否绘制变形后的网格；

(32) print_disp：是否输出节点位移；

(33) plot_nod：是否绘制节点号；

(34) plot_stress_xx：是否绘制应力 σ_{xx} 云图；

(35) plot_mises：是否绘制 Mises 应力云图；

(36) plot_tex：是否将图形转换为 PGFPlots 格式，供 LaTex 使用；

(37) fact：绘制变形网格时所采用的位移放大系数；

2. PrePost.py：前后处理模块，提供了以下 10 个函数：

(1) create_model_json(DataFile)：从输入数据文件 DataFile（JSON 格式）中读取有限元模型数据。允许的键名有：Title、nsd、ndof、nnp、nel、nen、E、nu、ngp、nd、flags、nbe、n_bc、x、y、IEN、plot_mesh、plot_nod、plot_disp、compute_stress、plot_stress_xx、plot_mises、plot_tex 和 fact，用于输入 FEMData 模块定义的相应变量的值；

(2) point_and_trac()：将节点外力和给定面力组装到总体结点力向量中；

(3) setup_ID_LM()：生成数组 ID 和对号数组 LM。为便于用缩减法施加本质边界条件，前 nd 个方程对应于给定位移自由度；

(4) plotmesh()：绘制网格图；

(5) postprocessor()：后处理函数，输出高斯点应力，并绘制网格/变形图和应力云图；

(6) displacement()：绘制网格/变形图；

(7) print_displacement：输出各节点位移；

(8) get_stress(e)：计算并输出单元 e 的高斯点应力；

(9) nodal_stress(e)：计算单元 e 的节点应力，并累加到总体节点应力矩阵中；

(10) stress_contours()：绘制应力云图；

3. Elast2DElem.py：二维 4 节点双线性四边形单元模块，提供了以下 4 个函数：

(1) NmatElast2D(eta, psi)：计算单元内某点（其母坐标为 eta, psi）的形函数矩阵；

(2) BmatElast2D(eta, psi, C)：计算单元内某点（其母坐标为 eta, psi）的应变矩阵，其中 C 为单元节点坐标矩阵，其第 1 列为单元各节点的 x 坐标，第 2 列为单元各节点的 y 坐标；

(3) DNmatElast2D(eta, psi, C)：计算单元内某点（其母坐标为 eta, psi）的形函数梯度矩阵；

(4) Elast2DElem(e)：计算二维 4 节点双线性四边形单元的刚度矩阵和节点体力向量，其中 e 为单元号；

4. utitls.py：提供了以下 3 个函数：

(1) gauss(ngp)：高斯求积函数，其中 ngp 为高斯点数，返回各高斯点的权系数和坐标；

(2) assembly(e, ke, fe)：单元刚度矩阵和节点体力向量组装函数，其中 e 为单元号，ke 为单元刚度矩阵，fe 为单元体力向量；

(3) solvedr()：用缩减法施加本质边界条件并求解总体刚度方程的函数；

5. Elasticity2D.py：提供主程序 main 和有限元分析 FERun(DataFile)，其中 DataFile 为有限元模型数据文件。主程序读取命令行参数（有限元模型数据文件名），并调用 FERun 函数执行有限元分析。

利用 elasticity2d-python 求解例题 4–1 中的梯形线弹性平面应力问题的有限元模型输入数据文件的内容为（见程序所附带的文件 elasticity_1.json）：

```
{
    "Title": "Example 4-1 (1 element)",
    "nsd": 2,
    "ndof": 2,
    "nnp": 4,
    "nel": 1,
    "nen": 4,
    "E": 30e6,
    "nu": 0.3,
    "ngp": 2,
    "nd": 4,
    "flags": [2, 2, 2, 2, 0, 0, 0, 0],
    "nbe": 1,
```

```
    "n_bc": [
        [1],
        [4],
        [0],
        [-20],
        [0],
        [-20]
    ],

    "x": [0.0, 0.0, 2.0, 2.0],
    "y": [1.0, 0.0, 0.5, 1.0],
    "IEN": [
        [2],
        [3],
        [4],
        [1]
    ],

    "plane_strain": 0,
    "plot_mesh": "yes",
    "plot_nod" : "yes",
    "plot_disp": "yes",
    "print_disp": "yes",
    "compute_stress": "yes",
    "plot_stress_xx": "yes",
    "plot_mises": "yes",
    "plot_tex": "yes",
    "fact": "9.221e3"
}
```

C.5 示例代码 beam1d-python

beam1d-python 是我们在 Fish 和 Belytschko 教材[1] 附带的 MATLAB 程序基础上用 python 语言编写的求解细长梁问题的有限元程序，梁上可受分布力和集中力作用。beam1d-python 的有限元模型数据是用 JSON 数据格式存储的。

beam1d-python 程序包含以下几个模块：

1. FEMData.py：用于定义有限元模型数据，包括如下变量：

(1) Title：标题字符串，用于描述待求解的问题；

(2) nsd：待求解问题的空间维数（= 1）；

(3) ndof：每个节点的自由度数（= 2）；

(4) nnp：节点总数；

(5) nel：单元总数；

(6) nen：每个单元的节点数（$= 2$）；

(7) neq：方程（自由度）总数（$= \mathrm{ndof} \times \mathrm{nnp}$）；

(8) neqe：单元自由度数（$= \mathrm{ndof} \times \mathrm{nen}$）；

(9) E[nel]：各单元的杨氏模量；

(10) body[nel]：各单元的横向分布力；

(11) CArea[nnp]：各节点的横截面面积，单元内各点的横截面积由节点面积插值求得；

(12) leng[nel]：各单元的长度；

(13) ngp：计算刚度矩阵时所采用的高斯求积的积分点数；

(14) flags[neq]：各节点自由度边界条件代码，1 表示该节点位于自然边界上，其剪力和弯矩由 n_bc 中的相应元素给定，2 表示该自由度位于本质边界上，其位移给定值由 e_bc 中的相应元素给定；

(15) nd：位于本质边界上的自由度总数；

(16) e_bc[neq]：各节点自由度的给定位移值；

(17) n_bc[neq]：各节点自由度的给定剪力/弯矩值；

(18) np：横向集中力的个数；

(19) xp[np]：各横向集中力作用点的坐标；

(20) P[np]：各横向集中力的大小；

(21) x[nnp]：各节点的 x 坐标；

(22) y[nnp]：各节点的 y 坐标；

(23) IEN[nen, nel]：单元表示数组，其第 e 列为单元 e 各节点的总体编号；

(24) ID[neq]：各节点自由度对应的总体自由度 (方程) 号，其中前 nd 个方程对应于给定位移自由度，以便于用缩减法施加本质边界条件；

(25) LM[nen, nel]：对号数组，LM[i, e] 为单元 e 的第 i 个自由度对应的全局自由度号；

(26) K[neq, neq]：总体刚度矩阵；

(27) f[neq]：总体结点力向量；

(28) d[neq]：结点位移解向量；

(29) plot_beam：是否绘制梁外形图；

(30) plot_nod：是否绘制节点号；

(31) plot_tex：是否将图形转换为 PGFPlots 格式，供 LaTex 使用；

(32) Exact：精确解的类型，Fish-10.1 为 Fish 教材例 10.1 的精确解，Ex-6-1 为本教材例题 6–1 的精确解；

(33) nplot：用于绘制各单元位移/应力曲线的点数（$= 10 * nen$）。

2. PrePost.py：前后处理模块，提供了以下 6 个函数：

(1) create_model_json(DataFile)：从输入数据文件 DataFile（JSON 格式）中读取有限元模型数据。允许的键名有：Title、nsd、ndof、nnp、nel、nen、E、body、CArea、ngp、flags、e_bc、n_bc、nd、np、xp、P、x、y、IEN、plot_beam、plot_nod、plot_tex、Exact，用于输入 FEMData 模块定义的相应变量的值；

(2) setup_ID_LM()：生成数组 ID 和对号数组 LM；

(3) naturalBC()：将给定边界节点剪力/弯矩组装到总体节点力向量中；

(4) plotbeam()：绘制梁外形图；

(5) disp_moment_and_shear(e, ax1, ax2, ax3)：输出单元 e 高斯点处的弯矩和剪力，并在子图 ax1、ax2 和 ax3 中分别绘制位移、弯矩和剪力的有限元解曲线；

(6) postprocessor()：后处理函数，输出高斯点应力，并绘制位移、弯矩和剪力的有限元解和精确解曲线图；

3. Beam1DElem.py：一维欧拉梁单元模块，提供了以下 4 个函数：

(1) Nmatrix1D(s, xe)：计算单元内某点（其母坐标为 s）的形函数矩阵，其中 xe 为单元节点坐标列阵；

(2) Bmatrix1D(s, xe)：计算单元内某点（其母坐标为 s）的形函数导数矩阵；

(3) Smatrix1D(s, xe)：计算单元内某点（其母坐标为 s）的形函数二阶导数矩阵；

(4) BeamElem(e)：计算一维欧拉梁单元的刚度阵和节点力向量，其中 e 为单元号；

4. utitls.py：提供了以下 3 个函数：

(1) gauss(ngp)：高斯求积函数，其中 ngp 为高斯点数，返回各高斯点的权系数和坐标；

(2) assembly(e, ke, fe)：单元刚度阵和节点力向量组装函数，其中 e 为单元号，ke 为单元刚度矩阵，fe 为单元节点力向量；

(3) solvedr()：用缩减法施加本质边界条件并求解总体刚度方程的函数；

5. Exact.py：提供了以下两个精确解函数：

(1) ExactSolution_Fish_10_1：Fish 教材中例 10.1 的精确解；

(2) ExactSolution_EX_6_1：本教材例题 6–1 的精确解；

6. Beam1D.py：提供主程序 main 和有限元分析 FERun()。主程序读取命令行参数（有限元模型数据文件名），并调用 FERun 函数执行有限元分析。

利用 beam1d-python 求解例题 6–1 中的悬臂梁问题的有限元模型输入数据文件的内容为（见程序所附带的文件 beam_6_1.json）：

```
{
    "Title": " Example 6-1 (Beam)",
    "nsd": 1,
    "ndof": 2,
    "nnp": 3,
    "nel": 2,
    "nen": 2,
    "E": [10000, 10000],
    "body": [-1, -1],
    "CArea": [1, 1, 1],
    "ngp": 2,
    "flags": [2, 2, 0, 0, 1, 1],
    "e_bc": [0, 0, 0, 0, 0, 0],
    "n_bc": [0, 0, 0, 0, -10, 10],
    "nd": 2,
    "np": 1,
    "xp": [4],
    "P": [-10],
    "x": [0.0, 4.0, 8.0],
    "y": [0.5, 0.5, 0.5],
    "IEN": [
      [1, 2],
      [2, 3]
    ],
    "plot_beam": "yes",
    "plot_nod": "yes",
    "plot_tex": "no",
    "Exact": "Ex-6-1"
}
```

C.6　示例代码 plate-python

plate-python 是我们用 python 语言编写的求解矩形薄板问题的有限元程序，具有 4 节点矩形板单元。plate-python 的有限元模型数据是用 JSON 数据格式存储的。

plate-python 程序包含以下几个模块：

1. FEMData.py：用于定义有限元模型数据，包括如下变量：

(1) Title：标题字符串，用于描述待求解的问题；

(2) nsd：待求解问题的空间维数（= 2）；

(3) ndof：每个节点的自由度数（＝3）；

(4) nnp：节点总数；

(5) nel：单元总数；

(6) nen：每个单元的节点数（＝4）；

(7) neq：方程（自由度）总数（＝ndof × nnp）；

(8) ngp：计算刚度矩阵时所采用的高斯求积的积分点数；

(9) lx：矩形薄板 x 方向边长；

(10) ly：矩形薄板 y 方向边长；

(11) nelx：矩形薄板 x 方向单元数；

(12) nely：矩形薄板 y 方向单元数；

(13) nenx：矩形薄板 x 方向节点数（＝nelx ＋ 1）；

(14) neny：矩形薄板 y 方向节点数（＝nely ＋ 1）；

(15) ae：单元 x 方向边长的一半；

(16) be：单元 y 方向边长的一半；

(17) h：矩形薄板厚度；

(18) q：横向均布载荷大小；

(19) nd：位于本质边界上的自由度总数；

(20) flags[neq]：各节点自由度边界条件代码。若 flags[i]=2，表示该自由度位于本质边界上，其位移给定值为 e_bc[i]；

(21) e_bc[neq]：各节点自由度的给定位移值；

(22) nbe：给定面力的单元边数；

(23) n_bc[6, nbe]：定义给定面力，各列的前两行为各给定面力的单元边的左右节点号，后四行分别为左右节点的 x 和 y 向给定面力；

(24) P[neq]：施加的节点外力向量；

(25) b[nen*ndof, nel]：各单元的节点体力，单元内各点的体力由单元节点体力插值得到；

(26) D[3,3]：弹性矩阵，利用输入的弹性模量（键名为 E）、泊松比（键名为 nu）和矩形薄板厚度（键名为 h）自动生成；

(27) IEN[nen, nel]：单元表示数组，其第 e 列为单元 e 各节点的总体编号；

(28) ID[neq]：各节点自由度对应的总体自由度（方程）号，其中前 nd 个方程对应于给定位移自由度，以便于用缩减法施加本质边界条件；

(29) LM[nen, nel]：对号数组，LM[i, e] 为单元 e 的第 i 个自由度对应的全局自由度号；

(30) x[nnp]：各节点的 x 坐标；

(31) y[nnp]：各节点的 y 坐标；

(32) K[neq, neq]：总体刚度矩阵；

(33) f[neq]：总体结点力向量；

(34) d[neq]：结点位移解向量；

(35) plot_mesh：是否绘制网格；

(36) plot_nod：是否绘制节点号；

(37) plot_tex：是否将图形转换为 PGFPlots 格式，供 LaTex 使用；

(38) nplot：用于绘制各单元挠度/弯矩 M_x 曲线的点数（= 20）；

2. PrePost.py：前后处理模块，提供了以下 6 个函数：

(1) create_model_json(DataFile)：从输入数据文件 DataFile（JSON 格式）中读取有限元模型数据。允许的键名有：Title、nsd、ndof、nnp、nel、nen、E、nu、lx、ly、nelx、nely、h、q、ngp、nd、flags、nbe、x、y、IEN、plot_mesh、plot_nod 和 plot_tex，用于输入 FEMData 模块定义的相应变量的值；

(2) point_and_trac()：将均布载荷、节点外力和给定面力组装到总体节点力向量中；

(3) setup_ID_LM()：生成数组 ID 和对号数组 LM。为便于用缩减法施加本质边界条件，前 nd 个方程对应于给定位移自由度；

(4) plotmesh()：绘制网格图；

(5) postprocessor()：后处理函数，绘制矩形薄板沿中线的挠度和弯矩 M_x 曲线；

(6) centerline_deflection_Mx(e, ax1, ax2)：在子图 ax1 和 ax2 中分别绘制单元 e 沿母坐标 $\eta = 1$ 的挠度和弯矩 M_x 的有限元解曲线；

3. PlateElem.py：4 节点矩形板单元模块，提供了以下 4 个函数：

(1) NmatPlate(eta, psi)：计算单元内某点（其母坐标为 eta, psi）的形函数矩阵；

(2) BmatPlate(eta, psi)：通过显式表达式计算单元内某点（其母坐标为 eta, psi）的形函数导数矩阵；

(3) BmatPlate2(eta, psi)：通过物理坐标计算单元内某点（其母坐标为 eta, psi）的形函数导数矩阵；

(4) PlateElem(e)：计算二维 4 节点矩形板单元的刚度矩阵和节点体力向量，其中 e 为单元号；

4. utitls.py：提供了以下 3 个函数：

(1) gauss(ngp)：高斯求积函数，其中 ngp 为高斯点数，返回各高斯点的权系数和坐标；

(2) assembly(e, ke, fe)：单元刚度矩阵和节点体力向量组装函数，其中 e 为单元号，ke 为单元刚度矩阵，fe 为单元体力向量；

(3) solvedr()：用缩减法施加本质边界条件并求解总体刚度方程的函数；

5. Plate.py：提供主程序 main 和有限元分析 FERun(DataFile)，其中 DataFile 为有限元模型数据文件。主程序读取命令行参数（有限元模型数据文件名），并调用 FERun 函数执行有限元分析。

利用 plate-python 求解例题 6–4 中受均布载荷 q 作用的四边固支方形薄板问题的有限元模型输入数据文件的内容为（见程序所附带的文件 plate_4.json）：

```
{
  "Title": "Example 6-3 (2*2 element)",

  "nsd": 2,
  "ndof": 3,
  "nnp": 9,
  "nel": 4,
  "nen": 4,
  "E": 2.0e+11,

  "nu": 0.3,
  "lx": 8.0,
  "ly": 8.0,
  "nelx": 2,
  "nely": 2,
  "h": 1.0e-2,
  "q": -1.0,

  "ngp": 3,
  "nd": 24,

  "flags": [2, 2, 2, 2, 2, 2, 2, 2, 2,
            2, 2, 2, 0, 0, 0, 2, 2, 2,
            2, 2, 2, 2, 2, 2, 2, 2, 2],
  "nbe": 0,

  "x": [0.0, 4.0, 8.0, 0.0, 4.0, 8.0, 0.0, 4.0, 8.0],
  "y": [0.0, 0.0, 0.0, 4.0, 4.0, 4.0, 8.0, 8.0, 8.0],

  "IEN": [
      [ 1, 2, 4, 5],
      [ 2, 3, 5, 6],
      [ 5, 6, 8, 9],
      [ 4, 5, 7, 8]
  ],

  "plot_mesh": "yes",
```

```
    "plot_nod" : "yes",
    "plot_tex": "no"
}
```

C.7　示例代码 MindlinPlate-python

MindlinPlate-python 是我们用 python 语言编写的求解矩形板问题的有限元程序，具有 4 节点 Mindlin 板单元，可以使用完全积分或选择性减缩积分。MindlinPlate-python 的有限元模型数据是用 JSON 数据格式存储的。

MindlinPlate-python 程序包含以下几个模块：

1. FEMData.py：用于定义有限元模型数据，包括如下变量：

(1) Title：标题字符串，用于描述待求解的问题；

(2) nsd：待求解问题的空间维数（$=2$）；

(3) ndof：每个节点的自由度数（$=3$）；

(4) nnp：节点总数；

(5) nel：单元总数；

(6) nen：每个单元的节点数（$=4$）；

(7) neq：方程（自由度）总数（$=\text{ndof} \times \text{nnp}$）；

(8) ngp：计算时所采用的高斯求积方案：完全积分（$=2$）或选择性减缩积分（$=1$）；

(9) lx：矩形板 x 方向边长；

(10) ly：矩形板 y 方向边长；

(11) nelx：矩形板 x 方向单元数；

(12) nely：矩形板 y 方向单元数；

(13) nenx：矩形板 x 方向节点数（$=\text{nelx} + 1$）；

(14) neny：矩形板 y 方向节点数（$=\text{nely} + 1$）；

(15) ae：单元 x 方向边长的一半；

(16) be：单元 y 方向边长的一半；

(17) h：矩形板厚度；

(18) q：横向均布载荷大小；

(19) nd：位于本质边界上的自由度总数；

(20) flags[neq]：各节点自由度边界条件代码。若 flags[i]=2，表示该自由度位于本质边界上，其位移给定值为 e_bc[i]；

(21) e_bc[neq]：各节点自由度的给定位移值；

(22) nbe：给定面力的单元边数；

(23) n_bc[6, nbe]：定义给定面力，各列的前两行为各给定面力的单元边的左右节点号，后四行分别为左右节点的 x 和 y 向给定面力；

(24) P[neq]：施加的节点外力向量；

(25) b[nen*ndof, nel]：各单元的节点体力，单元内各点的体力由单元节点体力插值得到；

(26) Db[3, 3]：弯曲弹性矩阵，利用弹性模量 E、泊松比 nu 和矩形板厚度 h 自动生成；

(27) Ds[2, 2]：剪切弹性矩阵，利用剪切校正系数（默认值 5/6）、剪切模量 G 和矩形板厚度 h 自动生成；

(28) E：弹性模量；

(29) nu：泊松比；

(30) G：剪切模量，利用弹性模量 E 和泊松比 nu 自动生成；

(31) IEN[nen, nel]：单元表示数组，其第 e 列为单元 e 各节点的总体编号；

(32) ID[neq]：各节点自由度对应的总体自由度（方程）号，其中前 nd 个方程对应于给定位移自由度，以便于用缩减法施加本质边界条件；

(33) LM[nen, nel]：对号数组，LM[i, e] 为单元 e 的第 i 个自由度对应的全局自由度号；

(34) x[nnp]：各节点的 x 坐标；

(35) y[nnp]：各节点的 y 坐标；

(36) K[neq, neq]：总体刚度矩阵；

(37) f[neq]：总体结点力向量；

(38) d[neq]：结点位移解向量；

(39) wc：当前厚度下板的 $w_c D/(qL^4)$，其中 w_c 为板的中心挠度，D 为弯曲刚度，q 为横向均布载荷，L 为矩形板边长（= lx = ly）；

(40) plot_mesh：是否绘制网格；

(41) plot_nod：是否绘制节点号；

(42) plot_centerline：是否绘制沿中线的挠度和弯矩 M_x 曲线；

(43) plot_tex：是否将图形转换为 PGFPlots 格式，供 LaTex 使用；

(44) nplot：用于绘制各单元挠度/弯矩 M_x 曲线的点数（= 20）。

2. PrePost.py：前后处理模块，提供了以下 6 个函数：

(1) create_model_json(DataFile)：从输入数据文件 DataFile（JSON 格式）中读取有限元模型数据。允许的键名有：Title、nsd、ndof、nnp、nel、nen、E、nu、lx、ly、nelx、nely、h、q、ngp、nd、flags、nbe、x、y、IEN、plot_mesh、plot_nod、plot_centerline 和 plot_tex，用于输入 FEMData 模块定义的相应变量的值；

(2) point_and_trac()：将节点外力和给定面力组装到总体节点力向量中；

(3) setup_ID_LM()：生成数组 ID 和对号数组 LM。为便于用缩减法施加本质边界条件，前 nd 个方程对应于给定位移自由度；

(4) plotmesh()：绘制网格图；

(5) postprocessor()：后处理函数，绘制矩形板沿中线的挠度和弯矩 M_x 曲线；

(6) centerline_deflection_Mx(e, ax1, ax2)：在子图 ax1 和 ax2 中分别绘制单元 e 沿母坐标 $\eta = 1$ 的挠度和弯矩 M_x 的有限元解曲线；

3. MindlinPlateElem.py：4 节点 Mindlin 板单元模块，提供了以下 3 个函数：

(1) NmatMindlinPlate(eta, psi)：计算单元内某点（其母坐标为 eta, psi）的形函数矩阵；

(2) BmatMindlinPlate(eta, psi)：计算单元内某点（其母坐标为 eta, psi）的弯曲运动矩阵 B_b 和剪切运动矩阵 B_s；

(3) MindlinPlateElem(e)：计算二维 4 节点 Mindlin 板单元的刚度矩阵和节点体力向量，其中 e 为单元号。刚度矩阵由弯曲刚度矩阵 K_b 和剪切刚度矩阵 K_s 组成，计算 K_b 时采用输入的积分点数（键名为 ngp）进行高斯求积，计算 K_s 和节点体力向量时采用减缩积分（ngp $-$ 1 个积分点）；

4. utitls.py：提供了以下 3 个函数：

(1) gauss(ngp)：高斯求积函数，其中 ngp 为高斯点数，返回各高斯点的权系数和坐标；

(2) assembly(e, ke, fe)：单元刚度矩阵和节点体力向量组装函数，其中 e 为单元号，ke 为单元刚度矩阵，fe 为单元体力向量；

(3) solvedr()：用缩减法施加本质边界条件并求解总体刚度方程的函数；

5. Exact.py：精确解模块，提供函数 ExactSolution(ax1, ax2)，用于在子图 ax1 和 ax2 中绘制矩形薄板沿中线的挠度和弯矩 M_x 精确解；

6. MindlinPlate.py：提供主程序 main 和有限元分析 FERun(DataFile)，其中 DataFile 为有限元模型数据文件。主程序读取命令行参数（有限元模型数据文件名），并调用 FERun 函数对输入的边厚比范围（键名为 "r"）内多个厚度的板执行有限元分析。

7. ConvergeMindlinPlate.py：利用矩形板弯曲问题，对完全积分和选择性减缩积分的 Mindlin 板单元进行收敛性分析，绘制其 $w_cD/(qL^4) - L/h$ 曲线图。

利用 MindlinPlate-python 求解例题 6–5 中受横向均布载荷 q 作用的四边固支方形板问题的有限元模型输入数据文件见程序所附带的文件 `plate_64.json`（8×8 个均匀矩形 Mindlin 板单元）。

▧ C.8 示例代码 shell-python

shell-python 是我们用 python 语言编写的求解一般曲壳问题的有限元程序，具有 8 节点退化壳单元。shell-python 的有限元模型数据是用 JSON 数据格式存储的。

shell-python 程序包含以下几个模块：

1. FEMData.py：用于定义有限元模型数据，包括如下变量：

(1) Title：标题字符串，用于描述待求解的问题；

(2) nsd：待求解问题的空间维数（$= 3$）；

(3) ndof：每个节点的自由度数（$= 5$）；

(4) nnp：节点总数；

(5) nel：单元总数；

(6) nen：每个单元的节点数（$= 8$）；

(7) neq：方程（自由度）总数（$= \text{ndof} \times \text{nnp}$）；

(8) ngp：计算时所采用的高斯求积方案：完全积分（$= 3$）或减缩积分（$= 2$）；

(9) lx：矩形板 x 方向边长；

(10) ly：矩形板 y 方向边长；

(11) nelx：矩形板 x 方向单元数；

(12) nely：矩形板 y 方向单元数；

(13) nenx：矩形板 x 方向节点数（$= \text{nelx} + 1$）；

(14) neny：矩形板 y 方向节点数（$= \text{nely} + 1$）；

(15) q：上表面横向均布载荷大小；

(16) nd：位于本质边界上的自由度总数；

(17) flags[neq]：各节点自由度边界条件代码。若 flags[i]=2，表示该自由度位于本质边界上，其位移给定值为 e_bc[i]；

(18) e_bc[neq]：各节点自由度的给定位移值；

(19) nbe：给定面力的单元边数；

(20) n_bc[41, nbe]：定义给定上表面面力，各列的前一行为各给定面力的单元号，后四十行分别为单元节点的给定面力；

(21) P[neq]：施加的节点外力向量；

(22) b[nen*ndof, nel]：各单元的节点体力，单元内各点的体力由单元节点体力插值得到；

(23) D[5, 5]：弹性矩阵，利用弹性模量 E 和泊松比 nu 自动生成；

(24) E：弹性模量；

(25) nu：泊松比；

(26) G：剪切模量，利用弹性模量 E 和泊松比 nu 自动生成；

(27) IEN[nen, nel]：单元表示数组，其第 e 列为单元 e 各节点的总体编号；

(28) ID[neq]：各节点自由度对应的总体自由度（方程）号，其中前 nd 个方程对应于给定位移自由度，以便于用缩减法施加本质边界条件；

(29) LM[nen, nel]：对号数组，LM[i, e] 为单元 e 的第 i 个自由度对应的全局自由度号；

(30) xb[nnp]：下表面各节点 I_b 的 x 坐标；

(31) yb[nnp]：下表面各节点 I_b 的 y 坐标；

(32) zb[nnp]：下表面各节点 I_b 的 z 坐标；

(33) xt[nnp]：上表面各节点 I_t 的 x 坐标；

(34) yt[nnp]：上表面各节点 I_t 的 y 坐标；

(35) zt[nnp]：上表面各节点 I_t 的 z 坐标；

(36) xI[nnp]：中面各节点 I 的 x 坐标（= (xt + xb)/2.0）；

(37) yI[nnp]：中面各节点 I 的 y 坐标（= (yt + yb)/2.0）；

(38) zI[nnp]：中面各节点 I 的 z 坐标（= (zt + zb)/2.0）；

(39) V3[3, nnp]：由下表面节点 I_b 指向上表面节点 I_t 的向量；

(40) t[nnp]：壳体在中面节点 I 处的厚度；

(41) v3[nnp]：壳体在节点 I 处的中面法向单位矢量；

(42) v1[nnp]：垂直于 v3 的单位向量；

(43) v2[nnp]：垂直于 v3 的单位向量；

(44) K[neq, neq]：总体刚度矩阵；

(45) f[neq]：总体结点力向量；

(46) d[neq]：结点位移解向量；

(47) w_c：矩形板中心挠度；

(48) plot_mesh：是否绘制网格；

(49) plot_nod：是否绘制节点号；

(50) plot_centerline：是否绘制沿中线的挠度曲线；

(51) plot_tex：是否将图形转换为 PGFPlots 格式，供 LaTex 使用；

(52) nplot：用于绘制各单元挠度曲线的点数（= 20）；

2. PrePost.py：前后处理模块，提供了以下 6 个函数：

(1) create_model_json(DataFile)：从输入数据文件 DataFile（JSON 格式）中读取有限元模型数据。允许的键名有：Title、nsd、ndof、nnp、nel、nen、E、nu、lx、ly、nelx、nely、q、ngp、nd、flags、nbe、xb、yb、zb、xt、yt、zt、IEN、plot_mesh、plot_nod、plot_centerline、和 plot_tex，用于输入 FEMData 模块定义的相应变量的值；

(2) point_and_trac()：将节点外力和给定上表面面力组装到总体节点力向量中；

(3) setup_ID_LM()：生成数组 ID 和对号数组 LM。为便于用缩减法施加本质边界条件，前 nd 个方程对应于给定位移自由度；

(4) plotmesh()：绘制中面网格图；

(5) postprocessor()：后处理函数，绘制壳体沿中线的挠度曲线；

(6) centerline_deflection(e)：绘制单元 e 沿母坐标 $\eta = 1, \zeta = 0$ 的挠度的有限元解曲线；

3. ShellElem.py：8 节点退化壳单元模块，提供了以下 4 个函数：

(1) NmatShell(xi, eta, zeta)：计算单元内某点（其母坐标为 xi, eta, zeta）的形函数矩阵；

(2) BmatShell(xi, eta, zeta, C, V3)：计算单元内某点（其母坐标为 xi, eta, zeta）的形函数导数矩阵；

(3) Areatop(xi, eta, Ct)：计算单元上表面某点（其母坐标为 xi, eta, 1）的雅克比行列式。

(4) ShellElem(e)：计算三维 8 节点退化壳单元的刚度矩阵和节点体力向量，其中 e 为单元号。

4. utitls.py：提供了以下 3 个函数：

(1) gauss(ngp)：高斯求积函数，其中 ngp 为高斯点数，返回各高斯点的权系数和坐标；

(2) assembly(e, ke, fe)：单元刚度矩阵和节点体力向量组装函数，其中 e 为单元号，ke 为单元刚度矩阵，fe 为单元体力向量；

(3) solvedr()：用缩减法施加本质边界条件并求解总体刚度方程的函数；

5. Exact.py：精确解模块，提供了以下 1 个函数：

ExactSolution()：绘制四边简支壳体沿中线的挠度精确解；

6. Shell.py：提供主程序 main 和有限元分析 FERun(DataFile)，其中 DataFile 为有限元模型数据文件。主程序读取命令行参数（有限元模型数据文件名），并调用 FERun 函数执行有限元分析。

7. ConvergeShell.py：对不同板厚比的矩形板弯曲问题分别采用完全积分和减缩积分进行分析，绘制量纲为一的中心挠度 $w_c D/(qL^4)$ 随板厚比 L/h 的变化曲线图。

利用 shell-python 求解例题 6-6中受均布载荷 q 作用的四边简支方形板问题的有限元模型输入数据文件的内容为（见程序所附带的文件 shell_4.json）：

```
{
    "Title": "Example 6-3 (2*2 element)",

    "nsd": 3,
    "ndof": 5,
    "nnp": 21,
    "nel": 4,
    "nen": 8,

    "E": 2.0e+11,
    "nu": 0.3,
    "lx": 8.0,
    "ly": 8.0,
    "nelx": 2,
    "nely": 2,
    "q": -1.0,

    "ngp": 2,
    "nd": 60,

    "flags": [2,2,2,0,0,2,2,2,0,2,2,2,2,0,2,2,2,2,0,2,2,2,2,0,0,
              2,2,2,2,0,0,0,0,0,0,2,2,2,2,0,
              2,2,2,2,0,0,0,0,0,0,0,0,0,0,0,0,0,0,0,0,2,2,2,2,0,
              2,2,2,2,0,0,0,0,0,0,2,2,2,2,0,
              2,2,2,0,0,2,2,2,0,2,2,2,2,0,2,2,2,2,0,2,2,2,2,0,0],

    "nbe": 0,

"xb": [0.0, 2.0, 4.0, 6.0, 8.0, 0.0, 4.0, 8.0,
       0.0, 4.0, 6.0, 8.0, 0.0, 4.0, 8.0,
       0.0, 2.0, 4.0, 6.0, 8.0 ],
"yb": [0.0, 0.0, 0.0, 0.0, 0.0, 2.0, 2.0, 2.0,
       4.0, 4.0, 4.0, 4.0, 4.0, 6.0, 6.0, 6.0,
       8.0, 8.0, 8.0, 8.0, 8.0 ],
"zb": [0.0, 0.0, 0.0, 0.0, 0.0, 0.0, 0.0, 0.0,
       0.0, 0.0, 0.0, 0.0, 0.0, 0.0, 0.0, 0.0,
       0.0, 0.0, 0.0, 0.0, 0.0 ],
"xt": [0.0, 2.0, 4.0, 6.0, 8.0, 0.0, 4.0, 8.0,
       0.0, 4.0, 6.0, 8.0, 0.0, 4.0, 8.0,
       0.0, 2.0, 4.0, 6.0, 8.0 ],
"yt": [0.0, 0.0, 0.0, 0.0, 0.0, 2.0, 2.0, 2.0,
       4.0, 4.0, 4.0, 4.0, 4.0, 6.0, 6.0, 6.0,
```

```
            8.0, 8.0, 8.0, 8.0, 8.0 ],
"zt": [0.08, 0.08, 0.08, 0.08, 0.08, 0.08, 0.08, 0.08,
       0.08, 0.08, 0.08, 0.08, 0.08, 0.08, 0.08, 0.08,
       0.08, 0.08, 0.08, 0.08, 0.08 ],

    "IEN": [
        [ 1,   3,   9,   11 ],
        [ 3,   5,   11, 13 ],
        [ 11, 13, 19, 21 ],
        [ 9,   11, 17, 19 ],
        [ 2,   4,   10, 12 ],
        [ 7,   8,   15, 16 ],
        [ 10, 12, 18, 20 ],
        [ 6,   7,   14, 15 ]
    ],

    "plot_mesh": "yes",
    "plot_nod" : "yes",
    "plot_centerline" : "yes",
    "plot_tex": "no"
  }
```

索 引

参 考 文 献

[1] FISH J, BELYTSCHKO T. A First Course in Finite Elements[M]. Chichester: John Wiley & Sons, Ltd, 2007.

[2] ZIENKIEWICZ O, TAYLOR R, ZHU J. The Finite Element Method: Its Basis and Fundamentals[M]. 7th Edition. Oxford: Butterworth-Heinemann, 2013.

[3] HUGHES T. J. R. The Finite Element Method: Linear Static and Dynamic Finite Element Analysis[M]. New York: Dover Publications, Mineola, 2000.

[4] BATHE K. J. Finite Element Procedures[M]. 2nd Edition. Upper Saddle River: Prentice Hall, 2014.

[5] FELIPPA C. A. Introduction to finite element methods[Z]. University of Colorado, Boulder, 2001.

[6] STRANG G, FIX G. Analysis of the Finite Element Method[M]. Englewood Cliffs: Prentice-Hall, 1973.

[7] 王勖成. 有限单元法 [M]. 北京: 清华大学出版社, 2003.

[8] COOK R. D, MALKUS D. S, PLESHA M. E. et al. Concepts and Applications of Finite Element Analysis[M]. 4th Edition. Chichester: John Wiley & Sons, Inc., 2001.

[9] CHANDRUPATLA T. R, BELEGUNDU A. D. Introduction to Finite Elements in Engineering[M]. 4th Edition. [S.l.]: Pearson, 2012.

[10] 张雄, 王天舒. 计算动力学 [M]. 北京: 清华大学出版社, 2007.

[11] 张雄, 王天舒, 刘岩. 计算动力学 [M]. 2 版. 北京: 清华大学出版社, 2015.

[12] WYNN P. Upon systems of recursions which obtain among the quotients of the padé table[J]. Numerische Mathematik, 1966(8): 264–269.

[13] COURANT R. Variational methods for the solution of problems of equilibrium and vibrations[J]. Bulletin of the American Mathematical Society, 1943, 49(1): 1–23.

[14] TENEK L, ARGYRIS J. Finite Element Analysis for Composite Structures[M]. Dordrecht: Springer, 1998.

[15] ARGYRIS J. Energy theorems and structural analysis: A generalized discourse with applications on energy principles of structural analysis including the effects of temperature and non-linear stress-strain relations[J]. Aircraft Engineering and Aerospace Technology, 1954, 26 (10): 347–356.

[16] HRENNIKOFF A. Solution of problems of elasticity by the framework method[J]. Journal of Applied Mechanics, 1941, 8 (4): 169–175.

[17] CLOUGH R. W. Thoughts about the origin of the finite element method[J]. Computers & Structures, 2001, 79 (22): 2029–2030.

[18] TURNER M. J, CLOUGH R. W, MARTIN H. C, et al. Stiffness and deflection analysis of complex structures[J]. Journal of the Aeronautical Sciences, 1956, 23: 805–823.

[19] CLOUGH R. W. The finite element method in plane stress analysis[J]. Proceedings of Second ASCE

Conference on Electronic Computation, 1960, 8: 345–378.

[20] ZIENKIEWICZ O. C, CCHEUNG Y. K. Finite elements in the solution of field problems[J]. The Engineer, 1965, 220: 507–510.

[21] ZIENKIEWICZ O. C, CHEUNG Y. K. The finite element method for analysis of elastic isotropic and orthotropic slabs[J]. Proceedings of the Institution of Civil Engineers, 1964, 28 (4): 471–488.

[22] BAZELEY G, CHEUNG Y. K, IRONS B. M, et al. Triangular elements in plate bending - conforming and non-conforming solutions[J]. Proceedings Conference on Matrix Methods in Structural Mechanics, 1965.

[23] ZIENKIEWICZ O. C, CHEUNG Y. K. The Finite Element Method in Continuum and Structural Mechanics[M]. New York: McGraw-Hill, 1967.

[24] ZIENKIEWICZ O, TAYLOR R. The Finite Element Method for Solid and Structural Mechanics[M]. 7th Edition. [S.l.]: Butterworth-Heinemann, 2013.

[25] ZIENKIEWICZ O, TAYLOR R, NITHIARASU P. The Finite Element Method for Fluid Dynamics[M]. 7th Edition. [S.l.]: Butterworth-Heinemann, 2013.

[26] 冯康, 基于变分原理的差分格式 [J]. 应用数学与计算数学, 1965, 2 (4): 2–29.

[27] 钱令希. 余能理论 [J]. 中国科学,1950, 1 (2): 449–456.

[28] CLOUGH R. The finite element method after twenty-five years: A personal view[J]. Computers & Structures,1980, 12 (4): 361–370.

[29] CLOUGH R, WILSON E. Early history of the finite element method from the view point of a pioneer[J]. International Journal for Numerical Methods in Engineering, 1999, 60 (1): 283–287.

[30] OWEN D, FENG Y. Fifty years of finite elements: a solid mechanics perspective[J]. Theoretical and Applied Mechanics Letters, 2012, 2 (5): 051001.

[31] STEIN E. History of the Finite Element Method — Mathematics Meets Mechanics — Part I: Engineering Developments[M]. Berlin: Springer Berlin Heidelberg, 2014.

[32] LIU W, LI S, PARK H. Eighty years of the finite element method: Birth, evolution, and future[J]. Archives of Computational Methods in Engineering, 2022, 6.

[33] SAAD Y. Iterative methods for sparse linear systems[M]. Philadelphia: SIAM, 2003.

[34] 钟万勰. 计算结构力学微机程序设计 [M]. 北京: 中国水利电力出版社, 1986.

[35] 关治, 陆金甫. 数值分析基础 [M]. 2 版. 北京: 高等教育出版社, 2010.

[36] 余德浩, 汤华中. 微分方程数值解法 [M]. 2 版. 北京: 科学出版社, 2018.

[37] BRENNER S. C, SCOTT L. R. The Mathematical Theory of Finite Element Methods[M]. //Texts in Applied Mathematics. New York: Springer, 2008.

[38] STROUD A H, SECREST D. Gaussian quadrature formulas[M]. Englewood Cliffs: Prentice-Hall, 1966.

[39] ZIENKIEWICZ O. C, TAYLOR R. L, ZHU J. The Finite Element Method: Its Basis and Fundamentals[M]. 6th Edition. Oxford: Butterworth-Heinemann, 2005.

[40] CHRISTIE I, GRIFFITHS D. F, MITCHELL A. R, et al. Finite element methods for second order differential equations with significant first derivatives[J]. International Journal for Numerical Methods in Engineering, 1976, 10 (6): 1389–1396.

[41] DONEA J, HUERTA A. Finite Element Methods for Flow Problems[M]. [S.l.]: John Wiley & Sons, Ltd.,

2003.

[42] BARLOW J. Optimal stress locations in finite element models[J]. International Journal for Numerical Methods in Engineering, 1976, 10: 243–251.

[43] IRONS B. M. Quadrature rules for brick based finite elements[J]. International Journal for Numerical Methods in Engineering, 1971, 3 (2): 293–294.

[44] COWPER G. R. Gaussian quadrature formulas for triangles[J]. International Journal for Numerical Methods in Engineering, 1973, 7 (3): 405–408.

[45] DUNAVANT D. A. High degree efficient symmetrical gaussian quadrature rules for the triangle[J]. International Journal of Numerical Methods in Engineering, 1985, 21: 1129–1148.

[46] PATERA T. A spectral element method for fluid dynamics: laminar flow in a channel expansion[J]. Journal of Computational Physics, 1984, 54: 468–488.

[47] ŠOLÍN P, SEGETH K, DOLEŽEL I. Higher-order finite element methods[M]. [S.l.]: Chapman & Hall/CRC Press, 2003.

[48] ZIENKIEWICZ O. C, EMSON C, BETTESS P. A novel boundary infinite element[J]. International Journal for Numerical Methods in Engineering, 1983, 19: 393–404.

[49] 张雄, 刘岩. 无网格法 [M]. 北京: 清华大学出版社, 2004.

[50] NAYROLES B, TOUZOT G, VILLON P. Generalizing the finite element method: Diffuse approximation and diffuse elements[J]. Computational Mechanics, 1992, 10: 307–318.

[51] BELYTSCHKO T, LU Y, GU L. Element-free galerkin methods[J]. International Journal for Numerical Methods in Engineering, 1994, 37: 229–256.

[52] 张雄, 刘岩, 马上. 无网格法的理论及应用 [J]. 力学进展, 2009, 39 (1): 1–36.

[53] MELENK J. M, BABUSKA I. The partition of unity finite element method: Basic theory and applications[J]. Computer Methods in Applied Mechanics and Engineering, 1996, 139 (1–4): 289–314.

[54] DUARTE C. A, BABUSKA I, ODEN J. T. Generalized finite element methods for three-dimensional structural mechanics problems[J]. Computers and Structures, 2000, 77 (2): 215–232.

[55] MOËS N, DOLBOW J, BELYTSCHKO T. A finite element method for crack growth without remeshing[J]. International Journal for Numerical Methods in Engineering, 1999, 46 (1): 131–150.

[56] FLANAGAN D, BELYTSCHKO T. A uniform strain hexahedron and quadrilateral with orthogonal hourglass control[J]. International Journal for Numerical Methods in Engineering, 1981, 17: 679–706.

[57] BELYTSCHKO T, BINDEMAN L. P. Assumed strain stabilization of the eight node hexahedral element[J]. Computer Methods in Applied Mechanics and Engineering, 1993, 105: 225–260.

[58] PUSO M. A. A highly efficient enhanced assumed strain physically stabilized hexahedral element[J]. International Journal for Numerical Methods in Engineering, 2000, 49: 1029–1064.

[59] BOWER A. F. Applied Mechanics of Solids[M]. [S.l.]: CRC Press, 2009.

[60] WILSON E. L, TAYLOR R. L, DOHERTY W. P, et al. Incompatible displacement models[M].//FENVES S. J, PERRONE N, ROBINSON A. R, SCHNOBRICH W. C(Eds.). Numerical and Computer Methods in Structural Mechanics. New York: Academic Press, 1973.

[61] TAYLOR R. L, BERESFORD P. J, WILSON E. L. A non-conforming element for stress analysis[J]. International Journal for Numerical Methods in Engineering, 1976, 10: 1211–1219.

[62] ZIENKIEWICZ O. Z, ZHU J. Z. The superconvergent patch recovery and a posteriori error estimates. part 1: The recovery technique[J]. International Journal for Numerical Methods in Engineering, 1992, 33: 1331–1364.

[63] ZIENKIEWICZ O. C, ZHU J. Z. The superconvergent patch recovery and a posteriori error estimates. part 2: Error estimates and adaptivity[J]. International Journal for Numerical Methods in Engineering, 1992, 33: 1365–1382.

[64] ARROW K. J, HURWICZ L, UZAWA H. Studies in linear and non-linear programming[M]. Stranford: Stanford University Press, 1958.

[65] 陆明万, 罗学富. 弹性力学基础 [M]. 2 版. 北京: 清华大学出版社, 2001.

[66] BATHE K.-J. The inf-sup condition and its evaluation for mixed finite element methods[J]. Computers & Structures, 2001, 79 (2): 243–252.

[67] MALKUS D. S, HUGHES T. J. R. Mixed finite element methods - reduced and selective integration techniques: A unification of concepts[J]. Computer Methods in Applied Mechanics and Engineering, 1978, 15 (1): 63–81.

[68] HUGHES T. J. R. Generalization of selective integration procedures to anisotropic and nonlinear media[J]. International Journal for Numerical Methods in Engineering, 1980, 15: 1413–1418.

[69] 黄克智, 等. 板壳理论 [M]. 北京: 清华大学出版社, 1987.

[70] HRABOK M, HRUDEY T. A review and catalogue of plate bending finite elements[J]. Computers & Structures, 1984, 19 (3): 479–495.

[71] MELOSH R. J. Structural analysis of solids[J]. Journal of the Structural Division, 1963, 89 (4): 205–248.

[72] ZIENKIEWICZ O, TAYLOR R. The Finite Element Method for Solid and Structural Mechanics[M]. [S.l.]: Butterworth-Heinemann, 2005.

[73] TAYLOR R. L, SIMO J. C, ZIENKIEWICZ O. C, et al. Tahe patch test: a condition for assessing fem convergence[J]. International Journal for Numerical Methods in Engineering, 1986, 22 (1): 39–62.

[74] 曾森, 王焕定, 陈再现. 有限单元法基础及 MATLAB 编程 [M]. 3 版. 北京: 高等教育出版社, 2016.

[75] TIMOSHENKO S, WOINOWSKY-KRIEGER S. Theory of Plates and Shells[M]. 2nd Edition. [S.l.]: McGraw-Hill Book Company, 1959.

[76] DAWE D. J. Parallelogrammic elements in the solution of rhombic cantilever plate problems[J]. Journal of Strain Analysis, 1966, 1 (3): 223–230.

[77] IRONS B. M. R, DRAPER K. J. Inadequacy of nodal connections in a stiffness solution for plate bending[J]. AIAA Journal, 1965, 3 (5): 961–961.

[78] AHMAD S, IRONS B. M, ZIENKIEWICZ O. C. Analysis of thick and thin shell structures by curved finite elements[J]. International Journal for Numerical Methods in Engineering, 1970, 2 (3): 419–451.

[79] 关玉璞, 唐立民. 结构分析中的退化壳有限元方法 [J]. 力学进展, 1994, 24 (1): 98–105.

[80] BRAESS D. Finite Elements: Theory, Fast Solvers, and Applications in Solid Mechanics[M]. 3rd Edition. Cambridge: Cambridge University Press, 2007.

[81] 陆明万, 张雄, 葛东云. 工程弹性力学与有限元法 [M]. 北京: 清华大学出版社, 2005.

读者意见反馈

为收集对教材的意见建议，进一步完善教材编写并做好服务工作，读者可将对本教材的意见建议通过如下渠道反馈至我社。

咨询电话　400-810-0598

反馈邮箱　gjdzfwb@pub.hep.cn

通信地址　北京市朝阳区惠新东街4号富盛大厦1座　高等教育出版社总编辑办公室

邮政编码　100029

防伪查询说明

用户购书后刮开封底防伪涂层，使用手机微信等软件扫描二维码，会跳转至防伪查询网页，获得所购图书详细信息。

防伪客服电话　（010）58582300